国家林业和草原局研究生教育“十四五”规划教材

现代环境分析技术

（第 2 版）（附数学资源）

朱丽珺　主编

中国林业出版社

内容简介

"现代环境分析技术"是环境科学与现代分析技术相结合的一门综合性课程，本教材是"南京林业大学研究生'双一流'规划教材建设"项目的成果之一。2021年被遴选为"国家林业和草原局研究生教育'十四五'规划教材"。

本教材立足于环境科学专业，力求彰显林业特色，并考虑农林类环境科学专业学生的背景和特点。全书共分10章，概述了化学分析技术；介绍了环境样品处理方法，尤其是农林业环境样品；系统阐述了现代分析技术的基础理论和基本方法，某些章节的实例注重与农林相关专业的应用相结合，并在一定程度上反映现代环境分析技术的新理论与新方法。每章之后附思考题与习题。

本教材每章自成体系，内容编排层次清晰，文字简练，通顺易懂，便于自学。可作为农林类高等院校环境科学、环境工程、生态学、林学等专业的教材和教学参考书，还可供从事环境领域其他专业和相关研究的技术人员参考选用。

图书在版编目(CIP)数据

现代环境分析技术/朱丽珺主编. —2版. —北京：中国林业出版社，2021.11
国家林业和草原局研究生教育"十四五"规划教材
ISBN 978-7-5219-1376-7

Ⅰ.①现… Ⅱ.①朱… Ⅲ.①环境分析化学-研究生-教材
Ⅳ.①X132

中国版本图书馆CIP数据核字(2021)第198253号

中国林业出版社·教育分社

策划、责任编辑：康红梅　　**责任校对**：苏　梅
电　　话：(010)83143551　　**传　　真**：(010)83143516

出版发行　中国林业出版社(100009　北京市西城区德内大街刘海胡同7号)
E-mail:jiaocaipublic@163.com　电话：(010)83143500
http://www.forestry.gov.cn/lycb.html
经　销　新华书店
印　刷　北京中科印刷有限公司
版　次　2016年4月第1版(共印1次)
2021年11月第2版
印　次　2021年11月第1次印刷
开　本　850mm×1168mm　1/16
印　张　17
字　数　414千字
定　价　59.00元

《现代环境分析技术》(第2版)编写人员

主　　编 朱丽珺

副 主 编 (按姓氏笔画排序)

邹洪涛　张彩华　党　岩　彭　宏

编写成员 (按姓氏笔画排序)

王　权(西北农林科技大学)

朱　莹(四川农业大学)

朱丽珺(南京林业大学)

邹洪涛(沈阳农业大学)

张彩华(南京林业大学)

党　岩(北京林业大学)

彭　宏(四川农业大学)

第 2 版前言

研究生培养是高等院校提升综合实力的重要工作之一。在“双一流”学科建设的背景下，各高校研究生院都不放松对研究生教学工作的管理力度，把研究生课程教材建设放在了重中之重的工作地位，科学系统地提高研究生课程教材的质量，从而提升研究生的培养质量。在此背景下，《现代环境分析技术》(第 2 版)入选“国家林业和草原局普通高等教育‘十四五’规划教材”项目和“南京林业大学‘双一流’学科规划教材”建设项目。编者在《现代环境分析技术》(第 1 版)的基础上，仍然依据“适度”和“实用”原则，根据近几年研究生对第 1 版的使用情况和兄弟院校的使用反馈意见，在教材内容上主要作了以下的修订：

1. 着重对第 2 章“环境样品处理方法”进行了修订，删减了部分段落，对整章内容语句的叙述进行了梳理，使之阅读起来更顺畅、更科学、更合理，增加了“加速溶剂萃取”一节。

2. 随着环境科学研究手段的不断发展，新技术也逐渐进入了环境科学领域。为顺应发展所需，本教材增加了“扫描电子显微分析”一章内容，对扫描电镜的工作原理、特点、仪器构造和应用实例等方面作了阐述，针对农林院校的特点，专设一节介绍冷冻扫描电镜在生物领域的应用。

3. 对全书每章节后习题中的计算题给出了答案，扫描答案后的二维码可得到具体题解。

本教材由朱丽珺任主编，编写分工如下：朱丽珺在第 1 版基础上完成了第 2 版的初稿，党岩负责第 1 章、第 8 章的修订，邹洪涛负责第 2 章、第 9 章的修订，朱莹负责第 3 章的修订，彭宏负责第 4 章、第 5 章的修订，张彩华负责第 6 章、第 7 章的修订，王权负责第 10 章的修订。研究生张帆等参与了习题解答工作。全书由朱丽珺负责统稿，力求做到各章形式统一，表述正确、通俗易懂，方便读者自学。

在教材的修订过程中，编者得到了“南京林业大学“双一流”学科规划教材”项目的经费资助和大力支持，在此热忱感谢研究生院相关领导和老师的支持、帮助和热心付出，感谢中国林业出版社编辑的支持、指导和辛勤工作。

在本教材的修订过程中，虽然编者力求体现教材的准确性、系统性和实用性，但仍难免有不妥、不足乃至错误之处，敬请读者批评指正。

编　者

2021 年 9 月

第2版前言

[illegible]

第1版序

节后上班第一天，接到《现代环境分析技术》教材编者的电话，邀我为即将出版的教材写序，我欣然接受了这一邀约，并以“最快的”速度“扫描”学习了一遍教材的绝大部分内容。说起与南京林业大学的渊源，还有一段佳话。因有朋友在南京林业大学工作，故而对该校有了一定的了解，也随访了几次学校，林大校园里茂盛的树木、整洁的楼宇和雅致的景色给我留下了很深的印象。

南京林业大学是一所中央与地方共建的省属重点高校，有着110多年的历史。学校有深厚的历史底蕴与传统，有良好的教学氛围，重视本科生、研究生的培养与教育，教学与研究水平逐步提高。研究生的培养重在质量的提高，学校这次对研究生课程进行系统化、规范化教改，立项建设研究生课程系列教材即是措施体现。《现代环境分析技术》教材就是在这样的背景下编写的。

《现代环境分析技术》教材全书分为9章。该教材内容取材科学合理，是立足于环境科学专业，为农林业环境分析所用之作，实用性强。教材系统阐述了色谱分析法、电位分析法、紫外-可见分光光度法、红外吸收光谱分析、原子吸收光谱分析、核磁共振波谱分析和质谱分析法，但又不同于化学专业的仪器分析，在某些章节的实例中，结合农林业生态环境，彰显应用性。又根据农林类院校环境科学专业学生的特点，加化学分析技术概述一章内容，使学生能对化学分析方法有进一步了解。针对将来工作特点，环境样品处理方法一章较为详尽地介绍了各种环境样品的制备与前处理方法，尤其是对农林业环境样品，并阐述了当前较为热点的超临界流体萃取技术、固相萃取技术和微波萃取技术。通过这些内容的组织、编排，使学生易于自学，能从整体上认识和把握环境领域分析技术的基本原理与实践技能，比较全面掌握运用环境分析技术的能力。

一本好的教材在传输知识的过程中，最为重要的是要体现对学生实践能力的培养，教会学生建立一种学习与思考的方法。《现代环境分析技术》着眼于环境学科，以林业为特色，将较为完整的环境分析技术与农林学科有机地融合，尤其突出了在农林业方面的应用。因此，环境科学专业、环境工程专业及林学、生态学等其他相关学科的研究生、本科生以及教师和其他研究技术人员，通过阅读这本教材，一定能获取相关知识，受到一定启迪，会对教学与研究工作有所帮助。我相信《现代环境分析技术》的出版会让更多的环境科学工作者受益。

中国计量科学研究院副院长、研究员、政府特殊津贴获得者
国家质检总局科技委计量委员会副主任、化学计量分委会主任
吴方迪

2016年2月22日于北京

第1版前言

研究生的培养质量是近些年研究生教育的一个重要课题，研究生综合科研能力水平的体现与其对学科基础理论知识的掌握程度的高低是密不可分的，因此研究生的课堂教学是提高研究生培养质量的一个重要环节。我校研究生院把研究生教学作为对学生培养的重要工作来抓，开展了研究生课程的教学改革，立项建设研究生课程系列教材，使之规范化、系统化，通过教材建设促使研究生培养质量的提高。《现代环境分析技术》是在此背景下被遴选为系列教材建设项目的。本教材是作者根据课程要求，结合多年从事环境科学领域教学、研究工作的经验与现代分析技术编写而成的，是基于环境科学专业相关课程的一本教材，以“适度”和“实用”为原则。

本教材立足于环境科学专业，力求彰显林业特色，并考虑农林类环境科学专业学生的背景和特点，设置与选择教材内容。教材系统介绍了现代分析技术的基础理论和基本方法，某些章节的实例注重与农林相关专业的应用相结合，并一定程度上注意反映现代环境分析技术的新理论与新方法。作为现代分析技术的前期基础知识，化学分析技术概述一章主要使学生能对化学分析方法有综合回顾与了解，方便用于自学。环境样品处理方法一章介绍了各种环境样品的制备与前处理方法，着重介绍了农林业环境样品，并阐述了当前较为热点的超临界流体萃取技术、固相萃取技术等前处理方法。本教材每章自成体系，相对独立，内容编排层次清晰，文字简练，通顺易懂，方便自学。每章后附思考题，用于巩固基础知识。

本教材在完成之时得到了中国计量科学研究院吴方迪研究员的热情支持，在百忙之中抽出时间审阅了全书，提出了宝贵建议并撰写了序言，在此表示衷心的感谢！在教材编写过程中，得到了“南京林业大学研究生课程系列教材建设”项目的大力支持，感谢研究生院相关老师的支持、帮助和热心付出，感谢出版社编辑的辛勤工作。

虽然在教材编著过程中力求体现准确性、系统性和实用性，但限于水平，书中难免有不妥、不足乃至错误之处，敬请读者批评指正。

朱丽珺
2016年2月

目 录

第 1 章
化学分析技术概述

1.1 滴定分析法概述

滴定分析又称容量分析，是定量分析常用的化学分析方法之一。这种方法是将一种已知准确浓度的试剂溶液，滴加到一定体积的被测物质的溶液中，直到所加的试剂与被测物质按化学计量关系定量完全反应为止，然后根据标准溶液的浓度和体积，计算出被测物质的含量。

滴加到被测物质溶液中的已知准确浓度的试剂溶液称为标准溶液，又称滴定剂。被分析的物质称为试样。将滴定剂通过滴定管滴加到被测物质溶液中的过程称为滴定。滴加的滴定剂与被测物质按照化学反应的定量关系恰好完全反应时，称为反应达到化学计量点。在化学计量点时，反应的外部特征往往不易为人察觉，因此可以在待测溶液中加入指示剂，利用指示剂的颜色突变来加以判断。所谓指示剂就是在溶液中加入的一种辅助试剂，由它的颜色转变来显示化学计量点的到达。在滴定过程中，指示剂发生颜色突变而停止滴定的这一点称为滴定终点。实际分析操作中滴定终点和化学计量点往往不能恰好符合，由此而造成的分析误差称为滴定误差，也称为终点误差。终点误差是滴定分析误差的最主要的来源之一，一般可控制在±0.1%~±0.2%以内，其大小不仅受指示剂选择的影响，更与滴定反应的完全程度密切相关。故滴定分析时，首先要根据反应完全程度判断终点误差能否达到要求，然后再选择适当的指示剂。

滴定分析法的特点是加入标准溶液的物质的量与被测物质的量恰好符合化学计量关系；操作简便、迅速，便于进行多次平行测定，有利于提高测定的精密度；测量的准确度较高，一般情况下，滴定的相对误差在±0.1%左右。由于滴定分析法可以用来测定许多物质，因此在生产实践和科学研究上具有很高的实用价值。但滴定分析法灵敏度较低，主要用来测定组分含量在1%以上的物质，不适用于微量组分的测定。

1.1.1 滴定分析法的分类

根据滴定反应的类型，滴定分析法可分为4类。

(1)酸碱滴定法(又称中和法)

滴定反应为中和反应的称作酸碱滴定法。其滴定反应实质可表示如下：

$$H_3O^+ + OH^- = 2H_2O$$

$$HA(酸) + OH^- = A^- + H_2O$$

$$A^-(碱) + H_3O^+ === HA + H_2O$$

酸碱滴定法可以用酸或碱作标准溶液，测定碱或酸性物质。

在农林业分析中用以直接测定各类农林业试样的酸度或碱度，以及间接测定氮、磷、碳酸盐、硫酸盐等的含量。酸碱滴定法是滴定分析法中应用最广泛的方法之一。

(2)沉淀滴定法(又称容量沉淀法)

滴定反应为沉淀反应的称作沉淀滴定法。这类方法在滴定过程中有沉淀产生。如银量法：

$$Ag^+(aq) + X^-(aq) === AgX(s) \qquad (X^-为 Cl^-、Br^-、I^-、SCN^-等)$$

在农林业分析中常用以测定试样中的氯。

(3)配位滴定法

滴定反应为配位反应的称作配位滴定法。这类滴定反应产物是配合物(或配离子)。如：

$$Ag^+ + 2CN^- === [Ag(CN)_2]^-$$

$$Mg^{2+} + H_2Y^{2-} === [MgY]^{2-} + 2H^+$$

在农林业分析中用以测定钙、镁、磷、硫酸盐和土壤的代换性钾、钠等。

(4)氧化还原滴定法

滴定反应为氧化还原反应的称作氧化还原滴定法，也是滴定分析法中应用最广泛的方法之一。此方法可以测定各种氧化剂和还原剂，以及一些能与氧化剂或还原剂发生定量反应的物质。在农林业分析中用以测定土壤肥料中的钾、钙、铁和有机质，以及农药中的砷和铜等。

以上4类滴定分析法均是以水作溶剂的分析方法。此外，还有在非水溶剂中进行的滴定分析法，称为非水滴定法。主要用来滴定那些在水中很难进行滴定的酸、碱等物质。

通常的滴定分析都是用指示剂来指示滴定终点，操作简便，不需特殊设备，因此广泛应用于常量分析。但指示剂法也有不足之处，如不能应用于有色溶液的滴定，各人对颜色的辨别能力有差异等。因此目前还有一些借助于其他方法指示终点的滴定分析方法。例如，利用催化反应指示滴定终点的催化滴定法，它兼具催化动力学分析法的高灵敏度和经典滴定分析法高准确度的特点，既适用于常量分析又适用于微量分析；在滴定过程中用分光光度计记录吸光度的变化，从而求出滴定终点的光度滴定法，适用于滴定有色的或混浊的溶液，或滴定微量物质，并可提高灵敏度和准确度；利用滴定过程中电势的突跃变化来指示终点的电势分析法，适用于酸碱滴定、沉淀滴定、氧化还原滴定和配位滴定等。这些方法拓展了滴定分析的应用范围、提高了分析的灵敏度。

1.1.2 滴定分析法对化学反应的要求和滴定方式

滴定分析虽能应用多种类型的反应，但并非所有化学反应都能用于滴定分析。滴定分析中所有的反应必须具备以下条件：

① 反应要按一定的化学计量关系进行，否则滴定分析将失去定量测定的依据。

② 滴定反应的完全程度要高，反应的完全程度应达99.9%以上。

③ 滴定反应速率要快，否则滴定终点将无法判断。对于一些速率慢的反应，可利用加热、加入催化剂等方法使之满足滴定分析的要求。

④ 必须有适当方法确定终点。

在进行滴定分析时，常用的滴定方式有以下几种：

(1)直接滴定法

凡符合上述要求的反应，都可以用标准溶液直接滴定被测定的物质，此种滴定方式称为直接滴定法。它是滴定分析最常用、最基本的滴定方式。例如，用 HCl 标准溶液滴定 NaOH，用 $K_2Cr_2O_7$ 标准溶液滴定 Fe^{2+} 等。

当标准溶液与被测物质的反应不能完全符合上述要求时，就不能用直接滴定法，可采用以下的滴定方式。

(2)返滴定法

当被测物质与标准溶液反应速率很慢或者被测物质为固体试样时，反应不能立即完成，故不能用直接滴定法滴定。此时可先准确地加入过量的标准溶液，使反应加速，待反应完成后，再用另一标准溶液滴定剩余的第一种标准溶液，根据两标准溶液的浓度和消耗的体积，可求出被测物质的含量，这种滴定方式称为返滴定法。例如，对于固体 $CaCO_3$ 的滴定，可先加入一定量过量的 HCl 标准溶液，待反应完全后，剩余的 HCl 可用 NaOH 标准溶液返滴定。

有时采用返滴定是由于没有合适的指示剂。如在酸性溶液中用 $AgNO_3$ 标准溶液滴定 Cl^- 时，缺乏合适的指示剂。此时可加入一定量过量的 $AgNO_3$ 标准溶液使 Cl^- 沉淀完全，再以三价铁盐为指示剂，用 NH_4SCN 标准溶液返滴定剩余的 Ag^+，出现 $[Fe(SCN)]^{2+}$ 的淡红色即为终点。

(3)置换滴定法

当滴定反应不能按一定化学反应式进行而伴随有副反应时，也不能用直接滴定法滴定。可先用适当的试剂与被测物质反应，定量地置换出能被滴定的物质，再用标准溶液滴定此生成物，由消耗标准溶液的体积以及产物和被测物质的计量关系可计算被测物质的含量，这种滴定方式称为置换滴定法。例如，用 $Na_2S_2O_3$ 不能直接滴定 $K_2Cr_2O_7$ 及其他强氧化剂。因为在酸性溶液中，这些强氧化剂不仅将 $S_2O_3^{2-}$ 氧化成 $S_4O_6^{2-}$，而且还会有一部分 $S_2O_3^{2-}$ 被氧化成 SO_4^{2-}，即有副反应发生，使反应无一定的计量关系。但是，如在酸性 $K_2Cr_2O_7$ 溶液中加入过量 KI，产生一定量 I_2，就可以用 $Na_2S_2O_3$ 标准溶液进行滴定。此法也常用于以 $K_2Cr_2O_7$ 为基准物质，标定 $Na_2S_2O_3$ 溶液的浓度。

(4)间接滴定法

当被测物质不能与标准溶液直接起反应时，常常用另一种可以与标准溶液起定量反应的试剂与被测物质作用，再用标准溶液滴定与被测物质定量作用的试剂，这种滴定方式叫间接滴定法。例如，Ca^{2+} 不能直接用酸或碱滴定，也不能直接用氧化剂或还原剂滴定。可先用 $C_2O_4^{2-}$ 使 Ca^{2+} 沉淀为 CaC_2O_4，过滤洗净，然后再用稀硫酸溶解，得到与 Ca^{2+} 等物质的量的 $H_2C_2O_4$，最后用 $KMnO_4$ 标准溶液滴定 $H_2C_2O_4$，从而间接测定 Ca^{2+} 的含量。

由于返滴定法、置换滴定法和间接滴定法的应用，大大扩展了滴定分析法的应用范围。

1.1.3 基准物质和标准溶液

滴定分析中，标准溶液的浓度和用量是计算待测组分含量的主要依据，因此正确配制标准溶液，准确地确定标准溶液的浓度以及对标准溶液进行妥善保存，对于提高滴定分析的准确度是十分重要的。

1.1.3.1 基准物质

可用于直接配制标准溶液或标定溶液浓度的物质称为基准物质。作为基准物质必须具备以下条件：

① 组成恒定并与化学式相符。若含结晶水，如 $H_2C_2O_4 \cdot 2H_2O$、$Na_2B_4O_7 \cdot 10H_2O$ 等，其结晶水的实际含量也应与化学式严格相符。

② 纯度足够高(达99.9%以上)，杂质含量应低于分析方法允许的误差限值。

③ 性质稳定，不易吸收空气中的水分和 CO_2，不分解，不易被空气所氧化。

④ 有较大的摩尔质量，以减少称量时相对误差。

⑤ 试剂参加滴定反应时，应严格按反应式定量进行，没有副反应。

常用的基准物有 $KHC_8H_4O_4$(邻苯二甲酸氢钾)、$H_2C_2O_4 \cdot 2H_2O$、Na_2CO_3、$K_2Cr_2O_7$、NaCl、$CaCO_3$、Zn 等。基准物在使用前必须以适宜方法进行干燥处理并妥善保存。

1.1.3.2 标准溶液的配制

在定量分析中，标准溶液的浓度常控制在 $0.05 \sim 0.2\ mol \cdot L^{-1}$。标准溶液的配制方法可分为直接配制法和间接配制法。

(1) 直接配制法

直接配制法是指准确称量一定量的基准物质，溶解后转入容量瓶中，加水稀释至标线，然后根据所称物质的质量和定容的体积，计算出标准溶液的准确浓度。

(2) 间接配制法

用来配制标准溶液的物质大多数是不能满足基准物质条件的，如 HCl、NaOH、$KMnO_4$、I_2、$Na_2S_2O_3$ 等试剂，它们不适合用直接法配制成标准溶液，则可用间接配制法：先配制近似于所需浓度的溶液，再用基准物质或已知准确浓度的溶液来确定该标准溶液的准确浓度。

用基准物质或已知准确浓度的溶液来确定标准溶液准确浓度的操作过程称为标定。取一定体积待标定的标准溶液(一般用量控制在20~30 mL)，先估算出用于标定的基准物质的用量，再准确称量，溶解后用待标定的标准溶液滴定，然后根据所消耗的体积计算出标准溶液的浓度。

1.2 酸碱滴定法

1.2.1 酸碱指示剂

用作酸碱指示剂的化合物通常是弱的有机酸或弱的有机碱，有机酸与其共轭碱(或有机碱与其共轭酸)具有不同的结构和颜色。二元有机弱酸酚酞及其共轭碱的结构如图1-1和图1-2所示。

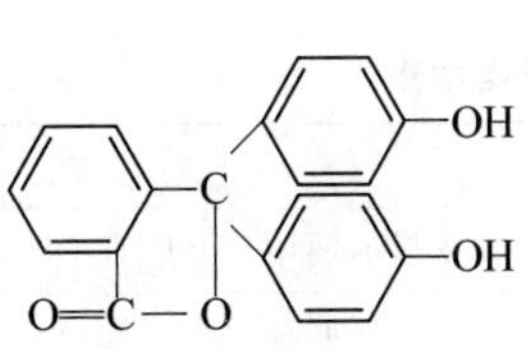

图 1-1 酚酞酸式

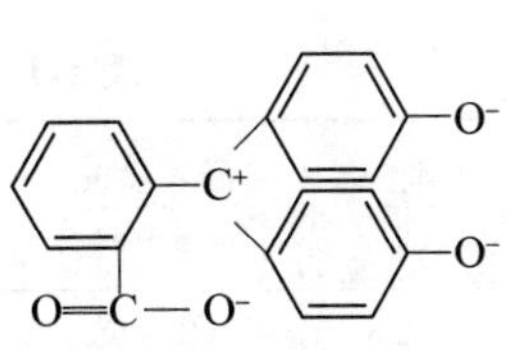

图 1-2 酚酞碱式

酸性溶液中以酸式(图 1-1)存在，为无色；碱性溶液中以碱式(图 1-2)存在，为微红色。如果用 HIn 表示有机酸类指示剂，像其他任何酸碱一样，在水溶液中存在如下平衡：

$$HIn+H_2O \rightleftharpoons In^-+H_3O^+$$

反应的平衡常数为

$$K_{HIn}^{\ominus}=\frac{\{c(H_3O^+)/mol\cdot L^{-1}\}\cdot\{c(In^-)/mol\cdot L^{-1}\}}{\{c(HIn)/mol\cdot L^{-1}\}} \tag{1-1}$$

$K_{HIn}^{\ominus}$ 又叫指示剂常数。如果将其改为：

$$\frac{c(In^-)/mol\cdot L^{-1}}{c(HIn)/mol\cdot L^{-1}}=\frac{K_{HIn}^{\ominus}}{c(H_3O^+)/mol\cdot L^{-1}}$$

不难发现等式左端的比值仅是 $c(H_3O^+)$ 的函数。酸度降低有利于显示出碱式的颜色，酸度升高有利于显示出酸式的颜色。受到人眼辨色范围的限制，不是任何微小的比值改变都能被人观察到。一般来说，当比值由小增大至 1/10 时，人们就能勉强辨认出碱式颜色来。因此变色范围的一个边界条件是：

$$\frac{c(In^-)/mol\cdot L^{-1}}{c(HIn)/mol\cdot L^{-1}}=\frac{K_{HIn}^{\ominus}}{c(H_3O^+)/mol\cdot L^{-1}}=\frac{1}{10}$$

$$c(H_3O^+)/mol\cdot L^{-1}=10K_{HIn}^{\ominus}$$

$$pH=pK_{HIn}^{\ominus}-1 \tag{1-2}$$

当比值由大减小至 10/1 时，人们就能勉强辨认出酸式的颜色来。因此变色范围的另一个边界条件是：

$$\frac{c(In^-)/mol\cdot L^{-1}}{c(HIn)/mol\cdot L^{-1}}=\frac{K_{HIn}^{\ominus}}{c(H_3O^+)/mol\cdot L^{-1}}=10$$

$$c(H_3O^+)/mol\cdot L^{-1}=K_{HIn}^{\ominus}/10$$

$$pH=pK_{HIn}^{\ominus}+1 \tag{1-3}$$

当比值处于 1/10~10/1 之间，人们看到的颜色是酸式色和碱式色的混合色。

$pH=pK_{HIn}^{\ominus}\pm1$ 称为指示剂的变色范围。不同的指示剂具有不同的 $pK_{HIn}^{\ominus}$ 值，因此各有其不同的变色范围。

当 $c(In^-)=c(HIn)$ 时，$pH=pK_{HIn}^{\ominus}$ 人们称此 pH 值为指示剂的理论变色点。理想的情况是滴定终点和理论变色点的 pH 值完全一致，但实际上难以做到。

由上述公式判断，指示剂的变色范围应当是 2 个 pH 值的单位，但由于肉眼对各种颜色的敏感程度不同以及指示剂两色之间相互掩盖，实际测定中并非总是如此。常见的酸碱指示剂列于表 1-1。

表 1-1 常见的酸碱指示剂

指示剂	变色范围 pH 值	颜色变化 酸色~碱色	$pK^{\ominus}_{HIn}$	配法		
				指示剂/g	C_2H_5OH/cm^3	H_2O/cm^3
百里酚蓝	1.2~2.8	红~黄	1.7	0.1	20	80
百里酚蓝	8.0~9.6	黄~蓝	8.9	0.1	20	80
甲基黄	2.9~4.0	红~黄	3.3	0.1	90	10
甲基橙	3.1~4.4	红~黄	3.4	0.05	—	100
溴酚蓝	3.0~4.6	黄~紫	4.1	0.1	20	80
甲基红	4.4~6.2	红~黄	5.0	0.1	60	40
溴百里酚蓝	6.2~7.6	黄~蓝	7.3	0.1	20	80
中性红	6.8~8.0	红~橙黄	7.4	0.1	60	40
酚 酞	8.0~10.0	无~红	9.1	0.1	90	10
百里酚酞	9.4~10.6	无~蓝	10.0	0.1	90	10
溴甲酚绿	4.0~5.6	黄~蓝	5.0	0.1	20	80

人们还发现，混合指示剂往往较单一指示剂具有更窄的变色范围，这意味着变色更敏锐。混合指示剂或者是由一种指示剂与一种惰性染料[其颜色不随 $c(H_3O^+)$ 变化而改变]混合而成，或者是由两种(或多种)不同的指示剂混合而成。

前一种情况如甲基橙和靛蓝(惰性染料)组成的混合指示剂，靛蓝在滴定过程中不改变颜色仅作为甲基橙颜色的背景色。该指示剂随 pH 值改变发生如下颜色变化：

溶液的酸度	甲基橙的颜色	混合指示剂的颜色
pH≥4.4	黄色	绿
pH=4.1	橙	浅灰
pH≤3.1	红	紫

混合指示剂的绿色与紫色之间的相互转化经过浅灰色或近乎无色的中间色。该中间色的变色范围较窄敏锐，从而使终点更易辨认。

后一种情况如溴甲酚绿与甲基红组成的混合指示剂，随 pH 值改变发生的颜色变化如下：

溶液的酸度	溴甲酚绿	甲基红	混合指示剂
pH<4.0	黄	红	酒红
pH=5.1	绿	橙红	灰
pH>3.1	蓝	黄	绿

1.2.2 滴定曲线

滴定过程中溶液的 pH 值可利用酸度计直接测量，也可以通过公式进行计算。以溶液的 pH 值和滴定剂的加入量分别为纵坐标和横坐标作图得到滴定曲线。滴定曲线反映滴定过程中溶液 pH 值的变化趋势，用以判断被测物质能否被准确滴定、确定哪些指示剂可用来准确指示终点等。由于滴定剂通常采用强碱或强酸，所以按强碱(酸)滴定强酸(碱)、强碱(酸)滴定弱酸(碱)、强碱(酸)滴定多元酸(碱)等几种类型分别讨论。

1.2.2.1 强碱(酸)滴定强酸(碱)

以0.1000 mol·L^{-1}NaOH溶液滴定20.00 mL 0.1000 mol·L^{-1} HCl溶液为例，整个滴定过程可分为以下4个阶段讨论。

① 滴定前，HCl溶液的初始浓度决定溶液的pH值：

$$c(H_3O^+) = c(HCl) = 0.1000\ mol\cdot L^{-1} \qquad pH=1.00$$

② 滴定开始至化学计量点之前，随着滴定剂NaOH的不断加入，溶液中剩余的HCl量越来越少，HCl的剩余量和溶液的体积决定了溶液的pH值。例如，加入18.00 mL 0.1000 mol·L^{-1} NaOH时，溶液的$c(H_3O^+)$和pH值分别为：

$$c(H_3O^+)=\frac{n(HCl)}{V}=\frac{0.1000\ mol\cdot L^{-1}\times(20.00-18.00)\times10^{-3}\ L}{(20.00+18.00)\times10^{-3}\ L}$$

$$=5.3\times10^{-3}\ mol\cdot L^{-1}$$

$$pH=2.28$$

当加入19.98 mL NaOH溶液时：

$$c(H_3O^+)=\frac{0.1000\ mol\cdot L^{-1}\times(20.00-19.98)\times10^{-3}\ L}{(20.00+19.98)\times10^{-3}\ L}$$

$$=5.0\times10^{-5}\ mol\cdot L^{-1}$$

$$pH=4.30$$

③ 在化学计量点，当加入20.00 mL NaOH溶液时，HCl全部被中和，得到中性的NaCl溶液，NaOH也没有过剩，水的离解决定了溶液的pH值。

$$c(H_3O^+)/mol\cdot L^{-1}=c(OH^-)/mol\cdot L^{-1}=\sqrt{K_w^{\ominus}}=1.0\times10^{-7}$$

$$pH=7.00$$

④ 在化学计量点之后，由过剩NaOH的量和溶液的体积决定溶液pH值。例如，当加入20.02 mL溶液时：

$$c(OH^-)=\frac{0.1000\ mol\cdot L^{-1}\times(20.02-20.00)\times10^{-3}\ L}{(20.02+20.00)\times10^{-3}\ L}$$

$$=5.0\times10^{-5}\ mol\cdot L^{-1}$$

$$c(H_3O^+)/mol\cdot L^{-1}=1.0\times10^{-14}/5.0\times10^{-5}=2.0\times10^{-10}$$

$$pH=9.7$$

其他各点可参照上述方法逐一计算，由计算结果得到如图1-3所示的滴定曲线。从图1-3可以看出，滴定曲线在滴定开始时平缓上升，在化学计量点前后较陡，之后又趋于平缓。

滴定开始时溶液中酸量最大，要使pH值增大一个单位(或者说将溶液中$c(H_3O^+)$降低到原来的1/10)，需要加入16.36 mL NaOH溶液，加入少量的NaOH只能引起pH值的微小变化。从这个意义上来讲，浓度较大的强酸(强碱)本身就相当于缓冲溶液。浓度越大，其缓冲能力越大。随着滴定不断进行，溶液中酸的含量不断减少，缓冲能力随之下降，加入相同量的碱所引起的变化较大(表现为曲线陡度增加)。滴定至HCl的中和百分数为99.9%时，溶液的pH值为4.30；此后再加入一滴(0.04 mL)NaOH溶液则过量0.02 mL，溶液由酸性突变为碱性，pH值由4.30升至9.70(增加了5.4个pH单位)。再继续加入NaOH溶液则进入强碱的缓冲区，滴定曲线的上升又趋平缓。整个滴定过程中化学计量点前后很小的

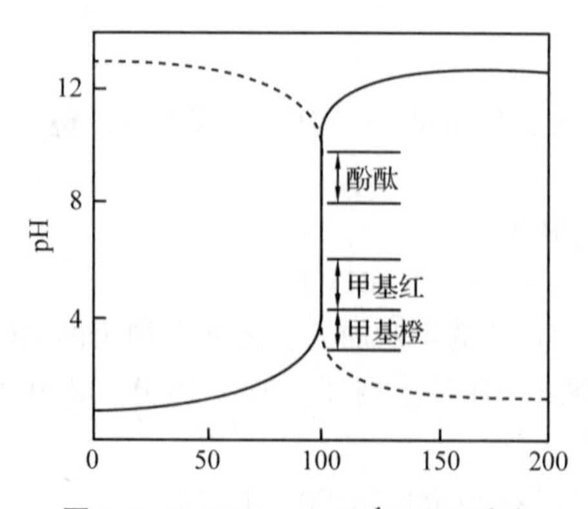

图 1-3 0.1000 $mol \cdot L^{-1}$NaOH 滴定 0.1000 $mol \cdot L^{-1}$ HCl(实线)和 0.1000 $mol \cdot L^{-1}$HCl 滴定 0.1000 $mol \cdot L^{-1}$ NaOH(虚线)的滴定曲线

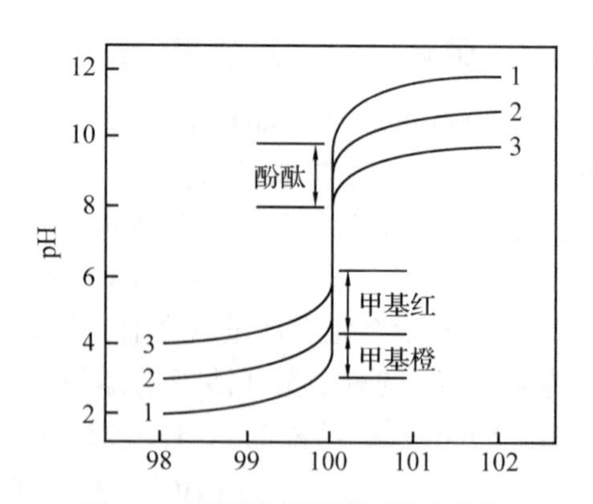

图 1-4 不同浓度下强碱滴定曲线

1. 1 $mol \cdot L^{-1}$ 2. 0.1 $mol \cdot L^{-1}$ 3. 0.01 $mol \cdot L^{-1}$

范围内溶液的 pH 值变化最大，称之为滴定突跃。通常将化学计量点之前和之后滴定百分数各为0.1%的范围内 pH 值的变化称为滴定突跃范围，本例中滴定突跃范围 pH 值为4.30~9.70。

滴定突跃范围的大小与酸碱溶液的浓度有关。例如 HCl 和 NaOH 的浓度均为1 $mol \cdot L^{-1}$，0.1 $mol \cdot L^{-1}$ 或0.01 $mol \cdot L^{-1}$ 时，用NaOH滴定HCl的突跃范围pH值分别为3.30~10.70，4.30~9.70 和5.30~8.70。滴定剂和被测溶液的浓度越大，滴定突跃范围也越大(图1-4)。

滴定突跃范围是选择指示剂的主要依据。能在化学计量点变色的指示剂当然最理想，但很难选到。实际上只要在滴定突跃范围内发生颜色变化的指示剂都能指示终点的到达，而且误差在0.1%以内，这在滴定分析中是完全符合要求的。如图1-4所示，甲基红、酚酞和甲基橙都可选作上述滴定过程的指示剂。

1.2.2.2 强碱(酸)滴定弱酸(碱)

强碱滴定弱酸的滴定反应为：

$$HB+OH^- \rightleftharpoons B^- + H_2O$$

滴定反应的平衡常数 $K_t^\ominus$ 为：

$$K_t^\ominus = \frac{\{c(B^-)/mol \cdot L^{-1}\}}{\{c(HB)/mol \cdot L^{-1}\} \cdot \{c(OH^-)/mol \cdot L^{-1}\}} = \frac{K_a^\ominus}{K_w^\ominus}$$

强酸滴定弱碱的滴定反应为：

$$B+H_3O^+ \rightleftharpoons BH^+ + H_2O$$

滴定反应的平衡常数 $K_t^\ominus$ 为：

$$K_t^\ominus = \frac{\{c(BH^+)/mol \cdot L^{-1}\}}{\{c(B)/mol \cdot L^{-1}\} \cdot \{c(H_3O^+)/mol \cdot L^{-1}\}} = \frac{K_b^\ominus}{K_w^\ominus}$$

两个滴定反应的 $K_t^\ominus$ 均小于强碱强酸之间滴定反应的平衡常数，反应进行得不如强碱与强酸之间的反应那样完全。被滴定的酸或碱越弱(相应于 $K_a^\ominus$ 和 $K_b^\ominus$ 值越小)，滴定反应越不完全。以 0.1000 mol · L^{-1} NaOH 滴定 20.00 mL 0.1000 mol · L^{-1}HAc 为例进行讨论，整个滴定过程也可以分为 4 个阶段考虑。

① 滴定前，HAc 溶液中的 $c(H_3O^+)$ 可由下式计算：

$$c(H_3O^+)/\text{mol}\cdot L^{-1}=\sqrt{c_a\cdot K_a^{\ominus}}=\sqrt{0.1000\times1.8\times10^{-5}}=1.3\times10^{-3}$$

$$\text{pH}=2.87$$

② 滴定开始至化学计量点之前，溶液中既有未被滴定的 HAc，又有生成的 Ac^-，二者组成缓冲系统，溶液的 pH 值可由下式计算。加入 10.00 mL NaOH 溶液时，

$$c(\text{HAc})=\frac{0.1000\ \text{mol}\cdot L^{-1}\times(20.00-10.00)\times10^{-3}\ L}{(20.00+10.00)\times10^{-3}\ L}=3.3\times10^{-2}\ \text{mol}\cdot L^{-1}$$

$$c(Ac^-)=\frac{0.1000\ \text{mol}\cdot L^{-1}\times10.00\times10^{-3}\ L}{(20.00+10.00)\times10^{-3}\ L}$$

$$=3.3\times10^{-2}\ \text{mol}\cdot L^{-1}$$

$$\text{pH}=-\lg(1.75\times10^{-5})-\lg\frac{3.3\times10^{-2}}{3.3\times10^{-2}}=4.74$$

加入 19.98 mL NaOH 溶液时，按上述同样方法得：

$$\text{pH}=7.74$$

③ 在化学计量点，HAc 全部中和生成 NaAc，$c(\text{NaAc})=0.050\ 00\ \text{mol}\cdot L^{-1}$。此时计算溶液 pH 值的方法如下：

$$K_b^{\ominus}=\frac{K_w^{\ominus}}{K_a^{\ominus}}=\frac{1.0\times10^{-14}}{1.75\times10^{-5}}=5.6\times10^{-10}$$

$$c(OH^-)/\text{mol}\cdot L^{-1}=\sqrt{c_b\cdot K_b^{\ominus}}=\sqrt{0.050\ 00\times5.6\times10^{-10}}=5.3\times10^{-6}$$

$$c(H_3O^+)/\text{mol}\cdot L^{-1}=1.0\times10^{-14}/5.3\times10^{-6}=1.9\times10^{-9}$$

$$\text{pH}=8.72$$

④ 在化学计量点之后，溶液中含有 NaAc 和过量的 NaOH。Ac^-是很弱的碱，水解产生的 OH^-在 NaOH 存在时可以忽略，计算溶液中 $c(H_3O^+)$ 的方法与强碱滴定强酸时的计算方法相同。例如，加进 20.02 mL NaOH 溶液，NaOH 过量 0.02 mL 时：

$$c(OH^-)=c(\text{NaOH})=\frac{0.1000\ \text{mol}\cdot L^{-1}\times(20.02-20.00)\times10^{-3}\ L}{(20.00+20.02)\times10^{-3}\ L}$$

$$=5.0\times10^{-5}\ \text{mol}\cdot L^{-1}$$

$$c(H_3O^+)/\text{mol}\cdot L^{-1}=1.0\times10^{-14}/5.0\times10^{-5}=2.0\times10^{-10}$$

$$\text{pH}=9.70$$

图 1-5 中的实线是这一滴定过程的滴定曲线，虚线是相同浓度 NaOH 滴定 HCl 的滴定曲线，两条曲线在化学计量点之后重叠。通过对比不难看出两条曲线之间的异同：与滴定 HCl 的情况相似，滴定 HAc 的初期 pH 值上升得也很平缓，这是因为生成的 NaAc 与剩余的 HAc 构成了缓冲溶液；一个明显的区别是实线位于虚线上部而且出发点（滴定开始前）的 pH 值就较高（HAc 是弱酸），正是这种原因导致突跃范围变小（pH=7.74~9.70）；另一明显的区别是化学计量点的 pH 值大于 7，这是因为生成的 NaAc 是强碱弱酸盐。

由于滴定突跃范围变小，强碱—强酸滴定中使用的某些指示剂（如甲基橙和甲基红）就不再适用了。

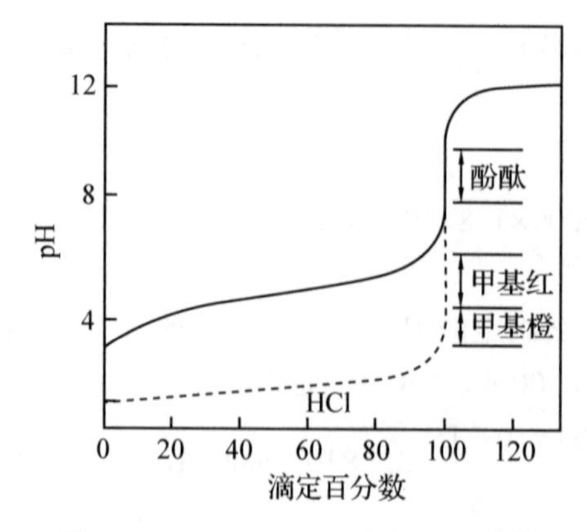

图 1-5　0.1000 mol · L^{-1} NaOH 滴定 0.1000 mol · L^{-1}HAc 的滴定曲线(实线)

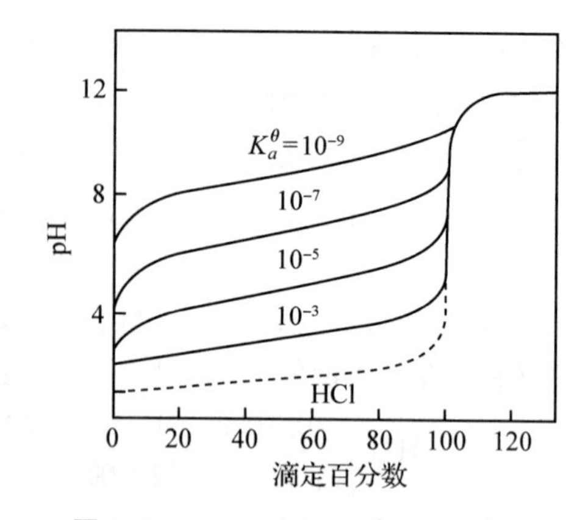

图 1-6　0.1000 mol · L^{-1} NaoH 滴定 0.1000 mol · L^{-1}HAc 的不同强度的滴定曲线

1.2.2.3　酸可被强碱准确滴定的判据

与强酸—强碱滴定曲线一样，强碱—弱酸和强酸—弱碱滴定曲线的滴定突跃范围也受酸、碱浓度的影响。此外，后两种场合还与弱酸和弱碱的强度有关。被滴定的酸、碱越弱，滴定突跃范围越小。这种情况参见图 1-6，$K_a^\ominus$ 值降至 10^{-9} 数量级时曲线不再出现明显的突跃了，这意味着无法利用一般的酸碱指示剂确定滴定终点。

综合考虑弱酸浓度和离解常数两个因素，通常将一元酸能被强碱准确滴定的判据定为

$$\{c(HB)/mol \cdot L^{-1}\} \cdot K_a^\ominus \geqslant 10^{-8} \tag{1-4}$$

对分步离解的多元酸而言，有两个问题需要讨论：第一，各步离解出来的 H_3O^+ 是否都可被滴定？第二，是否可被分步滴定？前一问题取决于 $c \cdot K_a^\ominus$ 值，后一问题则决定于相邻两级离解常数之比值。如对二元酸而言，可能遇到以下 4 种情况：

① $\{c(H_2B)/mol \cdot L^{-1}\} \cdot K_{a_2}^\ominus \geqslant 10^{-8}$，当然 $\{c(H_2B)/mol \cdot L^{-1}\} \cdot K_{a_1}^\ominus \geqslant 10^{-8}$，两步离解出来的 H_3O^+ 可一起被滴定；

② $\{c(H_2B)/mol \cdot L^{-1}\} \cdot K_{a_1}^\ominus \leqslant 10^{-8}$，当然 $\{c(H_2B)/mol \cdot L^{-1}\} \cdot K_{a_2}^\ominus \leqslant 10^{-8}$，两步离解出来的 H_3O^+ 都不能被准确滴定；

③ $\{c(H_2B)/mol \cdot L^{-1}\} \cdot K_{a_2}^\ominus \geqslant 10^{-8}$ 且 $K_{a_1}^\ominus/K_{a_2}^\ominus \geqslant 10^5$，两步离解出来的 H_3O^+ 可分步被滴定。曲线上出现两处突跃，可选用两种指示剂指示两个化学计量点；

④ $\{c(H_2B)/mol \cdot L^{-1}\} \cdot K_{a_1}^\ominus \geqslant 10^{-8}$，$\{c(H_2B)/mol \cdot L^{-1}\} \cdot K_{a_2}^\ominus < 10^{-8}$，且 $K_{a_1}^\ominus/K_{a_2}^\ominus \geqslant 10^5$，只有第一步离解出来的 H_3O^+ 可能被准确滴定，滴定中应按第一化学计量点的滴定突跃选择指示剂。

需要指出的是，本节的判据是由允许的误差范围确定的。多元酸可以看作是混合酸，讨论多元酸所得的结论也可用于混合酸。

1.2.3　酸碱滴定应用

滴定分析中常用的滴定方式有 4 类，即直接滴定法、间接滴定法、返滴定法和置换滴定法。酸碱滴定大多数情况涉及的是前两种方式。

1.2.3.1 直接滴定法

强酸、强碱以及$\{c(HB)/mol \cdot L^{-1}\} \cdot K_a^\ominus \geq 10^{-8}$的弱酸和$\{c(B)/mol \cdot L^{-1}\} \cdot K_b^\ominus \geq 10^{-8}$的弱碱均可用标准碱或标准酸溶液直接滴定。

例1 烧碱样品中NaOH和Na_2CO_3含量的测定。

① 双指示剂法 NaOH俗称烧碱，在生产过程中常常因为吸收空气中的CO_2而部分生成Na_2CO_3。测定烧碱中NaOH含量的同时往往需要测定Na_2CO_3的含量。这种测定可采用双指示剂法，所谓双指示剂法就是使用两种指示剂在一份试样中连续滴定，根据溶液在两个化学计量点发生的颜色变化得到两个终点，然后根据酸标准溶液的浓度和到达各终点时消耗的体积计算两个待测组分的含量。双指示剂可选用酚酞和甲基橙，使用盐酸标准溶液时滴定过程可图示如下：

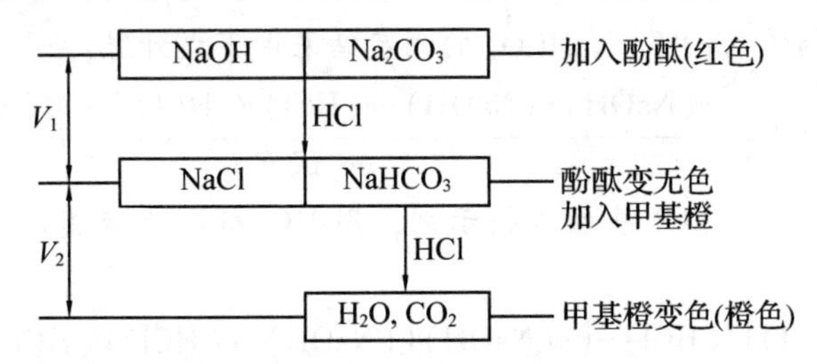

上图中V_1代表到达第一终点时消耗标准HCl溶液的体积(单位为L)，V_2代表到达第二终点时消耗标准HCl溶液的体积，测定结果按如下公式计算：

$$w(Na_2CO_3)=\frac{m(Na_2CO_3)}{2m(\text{试样})}=\frac{c(HCl) \cdot 2V_2 \cdot M(Na_2CO_3)}{2m(\text{试样})}$$

$$w(NaOH)=\frac{m(NaOH)}{m(\text{试样})}=\frac{c(HCl) \cdot (V_1-V_2) \cdot M(NaOH)}{m(\text{试样})}$$

式中，w，m和M分别为质量分数、质量和摩尔质量的符号。

双指示剂法操作虽然简便，但滴定至第一化学计量点时终点不明显，约有1%的误差。若对测定结果准确度要求较高，最好采用下述的氯化钡法。

② 氯化钡法 准确称取一定量的烧碱样品溶解于已除去二氧化碳的蒸馏水中，稀释到一定的体积后摇匀供测定用。

先取1份试样溶液，以甲基橙作指示剂，用HCl溶液滴定至橙色，设消耗的HCl溶液体积为V_1；另取等体积试样溶液并加入$BaCl_2$，待$BaCO_3$沉淀析出后，以酚酞作指示剂用HCl标准溶液滴定至终点，设消耗的HCl溶液体积为V_2。测定结果按如下公式计算：

$$w(Na_2CO_3)=\frac{c(HCl) \cdot (V_1-V_2) \cdot M(Na_2CO_3)}{2m(\text{试样})}$$

$$w(NaOH)=\frac{c(HCl) \cdot V_2 \cdot M(NaOH)}{m(\text{试样})}$$

例2 纯碱中Na_2CO_3和$NaHCO_3$含量的测定。

① 双指示剂法 双指示剂法的操作程序和计算公式与上述烧碱样品类似：

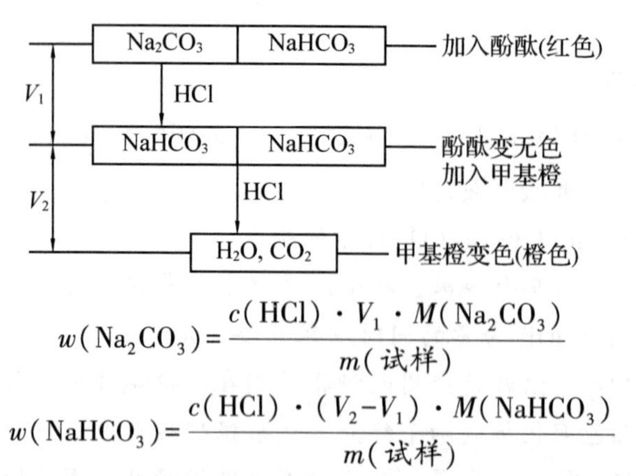

$$w(Na_2CO_3)=\frac{c(HCl)\cdot V_1\cdot M(Na_2CO_3)}{m(\text{试样})}$$

$$w(NaHCO_3)=\frac{c(HCl)\cdot(V_2-V_1)\cdot M(NaHCO_3)}{m(\text{试样})}$$

② 氯化钡法　氯化钡法的操作则稍有不同。试液中加入 $BaCl_2$ 之前先加入过量 NaOH 标准溶液将 $NaHCO_3$ 转变成 Na_2CO_3。然后用 $BaCl_2$ 沉淀 Na_2CO_3，再以酚酞作指示剂，用 HCl 标准溶液滴定过剩的 NaOH。$NaHCO_3$ 的测定结果由下式计算：

$$w(NaHCO_3)=\frac{[c(NaOH)V(NaOH)-c(HCl)V(HCl)]\cdot M(NaHCO_3)}{m(\text{试样})}$$

另取等体积试样溶液，以甲基橙作指示剂，用 HCl 标准溶液滴定。设消耗 HCl 溶液体积为 $V'(HCl)$，则

$$w(Na_2CO_3)=\frac{\{c(HCl)V'(HCl)-[c(NaOH)V(NaOH)-c(HCl)V(HCl)]\}\cdot M(Na_2CO_3)}{2m(\text{试样})}$$

根据实例2中 V_1 和 V_2 之间的关系，双指示剂法可用于未知碱样的定性分析，说明如下：

V_1 和 V_2 的关系	试样的组成(以活性离子表示)
$V_1\neq0$，$V_2=0$	OH^-
$V_1=0$，$V_2\neq0$	HCO_3^-
$V_1=V_2\neq0$	CO_3^{2-}
$V_1>V_2>0$	$OH^-+CO_3^{2-}$
$V_2>V_1>0$	$HCO_3^-+CO_3^{2-}$

1.2.3.2　间接滴定法

如果被测组分与滴定剂之间不发生化学反应或反应不完全，则可考虑使用间接滴定法。例如，极弱的酸和碱以及本身不是酸或碱的一些物质经过适当化学处理后再用酸碱滴定的方法即属间接滴定法。

例3　蒸馏法测定铵盐中的氮。

由于 NH_4^+ 的 $K_a^\ominus$ 值太小(5.6×10^{-10})，铵盐溶液无法满足 $\{c(NH_4^+)/mol\cdot L^{-1}\}\cdot K_{a_1}^\ominus\geq10^{-8}$ 的条件，因而不能用 NaOH 标准溶液直接滴定。向铵盐[如 NH_4Cl，$(NH_4)_2SO_4$ 等]试样溶液中加入过量浓碱溶液，并加热使 NH_3 释放出来，以 H_3BO_3 溶液吸收，然后用酸标准溶液滴定硼酸吸收液。相关反应如下：

$$NH_4^++OH^-=\!=\!=NH_3+H_2O$$
$$NH_3+H_3BO_3=\!=\!=NH_4BO_2+H_2O$$
$$HCl+NH_4BO_2+H_2O=\!=\!=NH_4Cl+H_3BO_3$$

H_3BO_3 的酸性极弱，它的存在不影响滴定。选用甲基红、溴甲酚绿混合指示剂时终点为粉红色。铵盐中氮的含量按下式计算：

$$w(\mathrm{N})=\frac{c(\mathrm{HCl})\cdot V(\mathrm{HCl})\cdot M(\mathrm{N})}{m(\text{试样})}$$

除硼酸外，也可用过量的标准酸溶液吸收 NH_3，然后以甲基红或甲基橙作指示剂用标准 NaOH 溶液返滴定过量的酸。

例 4 甲醛法测定铵盐中的氮。

甲醛与铵盐反应生成 H_3O^+ 和 $(CH_2)_6N_4H^+$ $(K_a^\ominus=7.1\times10^{-6})$：

$$4NH_4^++6HCHO = (CH_2)_6N_4H^++3H_3O^++3H_2O$$

以酚酞作指示剂用 NaOH 标准溶液滴定混合液，$(CH_2)_6N_4H^+$ 和 H_3O^+ 同时被滴定，溶液由无色变为微红色表示终点到达。氮的含量可用下式计算：

$$w(\mathrm{N})=\frac{c(\mathrm{NaOH})\cdot V(\mathrm{NaOH})\cdot M(\mathrm{N})}{m(\text{试样})}$$

如果试样中含有游离酸，事先应以甲基红作指示剂用碱中和。甲醛法简便快速，在工农业生产中被广泛应用。

还可使铵盐溶液流经强酸型阳离子交换柱然后用标准碱滴定流出液中交换出来的 H_3O^+，柱上发生的交换反应为：

$$R—SO_3^-H^++NH_4Cl = R—SO_3^-NH_4^++HCl$$

这种方法也可用于测定极弱碱（如 NaF）和中性盐（如 KNO_3）。KNO_3 溶液流经季胺型阴离子交换柱时发生交换反应：

$$R—NR_3'H^+\text{-}OH+KNO_3 = R—NR_3'H^+NO_3+KOH$$

置换出的 KOH 再用标准酸滴定。离子交换法可用于测定天然水中的总盐量。

例 5 有机物含氮量或蛋白质总量的测定。

这里介绍凯氏定氮法。将试样在催化剂（铜盐等）存在下用浓硫酸煮解，碳和氢被氧化为二氧化碳和水的同时，硫酸被还原为二氧化硫，而氮则转化为 NH_4^+，然后用蒸馏法测氮的方法测定。多数蛋白质中氮的质量分数为 16.0×10^{-2}，将含氮量乘以 6.25 [$1/(16.0\times10^{-2})$] 即得蛋白质的含量（注意：某些样品的换算系数不同，如小麦和面粉的换算系数为 5.70）。

1.3 沉淀滴定法

沉淀滴定法是基于沉淀反应的滴定分析法。适于滴定分析的沉淀反应必须具备以下条件：

① 沉淀溶解度小，组成确定。

② 反应速率快，不易出现过饱和状态。

③ 共沉淀产生的玷污不致影响测定的准确度。

④ 有合适的方法指示化学计量点。

这些限制将多数沉淀反应排除在外，目前有一定实际意义的主要是生成难溶银盐如 AgCl、AgBr、AgI、AgSCN 的反应。以这类反应为基础的沉淀滴定法称为银量法，它包括用 $AgNO_3$ 标准溶液测定 Cl^-、Br^-、I^-、SCN^- 等的含量和用 NaCl 标准溶液测定 Ag^+ 含量的方法。

本节介绍3种重要的银量法，即莫尔法、佛尔哈德法和法扬司法。

1.3.1 莫尔法

用铬酸钾作指示剂的银量法称为“莫尔法”。莫尔法用 $AgNO_3$ 标准溶液滴定 Cl^- 时涉及两个沉淀反应：

$$Ag^+(aq) + Cl^-(aq) \rightleftharpoons AgCl(s) \quad K_{sp}^{\ominus} = 1.8\times10^{-10}$$

（白色）

$$2Ag^+(aq) + CrO_4^{2-}(aq) \rightleftharpoons Ag_2CrO_4(s) \quad K_{sp}^{\ominus} = 2.0\times10^{-12}$$

（砖红色）

由于 AgCl 的溶解度小于 Ag_2CrO_4，AgCl 沉淀将首先从溶液中析出。根据分步沉淀原理进行的计算表明，Ag_2CrO_4 开始沉淀时 AgCl 已定量沉淀，过量的 $AgNO_3$ 与 CrO_4^{2-} 生成的砖红色沉淀指示终点到达。

莫尔法的关键条件是指示剂的用量和溶液的酸度。

1.3.1.1 指示剂的用量

根据溶度积原理，K_2CrO_4 用量太大时使终点提前到达导致负误差，而用量太小时终点拖后导致正误差。如果要求终点恰好在计量点出现，溶液中 CrO_4^{2-} 离子应有的浓度可由相关的两个溶液积常数计算出来：

$$c(Ag^+)/mol\cdot L^{-1} = c(Cl^-)/mol\cdot L^{-1} = \sqrt{K_{sp}^{\ominus}(AgCl)} = \sqrt{1.8\times10^{-10}} = 1.3\times10^{-5}$$

$$c(CrO_4^{2-})/mol\cdot L^{-1} = \frac{K_{sp}^{\ominus}(Ag_2CrO_4)}{\{c(Ag^+)/mol\cdot L^{-1}\}^2} = \frac{1.1\times10^{-12}}{(1.3\times10^{-5})^2} = 6.5\times10^{-3}$$

即溶液中 CrO_4^{2-} 离子的浓度应为 6.5×10^{-3} $mol\cdot L^{-1}$。实际测量中加入 K_2CrO_4 使 $c(CrO_4^{2-})\approx5\times10^{-3}$ $mol\cdot L^{-1}$，尽管会引入正误差，但有利于观察终点颜色的变化。计算表明，如果 $AgNO_3$ 标准溶液和被滴定的 KCl 溶液均为 0.1000 $mol\cdot L^{-1}$ 时，引入的误差仅为+0.06%。

1.3.1.2 溶液的酸度

CrO_4^{2-} 离子在水溶液中存在下述平衡：

$$CrO_4^{2-} + H_3O^+ \rightleftharpoons HCrO_4^- + H_2O$$

酸性溶液中平衡右移，CrO_4^{2-} 离子浓度下降导致终点拖后。但在碱性太强的溶液中 Ag^+ 又会生成 Ag_2O 沉淀：

$$2Ag^+ + 2OH^- \rightleftharpoons 2AgOH$$

$$\quad \longrightarrow Ag_2O + H_2O$$

莫尔法要求溶液的 pH 值在 6.5~10.5 之间。碱性太强的溶液滴定前要用 HNO_3 中和，酸性太强的溶液滴定前要用 $NaHCO_3$ 或 $CaCO_3$ 等中和。后一种情况下不能用氨水中和，因为 Ag^+ 与 NH_3 会生成配合物。基于同样原因，当溶液中有铵盐存在时，溶液 pH 值的上限应降至近中性，通常控制 pH 值在 6.5~7.2 之间。

莫尔法可用于测定 Cl^-，Br^- 或两者的总量，不宜用于直接滴定 I^- 和 SCN^-。AgI 和 AgSCN 沉淀具有强烈的吸附作用，这种作用往往导致终点大大提前。

莫尔法的选择性比较差，凡能与 CrO_4^{2-} 生成沉淀的阳离子(如 Ba^{2+}、Pb^{2+}、Hg^{2+}等)和能与 Ag^+生成沉淀的阴离子(如 CO_3^{2-}、PO_4^{3-}、AsO_4^{3-}、$C_2O_4^{2-}$、S^{2-}等)都干扰测定。

1.3.2 佛尔哈德法

用铁铵钒 $NH_4Fe(SO_4)_2 \cdot 12H_2O$ 作指示剂的银量法称为“佛尔哈德法”。本法可分为直接滴定法和返滴定法。

1.3.2.1 直接滴定法测定 Ag^+

用 NH_4SCN 标准溶液滴定含 Ag^+离子的酸性溶液，首先生成白色 AgSCN 沉淀：

$$Ag^+(aq)+SCN^-(aq) \xlongequal{} \underset{(白色)}{AgSCN(s)}$$

AgSCN 定量沉淀后稍过量的滴定剂与作为指示剂的 Fe^{3+}离子生成红色配离子指示终点到达：

$$Fe^{3+}(aq)+SCN^-(aq) \xlongequal{} \underset{(红色)}{Fe(SCN)^{2+}(aq)}$$

指示剂用量一般控制在终点附近的 $c(Fe^{3+}) \approx 0.015\ mol \cdot L^{-1}$，这种情况下引入的误差小于+0.1%。溶液酸度控制在 $c(H_3O^+)$为 0.1~1 $mol \cdot L^{-1}$ 之间，酸度过低时 Fe^{3+}水解产生颜色较深的羟基配合物影响终点颜色的观察。

1.3.2.2 返滴定测定卤素离子

某些反应较慢或缺乏合适的指示剂等原因而导致不能直接滴定时，可采用返滴定法。即在被测组分的溶液中加入一定量过量的滴定剂，待反应完成后再用另一种标准溶液滴定剩余的滴定剂。返滴定法又叫回滴定，是前面提到的 4 种滴定方式之一。

返滴定法测定 Cl^-离子(或其他卤素离子)的原理如下：在待测溶液中加入过量的 $AgNO_3$ 标准溶液，Cl^-离子以 AgCl 形式定量沉淀：

$$Ag^+(aq)+Cl^-(aq) \xlongequal{} AgCl(s) \qquad K_{sp}^{\ominus}=1.8\times10^{-10}$$

然后加入铁铵矾指示剂用 NH_4SCN 标准溶液返滴过量的 Ag^+：

$$Ag^+(aq)+SCN^-(aq) \xlongequal{} AgSCN(s) \qquad K_{sp}^{\ominus}=1.0\times10^{-12}$$

在 Ag^+定量沉淀后稍过量的 NH_4SCN 即与 Fe^{3+}离子形成红色配离子 $Fe(SCN)^{2+}$指示终点到达：

$$Fe^{3+}(aq)+SCN^-(aq) \xlongequal{} Fe(SCN)^{2+}(aq) \qquad K_{sp}^{\ominus}=138$$

系统在滴定终点存在 AgCl 和 AgSCN 两种溶解度不同的沉淀(后者小于前者)，不难想象存在着下述有利于 AgSCN 沉淀生成的沉淀转化平衡：

$$AgCl(s)+SCN^-(aq) \rightleftharpoons AgSCN(s)+Cl^-(aq)$$

该平衡减小了溶液中 SCN^-离子的浓度，从而使上述配位平衡左移(注意 $K_{sp}^{\ominus}$ 值不算很大)并导致 $Fe(SCN)^{2+}$的红色消失。滴定操作(包括滴定和摇动)中出现的红色多次消失导致终点严重拖后，为了减小这种误差，通常在返滴定前先加入 1~2 mL 二氯乙烷(或其他有机溶剂)并用力摇动，加入的有机溶剂覆盖在 AgCl 沉淀表面阻止了上述沉淀的转化过程。也可在返滴定之前加热煮沸使 AgCl 凝聚(减少对 Ag^+的吸附)并过滤，然后在滤液中加入指示

剂用 NH_4SCN 标准溶液滴定。AgBr 和 AgI 的溶解度小于 AgSCN，返滴定法测定溴化物或碘化物时不需要加入有机溶剂或过滤处理。

佛尔哈德法的最大优点是滴定可在酸性溶液中进行。许多弱酸根离子如 PO_4^{3-}、AsO_4^{3-}、CrO_4^{2-} 等都不干扰测定。强氧化剂、氮的低价氧化物以及铜盐、汞盐等均能与 SCN^- 起作用，必须预先除去。

1.3.3 法扬司法

用吸附指示剂指示滴定终点的银量法称为“法扬司法”。吸附指示剂是一类有色的有机化合物，这类化合物的阴离子被带正电荷的胶体微粒吸附而引起的颜色变化可用来指示滴定终点的到达。下面以 $AgNO_3$ 标准溶液滴定 Cl^- 时指示剂荧光黄的作用为例作一说明。

荧光黄是一种有机弱酸，通常用符号 HFIn 表示。它在水溶液中离解出的荧光黄阴离子呈黄绿色：

$$HFIn \rightleftharpoons H^+ + \underset{(黄绿色)}{FIn^-}$$

化学计量点之前 AgCl 沉淀吸附溶液中过量的 Cl^- 离子使胶体表面带负电，这种带负电荷的胶粒不能吸附指示剂阴离子：

$$AgCl + Cl^- + FIn^- \rightleftharpoons AgCl \cdot Cl^- + FIn^-$$

化学计量点之后 AgCl 沉淀吸附溶液中过量的 Ag^+ 离子使胶体表面带正电，这种带正电荷的胶粒则吸附指示剂阴离子显粉红色：

$$AgCl + Ag^+ + FIn^- \rightleftharpoons \underset{(粉红色)}{AgCl \cdot Ag^+ \cdot FIn^-}$$

采用法扬司法时应选择合适的吸附指示剂，一般滴定条件为：

① 加入胶体保护剂如淀粉、糊精等防止沉淀聚沉，因为胶态沉淀有较强的吸附能力。

② 溶液控制适当的酸度以保证作为指示剂的有机弱酸电离出足够的阴离子。合适的酸度范围与指示剂的电离常数 $K_a^\ominus$ 有关，如荧光黄的 $K_a^\ominus = 10^{-7}$，应在 pH = 7～10 的范围内滴定；二氯荧光黄的 $K_a^\ominus = 10^{-4}$，应在 pH = 4～10 的范围内滴定；曙红的电离常数较大（$K_a^\ominus = 10^{-2}$），可在 pH≈2 的强酸性溶液中滴定。

③ 溶液中待测离子的含量不能低于某一限度，否则会因沉淀太少（吸附在其上的指示剂也随之减少）而影响终点颜色的观察。

④ 胶体的微粒对指示剂的吸附力不能大于对被测离子的吸附力，否则终点颜色将提前出现。例如，曙红指示剂被吸附的能力比 Cl^- 离子强，用于滴定 Cl^- 离子时在化学计量点之前即有部分被吸附。它不能用于滴定 Cl^- 离子，但却是滴定 Br^-、I^- 和 SCN^- 离子的良好指示剂。这是因为 Br^-、I^- 和 SCN^- 等离子能更强地被相应的沉淀所吸附。银量法中常用的几种吸附指示剂见表 1-2。

表 1-2 银量法中几种常用的吸附指示剂

名 称	待测离子	滴定剂	变色反应	适用的 pH 范围
荧光黄（荧光素）	Cl^-	Ag^+	黄绿色（有荧光）→粉红色	7～10
二氯荧光黄	Cl^-	Ag^+	黄绿色（有荧光）→红色	4～10
曙红（四溴荧光黄）	Br^-，I^-，SCN^-	Ag^+	橙黄色（有荧光）→红紫色	2～10

1.3.4 银量法的标准溶液

1.3.4.1 $AgNO_3$ 标准溶液

纯度很高的 $AgNO_3$ 试剂可准确称量后直接配制成标准溶液，如果用化学纯 $AgNO_3$ 试剂配制则需进行标定。

配制 $AgNO_3$ 标准溶液使用的蒸馏水应当不含有 Cl^- 离子，配好的标准溶液应放在棕色玻璃瓶中以免见光分解。

标定 $AgNO_3$ 溶液的基准物质是 NaCl。NaCl 易吸潮，使用前在 500～600 ℃ 干燥然后放入干燥器中备用。

为了抵消方法的系统误差，标定方法应与测定方法相同。

1.3.4.2 NH_4SCN 标准溶液

NH_4SCN 试剂一般含杂质较多且易吸潮，因而不能用作基准物也不能通过准确称量直接配制标准溶液。可先配制成近似浓度的溶液，然后用 $AgNO_3$ 标准溶液按佛尔哈德法标定。

1.4 氧化还原滴定法

1.4.1 氧化还原滴定曲线

氧化还原滴定曲线直观地表达了有关电对的电极电势随着滴定剂的加入而变化的情况。氧化还原电对粗略地分为可逆电对和不可逆电对两大类。前者是指在反应的任一瞬间能迅速地建立起氧化还原平衡的电对(如 Fe^{3+}/Fe^{2+}，I_2/I^- 等)，其实际电势与按能斯特方程所得的理论电势相等或相差甚微。后者是指在反应的任一瞬间不能建立起按氧化还原半反应所示的平衡的电对(如 MnO_4^-/Mn^{2+}，$Cr_2O_7^{2-}/Cr^{3+}$ 等)，其实际电势与理论结果相差颇大。可逆氧化还原系统通常用计算结果绘制滴定曲线；而不可逆氧化还原系统的滴定曲线只能由实验数据绘制。

现以 0.1000 $mol \cdot L^{-1}$ 的 $Ce(SO_4)_2$ 标准溶液在 1.0 $mol \cdot L^{-1}$ H_2SO_4 介质中滴定 20.00 mL 0.1000 $mol \cdot L^{-1}$ Fe^{2+} 溶液为例来说明滴定过程中电极电势的计算方法。Ce^{4+} 滴定 Fe^{2+} 的反应式为：

$$Ce^{4+} + Fe^{2+} \longrightarrow Fe^{3+} + Ce^{3+}$$

两个半反应及其条件电势为：

$$Fe^{3+} + e^- \longrightarrow Fe^{2+} \qquad E^{\ominus'}(Fe^{3+}/Fe^{2+}) = 0.68\ V$$

$$Ce^{4+} + e^- \longrightarrow Ce^{3+} \qquad E^{\ominus'}(Ce^{4+}/Ce^{3+}) = 1.44\ V$$

滴定一经开始系统即存在两个电对，各自的电极电势如下：

$$E(Fe^{3+}/Fe^{2+}) = E^{\ominus'}(Fe^{3+}/Fe^{2+}) + 0.0592\ \lg \frac{c(Fe_{\text{Ⅲ}})\ mol \cdot L^{-1}}{c(Fe_{\text{Ⅱ}})\ mol \cdot L^{-1}}$$

$$E(Ce^{4+}/Ce^{3+}) = E^{\ominus'}(Ce^{4+}/Ce^{3+}) + 0.0592\ \lg \frac{c(Ce_{\text{Ⅳ}})\ mol \cdot L^{-1}}{c(Ce_{\text{Ⅲ}})\ mol \cdot L^{-1}}$$

在滴定过程中任何一点，达到平衡时两电对的电势相等。即

$$E(Fe^{3}/Fe^{2+})=E(Ce^{4+}/Ce^{3+})$$

这意味着在滴定进行的不同阶段，可选用两个电对中便于计算的那个电对计算系统的电势。

① 滴定前，溶液为0.1000 mol·L^{-1}Fe^{2+}溶液，由于空气中氧的氧化作用，不可避免地会有痕量Fe^{3+}存在并组成Fe^{3+}/Fe^{2+}电对。在这种情况下由于Fe^{3+}的浓度未知而无法计算电势。

② 滴定开始至化学计量点前，加入的Ce^{4+}在化学计量点前几乎全部被还原成Ce^{3+}使Ce^{4+}的浓度极小而不易直接求得。相反，知道了滴定百分数，$c(Fe_{Ⅲ})/c(Fe_{Ⅱ})$值也就确定了。

这时可利用Fe^{3+}/Fe^{2+}电对来计算E值。例如，当滴定了99.9%的Fe^{2+}时，$c(Fe_{Ⅲ})/c(Fe_{Ⅱ})=999/1\approx10^{3}$则：

$$\begin{aligned}E&=E^{\ominus'}(Fe^{3+}/Fe^{2+})+0.0592\lg\frac{c(Fe_{Ⅲ})\text{mol}\cdot L^{-1}}{c(Fe_{Ⅱ})\text{mol}\cdot L^{-1}}\\&=0.68\text{ V}+0.0592\text{ V}\lg10^{3}\\&=0.862\text{ V}\end{aligned}$$

③ 在化学计量点时，化学计量点时的电势E_{sp}可由公式(1-5)计算：

$$E_{sp}=\frac{n_1E_1^{\ominus'}+n_2E_{12}^{\ominus'}}{n_1+n_2}\tag{1-5}$$

代入相关数据得：

$$E_{sp}=\frac{1\times1.44\text{ V}+1\times0.68\text{ V}}{1+1}=1.06\text{ V}$$

式(1-5)适用于由对称电对构成的氧化还原反应，推导如下：

反应达到化学计量点时两电对的电势相等且都等于在化学计量点时的电势，即，

$$E_{sp}=E_1=E_2$$

对通式为

$$n_2(\text{氧化型}1)+n_1(\text{还原型}2)=n_2(\text{还原型}1)+n_1(\text{氧化型}2)\tag{1-6}$$

的氧化还原反应，两个半反应为：

$$(\text{氧化型}1)+n_1e^-=\!=\!=(\text{还原型}1)$$

$$(\text{氧化型}2)+n_2e^-=\!=\!=(\text{还原型}2)$$

将上两式分别乘以n_1和n_2后相加得：

$$(n_1+n_2)E_{sp}=n_1E_1^{\ominus'}+n_2E_2^{\ominus'}+0.0592\lg\frac{\{c(\text{氧化型}1)/\text{mol}\cdot L^{-1}\}\{c(\text{氧化型}2)/\text{mol}\cdot L^{-1}\}}{\{c(\text{还原型}1)/\text{mol}\cdot L^{-1}\}\{c(\text{还原型}2)/\text{mol}\cdot L^{-1}\}}$$

由反应式(1-6)不难看出，在化学计量点时：

$$n_1c(\text{氧化型}1)=n_2c(\text{还原型}2)$$

$$n_1c(\text{还原型}1)=n_2c(\text{氧化型}2)$$

故

$$\lg\frac{\{c(\text{氧化型}1)/\text{mol}\cdot L^{-1}\}\{c(\text{氧化型}2)/\text{mol}\cdot L^{-1}\}}{\{c(\text{还原型}1)/\text{mol}\cdot L^{-1}\}\{c(\text{还原型}2)/\text{mol}\cdot L^{-1}\}}=0$$

$$(n_1+n_2)E_{sp}=n_1E_1^{\ominus'}+n_2E_2^{\ominus'}$$

$$E_{sp}=\frac{n_1E_1^{\ominus'}+n_2E_2^{\ominus'}}{n_1+n_2}\tag{1-7}$$

由标准电极电势 $E_1^\ominus$ 和 $E_2^\ominus$ 也能导出类似的公式：

$$E_{sp}=\frac{n_1E_1^\ominus+n_2E_2^\ominus}{n_1+n_2} \tag{1-8}$$

④ 在化学计量点后，Fe^{2+}几乎全部被氧化成 Fe^{3+}而不易求得$c(Fe_Ⅲ)/c(Fe_Ⅱ)$的比值。但由 Ce^{4+}过量的百分数可知道$c(Ce_Ⅳ)/c(Ce_Ⅲ)$值。此时可利用Ce^{4+}/Ce^{3+}电对计算 E 值。例如，当加入的 Ce^{4+}过量 0.1%时 $c(Ce_Ⅳ)/c(Ce_Ⅲ)=1/10^3$，则：

$$\begin{aligned}E&=E^{\ominus'}(Ce^{4+}/Ce^{3+})+0.059\lg\frac{c(Ce_Ⅳ)\,mol\cdot L^{-1}}{c(Ce_Ⅲ)\,mol\cdot L^{-1}}\\&=1.44\ V+0.059\ V\ \lg1/10^3\\&=1.26\ V\end{aligned}$$

图 1-7 中的滴定曲线就是用这种计算方法得出的数据绘制的。曲线表明，滴定百分数在99.9%(化学计量点之前)到 100.1%(化学计量点之后)之间电势值增加了 0.40 V，有一个相当大的突跃范围。氧化还原滴定突跃的大小与氧化型和还原型两电对的条件电势(或标准电势)的差值大小有关。差值越大，突跃范围也越大；反之亦然。图 1-8 显示的是 0.1000 mol · $L^{-1}Ce^{4+}$标准溶液滴定不同条件电势的 4 种还原剂溶液(n 值均为 1，浓度均为 0.1000 mol · $L^{-1}Ce^{4+}$，体积均为 50.00 mL)的滴定曲线。

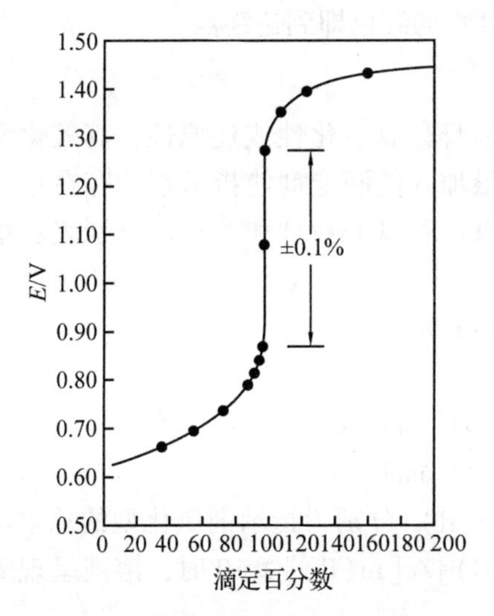

图 1-7 在 0.1000 mol · L^{-1} H_2SO_4 溶液中用 0.1000 mol · L^{-1} Ce^{4+}标准溶液滴定 20.00 mL 0.1000 mol · L^{-1} Fe^{2+}的滴定曲线

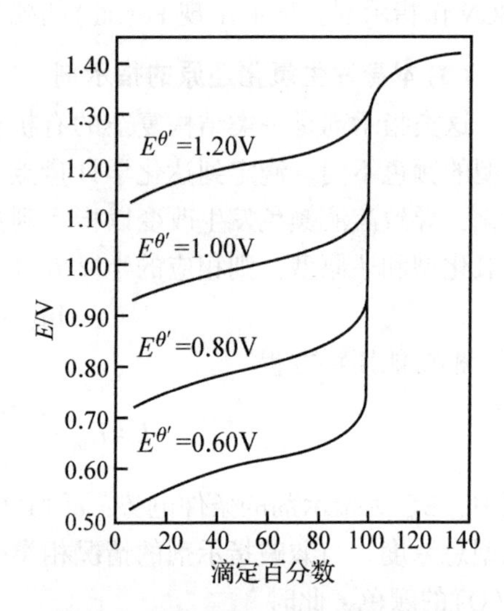

图 1-8 在 0.1000 mol · L^{-1} Ce^{4+}标准溶液滴定不同条件电势的 4 种还原剂溶液的滴定曲线

从图 1-8 可以看出：还原剂溶液的 $E^{\ominus'}=0.60$ V(差值为 0.84 V)时突跃范围约为 0.50 V；$E^{\ominus'}=0.80$ V(差值为 0.64 V)时突跃范围约为 0.40 V；$E^{\ominus'}=1.00$ V(差值为 0.44 V)时突跃范围约为 0.15 V；$E^{\ominus'}=1.20$ V(差值为 0.24 V)时便几乎显示不出突跃了。一般来说，突跃范围大于 0.15 V 时即可用氧化还原指示剂指示滴定终点，这相应于两个电对的条件电势之差大于 0.40 V，这也是判断一个氧化还原反应能否用于滴定分析的判据。

Ce^{4+}滴定 Fe^{2+}的反应中两个电对电子转移数相同(即 $n_1=n_2$)，化学计量点的电势(1.06 V)处于滴定突跃(0.86~1.26 V)的中点，在化学计量点前后的曲线基本对称。对于

$n_1 \neq n_2$ 的氧化反应，例如 Fe^{3+} 滴定 Sn^{2+} 的反应：

$$2Fe^{3+} + Sn^{2+} = 2Fe^{2+} + Sn^{4+}$$

化学计量点的电势不在滴定突跃的中点，即滴定曲线在化学计量点前后不对称。

1.4.2 氧化还原滴定中的指示剂

氧化还原滴定中使用的指示剂有以下3类。

(1) 自身指示剂

有些标准溶液或被滴定物质具有很深的颜色而滴定产物则为无色或浅色，滴定过程中无需另加指示剂，仅根据其本身变化就可以确定终点。这种物质叫作自身指示剂。例如，MnO_4^- 显紫红色，而其还原产物 Mn^{2+} 几乎无色。用 $KMnO_4$ 滴定无色或浅色的还原剂时一般不必另加指示剂，在化学计量点后，稍过量的 MnO_4^- 可使溶液呈粉红色而指示终点已经到达。

(2) 专用指示剂

专用指示剂是指能与滴定剂或被滴定物质发生可逆反应生成特殊颜色的物质，其本身不具有氧化性或还原性。例如，碘量法中使用的淀粉溶液。可溶性淀粉与 I_3^- 离子生成深蓝色的吸附化合物，当 I_3^- 被还原为 I^- 时，深蓝色消失。又如以 Fe^{3+} 标准溶液滴定 Sn^{2+} 时用 KSCN 作指示剂，溶液出现 Fe(Ⅲ)的硫氰酸根配合物的红色即到达终点。

(3) 本身发生氧化还原的指示剂

这类指示剂是一类结构复杂的有机化合物，本身具有氧化性或还原性，其氧化型和还原型的颜色不同。滴定到达化学计量点之后，过量加入的滴定剂使指示剂的存在形式发生变化，导致溶液颜色发生改变以指示到达滴定终点。若以 In(O) 和 In(R) 分别表示指示剂的氧化型和还原型，则相应的半反应可表示为：

$$\mathrm{In(O)} + ne^- \longrightarrow \mathrm{In(R)}$$

根据能斯特方程

$$E = E_{\mathrm{In}}^{\ominus'} + \frac{0.059}{n}\lg\frac{c[\mathrm{In(O)}]\mathrm{mol \cdot L^{-1}}}{c[\mathrm{In(R)}]\mathrm{mol \cdot L^{-1}}}$$

式中，$E_{\mathrm{In}}^{\ominus'}$ 为指示剂的条件电势；$c[\mathrm{In(O)}]$ 和 $c[\mathrm{In(R)}]$ 分别为指示剂氧化型的总浓度和还原型总浓度。与酸碱指示剂的情况相类似，$c[\mathrm{In(O)}]/c[\mathrm{In(R)}] \geq 10$ 时，溶液呈现氧化型 In(O) 的颜色，此时

$$E \geq E_{\mathrm{In}}^{\ominus'} + \frac{0.059}{n}\lg 10 = E_{\mathrm{In}}^{\ominus'} + \frac{0.059}{n}$$

$c[\mathrm{In(O)}]/c[\mathrm{In(R)}] \leq 1/10$ 时，溶液呈现还原型 In(R) 的颜色，此时

$$E \leq E_{\mathrm{In}}^{\ominus'} - \frac{0.059}{n}\lg 10 = E_{\mathrm{In}}^{\ominus'} - \frac{0.059}{n}$$

因而指示剂变色的电势范围为：

$$E_{\mathrm{In}}^{\ominus'} \pm \frac{0.059}{n} \tag{1-9}$$

不同的指示剂具有不同的条件电势 $E_{\mathrm{In}}^{\ominus'}$ 值，表1-3给出某常用氧化还原指示剂。

表 1-3 常用的氧化还原指示剂

指示剂	$E_{In}^{\ominus'}/V^*$	氧化型颜色	还原型颜色	配制方法
亚甲基蓝(亚甲蓝)	0.523	蓝色	无色	0.1 g 亚甲基蓝+100 g 水
二苯胺	0.76	紫色	无色	10 g 二苯胺+90 g 浓硫酸溶液
二苯胺磺酸钠	0.85	紫红	无色	0.2 g 二苯胺磺酸钠+100 g 水
N-邻苯氨基苯甲酸	1.08	紫红	无色	0.107 g *N*-邻苯氨基苯甲酸+1 gNa_2CO_4+100 g 水
1,10-二氮菲亚铁配合物	1.06	浅蓝	红色	1.485 g 1,10-二氮菲亚铁配合物+0.695 g $FeSO_4$+100 g 水
6-硝基-1,10-二氮菲亚铁配合物	1.25	浅蓝	紫红	1.485 g 6-硝基-1,10-二氮菲亚铁配合物+0.695 g $FeSO_4$+100 g 水

* $c(H_3O^+)$mol · L^{-1}。

选择氧化还原指示剂原则是:

① 指示剂变色的电势范围应在滴定突跃范围之内　由于氧化还原指示剂的变色范围很小，因而这个原则可以描述为“指示剂的条件电势 $E_{In}^{\ominus'}$ 处于突跃范围之内”。以 Ce^{4+}滴定 Fe^{2+}为例，当滴定在 1.0 mol · $L^{-1}$$H_2SO_4$ 溶液中进行时，滴定突跃为 0.86~1.26 V，如果选择二苯胺磺酸钠为指示剂($E_{In}^{\ominus'}$=0.85 V)，指示剂由无色变为紫色时未被滴定的 Fe^{2+}大于 0.1%；如果选用邻苯氨基苯甲酸($E_{In}^{\ominus'}$=1.08 V)或 1,10-二氮菲亚铁($E_{In}^{\ominus'}$=1.06 V)，则滴定误差小于 0.1%，选用后两种指示剂是合适的。

如果在溶液中再加入 H_3PO_4，Fe^{3+}/Fe^{2+}电对的条件电势因 Fe^{3+}与 PO_4^{3-} 形成稳定配合物而降低。由于化学计量点前 0.1%时的电势也跟着降低，二苯胺磺酸钠也就可以适用了。氧化还原滴定中常用加入配位剂的方法“拉长”滴定突跃，使指示剂的条件电势 $E_{In}^{\ominus'}$ 处于滴定突跃范围之内。

② 终点颜色变化明显　例如用 $Cr_2O_7^{2-}$ 滴定 Fe^{2+}，选用二苯胺磺酸钠作指示剂时终点由亮绿色变为紫色，颜色变化十分明显。如果改用羊毛绿 B 作指示剂，终点时溶液由蓝绿色变为黄绿色。尽管指示剂的条件电势($E_{In}^{\ominus'}$=1.0 V)处于滴定突跃范围之内，但由于终点颜色变化不明显而无法使用。

1.4.3 待测组分滴定前的预处理

进行氧化还原滴定之前往往需要将被测组分处理成能与滴定剂迅速、完全并按照一定化学计量关系起反应的状态。或者氧化成高价状态后用还原剂滴定，或者还原成低价状态后用氧化剂滴定。滴定前使被测组分定量地转变为一定型态的步骤称为滴定前的预处理。

例如，测定某试样中 Mn^{2+} 和 Cr^{3+} 的含量。由于 $E^{\ominus'}(MnO_4^-/Mn^{2+})$ = +1.51 V，$E^{\ominus'}(Cr_2O_7^{2-}/Cr^{3+})$ =+1.33 V，两者条件电势都很高，很难找到一个氧化性比 MnO_4^- 和 $Cr_2O_7^{2-}$ 更强的氧化剂直接滴定 Mn^{2+}和 Cr^{3+}。通常用氧化剂$(NH_4)_2S_2O_8$将 Mn^{2+}和 Cr^{3+}分别预氧化为 MnO_4^- 和 $Cr_2O_7^{2-}$，然后再用还原剂(如 Fe^{2+})的标准溶液进行滴定。

又如，Sn^{4+}的滴定。很难找到一个比 Sn^{2+}更强的还原剂滴定 Sn^{4+}，通常将 Sn^{4+}预还原为 Sn^{2+}，然后再选用合适的氧化剂(如碘溶液)进行滴定。

再如，铁矿中的铁以两种价态(Fe^{3+}、Fe^{2+})存在，测定总铁量时若分别滴定 Fe^{3+} 和 Fe^{2+}，就需要两种标准溶液。若将 Fe^{3+}预先还原成 Fe^{2+}，然后再用 $K_2Cr_2O_7$ 溶液滴定，则滴

定可一次完成。

由于许多还原性滴定剂在空气这种氧化性气氛中不稳定，因而氧化还原滴定法中的滴定剂大多是氧化剂，对被测组分做预还原处理的情况较为常见。

预处理中使用的氧化剂和还原剂通常应符合下列条件：

① 能定量地将被处理组分氧化或还原。

② 具有一定的选择性。例如，钛铁矿中铁的测定，若用金属锌[$E^{\ominus}(Zn^{2+}/Zn)=-0.763\ V$]为还原剂，则 Fe^{3+}和 Ti^{4+}[$E^{\ominus'}(Ti^{4+}/Ti^{3+})=+0.10\ V$]一起被还原，用 $K_2Cr_2O_7$ 溶液滴定的结果是两者的合量；若还原剂选用 $SnCl_2$[$E^{\ominus'}(Sn^{4+}/Sn^{2+})=+0.14\ V$]，$Ti^{4+}$则不会被还原。

③ 与被处理组分的反应速率较快。

④ 易于除去过量的氧化剂或还原剂。

表 1-4 和表 1-5 分别给出预处理中常用的某些氧化剂和还原剂。

表 1-4 预处理中常用的氧化剂举例

氧化剂	用 途	反应条件	除去过量氧化剂的方法
$NaBiO_3$	$Mn^{2+}\rightarrow MnO_4^-$ $Cr^{3+}\rightarrow Cr_2O_7^{2-}$ $Ce^{3+}\rightarrow Ce^{4+}$	在 HNO_3 溶液中	过量 $NaBiO_3$ 微溶于水可过滤除去
$(NH_4)_2S_2O_8$	$Ce^{3+}\rightarrow Ce^{4+}$ $VO^{2+}\rightarrow VO_3^-$ $Cr^{3+}\rightarrow Cr_2O_7^{2-}$ $Mn^{2+}\rightarrow MnO_4^-$	HNO_3 或 H_2SO_4 溶液中并有 Ag^+催化 HNO_3 或 H_2SO_4 溶液中并加入 H_3PO_4 以防止沉淀出 $MnO(OH)_2$	$(NH_4)_2S_2O_8$ 加热煮沸即分解： $S_2O_8^{2-}+H_2O\rightarrow 2HSO_4^-+(1/2)O_2$
$KMnO_4$	$VO^{2+}\rightarrow VO_3^-$ $Cr^{3+}\rightarrow Cr_2O_7^{2-}$ $Ce^{3+}\rightarrow Ce^{4+}$	冷稀酸溶液中并有 Cr^{3+}存在 碱性介质中（即使有 F^- 或 $H_2P_2O_7^{2-}$ 存在也可选择性地将 Ce^{3+}氧化为 Ce^{4+}）	先加入尿素，然后小心滴加 $NaNO_2$ 溶液至 $KMnO_4$ 红色正好退去为止，反应为： $2MnO_4^-+5NO_2^-+6H_3O^+\rightarrow 2Mn^{2+}+5NO_3^-+9H_2O$ $2NO_2^-+CO(NH_2)_2+2H_3O^+\rightarrow 2N_2+CO_2+5H_2O$ 加入尿素是为了防止 VO_3^- 和 $Cr_2O_7^{2-}$ 被 NO_2^- 还原
H_2O_2	$Cr^{3+}\rightarrow CrO_4^{2-}$ $Co^{2+}\rightarrow Co^{3+}$ Mn(Ⅱ)→Mn(Ⅳ)	$1.0\ mol\cdot L^{-1}$ NaOH 中 $NaHCO_3$ 溶液中 碱性介质中	碱性溶液中煮沸分解，少量催化剂 Ni^{2+}或 I^-使分解加速
HClO	$Cr^{3+}\rightarrow Cr_2O_7^{2-}$ $VO^{2+}\rightarrow VO_3^-$ $I^-\rightarrow IO_3^-$	加热	放冷并稀释则失去氧化性，煮沸并除去生成的 Cl_2
KIO_4	$Mn^{2+}\rightarrow MnO_4^-$	碱性介质并加热	过量 KIO_4 与加入的 Hg^{2+} 离子反应生成 $Hg(IO_4)_2$ 沉淀，过滤除去
Na_2O_2	$Fe(CrO_2)_2\rightarrow CrO_4^{2-}$ $I^-\rightarrow IO_3^-$	熔融酸性或中性溶液	酸性溶液中煮沸 煮沸或通空气

表 1-5 预处理中常用的还原剂举例

还原剂	用 途	反应条件	除去过量还原剂的方法
$SnCl_2$	$Fe^{3+}\rightarrow Fe^{2+}$ Mo(Ⅵ)→Mo(Ⅴ) As(Ⅴ)→As(Ⅲ) U(Ⅵ)→U(Ⅳ)	HCl 溶液，$FeCl_3$ 催化	加入过量 $HgCl_2$ 溶液使之氧化
H_2S	$Fe^{3+}\rightarrow Fe^{2+}$ $MnO_4^-\rightarrow Mn^{2+}$ $Ce^{4+}\rightarrow Ce^{3+}$ $Cr_2O_7^{2-}\rightarrow Cr^{3+}$	强酸性溶液	煮沸
SO_2	$Fe^{3+}\rightarrow Fe^{2+}$ $AsO_4^{3-}\rightarrow AsO_3^{3-}$ Sb(Ⅴ)→Sb(Ⅲ) V(Ⅴ)→V(Ⅳ) $Cu^{2+}\rightarrow Cu^+$	H_2SO_4 溶液 有 SCN^- 存在，反应加速	煮沸或通 CO_2
$TiCl_3$ (或 $SnCl_2$-$TiCl_3$)	$Fe^{3+}\rightarrow Fe^{2+}$	酸性溶液	用水稀释试液时，少量过量的 $TiCl_3$ 即被水中溶解的 O_2 所氧化
联胺	As(Ⅴ)→As(Ⅲ) Sb(Ⅴ)→Sb(Ⅲ)		浓 H_2SO_4 溶液中煮沸
Al	Sn(Ⅳ)→Sn(Ⅲ) Ti(Ⅳ)→Ti(Ⅲ)	HCl 溶液	
锌汞齐	Fe(Ⅲ)→Fe(Ⅱ) Ti(Ⅳ)→Ti(Ⅲ) V(Ⅴ)→V(Ⅱ) Ce(Ⅳ)→Ce(Ⅲ)	酸性溶液	

1.4.4 重要的氧化还原滴定法

氧化还原滴定法通常按滴定剂的名称命名，本节介绍 3 种重要的氧化还原滴定法，它们是高锰酸钾法、重铬酸钾和碘量法。

1.4.4.1 高锰酸钾法

(1) 概述

高锰酸钾是一种强氧化剂，其氧化能力和还原产物与溶液的酸度有关。MnO_4^- 在强酸性溶液中被还原为 Mn^{2+}：

$$MnO_4^-+8H_2O^++5e^- = Mn^{2+}+12H_2O \qquad E^\ominus=+1.51\ V$$

在焦磷酸盐或氟化物碱性溶液中被还原成 Mn(Ⅲ)的配合物：

$$MnO_4^-+3H_2P_2O_7^{2-}+8H_3O^++4e^- = Mn(H_2P_2O_7)_3^{3-}+12H_2O \qquad E^\ominus\approx+1.7\ V$$

在弱酸性、中性或弱碱性溶液中被还原成 MnO_2：

$$MnO_4^-+2H_2O+3e^- = MnO_2+4OH^- \qquad E^\ominus=+0.5888\ V$$

在强碱性溶液中被还原成 MnO_4^{2-}：

$$MnO_4^-+e^- = MnO_4^{2-} \qquad E^\ominus=+0.564\ V$$

MnO_4^{2-} 不稳定，易歧化为 MnO_4^- 和 MnO_2。加入钡盐形成 $BaMnO_4$ 沉淀可使其稳定在 Mn(Ⅵ)状态。

高锰酸钾用作滴定剂的优点是：氧化性强，可以直接、间接地测定多种无机物和有机物；MnO_4^- 本身具有颜色，通常不需另加指示剂。其缺点是标准溶液不太稳定；反应历程比较复杂，易发生副反应；滴定的选择性也较差。若标准溶液配制、保存得当并严格控制滴定条件，这些缺点大多可以被克服。

(2)标准溶液的配制与标定

市售 $KMnO_4$ 纯度一般为 99.0%～99.5%，含少量 MnO_2 及其他杂质。同时，蒸馏水中常含少量的有机物质，$KMnO_4$ 与其发生缓慢反应生成 $MnO(OH)_2$，后者又会促进 $KMnO_4$ 进一步分解。为了获得稳定的高锰酸钾溶液，应按下述方法配制和保存：

① 称取稍多于计算用量的 $KMnO_4$，溶解于一定体积蒸馏水中。

② 将配好的溶液加热至沸并保持微沸 1 h，然后放置 2～3 d 使溶液中可能存在的还原性物质完全被氧化。

③ 用微孔玻璃漏斗(注意！不能用滤纸)过滤除去 $MnO(OH)_2$ 沉淀。

④ 将过滤后的 $KMnO_4$ 溶液贮存于棕色瓶中，置于暗处以避免光对 $KMnO_4$ 的催化分解。

若需用较稀的 $KMnO_4$ 溶液，通常在使用前用蒸馏水稀释并标定。标定过的 $KMnO_4$ 溶液不宜长期贮存，放置一段时间后若发现有 $MnO(OH)_2$ 沉淀析出，应将溶液过滤(以除去沉淀)并重新标定。

多种基准物质可用来标定 $KMnO_4$ 溶液，如 $H_2C_2O_4 \cdot 2H_2O$，$Na_2C_2O_4$，$(NH_4)_2Fe(SO_4)_2 \cdot 6H_2O$，$As_2O_3$ 和纯铁丝等，其中以 $Na_2C_2O_4$ 最常用，$Na_2C_2O_4$ 易于提纯，性质稳定，不含结晶水，在 105～110 ℃烘干约 2 h 放冷后即可使用。

H_2SO_4 溶液中 MnO_4^- 与 $C_2O_4^{2-}$ 的反应如下：

$$2MnO_4^- + 5C_2O_4^{2-} + 16H_3O^+ = 2Mn^{2+} + 10CO_2 + 24H_2O$$

为使反应定量进行，滴定应遵照以下条件：

① 加热至 70～80 ℃，室温下反应速率太慢，超过 90 ℃时 $H_2C_2O_4$ 会部分分解。

② 酸度要适宜，滴定开始时溶液中酸的浓度约为 0.5～1 $mol \cdot L^{-1}$，滴定终点时为 0.2～0.5 $mol \cdot L^{-1}$。为避免发生对 Cl^- 离子的诱导氧化反应，滴定应当选用 H_2SO_4 介质。酸度过低时会得到 $KMnO_4$ 的其他还原物，酸度过高时则会促使 $H_2C_2O_4$ 分解。

③ 掌握滴定速度，开始滴定时 MnO_4^- 与 $C_2O_4^{2-}$ 反应很慢，滴入 $KMnO_4$ 褪色较慢。但当 $KMnO_4$ 与 $Na_2C_2O_4$ 作用生成 Mn^{2+} 后，反应速率会逐渐加快。因此滴定开始阶段速度不宜太快，否则滴入的 $KMnO_4$ 来不及与 $C_2O_4^{2-}$ 反应就在热的酸性中分解导致结果偏低。

$$4MnO_4^- + 12H_3O^+ = 4Mn^{2+} + 5O_2 + 18H_2O$$

若滴定前加入少量 $MnSO_4$ 为催化剂，最初阶段的滴定就可较快进行。

(3)应用示例

例 6 这里仅以直接滴定法测定 H_2O_2 为例说明测定结果的计算方法。H_2O_2 在酸性溶液中被 MnO_4^- 按下式定量氧化：

$$2MnO_4^- + 5H_2O_2 + 6H_3O^+ = 2Mn^{2+} + 5O_2 + 14H_2O$$

反应在室温下即可顺利进行。滴定开始时的反应较慢，随着 Mn^{2+} 的生成反应加速。也可先加入少量 Mn^{2+} 为催化剂。

H_2O_2 的质量分数按下式计算：

$$w(H_2O_2)=\frac{c(KMnO_4)\times V(KMnO_4)\times\frac{1}{1000}\times\frac{5}{2}\times M(H_2O_2)}{m}$$

式中，$c(KMnO_4)$ 和 $V(KMnO_4)$ 分别为 $KMnO_4$ 标准溶液的浓度和滴定时消耗的体积，单位分别为 $mol\cdot L^{-1}$ 和 mL；$M(H_2O_2)$ 为 H_2O_2 的摩尔质量，单位为 $g\cdot mol^{-1}$；5/2 为 H_2O_2 与 MnO_4^- 反应时的物质的量之比；m 为被测溶液中试样的质量，单位为 g。

1.4.4.2 重铬酸钾法

(1)概述

重铬酸钾是常用的氧化剂之一，在酸性溶液中被还原为 Cr^{3+}：

$$Cr_2O_7^{2-}+14H_3O^++6e^- \longrightarrow 2Cr^{3+}+21H_2O \qquad E^{\ominus}=+1.33\ V$$

与高锰酸钾法相比，重铬酸钾法的优点是：

① $K_2Cr_2O_7$ 容易提纯，经提纯并在 140~150 ℃下干燥后可直接称量配制标准溶液。

② $K_2Cr_2O_7$ 标准溶液非常稳定。文献记载，0.017 $mol\cdot L^{-1}K_2Cr_2O_7$ 溶液放置 24 年后其浓度无显著变化。

③ 滴定可在 HCl 溶液中进行。电对 $Cr_2O_7^{2-}/Cr^{3+}$ 在 1 $mol\cdot L^{-1}$ HCl 溶液中的 $E^{\ominus'}=+1.00$ V，室温下不与 Cl^- 反应 $[E^{\ominus'}(Cl_2/Cl^-)=+1.33\ V]$。但 HCl 溶液的浓度不能太大，否则 $K_2Cr_2O_7$ 也能部分地被 Cl^- 还原。

(2)应用示例

例 7 铁矿石中全铁量的测定。重铬钾法是测定矿石中全铁量的标准方法，其步骤为：试样用浓 HCl 加热溶解；用 $SnCl_2$ 趁热还原 Fe^{3+} 为 Fe^{2+}；冷却后将过量的 $SnCl_2$ 用 $HgCl_2$ 氧化；用水稀释并加入 H_2SO_4-H_3PO_4 混合酸和二苯胺磺酸钠指示剂；立即用 $K_2Cr_2O_7$ 标准溶液滴定到溶液由浅绿(Cr^{3+})变为紫红色。铁含量按下式计算：

$$w(Fe)=\frac{c(K_2Cr_2O_7)\times V(K_2Cr_2O_7)\times\frac{1}{1000}\times\frac{6}{1}\times M(Fe)}{m}$$

例 8 土壤中有机质的测定。土壤中有机质含量的高低不但是判断肥力的重要指标，而且也影响土壤的物理性质和耕作性能。土壤中有机质的含量是通过测定土壤中的碳含量并按照一定关系换算得到的，其原理是在浓硫酸存在下于 170~180 ℃用 $K_2Cr_2O_7$ 溶液使土壤中的碳素氧化成 CO_2，剩余的 $K_2Cr_2O_7$ 用 $FeSO_4$ 返滴定。相关的反应为：

$$\underset{\text{过量}}{2K_2Cr_2O_7}+8H_2SO_4+3C \longrightarrow 2K_2SO_4+2Cr_2(SO_4)_3+3CO_2+8H_2O$$

$$\underset{\text{剩余量}}{K_2Cr_2O_7}+6FeSO_4+7H_2SO_4 \longrightarrow Cr_2(SO_4)_3+K_2SO_4+3Fe_2(SO_4)_3+7H_2O$$

测定步骤为：准确称取一定质量的风干土样置于硬质试管中，加入少量 Ag_2SO_4 并由滴定管准确加入 10 mL 0.10 $mol\cdot L^{-1}K_2Cr_2O_7$-$H_2SO_4$ 溶液；置于事先预热至 170~180 ℃的石蜡浴中保持沸腾约 5 min 取出试管，待其自然冷却后无损地转入已放有 50 mL 水的 250 mL 锥形瓶中，全部溶液的体积控制在 100~150 mL；加入 3.0 mL 85% H_3PO_4 和 4 滴 0.5%二苯胺磺酸钠指示剂；用 0.2000 mol · L^{-1} $FeSO_4$ 标准溶液滴定至溶液变为亮绿色，记下消耗 $FeSO_4$ 标准溶液的体积 V(单位用 mL)。

土壤中有机质含量的测定要做空白试验：除不加入试样外，其余操作均同于样品分析，最后记录消耗 $FeSO_4$ 标准溶液的体积 V_0。

根据氧化反应和滴定反应方程式的化学计量关系，土壤中有机碳的含量为：

$$w(\mathrm{C})=\frac{(V_0-V)\times\frac{1}{1000}\times c(\mathrm{Fe^{2+}})\times\frac{1}{6}\times\frac{3}{2}\times M(\mathrm{C})}{m}$$

试验表明，土壤有机质中碳的质量分数为 0.58，即 1 g 碳相当于 1.724 g(100/58)有机质，通常用 1.724 为有机质的换算系数。于是：

$$w(\text{有机质})=\frac{(V_0-V)\times\frac{1}{1000}\times c(\mathrm{Fe^{2+}})\times\frac{1}{6}\times\frac{3}{2}\times M(\mathrm{C})\times1.724}{m}$$

该法不能将有机质完全氧化。即使有催化剂 Ag_2SO_4 存在，氧化程度也仅为 96%。因此，上述结果还必须乘以氧化校正系数 1.04(100/96)后才是土壤中有机质的含量，于是：

$$w(\text{有机质})=\frac{(V_0-V)\times\frac{1}{1000}\times c(\mathrm{Fe^{2+}})\times\frac{1}{6}\times\frac{3}{2}\times M(\mathrm{C})\times1.724\times1.04}{m}$$

例 9 化学需氧量的测定。化学需氧量(COD)是指在一定条件下用强氧化剂处理水样时消耗氧化剂的量，消耗的氧化剂量通常折算成氧量来表示，单位为 mg · L^{-1}。它反映了有机物、亚硝酸盐、亚铁盐、硫化物等还原性物质对水的污染程度。

化学需氧量的测定结果与测定时加入氧化剂的种类及浓度、反应酸度、湿度、时间以及是否使用催化剂等因素有关，因此是一个条件指标。我国规定工业废水化学需氧量的测定使用重铬酸钾法，并记为 COD_{Cr}。

铬法的测定原理是在强酸性溶液中加入一定量的过量 $K_2Cr_2O_7$ 标准溶液氧化水样中的还原性物质；反应完全后用硫酸亚铁铵标准溶液返滴定过量的 $K_2Cr_2O_7$；根据消耗硫酸亚铁铵标准溶液的体积计算 COD_{Cr}。

具体测定步骤为：取 20.00 mL 混合均匀的水样置于 250 mL 磨口回流锥形瓶；准确加入 0.25 mol · mL^{-1} 重铬酸钾标准溶液 10.00 mL 及数粒玻璃珠或沸石；装好回流冷凝管并从冷凝管上口缓缓加入 H_2SO_4-Ag_2SO_4 溶液 30 mL，轻轻摇动锥形瓶使溶液混匀；加热回流 2 h，稍冷后用蒸馏水 90 mL 冲洗冷凝管(溶液的总体积不小于 140 mL)；取下锥形瓶待溶液冷却至室温后加入 3 滴 1,10-二氮菲亚铁配合物指示剂，用硫酸亚铁铵标准溶液滴定，使溶液由黄色经蓝色最后呈红褐色，记录消耗硫酸亚铁铵标准溶液的体积 V_1。

用同样的方法滴定空白样品并记录消耗硫酸亚铁铵标准溶液的体积 V_0。

COD_{Cr} 值[表示为 O_2 的质量浓度 $\rho(O_2)$]可按下式计算：

$$\rho(\mathrm{O_2})/\mathrm{mg\cdot mL^{-1}}=\frac{(V_0-V_1)\times c(\mathrm{Fe^{2+}})\times8.00\times1000}{V}$$

式中，$c(Fe^{2+})$为硫酸亚铁铵溶液的浓度；V 为水样的体积(单位为 mL)；8.00 为(1/2)O 的摩尔质量($g \cdot mol^{-1}$)。

1.4.4.3 碘量法

(1)概述

碘量法是利用I_2的氧化性和I^-离子的还原性进行滴定分析的方法，其半反应为：

$$I_2+2e^- = 2I^-$$

由于固体I_2在水中难溶解(298 K饱和水溶液中I_2的浓度为$1.18 \times 10^{-3}\ mol \cdot L^{-1}$)，应用中通常将$I_2$溶于KI溶液。此时$I_2$在溶液中以$I_3^-$形式存在：

$$I_2+I^- = I_3^-$$

半反应为：

$$I_3^-+2e^- = 3I^- \qquad E^{\ominus}=+0.545\ V$$

为简便起见，一般仍写为I_2。

I_2是较弱的氧化剂，可用I_2标准溶液直接滴定较强的还原剂，这种方法称为直接碘量法，又称碘滴定法。另外，I^-是一个中等强度的还原剂，能与多种氧化剂作用定量析出I_2，析出的I_2用$Na_2S_2O_3$标准溶液滴定，这种方法称为间接碘量法，又称滴定碘法，用于间接滴定某些氧化性物质。直接碘量法和间接碘量法统称碘量法，表1-6给出碘量法能够测定的某些物质。

表1-6 可用碘量法测定的物质

直接碘法	间接碘法		
S^{2-}	MnO_4^-	NO_2^-	H_2O_2
SO_3^{2-}	MnO_2	ClO_3^-	Cu^{2+}
$S_2O_3^{2-}$	$Cr_2O_7^{2-}$	AsO_4^{3-}	Pb^{2+}
AsO_3^-	CrO_4^{2-}	SbO_4^{3-}	Ba^{2+}
SbO_2^-	IO_3^-	ClO^-	Fe^{3+}
Sn^{2+}	BrO_3^-	某些有机物	—

I_3^-/I^-电对的可逆性好，副反应少，在酸性、中性或弱碱性介质中都可使用，因而碘量法是应用十分广泛的滴定方法。

(2)碘与硫代硫酸钠的反应

I_2与$S_2O_3^{2-}$的反应是碘量法中最重要的反应：

$$I_2+2S_2O_3^{2-} = 2I^-+S_4O_6^{2-}$$

反应中I_2与$S_2O_3^{2-}$的物质的量之比为1:2，酸度控制不当会影响反应的化学计量关系，从而带来很大误差。溶液酸度太高时发生下列反应：

$$S_2O_3^{2-}+2H_3O^+ = H_2SO_3+S+2H_2O$$

$$I_2+H_2SO_3+5H_2O = SO_4^{2-}+4H_3O^++2I^-$$

总反应为：

$$S_2O_3^{2-}+I_2+3H_2O = SO_4^{2-}+S+2I^-+2H_3O^+$$

反应中I_2与$S_2O_3^{2-}$的物质的量之比为1:1。

溶液 pH > 8 时发生下列反应：

$$I_2+2OH^- = IO^- + I^- + H_2O$$

$$S_2O_3^{2-}+4IO^-+2OH^- = 2SO_4^{2-}+4I^-+H_2O$$

总反应为：

$$S_2O_3^{2-}+4I_2+10OH^- = 2SO_4^{2-}+8I^-+5H_2O$$

反应中 I_2 与 $S_2O_3^{2-}$ 的物质的量之比为 4∶1。

为了保证 1∶2 的化学计量关系，溶液需保持中性或弱酸性。

(3)误差来源及消除方法

碘量法的误差主要有两个方面来源：一是 I_2 的挥发；二是 I^- 在酸性溶液中被空气中的 O_2 氧化。

防止 I_2 挥发的方法有：

① 加入过量 KI(一般比理论值大 2~3 倍)，I_2 的挥发因生成 I_3^- 而减少。

② 反应时溶液的温度不宜过高，一般在室温进行。

③ 滴定时不要剧烈摇动溶液，最好使用带有玻璃塞的锥形瓶(碘瓶)。

防止 I^- 被 O_2 氧化的方法为：

① 溶液酸度不宜太高，酸度增加会增加 O_2 氧化 I^- 的速率。

② Cu^{2+}、NO_2^- 等催化 O_2 对 I^- 的氧化，故应设法消除其影响，日光亦有催化作用，应避免阳光直接照射。

③ 析出 I_2 后不能让溶液放置过久。

④ 滴定速度不宜太慢。

(4)标准溶液的配置与标定

① $Na_2S_2O_3$ 溶液的配置与标定　固体 $Na_2S_2O_3 \cdot 5H_2O$ 易风化并含有少量 S、S^{2-}、SO_3^{2-}、CO_3^{2-}、Cl^- 等杂质，因而不能用直接称量法配置。$Na_2S_2O_3$ 溶液遇酸即分解，即使遇到水中溶解的 CO_2 也不例外：

$$S_2O_3^{2-}+CO_2+ H_2O = HSO_3^-+ HCO_3^-+S$$

水中存在的微生物会使它变成 Na_2SO_3，这是 $Na_2S_2O_3$ 放置过程中浓度变化的主要原因。空气中的氧可使之氧化：

$$2S_2O_3^{2-}+O_2 = 2SO_4^{2-}+2S$$

水中的微量 Cu^{2+}、Fe^{3+} 等杂质也能加速 $Na_2S_2O_3$ 的分解。

因此，配置 $Na_2S_2O_3$ 溶液时应当用新煮沸并冷却了的蒸馏水，煮沸的目的在于除去水中溶解的 CO_2 和 O_2 并杀死细菌。加入少量 Na_2CO_3 使溶液呈弱碱性可以抑制细菌生长，溶液贮于棕色瓶中并置于暗处以防止光照分解。标准溶液每经过一段时间应该重新标定，如发现溶液变浑则表示有硫析出，出现这种情况应弃去并重新配制。

$K_2Cr_2O_7$、$KBrO_3$、KIO_3、纯铜等基准物质都可用来标定 $Na_2S_2O_3$ 溶液的浓度。标定采用间接碘量法，以 $K_2Cr_2O_7$ 为例，酸性溶液中与 KI 的反应为：

$$Cr_2O_7^{2-}+ 6I^-+ 14H_3O^+ = 2Cr^{3+}+3I_2+21H_2O$$

析出的 I_2 以淀粉作指示剂用 $Na_2S_2O_3$ 溶液滴定。

② I_2 溶液的配制与标定　I_2 的挥发性强，准确称量较困难，一般是配成溶液后再标定。

配制I_2溶液时先将一定量的I_2溶于KI的浓溶液中(或将一定量I_2、过量KI和少量水一并置于研钵中研磨)，然后稀释至一定体积。溶液应贮于棕色瓶中并避免遇热和与橡胶等有机物接触。

I_2溶液常用基准物As_2O_3标定。用NaOH溶液溶解As_2O_3，在pH = 8 ~ 9时I_2快速而定量地氧化$HAsO_2$：

$$HAsO_2 + I_2 + 6H_2O \xlongequal{} HAsO_4^{2-} + 2I^- + 4H_3O^+$$

标定前应先将试液酸化，再用$NaHCO_3$调节至pH = 8。

也可用已标定过的$Na_2S_2O_3$标准溶液标定。

(5)应用示例

例10 钢铁中硫的测定。将钢样与作为助熔剂的金属锡置于瓷舟中，在1300 ℃管式炉中通空气使硫氧化成SO_2，用水吸收SO_2以淀粉为指示剂用I_2标准溶液滴定。其反应如下：

$$S + O_2 \xlongequal{1300\ ℃} SO_2$$

$$SO_2 + H_2O \xlongequal{} H_2SO_3$$

$$H_2SO_3 + I_2 + 5H_2O \xlongequal{} SO_4^{2-} + 4H_3O^+ + 2I^-$$

测定过程中S、SO_2、H_2SO_3和I_2的物质的量之比为：

$$1\ \text{mol S} : 1\ \text{mol}\ SO_2 : 1\ \text{mol}\ H_2SO_3 : 1\ \text{mol}\ I_2$$

即

$$1\ \text{mol S} : 1\ \text{mol}\ I_2$$

硫的质量分数按下式计算：

$$w(S) = \frac{c(I_2) \times V(I_2) \times \frac{1}{1000} \times M(S)}{m}$$

例11 铜的测定。碘量法测量铜基于Cu^{2+}与过量KI反应定量析出I_2，然后用$Na_2S_2O_3$标准溶液滴定，反应式如下：

$$2Cu^{2+} + 4I^- \xlongequal{} 2CuI + I_2$$

$$I_2 + 2S_2O_3^{2-} \xlongequal{} 2I^- + S_4O_6^{2-}$$

CuI沉淀表面对I_2的吸附导致测定结果偏低，为此常加入KSCN或NH_4SCN，使之转化为溶解度更小的CuSCN：

$$CuI + SCN^- \xlongequal{} CuSCN + I^-$$

CuSCN沉淀吸附I_2的倾向较小，从而能够提高测定结果的准确度。KSCN或NH_4SCN应当在接近终点时加入，否则SCN^-会还原I_2使结果偏低。

为了抵消方法的系统误差，碘量法测铜所用的$Na_2S_2O_3$溶液最好用纯铜标定。测定过程中Cu^{2+}，I_2和$S_2O_3^{2-}$三者间的物质的量之比为：

$$2\ \text{mol}\ Cu^{2+} : 1\ \text{mol}\ I_2 : 2\ \text{mol}\ S_2O_3^{2-}$$

$$1\ \text{mol}\ Cu^{2+} : 1\ \text{mol}\ S_2O_3^{2-}$$

计算铜含量的公式如下：

$$w(Cu) = \frac{c(Na_2S_2O_3) \times V(Na_2S_2O_3) \times \frac{1}{1000} \times M(Cu)}{m}$$

1.5 配位滴定法

1.5.1 滴定曲线

配位滴定是广义酸、碱之间的滴定，其滴定曲线可用类似于绘制酸碱滴定曲线的方法绘制。两种图形的横坐标均表示滴定剂(分别是质子碱和路易斯碱)的加入量，而纵坐标均表示酸浓度的负对数，酸碱滴定为H_3O^+浓度的负对数(即pH值)，配位滴定则为金属离子M^{n+}(路易斯酸)浓度的负对数(即pM值)。

绘制滴定曲线的核心是计算pM值，以EDTA滴定Ca^{2+}离子这一系统入手作讨论。假定滴定在pH=12.0的酸度下进行，EDTA和Ca^{2+}的浓度均为0.01 mol·L^{-1}，Ca^{2+}溶液的体积为20.00 mL。

① 在滴定开始前溶液中Ca^{2+}离子的浓度和pCa为：

$$c(Ca^{2+})=0.01\ mol\cdot L^{-1}$$

$$pCa=-lg0.01=2.0$$

② 在加入19.98 mL EDTA溶液后，溶液中Ca^{2+}离子的浓度和pCa值为：

$$c(Ca^{2+})=\frac{0.01\ mol\cdot L^{-1}\times 0.02\ mL}{20.00\ mL+19.98\ mL}=5\times 10^{-6}\ mol\cdot L^{-1}$$

$$pCa=5.3$$

③ 在化学计量点时假定Ca^{2+}与EDTA全部反应形成CaY^{2-}配离子，此时

$$c(CaY^{2-})=0.01\ mol\cdot L^{-1}\times\frac{20.00\ mL}{(20.00+20.00)\ mL}=5\times 10^{-3}\ mol\cdot L^{-1}$$

当然不可能出现这种情况。实际上，$c(CaY^{2-})$、$c(Ca^{2+})$和$c(Y^{4-})$的数值将决定于pH=12.0时的条件稳定常数。

$$K(CaY')=K^{\ominus}(CaY)\cdot\frac{1}{a(EDTA)}=10^{10.69}\times 1=10^{10.69}$$

设 $$c(Ca^{2+})/mol\cdot L^{-1}=x$$

则有： $$10^{10.69}=\frac{5\times 10^{-3}-x}{x^2}\approx\frac{5\times 10^{-3}}{x^2}$$

$$x=3.2\times 10^{-7}$$

$$pCa=6.5$$

④ 在到达化学计量点后再加入0.02 mL EDTA，如果忽略掉由平衡产生的Y^{4-}离子，则：

$$c(Y)\approx\frac{0.01\ mol\cdot L^{-1}\times 0.02\ mL}{(20.00+20.02)\ mL}=5\times 10^{-6}\ mol\cdot L^{-1}$$

由$K(CaY')$计算$c(Ca^{2+})$：

$$10^{10.69}=\frac{5\times 10^{-3}}{\{c(Ca^{2+})/mol\cdot L^{-1}\}\times 5\times 10^{-6}}$$

$$c(Ca^{2+})/mol\cdot L^{-1}=10^{-7.69}$$

$$pCa=7.69$$

以pCa值对EDTA的加入量作出的曲线如图1-9所示，图中的其他曲线是用pH值分别

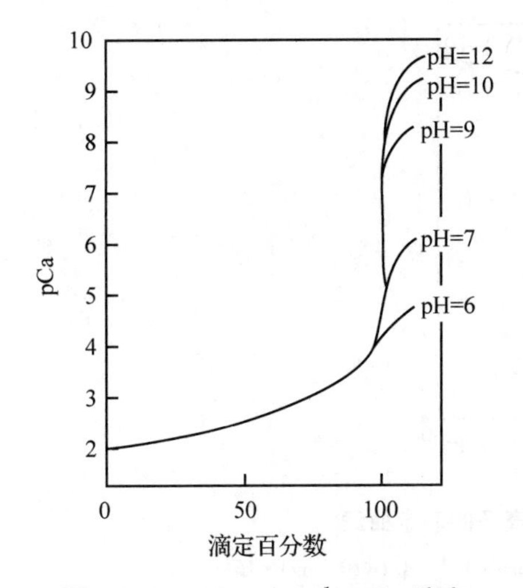

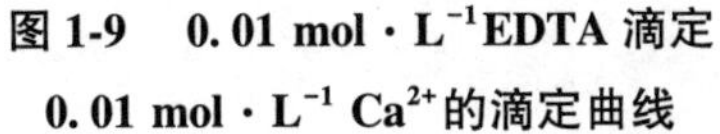
图 1-9　0.01 mol · L^{-1}EDTA 滴定 0.01 mol · L^{-1} Ca^{2+}的滴定曲线

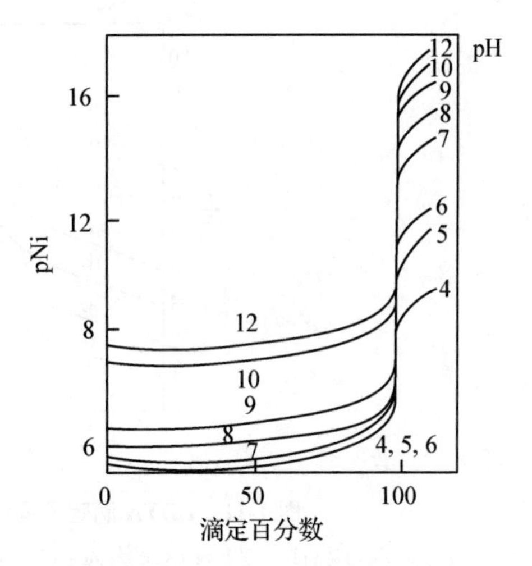

图 1-10　氨缓冲溶液[$c(NH_3)=c(NH_4^+)=0.1$ mol · L^{-1}]中 EDTA 滴定 Ni^{2+}(0.001 mol · L^{-1})的滴定曲线

为 6.0、7.0、9.0 和 10.0 时的计算结果绘制的。

对图 1-9 中曲线的特征说明如下：

① 在不同 pH 值条件下得到不同的曲线，反映了 EDTA 酸效应对 pM 值的影响。由计算过程可知，在化学计量点之前的 $c(Ca^{2+})$ 与酸效应无关，因而多条曲线重合在一起；在化学计量点和化学计量点之后的计算均以条件稳定常数为前提，不同的曲线产生于不同的 $K(CaY')$。

② 滴定的突跃范围(包括范围的大小、范围所在的 pM 值区间)随 pH 值不同而变化：突跃范围随 pH 值升高而扩大，而且向 pH 值增大的区间移动。

EDTA 滴定 Ca^{2+}离子的系统是一种最简单的系统，既可以忽略 Ca^{2+}的水解，也不存在与 Ca^{2+}离子形成配合物的其他配位试剂。在氨缓冲溶液中滴定 Ni^{2+}离子的反应属另一种情况，加入缓冲溶液既是为了创造滴定反应的 pH 值条件，也是为了通过氨配合物的形成防止 Ni^{2+}离子在滴定条件下水解生成 $Ni(OH)_2$ 沉淀。

图 1-10 中的曲线显示出不同的特点：

① 在化学计量点之前的曲线不再重合在一起。这是因为 Ni^{2+}离子的配位效应使溶液中游离 Ni^{2+}的浓度降低(即 pNi 值升高)，降低程度随 pH 值升高而增大，包括滴定开始之前的状态(即曲线的起点)。

② 最大的突跃范围不是出现在 pH 值最大的曲线上，而是与某一中间状态的 pH 值(该例中 pH=9.0)相对应。这是因为尽管在化学计量点之后的曲线的位置随酸效应的减小而升高，但在化学计量点之前的曲线的位置随配位效应的增大也升高，曲线上的突跃部分的长短显然取决于两部分曲线的相对位置。换句话说，取决于经酸效应系数和配位效应系数修正而得到的 $K'(NiY)$ 值在哪种情况下最大。

图 1-10 中的曲线更具有代表性。对于那些易水解的金属离子(如 Fe^{3+}离子)而言，滴定曲线均有这种形状，即使系统中不存在其他配位试剂。

滴定突跃的大小不仅依赖于条件稳定常数，而且与滴定的金属离子的浓度有关。图 1-11 绘出条件稳定常数 $\lg K(MY')=10.0$ 时用 EDTA 滴定不同浓度金属离子的滴定曲线。金属离子的浓度越高，滴定曲线的起点就越低，对应的突跃范围也越大。

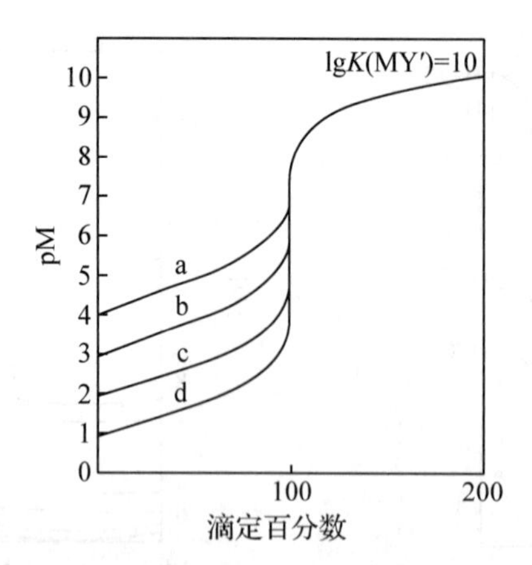

图 1-11 EDTA 滴定不同浓度金属离子的滴定曲线

a. 1×10^{-4} mol · L^{-1} b. 1×10^{-3} mol · L^{-1} c. 1×10^{-2} mol · L^{-1} d. 1×10^{-1} mol · L^{-1}

1.5.2 金属指示剂

1.5.2.1 作用原理和选择指示剂的条件

金属指示剂是能与金属离子形成有色配合物的一类有机配位试剂，其作用原理可通过某些金属离子的 EDTA 滴定中用铬黑 T 指示滴定终点时颜色的变化作说明。铬黑 T(简称 EBT)的结构式以及它与金属离子的配位方式如图 1-12 所示。

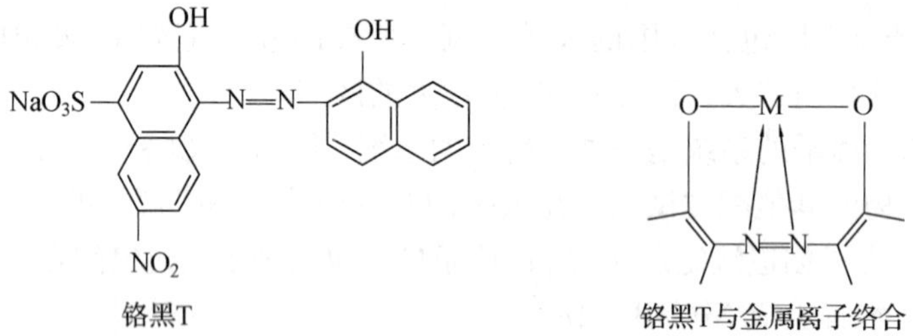

铬黑T　　　铬黑T与金属离子络合

图 1-12 铬黑 T 的结构式及与金属离子的配位方式

EBT 本身在 pH＝8～11 的溶液中显蓝色，而与 Ca^{2+}、Mg^{2+} 等离子形成的配合物呈酒红色。加有指示剂的金属离子溶液在开始滴定之前显示配合物的酒红色，滴定过程中该颜色一直保持到 EDTA 的加入量接近化学计量点的理论量。这种情况下未与指示剂配位的游离金属离子几乎全部形成了 EDTA 配合物，继续加入的 EDTA 将夺走铬黑 T 配合物中的金属离子而将铬黑 T 游离出来：

$$\underset{(\text{酒红色})}{\text{M—铬黑 T}}+\text{EDTA} \xlongequal{} \text{M—EDTA} + \underset{(\text{蓝色})}{\text{铬黑 T}} \tag{1-10}$$

溶液由红色变为蓝色指示滴定终点到达。

需要指出，金属指示剂不仅具有配位功能，而且常是多元弱酸或弱碱。像酸碱指示剂一样，随溶液 pH 值的变化而显示不同的颜色。铬黑 T 是个三元弱酸，第二、第三级电离平衡和相应型体的颜色为：

$$H_2In^- \underset{+H_3O^+}{\overset{-H_3O^+}{\rightleftharpoons}} HIn^{2-} \underset{+H_3O^+}{\overset{-H_3O^+}{\rightleftharpoons}} In^{3-}$$

（红色）　　（蓝色）　　（橙色）

pH<6　　pH = 8~11　　pH>12

显然铬黑 T 在 pH<6 或 pH>12 的溶液中不能用作上述滴定的指示剂，因为在这种 pH 值范围内指示剂本身的颜色与指示剂配合物的颜色没有显著差别。

由上述讨论不难得出合适的指示剂应当具备的基本条件为：

① 金属离子与指示剂生成的配合物的条件稳定常数必须小于与 EDTA 生成的配合物的条件稳定常数，一般小于 2 个数量级左右。

② 金属离子与指示剂生成的配合物(MIn)与指示剂(In)的颜色显著不同。

③ 指示剂必须在滴定突跃范围内变色，突跃范围太小将严重限制选择指示剂的余地。

金属指示剂大多是具有双键的化合物，易受日光、空气、氧化剂的作用而分解。为了避免指示剂变质，往往将指示剂与中性盐配成固体混合物使用。有时可在配制的溶液中加入盐酸羟胺或抗坏血酸以防止指示剂氧化。配好的指示剂一般不宜久置。

表 1-7 列出几种常用金属指示剂的性质和应用范围。

表 1-7　常用的金属指示剂

指示剂	使用的 pH 值范围	颜色变化		直接滴定的离子	最佳 pH 值	指示剂的配制
		In^{n-}	MIn			
铬黑 T	7~10	蓝	红	Mg^{2+}、Zn^{2+}、Cd^{2+}、Mn^{2+}、Pb^{2+}和稀土元素离子	10	1 g 铬黑 T+100 g NaCl(固体)
二甲酚橙	<6	黄	红	ZrO^{2+} Bi^{3+}和Th^{4+} Zn^{2+}、Pb^{2+}、Cd^{2+}、Hg^{2+}和稀土元素离子	<1 1~3 5~6	0.5 g 二甲酚橙+100 g 水
PAN	2~12	黄	红	Bi^{3+}和Th^{4+} Cu^{2+}和Ni^{2+}	2~3 4~5	0.1 g PAN+100 g 乙醇
酸性铬蓝 K	8~13	蓝	红	Mg^{2+}和Zn^{2+} Ca^{2+}	10 13	1 g 酸性铬蓝 K+100 g NaCl(固体)
钙指示剂	10~13	蓝	红	Ca^{2+}	12~13	1 g 钙指示剂+100 g NaCl(固体)
磺基水杨酸	1.5~3	无色	紫红	Fe^{3+}	1.5~3	2 g 磺基水杨酸+100 g 水

1.5.2.2　指示剂变色点的 $pM_{终}$ 值和终点误差的计算

如上所述，当滴定达到终点时，指示剂的颜色发生突变，溶液呈现金属离子与指示剂的配合物(MIn)及指示剂(In)的混合颜色，此时 $c(MIn) = c(In)$，此点亦为指示剂的变色点。在配位滴定中，指示剂变色点(即终点)时 $pM_{终}$ 值的计算十分重要。

金属离子与金属指示剂形成有色配合物，若只考虑 H_3O^+对指示剂的酸效应，其平衡关系如下：

$$\begin{array}{c} M + In \rightleftharpoons MIn \\ \Big\updownarrow H^+ \\ HIn \end{array}$$

$$K(MIn')=\frac{c(MIn)/mol \cdot L^{-1}}{\{c(M)/mol \cdot L^{-1}\} \cdot \{c(In')/mol \cdot L^{-1}\}}=\frac{K^{\ominus}(MIn)}{\alpha(In)}$$

采用对数形式：

$$pM_{终}+\lg\frac{c(MIn)/mol \cdot L^{-1}}{\{c(In')/mol \cdot L^{-1}\}}=\lg K^{\ominus}(MIn)-\lg\alpha(In)$$

由于滴定终点时

$$c(MIn)=c(In')$$

则

$$pM_{终}=\lg K^{\ominus}(MIn)-\lg\alpha(In) \tag{1-11}$$

如果滴定系统中的金属离子也发生副反应，终点时金属离子的总浓度为 $c(M')$，则

$$pM_{终}=\lg K'(MIn)=\lg K^{\ominus}(MIn)-\lg\alpha(In)-\lg\alpha(M) \tag{1-12}$$

知道了终点的 $pM_{终}$ 值，就可由误差公式求出终点误差。

例 12 pH=10.0 时用 EDTA 滴定 Mg^{2+}，以铬黑 T 作指示剂。已知 $\lg K^{\ominus}(MIn)=7.0$，铬黑 T 的质子化常数 $\lg\beta_1=11.6$，$\lg\beta_2=17.8$，试计算 $pM_{终}$ 值。

解：
$$\begin{aligned}\alpha(In)&=1+\beta_1\{c(H_3O^+)/mol \cdot L^{-1}\}+\beta_2\{c(H_3O^+)/mol \cdot L^{-1}\}^2\\&=1+10^{11.6}\times10^{-10.0}+10^{17.8}\times(10^{-10.0})^2\\&\approx10^{1.6}\end{aligned}$$

$$\lg\alpha(In)=1.6$$

$$pM_{终}=\lg K^{\ominus}(MIn)-\lg\alpha(In)=7.0-1.6=5.4$$

例 13 在 pH=10.0 的氨性溶液中用 0.02 $mol \cdot L^{-1}$ 的 EDTA 滴定 0.02 $mol \cdot L^{-1}$ 的 Mg^{2+}，若以铬黑 T 为指示剂，试计算终点误差。已知 $\lg K^{\ominus}(MgY)=8.7$，$\lg\alpha(EDTA)=0.45$。

解：由例 12 得知，$pM_{终}=5.4$

$$\lg K(MgY')=\lg K^{\ominus}(MgY)-\lg\alpha(EDTA)=8.7-0.45=8.25$$

$$\begin{aligned}pM_{计}&=(1/2)[-\lg\{c(Mg)/mol \cdot L^{-1}\}+\lg K(MgY')]\\&=(1/2)(2+8.25)\\&=5.1\end{aligned}$$

$$\Delta pM_{计}=5.4-5.1=0.3$$

$$TE\%=\frac{10^{\Delta pM}-10^{-\Delta pM}}{\sqrt{\{c_{计}(M)/mol \cdot L^{-1} \cdot K(MY')\}}}\times100=\frac{10^{0.3}-10^{-0.3}}{\sqrt{0.01\times10^{8.25}}}\times100=0.11$$

1.5.3 干扰的消除和滴定方式

1.5.3.1 干扰的消除

EDTA 能与多种金属离子形成配合物，溶液中存在的两种或多种金属离子可能相互干扰，从而影响测定。这种干扰在许多情况下可通过下列方法消除。

(1)选择合适的酸度以分别滴定

假定溶液中存在 M 和 N 两种金属离子而且 $c(\mathrm{M})=c(\mathrm{N})$，$K(\mathrm{MY'})>K(\mathrm{NY'})$，加入 EDTA 时 M 将先于 N 被滴定。如果 $K(\mathrm{MY'})$ 与 $K(\mathrm{NY'})$ 值相差足够大，在 M 的滴定过程定量完成之后 EDTA 才与 N 反应，即 M 和 N 可以分别进行滴定。$\Delta \lg K'$(两种离子的条件稳定常数之差值)越小，分别进行滴定的可能性就越小。最小允许的 $\Delta \lg K'$ 值决定于所要求的准确度、两种离子的浓度比 $c(\mathrm{M})/c(\mathrm{N})$ 以及 $\Delta \mathrm{pM}$ 值等因素。有干扰离子存在时通常要求滴定的误差 $\leqslant \pm 0.3\%$，如果检测的 $\Delta \mathrm{pM} \approx 0.2$，不难由误差公式导出分别滴定的条件式：

$$\frac{c(\mathrm{M}) \cdot K(\mathrm{MY'})}{c(\mathrm{N}) \cdot K(\mathrm{NY'})} \geqslant 10^5 \tag{1-13}$$

若 $c(\mathrm{M})=c(\mathrm{N})$，则

$$\Delta \lg K' \geqslant 5.0 \tag{1-14}$$

例 14 在 Bi^{3+}、Pb^{2+} 离子浓度均为 $1\times10^{-2}\ \mathrm{mol \cdot L^{-1}}$ 的混合溶液中能否选择滴定 Bi^{3+} 离子。

解：在溶液酸度未确定的情况下，可由 $\lg K^{\ominus}(\mathrm{MY})$ 代替 $\lg K(\mathrm{MY'})$ 作判断，查相关表，得数据如下：

$$\Delta \lg K^{\ominus}(\mathrm{MY}) = 27.97-18.04=9.90$$

因为 $\Delta \lg K^{\ominus}(\mathrm{MY})>5.0$，选择滴定可以进行，即题给条件下 Pb^{2+} 离子不干扰滴定。

例 15 溶液中含有 Fe^{3+}、Al^{3+}、Ca^{2+}、Mg^{2+} 4 种离子，能否选择适宜的酸度分别滴定 Fe^{3+} 和 Al^{3+}？

解：查相关表，得数据如下：$\lg K^{\ominus}(\mathrm{FeY})=25.1$，$\lg K^{\ominus}(\mathrm{AlY})=16.1$，$\lg K^{\ominus}(\mathrm{CaY})=10.69$，$\lg K^{\ominus}(\mathrm{MgY})=8.69$。

想要分别滴定的是 4 种离子中最稳定的两种离子，因而首先应当考虑 Al^{3+} 对 Fe^{3+} 和 Ca^{2+} 对 Al^{3+} 的干扰。假定干扰离子的浓度与被测离子的浓度相同，这样就可用式(1-14)作判断：

对 Fe^{3+} 和 Al^{3+} 而言：$\Delta \lg K^{\ominus}(\mathrm{MY})=25.1-16.1=9.0>5.0$

对 Al^{3+} 和 Ca^{2+} 而言：$\Delta \lg K^{\ominus}(\mathrm{MY})=16.1-10.7=5.4>5.0$

计算表明 Al^{3+} 不干扰 Fe^{3+} 的测定，Ca^{2+} 也不干扰 Al^{3+} 的测定。既然如此，Ca^{2+} 和 Mg^{2+} 都不会干扰 Fe^{3+} 的测定，Mg^{2+} 也不会干扰 Fe^{3+} 和 Al^{3+} 的测定。

(2)掩蔽干扰离子以分别滴定

若被测离子与干扰离子的 lgK′值相差不大，或者干扰离子比待测离子与 EDTA 形成更稳定的配合物，选择酸度以分别滴定的方法不再适用。此时需要利用掩蔽剂来降低干扰离子的浓度以消除干扰，常用以下方法达到掩蔽目的。

① 配位掩蔽法　掩蔽剂使用某种配位试剂，它能与干扰离子形成比 NY 更稳定的配合物(N，Y 分别代表干扰离子和 Y^{4-} 离子)，但却不与被测离子形成稳定配合物。例如，用 EDTA 滴定水中的 Ca^{2+}、Mg^{2+} 以测定水的硬度时，Fe^{3+}、Al^{3+} 等离子的存在对测定有干扰。若加入三乙醇胺使之与 Fe^{3+}、Al^{3+} 生成更稳定的配合物，则 Fe^{3+}、Al^{3+} 等离子为三乙醇胺掩蔽而不再干扰测定。又如，在 Al^{3+} 和 Zn^{2+} 两种离子共存的系统中加入 NH_4F 使 Al^{3+} 生成更稳

定的 AlF_6^{3-} 配离子而得以掩蔽，因而在 pH=5~6 的情况下可以用 EDTA 滴定 Zn^{2+} 离子。表 1-8 给出一些常用的配位掩蔽剂。

② 沉淀掩蔽法 掩蔽剂使用只与干扰离子形成沉淀的化学试剂，即选择性沉淀剂。例如，在 Ca^{2+}、Mg^{2+} 两种离子共存的系统中加入 NaOH 使 pH>12，待 Mg^{2+} 生成 $Mg(OH)_2$ 沉淀后再加入钙指示剂用 EDTA 滴定 Ca^{2+} 离子。表 1-9 给出配位滴定中常用的一些沉淀掩蔽剂。

③ 氧化还原掩蔽法 此法通过氧化还原反应变更干扰离子的氧化态以消除其干扰。例如，用 EDTA 滴定 Bi^{3+}、Zr^{4+}、Th^{4+} 等离子时溶液中存在的 Fe^{3+} 离子对测定有干扰。加入抗坏血酸或羟胺将 Fe^{3+} 还原成 Fe^{2+}，由于 EDTA 配合物的稳定性比 Fe^{3+} 的配合物小得多，从而使干扰得以消除。

表 1-8 常用的配位掩蔽剂

名 称	pH 值范围	被掩蔽的离子	备 注
KCN	pH>8	Co^{2+}、Ni^{2+}、Zn^{2+}、Hg^{2+}、Cd^{2+}、Ag^+、Tl^+ 及铂族元素	
NH_4F	pH=4~6	Al^{3+}、Ti(Ⅳ)、Sn^{4+}、Zr^{4+}、W(Ⅳ)等	NH_4F 优于 NaF，加入后溶液 pH 值变化小
三乙醇胺(TEA)	pH=10 pH=11~12	Al^{3+}、Sn^{4+}、Ti(Ⅳ)、Fe^{3+} Fe^{3+}、Al^{3+} 及少量 Mn^{2+}	与 KCN 并用时可提高掩蔽效果
二硫基丙醇	pH=10	Hg^{2+}、Cd^{2+}、Zn^{2+}、Bi^{3+}、Pb^{2+}、Ag^+、Sn^{4+} 及少量 Cu^{2+}、Co^{2+}、Ni^{2+} 和 Fe^{3+}	
酒石酸	pH=1.2	Sb^{3+}、Sn^{4+}、Fe^{3+} 及 5 mg 以下的 Cu^{2+}	
	pH=2	Fe^{3+}、Sn^{4+}、Mn^{2+}	
	pH=5.5	Fe^{3+}、Al^{3+}、Sn^{4+}、Ca^{2+}	
	pH=6~7.5	Mg^{2+}、Cu^{2+}、Fe^{3+}、Al^{3+}、Mo^{4+}、Sb^{3+}、W(Ⅳ)	
	pH=10	Al^{3+} 和 Sn^{4+}	

表 1-9 配位滴定中某些常用的沉淀掩蔽剂

名 称	被掩蔽的离子	待测定的离子	pH 值范围	指示剂
NH_4F	Ca^{2+}、Sr^{2+}、Ba^{2+}、Mg^{2+}、Ti^{4+}、Al^{3+} 及稀土元素离子	Zn^{2+}、Cd^{2+}、Mn^{2+}	10	铬黑 T
NH_4F	同上	Cu^{2+}、Co^{2+}、Ni^{2+}	10	紫脲酸铵
K_2CrO_4	Ba^{2+}	Sr^{2+}	10	Mg-EDTA，铬黑 T
Na_2S 或铜试剂	微量重金属	Ca^{2+} 和 Mg^{2+}	10	铬黑 T
H_2SO_4	Pb^{2+}	Bi^{3+}	1	二甲酚橙
$K_4[Fe(CN)_6]$	微量 Zn^{2+}	Pb^{2+}	5~6	二甲酚橙

低价离子配合物的稳定性通常低于高价离子配合物，因而通常是将高价干扰离子还原为低价。常用的还原剂除抗坏血酸和羟胺外还有联胺、硫脲、半胱氨酸等，其中有些还原剂又是配位试剂。

不论采取哪一种掩蔽方法，干扰离子的存在量都不能太大，否则得不到满意的结果。

④ 干扰离子的预先分离 用前两类方法均不能满意地消除干扰时，需要将干扰离子预先分离。例如，钴、镍混合物中测定 Ni^{2+} 和 Co^{2+} 离子时需先进行离子交换分离。又如，磷

矿物中通常含有大量氟组分，F^-离子的存在严重干扰某些离子(如Al^{3+}和Ca^{2+}，前者与F^-离子形成稳定的配合物，后者生成CaF_2沉淀)的测定。为消除F^-离子造成的干扰，通常在酸化和加热条件下使F^-以HF形式挥发而离开系统。

也可用沉淀剂预先分离干扰离子。为避免待测离子的损失，在测定少量待测离子之前不能用沉淀法分离大量干扰离子。

⑤ 选用其他滴定剂　选用EDTA之外的其他滴定剂可能使某些测定中的干扰得以避免。例如，乙二醇二乙醚二胺四乙酸(EGTA，图1-13)和二乙胺四丙酸(EDTP，图1-14)。

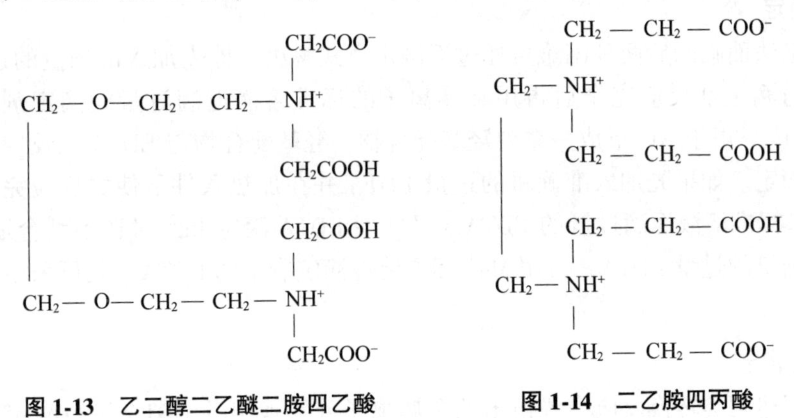

图1-13　乙二醇二乙醚二胺四乙酸　　**图1-14　二乙胺四丙酸**

EGTA和EDTA与Mg^{2+}、Ca^{2+}、Sr^{2+}、Ba^{2+}配合物的稳定性对比如下：

	Mg^{2+}	Ca^{2+}	Sr^{2+}	Ba^{2+}
$\lg K^{\ominus}$(M-EGTA)	5.21	10.97	8.5	8.41
$\lg K^{\ominus}$(M-EDTA)	8.7	10.69	8.73	7.86

不难看出，Mg-EGTA配合物的稳定性显著地低于Ca^{2+}、Sr^{2+}、Ba^{2+}离子的配合物。如果要求在大量Mg^{2+}存在的条件下滴定Ca^{2+}和Ba^{2+}离子，选用EGTA时干扰小得多。

EDTP配合物的稳定性普遍小于EDTA配合物的稳定性：

	Cu^{2+}	Zn^{2+}	Cd^{2+}	Mn^{2+}	Mg^{2+}
$\lg K^{\ominus}$(M-EDTP)	15.4	7.8	6.0	4.7	1.8
$\lg K^{\ominus}$(M-EDTA)	18.80	16.50	16.46	13.87	8.7

但Cu-EDTP的稳定性显著地大于Zn^{2+}、Cd^{2+}、Mn^{2+}、Mg^{2+}等离子相应配合物的稳定性。这些数据意味着在一定的pH值条件下这些离子不干扰EDTP对Cu^{2+}离子的滴定。

1.5.3.2　配位滴定方式

采用不同滴定方式是扩大配位滴定应用范围的一条重要途径，主要滴定方式有以下4种：

(1)直接滴定

用滴定剂直接滴定待测离子的方式叫作直接滴定。直接滴定迅速方便、引入误差小，但不是任何场合都能采用。例如，待测离子不与滴定剂形成配合物(如SO_4^{2-}，PO_4^{3-})，或者不形成稳定的配合物(如Na^+)；待测离子虽能与滴定剂形成具有一定稳定性的配合物，但难以找到合适的指示剂(如EDTA测定Ba^{2+})；待测离子与滴定剂反应速率太慢(如EDTA与Al^{3+}和Cr^{3+}的反应)。

(2)间接滴定

待测离子不形成配合物或不形成稳定配合物的情况下可考虑采用间接滴定法。例如，PO_4^{3-} 与EDTA不形成配合物，如果先加入准确量的过量 $Bi(NO_3)_3$ 使之生成 $BiPO_4$ 沉淀，再用EDTA滴定过量的 Bi^{3+}，不难计算出 PO_4^{3-} 的含量。又如，Na^+ 的EDTA配合物极不稳定，如果加入醋酸铀酰锌使之生成具有确定化学组成的 $NaZn(UO_2)_3(Ac)_9 \cdot xH_2O$ 沉淀，则可将沉淀分离，洗净，溶解后用EDTA滴定 Zn^{2+}。

(3)返滴定

直接滴定法面临的后两种困难可通过返滴定方式解决。即先加入准确量的过量滴定剂，使待测离子与滴定剂反应完全后再用金属离子的标准溶液返滴过量的滴定剂。例如，用EDTA滴定 Al^{3+}。由于 Al^{3+} 形成一系列羟基配合物，羟基配合物与EDTA的反应太缓慢而无法进行直接滴定。如果先加入准确量的过量EDTA并在加热条件下使之反应完全，则可用 Cu^{2+} 或者 Zn^{2+} 标准溶液返滴过量的EDTA。又如用EDTA滴定 Ba^{2+} 时选不到合适的指示剂，如果加入准确量的过量EDTA，再用 Mg^{2+} 标准溶液滴定剩余的EDTA，就可采用 Mg^{2+} 的指示剂铬黑T。

(4)置换滴定

通过对下述两类转换反应中置换出的金属离子或置换出的EDTA进行滴定以计算待测离子含量的方法叫置换滴定法：

$$M+NL = ML+N$$

$$MY+L = ML+Y$$

式中 M和N分别为待测离子和实际被滴定的离子；Y和L分别为EDTA和另一种配位试剂。

置换滴定法不但可以扩大配位滴定的使用范围，而且是提高选择性的一种有效途径。除此之外，还可利用置换滴定原理改善指示剂指示滴定终点的敏锐性。下边分别举几个例子作说明。

Ag^+ 的EDTA配合物不稳定，不能用EDTA直接滴定，但将待测的 Ag^+ 溶液注入到 $Ni(CN)_4^{2-}$ 溶液中，则可转换出后者中 Ni^{2+} 离子：

$$2Ag^+ + Ni(CN)_4^{2-} = 2Ag(CN)_2^- + Ni^{2+}$$

在pH值为10的氨缓冲溶液中紫脲酸胺作指示剂，用EDTA滴定置换出的 Ni^{2+}，即可求得 Ag^+ 的含量。

测定合金中的Sn时，可先加入过量滴定剂使 Sn^{4+} 和干扰离子 Pb^{2+}、Zn^{2+}、Cd^{2+}、Bi^{3+} 等一起生成EDTA配合物，然后用 Zn^{2+} 的标准溶液滴定以除去过量的EDTA，这样一种操作相当于前述的返滴定。加入 NH_4F 将SnY中的EDTA释放出来，再用 Zn^{2+} 标准溶液滴定释放出来的EDTA即可求得 Sn^{4+} 的含量。除 Sn^{4+} 之外的其他干扰离子均不形成稳定的氟配合物，从而大大提高了滴定 Sn^{4+} 的选择性。

铬黑T对EDTA滴定 Ca^{2+} 的反应终点显色不灵敏。如果在EDTA滴定 Ca^{2+} 的溶液中加入少量MgY，则发生下面的置换反应：

$$MgY + Ca^{2+} = CaY + Mg^{2+}$$

置换出来的 Mg^{2+} 离子与铬黑T显很深的红色。滴定过程中加入的EDTA先与 Ca^{2+} 配位，达到滴定终点时夺取 Mg—铬黑 T 配合物中的 Mg^{2+}，游离出指示剂显蓝色。由于滴定前加入的 MgY 和最后生成的 MgY 等量，因而 MgY 的加入不影响滴定结果。

思考题与习题

1-1. 质子理论和电离理论最主要的不同点是什么？

1-2. 酸碱滴定中指示剂的选择原则是什么？

1-3. 利用强碱滴定弱酸性物质时，一般选择哪种类型的指示剂？利用强酸滴定弱碱性物质时，一般选择哪种类型的指示剂？

1-4. 为什么弱酸及其共轭碱所组成的混合溶液具有控制溶液 pH 值的能力？

1-5. 有一含碱废水，可能是 NaOH、Na_2CO_3、$NaHCO_3$ 或它们的混合物，如何判断其组分，并测定组分的含量？

1-6. 氧化还原滴定中的指示剂分为几类？各自如何指示滴定终点？

1-7. 在进行氧化还原滴定之前，为什么要进行预氧化或预还原的处理？预处理时对所用的预氧化剂或预还原剂有哪些要求？

1-8. 某学生配制 0.02 mol·L^{-1} $KMnO_4$ 溶液：准确称取 1.581 g 固体 $KMnO_4$，用煮沸过的蒸馏水溶解，转移至 500 mL 容量瓶，稀释至刻度，然后用干燥的滤纸过滤。请指出其操作方法中的错误。

1-9. 碘量法的主要误差来源有哪些？为什么碘量法不适于在低 pH 值或高 pH 值条件下进行？

1-10. 什么是配位反应？EDTA 与金属离子形成的配合物有哪些特点？

1-11. 络合物的稳定常数和条件稳定常数有什么不同？两者之间有什么关系？哪些因素影响条件稳定常数的大小？

1-12. 什么是金属指示剂的僵化？EDTA 滴定 Ca^{2+} 和 Mg^{2+} 时，加入三乙醇胺和盐酸羟胺的作用是什么？

1-13. 分别说明高锰酸钾法、重铬酸钾法、碘量法中常使用哪种指示剂？

1-14. 什么是银量法？简述银量法的种类、测定水中卤素离子含量的原理。

1-15. 用银量法测定下列试样中的 Cl^- 时：①$CaCl_2$；②$FeCl_2$；③$NaCl+Na_3PO_4$；④$NaCl+Na_2SO_4$；⑤$Pb(NO_3)_2$+NaCl。选用什么指示剂指示滴定终点比较合适？

1-16. 用银量法测定下列试样时：①$BaCl_2$；②KCl；③NH_4Cl；④KSCN；⑤$NaCO_3$+ NaCl；⑥NaBr。各应选用何种方法确定终点？为什么？

1-17. 写出两种测水中 Cl^- 的方法(包括原理、反应式、步骤、计算式以及方法的优缺点)。

1-18. 称取混合碱试样 0.6524 g，加酚酞指示剂，用 0.1992 mol·L^{-1} HCl 标准溶液滴定至终点，用去酸溶液 21.76 mL。再加甲基橙指示剂，滴定至终点，又耗去酸溶液 27.15 mL。求试样中各组分的质量分数。

1-19. 称取混合碱试样 0.9476 g，加酚酞指示剂，用 0.2785 mol·L^{-1} HCl 标准溶液滴定至终点，用去酸溶液 34.12 mL。再加甲基橙指示剂，滴定至终点，又耗去酸溶液 23.66 mL。求试样中各组分的质量分数。

1-20. 取某工业废水水样 100.0 mL，以酚酞为指示剂，用 0.0500 mol·L^{-1} HCl 滴定指示剂刚好变色，用去 25.00 mL，再加甲基橙指示剂不需要滴加 HCl 溶液，就已经呈现终点颜色，问水样中有何种碱度？其含量为多少(分别以 CaO mg·L^{-1}、$CaCO_3$ mg·L^{-1}、mmol·L^{-1} 表示)？

1-21. 称取 $Na_2HPO_4 \cdot 12H_2O$ 试剂 0.8835 g，以甲基橙为指示剂，用 0.1012 mol · L^{-1} HCl 滴定至 $H_2PO_4^-$，消耗 HCl 溶液 27.30 mL。计算样品中 $Na_2HPO_4 \cdot 12H_2O$ 的质量分数，并解释所得结果。

1-22. 用 EDTA 标准溶液滴定水样中的 Ca^{2+}、Mg^{2+} 总量时的最适 pH 值是多少？实际分析中用哪种缓冲溶液控制 pH 值[已知 $Mg(OH)_2$ 溶度积为 1.8×10^{-11}]？

1-23. 取水样 100.0 mL，调节 pH = 10.0，用 EBT 作指示剂，以 10.0 mmol · L^{-1} EDTA 溶液滴定至终点，消耗 25.00 mL，求水样中的总硬度(以 $CaCO_3$ mmol · L^{-1} 和 mg · L^{-1} 表示)。

1-24. 在 0.5 mol · L^{-1} H_2SO_4 介质中，等体积的 0.60 mol · L^{-1} Fe^{2+} 溶液与 0.20 mol · L^{-1} Ce^{4+} 溶液混合。反应达到平衡后，Ce^{4+} 的浓度为多少？

1-25. 将 0.1963 g 分析纯 $K_2Cr_2O_7$ 试剂溶于水，酸化后加入过量 KI，析出的 I_2 需用 33.61 mL $Na_2S_2O_3$ 溶液滴定。计算 $Na_2S_2O_3$ 溶液的浓度。

第 2 章 环境样品处理方法

2.1 环境样品采样方法

2.1.1 样品采集基本原则

环境样品的采集是十分重要的问题。在进行分析前，首先要保证所取得的试样具有代表性，即试样的组成和被分析对象整体的平均组成相一致，这是采样的基本原则。

为使分析结果准确可靠，样品采集必须遵循以下 3 个基本原则：

① 样品必须具有代表性，即样品的平均组成要与被分析对象的平均组成相一致。

② 根据样品的性质和测定要求确定采样数量。

③ 样品贮存、运输方式合理，避免被测定组分存在形态或含量发生变化。

一般而言，样品采集和处理所产生的误差常大于分析测试过程所产生的误差。对于组成不均匀的被分析对象，采用改进样品采集方法来降低采样误差要比改进分析方法的效果更显著。

2.1.1.1 固体样品的采集

固体分析对象具有非均一性的特点，采样的要求也更加严格和困难。由于固体分析对象存在形态、硬度和组成的差异，样品采集的数量、份数就要有所增加，应从分析对象的不同部位、不同深度分别采集，对表面的、内部的、上层的、底层的、颗粒大的和颗粒小的均要求采集到。

如土壤样品，要根据分析测试的目的和分析项目来确定样品采集的方式、方法。对于要了解农作物种植所在土壤的肥料背景或农药残留，只需采集 0~20 cm 耕作层土壤，而对于种植林木的土壤，就要采集 0~60 cm 的耕作土壤。

固体样品的采集数量应考虑采集样品的准确度和分析对象的不均匀性。一般来说，准确度越高，被分析对象越不均匀，采样点数越多，但同时也要考虑在试样处理上所花费的人力和物力。

2.1.1.2 液体试样的采集

对于液体试样的采集应注意以下两点：

① 采样容器不应使样品污染，取样前应用被采集试样冲洗。

② 在取样过程中要注意不让被分析对象的存在形式和含量发生任何变化。

对于水样 pH 值、溶解氧、生化耗氧量、微生物等测试项目，宜于短时间完成。样品采集中，要将分析对象中的任何固体微粒或不混溶的其他液体的微滴采入试样中。采样时不把空气带入试样中。取得的试样应保存在密闭容器中，如果试样见光后有可能发生反应，则应贮于棕色容器中，在保存和运输途中要注意避光等。

一般来说，液体样品组成比较均匀，采样也比较容易，采样数量可以较少。但也要考虑可能存在的任何不均匀性。如湖水中的含氧量的采样，湖水表面与湖水深处含氧量可以相差 1000 倍以上。因此，液体试样也要注意采样的代表性。

液体试样采样时，可用特制的取样器来采集，也可以用下垂重物的瓶子采样。用后者采样时，在瓶颈和瓶塞处系以绳子或链条，塞好瓶塞，浸入试样中的一定部位后，将绳子猛地一拉，即可打开瓶塞，让这一部位的试样充满于取样瓶中。取出瓶子要倾去少许，塞上瓶塞，贴上标签即可。从小容器中取样时，可用特制的取样管，也可用一般的移液管，直接插入液面下一定深度吸取试样。

2.1.1.3 气体试样的采集

气体由于扩散作用，它的均匀性要优于固体和液体试样，要获得具有代表性的气体试样，主要取决于采样时怎样防止杂质的进入。

气体采样装置由采样探头、试样导出管和贮样器组成。采样探头应伸入输送气体的管道或贮存气体的容器内部。贮样器可由金属或玻璃制成，也可由塑料袋制成。

气体可以在采样后直接进行分析。测定的如果是气体试样中的微量组分，可将气体样品中的微量组分通过吸收液而富集，此时的贮样器一般是喷泡式的采样瓶。如测定的是气体中的粉尘、烟等固体微粒，可采用滤膜式采样夹，以阻留固体微粒，达到浓缩和富集的目的。

气体采样装置有时还需备有流量计和简单的抽气装置。

2.1.1.4 生物样品的采集

生物样品通常是指植物、动物和各类微生物。植物样品有花、叶、茎、根、种子等，动物(包括人)样品有体液、毛发、肌肉和一些组织器官等。欲分析的组分常有植物体内的营养成分、农药残留，动物体内的药物及代谢产物，糖类及有关化合物，脂类及长链脂肪酸化合物，维生素及辅酶类化合物，核苷、核苷酸及其衍生物，磷酸酯类化合物，固醇类化合物，胺、酰胺、氨基酸、多肽、蛋白质及其衍生物和某些生物大分子。

由于生物样品来自于动、植物活体，故生物样品与自然界中的其他样品有所不同，采集样品的方法也有所不同。对于森林植物样品的采集与制备，如是用来考虑其营养元素的丰缺及各种营养元素在植株中的临界值，在林木、土壤营养诊断中补充土壤分析的不足，则植物样品的采集除要考虑样株的典型性与代表性外，还要根据测定目的及植物生长期来考虑采样时间、采样的组织器官和采样的部位等因素。如是用来对某污染物质做调查，则除了上述的基本原则外，还要对被分析对象所在地区的污染源做调查，调查内容可包括该地区的自然条件、工业农业生产情况、土壤性状和污染历史及现状。

2.1.2 环境样品的采集

污染物进入环境介质后一般都会以流动、迁移、扩散、混合等形式在环境中分布，所以一般要先根据分析目的进行调查研究，收集相关资料，在综合分析的基础上，合理选择被分析对象采样单元和布设采样点，确定分析项目和采样方法。

在调查研究基础上，选择一定数量能代表被调查地区的地块作为采样单元(0.13~0.2 hm^2)，并挑选一定面积的非污染区作为对照。在每个调查和对照采样单元中，布设一定数量的采样点。为了减少被分析对象空间分布的不均一性的影响，在每个采样单元内，应在不同方位上进行多点采样，并且均匀混合成为具有代表性的分析样品。

2.1.2.1 土壤样品的采集

土壤采样点的设置一般应根据分析项目的目的而定。例如，对于大气污染型土壤，选定采样点应根据工厂规模、污染源及废气排放情况、当地的主导风向及附近地形等具体条件，有目的地朝着一个方向或几个方向，以污染源为中心，按间距 50 m、100 m、250 m、500 m、1000 m、2000 m、3000 m、4000 m 和 5000 m 设置采样点。采样点的数量和间距应以工作需要和实际条件确定，一般是靠近污染源的采样点间距小一些，远离污染源的采样点间距大一些。对于水型污染型土壤，采样点的选择应根据灌溉水渠的水流经路线和流经距离而定。总之，采样点的布设既要尽量照顾到土壤的全面情况，也要视污染情况与监测目的而定。常用的几种采样布点方法如图 2-1 所示。

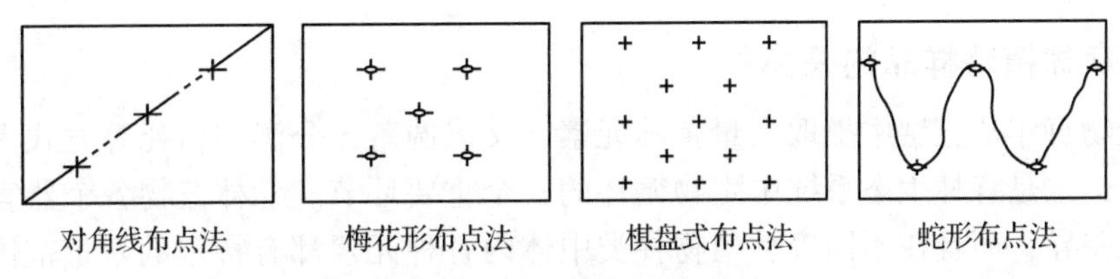

图 2-1 土壤采样布点示意图

① 对角线布点法　适用于面积小、地势平坦的污水灌溉或受污染河水灌溉的地块。布点方法是由地块进水口向对角线引一斜线，将此对角线三等分，在每等分的中间设一采样点，即每一地块设 3 个采样点。根据调查目的、地块面积和地形等条件可做变动，多划分几个等分段，适当增加采样点。图中记号“+”即为采样点。

② 梅花形布点法　适用于面积较小、地势平坦、土壤较均匀的地块，中心点设在两对角线相交处，一般设 5~10 个采样点。

③ 棋盘式布点法　适用于中等面积、地势平坦、地形完整开阔，但土壤较不均匀的地块，一般设 10 个以上采样点。

④ 蛇形布点法　适用于面积较大、地势不很平坦、土壤不够均匀的地块，布设采样点数目较多。

为全面客观评价土壤污染情况，在布点的同时要做到与土壤生长作物监测同步进行布点、采样与监测，以利于对比和分析。

(1) 混合样品

了解土壤养分背景和一般污染状况，对一般农作物的种植耕地，只需采集 0~20 cm 耕作层土壤；对于林木类的种植耕地，采集 0~60 cm 耕作层土壤。一个采样单元内的各采样分点采集到的土样要混合均匀制成混合样，通常采样分点数为 5~20 个。由于采集的量较大，需要用四分法弃取，最后留下 1~2 kg，装入样品袋。

(2)剖面样品

如土壤污染较重，需要了解土壤污染深度，则应按土壤剖面层次分层采样。

土壤剖面指地面向下的垂直土体的切面。在垂直切面上可观察到与地面大致平行的若干层具有不同颜色、性状的土层。典型的自然土壤剖面分为 A 层(表层、腐殖质层、淋溶层)、B 层(淀积层)、C 层(风化母岩层、母质层)和基岩层。采集土壤剖面样品时，要在特定采样地点挖掘一个 1 m×1.5 m 左右的长方形土坑，深度在 2 m 以内，一般到达母质层或潜水处即可。根据土壤剖面的颜色、结构、质地、松紧度、温度、植物根系分布等划分土层，将剖面形态、特征自上而下逐一记录。采样前，先用干净的取样小刀或小铲刮去坑壁表面 1~5 cm 的土，然后在各层最典型的中部自下而上逐层用小土铲取土壤样，每个采样点的采样深度和采样量应一致。将同层次土壤混合均匀，各层次取 1 kg 土样品，分别装入样品袋。要注意的是土壤剖面点位不能选在土类和母质交错分布的边缘地带或土壤剖面受破坏的地方，剖面的观察面要向阳。

做土壤背景值调查时也需要采集土壤剖面样品，在剖面各层次典型中心部位自下而上采样。采用小铲或铁锹先将坑挖到要求深度之后，整理成垂直状，用非金属片或竹木片将垂直坑壁表面层刮去，再从上而下切取厚度为 5~10 cm 的均匀整齐的一块土壤，装入样品袋，挂上标签。样品袋可用纸袋或布袋。

2.1.2.2　森林植物样品的采集

森林植物每年从土壤中摄取大量营养元素，又以凋落、分泌、枯死等方式大量归还物质于土壤中，这是森林生态系统中生物循环的一个重要环节。森林植物各个器官中的营养元素有较大差异，而且在不同森林植物种类中体内各种元素都有特定的含量范围，它们在森林土壤生态系统中各自起着很重要的作用。

森林植物各器官营养元素含量的差异，不仅在不同的生长时期差异较大，而且在一日之内也有变化。另外，在植株的各部位间营养元素的差异也较明显。因此，在采样时应根据分析的目的和要求，充分考虑上述各因素的影响。

如果是要分析森林植物较稳定的灰分元素含量，森林植物样品的采集时间应在森林植物生长停止前(落叶树可以在叶子转黄前约 1 个月这一阶段采集；针叶树可在早秋至冬天这一阶段中采集)，因为在这一段时间内，森林植物的灰分元素含量水平相对稳定。森林植物样品的采样部位应在树冠中上部向阳面，采集的对象是当年生的叶片。如果是为了诊断的目的而采集的森林植物样品，应该是选用森林植物群体中的优势木，因为这些树木在该立地条件上具有最大的代表性及最大的经济价值。

2.1.3　环境样品的制备

2.1.3.1　土壤样品的制备

样品制备的处理程序是：风干、磨细、过筛、混合、分装，制成满足分析要求的土壤样品。制备的目的是：除去非土部分，使测定结果能代表土壤本身的组成；有利于样品较长时期保存，防止发霉、变质；通过研磨、混匀，使分析时称取的样品具有较高的代表性。制备处理工作可在向阳(勿使阳光直射土样)、通风、整洁、无扬尘、无挥发性化学物质的房间内进行。

(1)样品风干

除了测定游离挥发酚、硫化物、铵态氮、硝态氮、氰化物等不稳定组分需要新鲜土样外，多数项目均需经土壤样品风干后才能测定，风干后的样品容易混合均匀，分析结果的重复性和准确性都比较好。

从野外采集的土壤样品运到实验室后，为避免受微生物的作用引起发霉变质，应立即将全部样品倒在洗刷干净、干燥的塑料薄膜上或瓷盘内自然风干。将土壤样品摊成约 2 cm 厚的薄层，用玻璃棒间断地压碎、翻动，使其均匀风干。在风干过程中，拣出碎石、砂砾及植物残体等杂质。

(2)磨碎与过筛

如果进行土壤颗粒分析及物理性质测定等物理分析，取风干样品 100~200 g 于有机玻璃板上用木棒、木碾再次压碎，经反复处理使其全部通过 2 mm 孔径(10 目)的筛子，混匀后贮存于广口玻璃瓶内。

如果进行化学分析，土壤颗粒细度影响测定结果的准确性，即使对于一个混合均匀的土样，由于土粒大小不同，其化学成分及其含量也有差异，应根据分析项目的要求处理成适宜大小的颗粒。一般处理方法是：将除去碎石、砂砾及植物残体的风干土样置于有机玻璃板或木板上，用锤、碾、棒压碎，用四分法分取所需土样量，使其全部通过 1 mm 或 0.84 mm 孔径(20 目)尼龙筛。过筛后的土样全部置于聚乙烯薄膜上，充分混匀，用四分法分成两份，一份交样品库存放，可用于土壤 pH 值、土壤代换量等项目测定；另一份继续用四分法缩减分成两份，一份备用，一份研磨至全部通过 0.149 mm 孔径(100 目)或 0.25 mm 孔径(60 目)尼龙筛，充分混合均匀后备用。通过 0.149 mm 孔径(100 目)筛的土壤样品用于营养元素分析；通过 0.25 mm 孔径(60 目)筛的土壤样品用于农药等项目的测定。样品装入样品瓶或样品袋后，及时填写标签，一式两份，瓶内或袋内一份，外贴一份。

2.1.3.2 森林植物样品的制备

森林植物样品采集后必须及时进行制备，放置时间过长营养元素将会发生变化。

新鲜样品采集后，刷去灰尘，然后将样品及时进行杀青处理，即把样品放入 80~90 ℃ 的鼓风烘箱中烘 15~30 min，然后将样品取出摊开风干。或将样品装入布袋中在 65 ℃ 的鼓风烘箱中烘干处理 12~24 h，使其快速干燥。加速干燥可以避免发霉，并能减少植株体内酶的催化作用造成有机质的严重损失。不论用什么方法进行干燥处理，都应防止烟雾和灰尘污染。经过以上处理后，再将烘干的植物样品在植物粉碎机中进行磨碎处理。

全部样品必须一起粉碎，然后通过 2 mm 孔径筛子，用分样器或四分法取得适量的分析样品。在做常量元素分析时，粉碎机中有可能污染的常量元素通常可忽略不计。如果进行植物微量元素的分析，最好将烘干样品放在塑料袋中揉碎，然后用手磨的瓷研钵研磨，必要时要用玛瑙研钵进行研磨，并避免使用铜筛子，可用尼龙网筛，这样就不至于引起显著的污染。

森林枯枝落叶层样品的制备同森林植物样品的制备。

2.2 环境样品前处理技术

2.2.1 环境样品的前处理

2.2.1.1 土壤样品前处理

在土壤样品的监测分析中，根据分析目的的不同，要经过样品的前处理，才能进行待测组分含量的测定。

(1) 土壤样品分解方法

土壤样品分解方法有：酸分解法、碱熔分解法、高压釜密闭分解法、微波炉加热分解法等。分解法的作用是破坏土壤的矿物晶格和有机质，使待测元素进入试样溶液中。

① 酸分解法　也称为消解法，是测定土壤中重金属常选用的方法。它是将土壤样品与一种或两种以上的强酸(如硫酸、硝酸和高氯酸等)共同加热浓缩至一定体积，使有机物分解成二氧化碳和水而被除去。为了加快氧化速度，可加入过氧化氢、高锰酸钾和五氧化二钒等氧化剂和催化剂。常用的消解方法有以下几种：

王水(盐酸-硝酸)消解　王水为硝酸与盐酸的体积比为1：3的混合物，可用于消解测定铜、锌、铅等组分的土壤样品。

硝酸-硫酸消解　由于硝酸氧化能力强而沸点低，硫酸具有氧化性且沸点高，因此，二者混合使用，既可利用硝酸的氧化能力，又可提高消解温度，消解效果较好。常用的硫酸与硝酸的体积比为2：5。消化时先将土壤样品润湿，然后加硝酸于样品中，加热蒸发至较少体积时，再加硫酸加热至冒白烟，使溶液变成无色透明清亮。冷却后，用蒸馏水稀释，若有残渣，需进行过滤或加热溶解。必须注意的是，在加热溶解时，开始低温，然后逐渐高温，以免因迸溅引起损失。

硝酸-高氯酸消解　适用于含难氧化有机物的样品处理，是破坏有机物的有效方法。在消解过程中，硝酸和高氯酸分别被还原为氮氧化物和氯气(或氯化氢)自样液中逸出。由于高氯酸能与有机物中的羟基生成不稳定的高氯酸酯，有爆炸危险，因此，操作时，先加硝酸将醇类中的羟基氧化，冷却后在有一定量硝酸的情况下加高氯酸处理，切忌将高氯酸蒸干，因无水高氯酸会爆炸。样品消解时必须在通风橱内进行，而且应定期清洗通风橱，避免因长期使用高氯酸引起爆炸。

硫酸-磷酸消解　这两种酸的沸点都较高，硫酸具有氧化性，磷酸具有配合性，能消除铁等离子的干扰。

盐酸-硝酸-氢氟酸-高氯酸分解　取适量风干土样于聚四氟乙烯坩埚中，用水润湿，加适量浓盐酸，于电热板上低温加热：蒸发至约剩5 mL时加入适量浓硝酸，继续加热至近黏稠状，再加入适量氢氟酸并继续加热。为了达到良好的除硅效果，应不断摇动坩埚。最后，加入少量高氯酸并加热至白烟冒尽。对于含有机质较多的土样，在加入高氯酸之后加盖消解。分解好的样品应呈白色或淡黄色(含铁较高的土壤)，倾斜坩埚时呈不流动的黏稠状。用水冲洗坩埚内壁及盖，温热溶解残渣，冷却后定容至要求体积(根据待测组分的含量确定)。这种消解体系能彻底破坏土壤晶格，但在消解过程中，要控制好温度和时间。如果温度过高，消解试样时间短或将试样蒸干，会导致测定结果偏低。

土壤样品进行多酸消解时，消解酸的用量及加入酸的顺序非常重要。

② 碱熔分解法　是将土壤样品与碱混合，在高温下熔融，是样品分解的方法。所用器皿有铝坩埚、磁坩埚、镍坩埚和铂金坩埚等；常用的熔剂有碳酸钠、氢氧化钠、过氧化钠和偏硼酸锂等。其操作要点是：称取适量土样于坩埚中，加入适量熔剂(用碳酸钠熔融时应先在坩埚底垫上少量碳酸钠或氢氧化钠)，充分混匀，移入马福炉中高温熔融。熔融温度和时间视所用熔剂而定，用碳酸钠时于900~920 ℃熔融30 min，用过氧化钠时于650~700 ℃熔融20~30 min。熔融好的土样冷却至60~80 ℃后，移入烧杯中，于电热板上加水和1∶1盐酸加热浸提并中和、酸化熔融物，待大量盐类溶解后，滤去不溶物，滤液定容，供分析测定。

碱熔法具有分解样品完全、操作简便、快速且不产生大量酸蒸气的特点，但由于使用试剂量大，引入了大量可溶性盐，也易引进污染物质。另外，有些重金属(如镉和铬等)在高温下易挥发损失。

③ 高压釜密闭分解法　此法先用水润湿土样，加入混合酸并摇匀后放入能严密密封的聚四氟乙烯坩埚内，置于耐压的不锈钢套筒中，放在烘箱内加热(一般不超过180 ℃)分解。高压釜密闭分解法具有用酸量少，易挥发元素损失少，可同时进行批量试样分解等特点。但也存在缺陷，一是看不到分解反应过程，只能在冷却开封后才能判断试样分解是否完全；二是分解试样量一般不能超过1.0 g，使测定含量极低的元素时称样量受到限制。分解含有机质较多的土壤时，特别是在使用高氯酸的场合下，有发生爆炸的危险，可先在80~90 ℃将有机物充分分解。

④ 微波炉加热分解法　该方法是利用微波消化处理系统进行样本消化，将土壤样品和混合酸放入聚四氟乙烯容器中，置于微波炉内加热使试样分解的方法。由于微波炉加热不是利用热传导方式使土壤从外部受热分解，而是以土样与酸的混合液作为发热体，是用微波能来加热样品，水和其他极性液体等化合物迅速地吸收微波能量，因仪器内放有液体或离子溶液(通常是酸)，而微波能穿透容器内的样品，迅速受热和升压，所以样品在短时间内能完成消化，由于热量几乎不向外部传导损失，所以热效率非常高，并且利用微波炉能激烈搅拌和充分混匀土样，使其加速分解。将样品置于密封容器中加压快速消化，样品处理时间为10 min至数十分钟，即可达到完全消化溶解的状态，每次可同时处理12个样品。

(2)净化与浓缩

土壤样品中的待测组分被提取后，往往还存在干扰组分，或达不到分析方法测定要求的浓度，需要进一步净化或浓缩。常用净化方法有层析法和蒸馏法等；浓缩方法有KD浓缩器法和蒸发法等。土壤样品中的氰化物、硫化物常用蒸馏-碱溶液吸收法分离。

2.2.1.2　有机样品前处理

有机试样的处理包括有机试样的分解和溶解两部分内容。有机试样分解的目的是测定有机试样中所含有的常量的或痕量的元素。这时所需测定的元素应能定量回收，又应使之转变为易于测定的形态存在，同时又不应引入干扰组分。而有机试样溶解的目的是测定有机试样中某些组分的含量，测定试样的物理性质，鉴定或测定其功能团。

(1)有机试样的分解

有机试样的分解主要有干法灰化法、湿法灰化法和特殊法3种。几种方法均可以借助微波、超声波技术加快处理过程。特殊法具有一定的针对性，本节仅介绍干法灰化法和湿法灰化法。

① 干法灰化法　干法灰化法有坩埚灰化法、氧瓶燃烧法、燃烧法和低温灰化法 4 种。这种方法主要是依靠加热使试样灰化分解，将所得灰分溶解后进行分析测定。这种分解方法可以置试样于坩埚中，用火焰直接加热，亦可于炉子中(包括管式炉中)在控制的温度下加热灰化。应用这种灰化方法，砷、硼、镉、铬、铜、铁、铅、汞、镍、磷、钒、锌等元素常挥发损失，因此对于痕量组分的测定，应用此法的不多。

干法灰化也可以在“氧瓶”中进行，瓶中充满氧并放置少许吸收溶液。通电使试样在“氧瓶”中“点燃”，使分解作用在高温下进行。分解完毕后摇动“氧瓶”，使燃烧产物完全被吸收，从吸收液中分析测定硫、磷、卤素和痕量金属。这种方法适用于热不稳定试样的分解。对难以分解的试样，可用氢氧焰燃烧，温度估计可达 200 ℃左右。这种方法曾用来分解四氟甲烷，使氟定量地转变为 F^-；亦可用来测定磷、卤素和硫。低温灰化法是借助高频激发的氧气对样品进行灰化，灰化温度低于 100 ℃，用于食品、石墨、滤纸、离子交换树脂等样品中的易挥发损失的某些元素的分析测试。

② 湿法灰化法　对于痕量元素的测定，用湿法灰化法分解有机试样较好，但所用试剂纯度要高。

一般采用硫酸-硝酸混合酸。对于不同试样，可以采用不同配比；两种酸可以同时加，也可以先加入硫酸，待试样焦化后再加入硝酸。加热直至试样完全氧化，溶液变清，并蒸发至干，以除去亚硝基硫酸。所得残渣应溶于水，除非有不溶性氧化物和不溶性硫酸盐存在。应用此种灰化法，氯、砷、硼、锗、汞、锑、硒、锡要挥发逸出，磷也可能挥发逸去。

对难以氧化的有机试样，用过氯酸硝酸或过氯酸-硝酸-硫酸混合酸小心处理，可使分解作用快速进行。这两种混合酸曾用来分解天然产物、蛋白质、纤维素、聚合物，也可用来分解燃料油，使其中的硫和磷转变成硫酸和磷酸而被测定。如装上回流装置，可防止汞的挥发损失，也可防止硝酸的挥发。

对于含有汞、砷、锑、铋、金、银或锗的金属有机物，用硫酸-过氧化氢溶液处理可以得到满意的结果。由于硫酸-过氧化氢溶液是强烈的氧化剂，因而对于未知性能的试样不要随便应用。

用铬酸和硫酸混合物分解有机试样，可以测定分解产物中的卤素。

用浓硫酸加硫酸钾，再加入氧化汞作催化剂，加热分解有机试样，使试样中的氮还原为硫酸铵，以测定总含氮量，这是大家都熟悉的基耶达法(Kjeldahk method)。但这个方法的反应过程尚不清楚，所用催化剂除氧化汞以外尚可用铜或硒化合物。但含有硝酸盐、亚硝酸盐、偶氮、硝基、亚硝基、氰基的化合物等，需要特殊的处理，以回收其总含氮量。

(2)有机试样的溶解

为了测定有机试样中某些组分的含量、试样的物理性质，或鉴定功能团，应选择适当的溶剂将有机试样溶解。这时既要根据试样的溶解度来选择溶剂，还要考虑所选用的溶剂是否影响以后的分离测定。

根据有机物质的溶解度来选择溶剂时，“相似相溶”是个基本原则。一般来讲，非极性试样易溶于非极性溶剂中，极性试样易溶于极性溶剂中。分析化学中常用的有机溶剂种类很多，因此溶剂的选择常常要结合具体的分离和分析方法而定。

2.2.1.3 植物样品前处理

植物样品的处理方法与测定对象有关，测定对象不同，采用的样品处理方法不同。一般可有干法消解、湿法消解、溶剂萃取等方法。以植物中金属总量测定前处理为例：如用干法消解时需将样品加热到450 ℃，为消除样品中的硅对待测微量元素的吸附，样品中的残留硅可用氢氟酸-硝酸混合液进行处理。经干法灰化后，用原子光谱法可测定样品中大量的钙、钾、镁、钠，少量的铁、锰，痕量的镉、钴、铬、铜、钼、镍、铅、锑、铊、钒和锌。当待测物是砷、硒时，对于陆生植物可用>450 ℃的干灰化法分解样品，砷、硒不损失；对于水生植物，湿法消解时常用的样品分解方法。若只测定汞，则样品只用浓硫酸消解。湿法消解同样适用于测定其他金属元素时样品的前处理，铝、镉、铬、铜、铁、锰、铅、钒的测定可用硫酸-过氧化氢溶液消解，测定铍时可用硝酸-氢氟酸-硫酸消解样品，镉、铬、铜、铁、锰的测定也可用硝酸-高氯酸处理消解样品。

2.2.1.4 生物样品的前处理

生物样品的处理方法也与测定对象有关，测定对象不同，采用的样品处理方法也不同。如果测定生物样品中的微量元素，可以采用溶剂萃取的方法，也可以采用消化法。使用萃取法时，要保证被萃取组分是以游离态存在的，否则要采取一定方式使非游离态的组分游离出来。采用消化法是将全部的生物样品消化，除掉生物样品中的有机基体，使元素以离子态存在，然后加以测量。如果测定的是非元素状态的分子态物质，就不能采用消化法处理样品。

(1) 生物组织细胞的破碎方法

当待测组分存在于生物体细胞内及多细胞生物组织中时，需在测定前使细胞和组织破碎，将这些待测组分释放到溶液中去。不同的生物体，或同一生物体的不同组织，其细胞破碎的难易程度不同，使用的方法也不完全相同。如动物内脏等组织较柔软，用普通的匀浆器研磨即可，肌肉等组织较韧，需预先绞碎再进行匀浆。植物肉组织可用一般研磨方法，含纤维较多的组织则必须在捣碎器内破碎或加砂研磨。许多微生物均具有坚韧的细胞壁，常用自溶、冷热交替，加砂研磨、超声波和加压处理等方法进行破碎。总之，破碎细胞的目的就是破坏细胞的外壳，使细胞内待测组分有效地释放出来。细胞破碎的方法很多，按照是否存在外加作用力可分为机械法和非机械法两大类。机械法包括珠磨法、压榨法、高压匀浆法和超声波破碎法；非机械法包括酶溶法、化学法和物理法等。

转速高可达20 000 r/min的高速组织捣碎机和匀浆器是机械破碎的常用仪器，后者的细胞破碎效率比前者高。对于细菌及植物材料，常用研钵研磨处理。研磨时，加入少量的玻璃砂效果更好。反复冷冻，缓慢融化，反复操作几次，大部分动物细胞及细胞内的颗粒可被破碎；在细菌或病毒中提取蛋白质和核酸时可使用冷热交替法，将材料放入沸水中，在90 ℃左右维持数分钟，立即置于冰浴中，使之迅速冷却，绝大部分细胞可被破坏；微生物材料的处理可以采用超声波处理法。应用超声波处理时应注意避免溶液中沉淀的存在，一些对超声波敏感的核酸和酶宜慎重使用。细胞破碎可以采用加压破碎法，即加气压或水压至20~35 MPa时，可使90%以上细胞被压碎。

化学及生物化学法主要是通过化学试剂或酶破坏细胞壁而使细胞破碎，常用自溶法、溶菌酶处理法、表面活性剂处理法等进行处理。将待破碎的新鲜生物样品存放在一定pH值和适当的温度下，利用组织细胞中自身的酶将细胞破坏，使细胞内所含物质释放出来的方法称为自溶法，使用自溶法时，要加入适当的防腐剂防止外界细菌的污染；用蛋清或微生物发酵方法制得的溶菌酶，具有只破坏细菌细胞壁的功能。溶菌酶选择性作用强，适用于多种微生物。使用表面活性剂处理法处理生物样品也可以使细胞壁破碎。

(2)蛋白质的提取与去除

蛋白质是由20种α-氨基酸通过肽键连接而成的长链高分子化合物，分子质量从数千到数百万。按功能可分成两大类：第一类为活性蛋白，包括酶、激素蛋白、运输和贮存蛋白、运动蛋白、防御蛋白和病毒外壳蛋白、受体蛋白、毒蛋白及控制生长和分化的蛋白等；第二类为非活性蛋白，包括胶原蛋白、角蛋白等。蛋白质存在于生物体的细胞内，细胞破碎后，蛋白质易被提取出来。大部分蛋白质都是可溶于水、稀盐、稀酸或稀碱溶液的，少数与脂类结合的蛋白质则溶于乙醇、丙醇、丁醇等有机溶剂中。蛋白质在不同溶剂中的溶解度差异，主要取决于蛋白质分子中非极性疏水基团与极性亲水基团的比例，其次取决于这些基团的排列和偶极矩，所以，分子结构是不同蛋白质溶解度差异的内因；温度、pH值、离子强度等因素是影响蛋白质溶解度的外界条件。可以根据这些内外因素综合加以利用，将所需要的蛋白质从已破碎的细胞中提取出来。

① 蛋白质的提取　由于大部分蛋白质都能溶于水、稀盐、稀酸或稀碱溶液中，所以蛋白质的提取一般是以水溶液为主，其中盐溶液和缓冲溶液对蛋白质的稳定性好、溶解度大，是提取蛋白质最常用的溶剂。当细胞粉碎后，用盐溶液或缓冲溶液提取蛋白质时，应注意所用盐的浓度和缓冲溶液的酸度。常用等渗盐溶液，尤其以0.15 $mol \cdot L^{-1}$氢化钠溶液和0.02~0.05 $mol \cdot L^{-1}$磷酸缓冲溶液和碳酸缓冲溶液居多。但有些蛋白质在低盐浓度下溶解度较低，需用浓度较高的盐溶液，如脱氧核糖核蛋白需用1$mol \cdot L^{-1}$以上的氯化钠溶液提取；而另一些蛋白质则在低盐浓度溶液或水中溶解度较高，如某些霉菌中的脂肪酶用水提取效果更好。因此，在用水溶液提取蛋白质时，需根据所要提取的蛋白质来选择不同种类和不同浓度的盐溶液。溶液的pH值对蛋白质的溶解度和稳定性影响很大，因此pH值的选择对蛋白质的提取十分重要。提取蛋白质时，提取溶液的pH值应选定在该蛋白质的稳定范围，在该蛋白质等电点的两侧，提取碱性蛋白质时要选在偏酸一侧，提取酸性蛋白质时要选在偏碱一侧，以增大蛋白质的溶解度，提高提取的效率。

② 蛋白质的去除　生物试样中含有的蛋白质，可能影响组分的测定。为此，在测定前，需使蛋白质破坏或沉淀，根据分析方法的特点，可采用不同的蛋白质去除法。如用原子吸收光谱法测定试样中的微量元素时，要对分析的生物试样进行消化处理，使蛋白质等有机物破坏，微量元素转化为无机离子后予以测定。若用色谱法测定血液试样中某一化学成分，为防止蛋白质污染固定相，降低柱的分离度，必须在测定前使生物试样中的蛋白质沉淀，使与蛋白质结合的物质释放出来，以便测定其总浓度。试样中除去蛋白质后，有利于萃取过程中减少乳化现象，使提取液澄清。去除蛋白质的方法很多，超速离心可除尽蛋白，但一般实验室常用沉淀法，操作简便易行。常见的沉淀剂有三氯乙酸(TCA)、高氯酸、溶于硫酸的钨酸盐、乙腈、丙酮、乙醇、甲醇、硫酸铵饱和溶液等。其中，TCA是常用的蛋白质沉淀剂，但其中因含有杂质，致使空白值增高，高氯酸也是一种常用蛋白质沉淀剂，沉淀效率高，过量的高氯酸可加钾盐除去。

当用蛋白质沉淀法难以使蛋白质结合的被测组分释放时，也可使用酸消化法、酶消化法或光辐射消化法等。

2.2.2 环境样品前处理的新方法与新技术

2.2.2.1 超临界流体萃取技术

超临界流体萃取(SFE)是20世纪70年代开始用于工业生产中有机化合物的萃取，它是用超临界流体作为萃取剂，从各种组分复杂的样品中，把所需要的组分分离提取出来的一种分离萃取技术。

近年来，随着科技的进步和生活水平的提高，人们对健康、环境有了新的认识，对食品、医药、化妆品等有关身心健康的产品及相关生产方法提出了更高标准和要求。超临界流体萃取作为一种独特、高效、清洁的新型提取、分离手段，在食品工业、精细化工、医药工业、环境等领域已展现出良好的应用前景，成为取代传统化学方法的首选。目前，世界各国都集中人力物力对超临界技术的基础理论、提取设备和工业应用等方面进行系统研究，取得了长足进展。

超临界流体萃取技术有以下几个特点：

① 可以在接近室温下进行提取，有效地防止了热敏性物质的氧化和逸散。

② 是最干净的提取方法，防止了提取过程中对人体有害物的存在和对环境的污染，保证了其纯天然性。

③ 萃取和分离合二为一，当饱和溶解物的流体进入分离器时，由于压力的下降或温度的变化，使得流体与萃取物迅速成为两相(气液分离)而立即分开。不仅萃取的效率高，而且能耗较少，提高了生产效率，也降低了费用成本。

④ 流体在生产中可以重复循环使用，从而有效地降低了成本。

⑤ 压力和温度是调节萃取过程的主要参数，通过改变温度和压力达到萃取的目的，从而使工艺简单，容易掌握。

任何一种物质都存在3种相态——气相、液相、固相。三相呈平衡态共存的点称为三相点。液、气两相呈平衡状态的点称为临界点。在临界点时的温度和压力称为临界温度和临界压力。不同的物质其临界点所要求的压力和温度各不相同。

超临界流体是指介于气体和液体之间的一种气体。这种气体处于其临界温度和临界压力以上状态时，向该气体加压，气体不会液化，只是密度增大，具有类似液体的性质，同时还保留气体性能。超临界流体对溶质具有较大溶解度，又具有气体易扩散和运动的特点。更重要的是：超临界液体的许多性质如黏度、密度、扩散系数、溶剂化能力等性质随温度和压力变化很大，因此对选择性的分离非常敏感。

用于超临界流体萃取的流体必须稳定、安全、易于操作，对欲萃取溶质要有足够大的溶解能力，同时又具有良好的选择性。常用超临界流体的临界温度和压力见表2-1。

表2-1 常用超临界流体的临界温度与压力

流体	临界温度/℃	临界压力/MPa	流体	临界温度/℃	临界压力/MPa
乙 烯	9.3	5.04	丙 烯	96.7	4.25
二氧化碳	31.3	7.18	氨	132.5	11.28
乙 烷	32.2	4.88	乙 烷	234.2	3.03
丙 烯	91.6	4.62	水	374.2	22.05

超临界流体萃取分离过程的原理是利用超临界流体的溶解能力与其密度的关系，即利用压力和温度对超临界流体溶解能力的影响而进行的。在超临界状态下，超临界流体具有很好的流动性和渗透性，将超临界流体与待分离的物质接触，使其有选择性地把极性大小、沸点高低和分子量大小的成分依次萃取出来。当然，对应各压力范围所得到的萃取物不可能是单一的，但可以控制条件得到最佳比例的混合成分，然后借助减压、升温的方法使超临界流体变成普通气体，被萃取物质则完全或基本析出，从而达到分离提纯的目的，所以在超临界流体萃取过程是由萃取和分离组合而成的。

超临界流体萃取装置如图 2-2 所示。

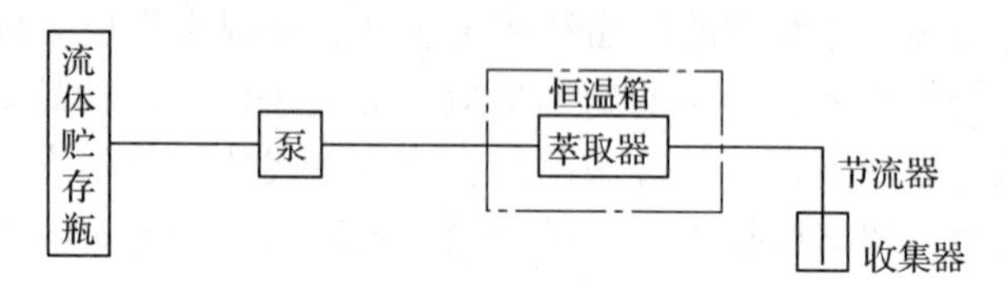

图 2-2 超临界流体萃取装置示意图

萃取过程为：

① 待测组分从样品基体中释放出来，并扩散、溶解到超临界流体中。

② 待测组分从萃取器转移到收集系统。

③ 降低超临界流体压力，收集被测组分。

超临界流体萃取操作方式分为动态、静态和循环 3 种模式。动态法是超临界流体萃取剂一次直接通过样品萃取管，使被萃取组分直接从样品中分离出来。它简单、方便、快捷，特别适用于在超临界流体萃取剂中溶解度大，而且样品的基体又很容易被超临界萃取剂渗透的样品。静态法是将被萃取的样品浸泡在超临界萃取剂中，经过一定时间后再把含有被萃取溶质的萃取剂流体输入吸收管。适用于萃取那些与样品基体较难分离或在萃取剂中溶解度不大的物质。也适用于样品基体较为致密，超临界流体萃取剂不易渗透的样品。循环法是将超临界流体萃取剂先充满有样品的萃取管，然后用循环泵使萃取管内的流体反复、多次通过管内萃取样品，最后输入吸收管。

超临界流体萃取技术还可以与色谱仪器实现在线联用。已有的联用技术有 SFE-GC、SFE-SFC、SFE-HPLC 和 SFE-MS 等。

与传统化学分离提取方法相比，超临界流体萃取技术具有许多优点，但也存在许多问题，主要是处理成本高、设备生产能力低、对有些成分提取率低，另外还有能源的回收、堵塞、腐蚀等技术问题有待解决。但它作为一种国际上公认的绿色提取技术，其本身特性显示了巨大的生命力。

随着当今社会高度发展，维护和保持一个可持续发展的环境是人类共同的要求和期望。无论是环境保护、污染治理的需要，还是人们对天然产物和绿色食品的青睐，传统的加工分离提取技术是难以企及的，这些都预示着超临界流体萃取技术将会拥有更为广阔的发展空间。目前国际上超临界流体萃取技术的研究和应用正方兴未艾，我国从 20 世纪 70 年代末 80 年代初即开展了对超临界流体萃取技术的研究。国家对此项技术的研究也给予了较大的支持，但与世界先进水平相比，尚存一定差距。我国有丰富的天然植物和药物资源，开发和利用这些资源具有重要意义，我们应加强超临界流体萃取技术的基础理论和应用研究。

2.2.2.2 固相萃取技术

固相萃取(SPE)是一种试样预处理技术，由液固萃取和柱液相色谱技术相结合发展而来。从1978年出现一次性固相萃取商品柱算起，固相萃取以其现代形式存在已有近40年的历史。据统计，固相萃取自出现以来，一直以10%的年增长率扩大其应用。在很多情况下，固相萃取作为制备液体试样优先考虑的方法，取代了传统的液液萃取法。

与液液萃取相比较，固相萃取具有如下优点：

① 对分析物的回收率高。

② 能更有效地将分析物与干扰组分分离。

③ 不需要使用超纯溶剂，有机溶剂的低消耗可以减少对环境的污染。

④ 能处理小体积试样。

⑤ 无相分离操作，容易收集分析物级分。

⑥ 操作简单、省时、省力，易于自动化。

固相萃取是一个柱色谱分离过程，分离机理、固定相和溶剂的选择等方面与高效液相色谱有许多相似之处。但是，固相萃取柱的填料粒径(>40 μm)要比高效液相填料(3~10 μm)大。由于短的柱床和大的粒径，固相萃取的柱效能要比高效液相色谱低得多。一个高效液相色谱柱能够产生10 000以上的塔板，而一个固相萃取柱只能获得10~50塔板。因此，用固相萃取只能分开保留性质有很大差别的化合物，通过阶式梯度，以数字开关方式进行典型的固相萃取分离，分析物不是被固定相牢固的吸附就是完全不被保留。与高效液相色谱的另一个差别是固相萃取柱一般都是一次性使用的。

固相萃取柱本身的特点也决定了应用范围，分离效率相对较低的固相萃取技术主要应用于处理试样。借助固相萃取可以达到的目的是：从试样中除去对分析有干扰的物质；富集痕量组分，提高分析灵敏度；变换试样溶剂，使之与分析方法相匹配；原位衍生；试样脱盐；便于试样的贮存和运送。

在以上诸点之中，净化和富集作用是最主要的。

为提升固相萃取的优点，使该技术的应用能够日益扩展，近年来，在以下几个方面有所进展。

① 用球形硅胶或高聚物作为填料基质或改进合成方法，提高柱效和重现性。

② 为了满足各种试样的不同要求、提高工作效率和使用方便，继续完善和改进柱构型。

③ 以新材料和填料制备固相萃取装置，减少空白中的杂质，扩大固相萃取在痕量分析中的应用。

④ 进一步改进自动化装置，提高工作效率。

从本质上，固相萃取是最相近于液相色谱分离的技术，所以其主要分离模式也与液相色谱相同，分为正相、反相、离子交换和吸附。

正相固相萃取所用的吸附剂都是极性的，主要用来萃取极性物质；反相固相萃取所用的吸附剂通常是非极性的或极性较弱的，萃取的通常是中等极性到非极性化合物；离子交换固相萃取所用的吸附剂是带有电荷的离子交换树脂，所萃取的目标化合物是带有电荷的化合物；吸附固相萃取吸附剂的选择主要是根据目标化合物的性质和样品基体性质，目标化合物的极性与吸附剂的极性非常相似时，可以得到目标化合物的最佳保留，两者极性越相似，保留越好，因此尽量用与目标化合物极性相似的吸附剂。

选择分离模式和吸附剂时要注意以下几个事项：

① 目标化合物在极性或非极性溶剂中的溶解度，这主要涉及淋洗液的选择。

② 目标化合物有无可能离子化，从而决定是否采用离子交换固相萃取。

③ 目标化合物有无可能与吸附剂形成共价键，如形成共价键，在洗脱时可能会遇到麻烦。

④ 非目标化合物与目标化合物在吸附剂上吸附点的竞争程度，这关系到目标化合物与干扰化合物能否很好分离。

原则上讲，能够作为液相色谱柱的填料都可用于固相萃取。固相萃取上所加压力一般都很小，分离目的也只是把目标化合物和基体分开即可，柱效能要求一般不高，对粒径分布要求也不严格。最简单的固相萃取装置就是一根直径为数毫米的小柱，如图 2-3 所示。小柱可以是玻璃的，也可以是聚丙烯、聚乙烯、聚四氟乙烯等塑料的，也还可以是不锈钢制成的。小柱下端有一孔径为 20 μm 的烧结筛板，用以支撑吸附剂。在筛板上填充一定量的吸附剂，然后在吸附剂上再加一块筛板，以防止加样品时破坏柱床。

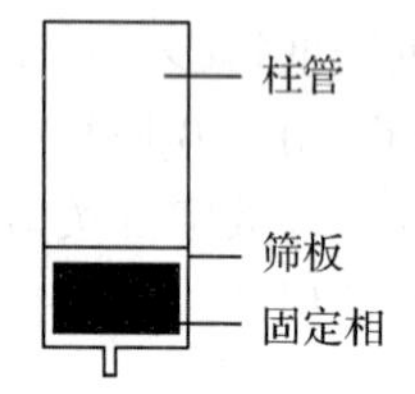

图 2-3 固相萃取小柱

固相萃取的操作程序一般分为以下 3 步。

(1) 活化吸附剂

在萃取前用适当溶剂淋洗固相萃取小柱，使之保持湿润，可以吸附目标化合物或干扰化合物。

反相固相萃取所用的弱极性或非极性吸附剂，多采用水溶性有机溶剂，如甲醇淋洗，然后用水或缓冲溶液淋洗。

正相固相萃取所用的极性吸附剂，通常用目标化合物所在的有机溶剂进行淋洗。

离子交换固相萃取所用的吸附剂，在用于非极性有机溶剂中的样品时，可用样品溶剂来淋洗；在用于极性溶剂中样品时，可用水溶性有机溶剂淋洗后，再用适当 pH 值，并含有一定有机溶剂和盐的水溶液进行淋洗。

(2) 上样

将液态或溶解后的固态样品倒入活化后的固相萃取小柱，然后利用加压、抽真空或离心的方法使样品进入吸附剂。

(3) 洗涤和洗脱

在样品进入吸附剂，目标化合物被吸附后，可先用较弱的溶剂将弱保留干扰物洗掉，然后再用较强的溶剂将目标化合物洗脱下来，加以收集。

固相萃取法由于操作简单已广泛应用于水中有机污染物的痕量富集，适用于地表水、地下水及废水中半挥发性有机物的测定。1998 年以来，我国在七大水系的 10 个重点流域所建成的 42 个地表水水质自动监测系统中大部分已较广泛地采用了固相萃取技术。用于测定卤代烃、有机氯农药、多氯联苯和酞酸酯等。除了环境水样外，固相萃取也被用于大气样品的前处理，通常使用各种类型的吸附管，它们不但可以萃取大气中的污染物，而且可以捕集气溶胶和降尘等，固相萃取技术处理大气样品也可以起浓缩的作用。除了大气与水样外，固相萃取还被用于环境土壤样品，近年来也有测定其中农药含量的文献报道。

固相萃取法与其他分析技术的在线联用已随着固相萃取法的广泛使用而日益发展，日渐发展了 SPE-GC/GC-MS、SPE-HPLC 在线分析方法，日渐受到人们的重视。近年来，发展了许多针对特定的环境、毒品和生物试样而设计的专属性固相萃取固定相。建立了许多固相萃取方法，在环境分析、药物分析、临床分析、刑事鉴定和食品饮料分析中得到广泛的应用。固相萃取已被广泛应用于众多农药残留物的分析中，比如鱼、水果等食品和水中农药残留的分析，还运用于人血清和牛奶中有机氯的分析，及农药毒性对人体影响的评价等。

2.2.2.3 微波萃取技术

多年来人们一直在探索速度快、消耗少、效率高且重复性好的提取方法，从传统的溶剂振荡萃取、索氏提取、超声波提取到新近发展起来的快速溶剂萃取和超临界流体萃取，这些技术由于成本和效率等问题，在应用中都存在着一定的局限性，而 20 世纪 80 年代中期开始发展起来的微波萃取技术表现出了巨大应用潜力和良好发展前景，无疑成为萃取技术中的佼佼者。

自 Ganzler 等人报道用微波加热促进溶剂萃取污染的土壤中有机化合物以来，分析样品的微波萃取技术由于萃取时间短、选择性好、回收率高、试剂用量少、污染低、可用水作溶剂和可自动控制条件等而得到了分析化学研究人员的认同。目前，微波萃取技术在设备研究、应用开发和机理探讨方面均有可喜的研究成果。

微波是指频率为 300~300 000 MHz 的电磁波，介于红外线和无线电波之间。民用微波频率一般采用 2450 MHz，所对应能量大约为 0.96 $J \cdot mol^{-1}$，能级属于范德华力(分子间作用力)的范畴，与化合物键能相差甚远。

微波与物质相互作用主要是两种方式：极性分子(如 H_2O)在微波电磁场中快速旋转和离子在微波场中快速迁移，从而相互摩擦而发热。微波加热方式与传统加热方式不同，微波将能量直接作用于被加热物质，空气和器皿基本上不会损耗微波能量，这保证了能量的快速传递和充分利用。

微波萃取就是利用极性分子可迅速吸收微波能量来加热一些具有极性的溶剂，如乙醇、甲醇、丙酮或水等。因非极性溶剂不能吸收微波能量，所以在微波萃取中不能使用 100%的非极性溶剂作为萃取溶剂。一般可在非极性溶剂中加入一定比例的极性溶剂来使用，如丙酮-环己烯(体积比 1∶1)就可用来作微波萃取溶剂。

微波萃取是将样品放在聚四氟乙烯材料制成的样品杯中，加入萃取溶剂后将样品杯放入密封性好、耐高压又不吸收微波能量的萃取罐中。由于萃取罐是密封的，当萃取溶剂加热时，萃取溶剂的挥发使罐内压力增加，压力的增加使得萃取溶剂的沸点也大大增加。这样就提高了萃取温度。同时，由于萃取罐是密封的，萃取溶剂也不会损失，也就相应减少了萃取溶剂的用量。

微波萃取技术具有以下特点：

① 选择性好　微波萃取过程中由于可以对萃取物质中不同组分进行选择性的加热，因而能使目标物质直接从基体中分离。

② 加热效率高　有利于萃取对热不稳定的物质，可以避免长时间高温引起样品分解。

③ 萃取效率高　萃取结果不受物质水分含量影响，回收率高。

④ 仪器设备简单、低廉　试剂用量少，处理批量大，省时，节能，污染小，适应面广。

影响微波萃取的主要因素有：

① 萃取温度的影响　用微波萃取可以达到常压下使用同样溶剂所达不到的萃取温度，但温度过高有可能使被萃取的化合物分解。所以要根据被萃取化合物的热稳定性来选择适宜的萃取温度，达到既可以提高萃取效率，又不至于被分解的目的。

② 萃取溶剂的影响　由于微波加热只有极性物质能吸收微波能量而升高温度，非极性物质不吸收微波能量，故不升高温度。所以使用非极性溶剂时一定要加入一定比例的极性溶剂，同时要注意不同溶剂比的萃取效率也不同。

③ 萃取功率及时间的影响　在萃取功率足够高的情况下，萃取时间对萃取效率的影响不大。所以选择较高的萃取功率在尽可能短的时间内将待测样品消解完全，可以防止因消解时间过长引起消解容器内压力的升高，避免可能发生的爆炸危险。对于难萃取的样品可适当延长萃取时间，循环多次进行微波辐射可以提高萃取效率。

④ 样品基体的影响　水具有较高的介电常数，能强烈吸收微波而使样品快速加热。所以某种程度上样品中少量水的存在能促进微波萃取的进程。

⑤ 样品杯材料吸附及记忆效应的影响　用有机材料作容器往往对被萃取的有机化合物容易产生吸附或污染，而用聚四氟乙烯制成的样品杯在用于微波萃取时，无论是新样品杯，还是用过的样品杯，对回收率均没有明显的影响。所以一般用聚四氟乙烯作为微波萃取的容器材料。

微波萃取的特点决定了该方法的应用范围十分广阔。如在医药工业中，可用于中草药有效成分的提取，热敏性生物制品药物的精制，及脂质类混合物的分离；在食品工业中，可用于啤酒花的提取，色素的提取等；在香料工业中，用于天然及合成香料的精制；在化学工业中，用于混合物的分离等。

目前微波萃取技术的应用现状有以下几个方面：

① 农药残留萃取　如土壤、沉积物、污水、河水、井水、肉类、蛋奶类、水果、粮食和蔬菜等中的有机磷、有机氯、有机硫和一些除草剂。

② 有机污染物萃取　如土壤、河泥、海洋沉积物、灰尘和水等中的多环芳烃、苯、润滑油、酚类、除草剂等。

③ 金属及其化合物萃取　如土壤、河泥、沉积物、海洋生物和一些植物中的重金属元素和有害元素(如铜、镁、锌、硒、锡、砷、铅、汞和锑等)。

④ 植物中有效成分的萃取　如香菜、薄荷叶、迷迭香叶、人参、玉米、中药等中的香精香料、油脂和有效成分，蔬菜类植物中的吡咯双烷基碱，不同植物中的非营养物，如嘧啶糖苷、棉子酚等。

⑤ 食品中不同成分的提取　如咖啡、饮料、口香糖、马铃薯片中的添加剂和合成香料，肉、奶、蛋产品中的脂肪，饼干中的芳香油和氨基酸，猪肉中的硫铵二甲嘧啶、蛋白和蛋黄中的氯霉素药残，蘑菇和谷物中的真菌霉素和脂肪酸等。

⑥ 临床上药物提取　如人血和血清中的镇静剂，从血红细胞表面分离抗体、血浆中分离血清、血清中分离抗原等。

微波辐射技术在食品工业、制药工业和化学工业上的应用研究虽然起步较晚，但已有的研究成果和应用成果已足以显示其优越性：在实验室中已经完成香料、调味品、天然色素、中草药、化妆品、保健食品、饮料制剂等产品微波萃取工艺的研究。目前微波萃取已经用于多项中草药的浸取生产线之中，如葛根、茶叶、银杏和甘草等的提取等。微波萃取技术已列为我国21世纪食品加工和中药制药现代化推广技术之一。研究机构用微波提取方法处理了上百种天然植物，无论是提取速度、提取效率还是提取品质均取得了比常规工艺优秀得多的结果。

微波萃取技术不仅仅用于了环境分析，在其他许多领域也得到了广泛应用。微波萃取作为环境样品的前处理技术，以其鲜明的特点在环境分析中具有非常诱人的应用前景。

2.2.2.4　加速溶剂萃取

加速溶剂萃取(accelerated solvent extraction，ASE)或加压液体萃取(pressurized liquid extraction，PLE)是一种在提高温度和压力的条件下，用有机溶剂萃取的自动化方法，同时也是一种全新的处理固体和半固体样品的方法，萃取的目标化合物主要包括有机氯、有机磷、拟除虫菊酯类农药等。

加速溶剂萃取是在提高温度(50~200 ℃)和压力(10.3~20.6 MPa)条件下用溶剂萃取固体或半固体样品的一种新颖的样品前处理方法。

提高温度是为了使溶剂溶解待测物的容量增加。Pitzerk等报道，当温度从50 ℃升至150 ℃后，蒽的溶解度增加了约15倍；烃类的溶解度，如正二十烷，可以增加数百倍。Sekine等报道，水在有机溶剂中的溶解度随着温度的增加而增加。在低温低压下，溶剂易从水封微孔中排斥出来，然而当温度升高时，由于水的溶解度增加，则有利于提高这些微孔的可利用性。在提高的温度下能极大地减弱由范德华力、氢键、溶质分子和样品基体活性位置的偶极吸引力所引起的溶质与基体之间的强的相互作用力。其加速了溶质分子的解吸动力学过程，减小了解吸过程所需的活化能，降低了溶剂的黏度，因而减小了溶剂进入样品基体的阻滞，增加了溶剂进入样品基体的扩散。据报道，温度从25 ℃增至150 ℃，其扩散系数增加2~10倍，能降低溶剂和样品基体之间的表面张力，使溶剂更好地浸润样品基体，有利于被萃取物与溶剂的接触。

在加压下萃取，液体的沸点一般会随压力的升高而提高。例如，丙酮在1.013×10^3 Pa下的沸点为56.3 ℃，而在$5\times1.013\times10^3$ Pa下，其沸点高于100 ℃。液体对溶质的溶解能力远大于气体对溶质的溶解能力。因此，欲在升高的温度下仍保持溶剂为液态，则需增加压力。另外，在加压下，可将溶剂迅速加到萃取池和收集瓶。

加速溶剂萃取是在高温下进行的，因此被测物的热降解成为一个令人关注的问题。有研究表明，加速溶剂萃取虽然是在高压下进行加热，但高温的时间一般少于10 min，因此热降解不甚明显。Richter等曾以DDT和艾氏剂为例研究了加速溶剂萃取过程中对易降解组分的降解程度。DDT在过热状态下将裂解为DDD和DDE；艾氏剂裂解为异狄氏剂醛和异狄氏剂酮。试验结果表明，在150 ℃下，对加入萃取池内的DDT和艾氏剂标准进行萃取(这些组分的正常萃取温度为100 ℃)，萃取物用气相色谱分析，DDT的3次平均回收率为103%，相对标准偏差为3.9%；艾氏剂三次平均回收率为101%，相对标准偏差为2.4%。在测定DDT时未发现有DDE或DDD存在。测定艾氏剂时也未发现有异狄氏醛或异狄氏酮存在。试验了温度为60 ℃、压力为16.5 MPa、氯甲烷作为溶剂时，预加入法对极易挥发的苯系物(苯、甲苯、乙苯、二甲苯)的回收，结果表明，4次萃取的平均回收率在99.5%~100%，相对标准偏差为1.2%~3.7%。在同样的试验条件下，戊烷的回收率为90.1%，相对标准偏差为1.8%。从以上试验结果可以看出，加速溶剂萃取可用于对样品中易挥发组分的萃取。

加速溶剂萃取仪器一般由溶剂瓶、泵、气路、加温炉、不锈钢萃取池和收集瓶等构成。其工作程序如下：手工将样品装入萃取池，放到圆盘式传送装置上，以下步骤将完全自动先后进行：圆盘传送装置将萃取池送入加热炉腔并与相对编号的收集瓶连接，泵将溶剂输送到萃取池，萃取池在加热炉被加温和加压(5~8 min)，在设定的温度和压力下静态萃取 5 min，多步小量向萃取池加入清洗溶剂(20~60 s)，萃取液自动经过滤膜进入收集瓶，用氮气吹洗萃取池和管道(60~100 s)，萃取液全部收入收集瓶待分析。全过程仅需 13~17 min。溶剂瓶由 4 个组成，每个瓶可装入不同的溶剂，可选用不同溶剂先后萃取相同的样品，也可用同一溶剂萃取不同的样品。可同时装入 24 个萃取池和 26 个收集瓶。如 ASE200 型萃取仪，其萃取池的体积可从 11 mL 到 33 mL；ASE300 型萃取仪，萃取池的体积可选用 33 mL、66 mL 和 100 mL。

与索氏提取、超声波提取、超临界流体萃取、微波辅助萃取等公认的成熟方法相比，加速溶剂萃取的突出优点如下：①有机溶剂用量少，10 g 样品一般仅需 15 mL 溶剂；②快速，完成一次萃取全过程的时间一般仅需 15 min；③基体影响小，对不同基体可用相同的萃取条件；④萃取效率高，选择性好，已加入美国环境保护署(EPA)标准方法(标准方法编号 3545)。

加速溶剂萃取这一方法在环境科学研究中已得到广泛应用，比如对土壤中的 POPs 进行采样研究，等等。目前已经成熟运用溶剂萃取的方法都能用加速溶剂萃取技术替代，可以达到使用方便、安全性好、自动化程度高的目的。

思考题与习题

2-1. 简述环境样品采集和制备的重要性。

2-2. 简述土壤采样和样品制备的一般程序。

2-3. 气体样品采集的方法有哪些？并比较其优缺点。

2-4. 水质分析中，水样的采集和保存有何重要性？采样时特别需要注意的问题是什么？举例说明如何根据待测物的性质选用不同的保存方法。

2-5. 对生物样品的制备有何要求？生物样品制备的方法有哪些？

2-6. 湿法分解中常用的试剂有哪些？分别简述它们的性质和适用对象。

2-7. 简述干法灰化-酸溶法的优缺点。

2-8. 简述二氧化碳超临界流体萃取的特点。

2-9. 什么是固相萃取法？固相萃取法的一般步骤是什么？

2-10. 什么是微波萃取？简述微波萃取的特点及微波萃取参数的选择。

2-11. 欲分别测定环境样品中的无机污染物和有机污染物质，各自选用哪些预处理方法(概括方法要点)？

2-12. 什么是加速溶剂萃取？它有什么特点？

第 3 章
色谱分析法

3.1 色谱分析基本概念

3.1.1 色谱分析简介

色谱法是一类针对复杂试样的分离技术的总称。色谱分离总是在两相间进行的，其中流动的一相叫流动相，固定的一相叫固定相。当流动相携带着混合物流过固定相时，由于各组分在流动相和固定相之间的分配平衡(或吸附平衡等)的差异，使得性质不同的各个组分随流动相移动的速度产生了差异，经过一段距离的移动之后，混合物中的各个组分被一一分离开来。在经典色谱分离中，分离以后的组分常被分别收集于容器中，或用于进一步的分析，或作为纯化后的产物使用。而现代色谱分析将分离和分析(检测)过程集成于一台既能分离又能检测的功能齐全的分析仪器之中，成为一种分离能力较强、检测灵敏度较高、可实现自动化操作的仪器分析法。

色谱法最初是由俄国植物学家茨维特(Tswett)在1906年创立的，他在研究植物叶中的色素时，先用石油醚浸取植物叶中的色素，然后将浸取液注入到一根填充了$CaCO_3$的直立玻璃管的顶端，如图3-1(a)所示，再加入纯石油醚进行淋洗，淋洗结果使玻璃管内植物色素被分离成具有不同颜色的谱带，如图3-1(b)所示。这种分离方法称为色谱法，玻璃管称为色谱柱。管内填充物($CaCO_3$)是固定不动的，称为固定相；淋洗剂(石油醚)是携带混合物流过固定相的流体，称为流动相。

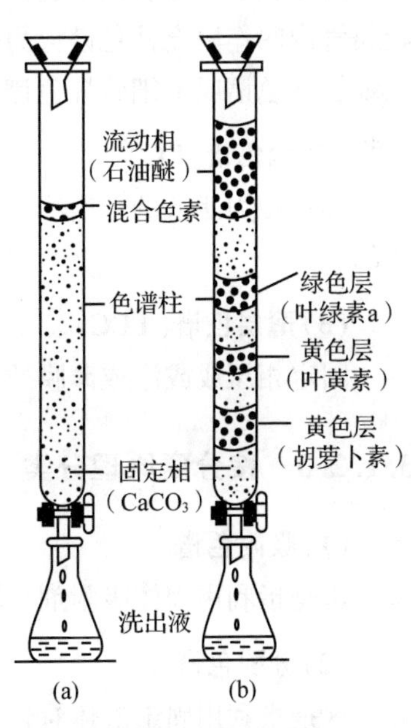

图 3-1 植物叶色素的分离

色谱法的分离原理是当混合物随流动相流经色谱柱时，就会与柱中固定相发生溶解、吸附等作用，由于混合物中各组分物理化学性质和结构上的差异，与固定相发生作用的大小、强弱不同，在同一推动力作用下，各组分在固定相中的滞留时间不同，从而使混合物中各组分按一定顺序从柱中流出。这种利用各组分在两相中性能上的差异，使混合物中各组分分离的技术，称为色谱法。

3.1.2 色谱分析法的分类

色谱分析法(通常简称色谱法或色层法、层析法)可以从不同角度进行分类。

3.1.2.1 按两相状态分类

(1)气相色谱

流动相是气体的色谱法称为气相色谱(GC)，其固定相是固体吸附剂的，称为气固色谱(GSC)；若固定相是涂在惰性载体(担体)上的液体，则称为气液色谱(GLC)。常用的气相色谱流动相有 N_2、H_2、He 等气体。

(2)液相色谱

流动相是液体的色谱法称为液相色谱(LC)，其固定相是固体吸附剂的，称为液固色谱(LSC)；若固定相为液体，则称为液液色谱(LLC)。常用的液相色谱流动相有 H_2O、CH_3OH 等。

近年来，出现一种使用超临界流体作为色谱流动相的，这一类色谱称为超临界流体色谱(SFC)。超临界流体是一种介于气体和液体之间的状态，具有气体的低黏度、液体的高密度以及介于气、液之间的较高的扩散系数等特征，具备优良的分离性质。常用的超临界流体有 CO_2、NH_3、CH_3CH_2OH、CH_3OH 等。

3.1.2.2 按操作形式分类

(1)柱色谱(CC)

固定相装在柱管内的色谱法称为柱色谱。它可分为两类：一类是固定相填充于玻璃或金属管内叫作填充柱色谱；另一类是固定附着或键合在管的内壁上，管内中空，叫作空心毛细管柱色谱或毛细管柱色谱。

(2)纸色谱(PC)

固定相为滤纸的色谱法称为纸色谱。它是采用适当溶剂使样品在滤纸上展开而进行分离的。

(3)薄层色谱(TLC)

固定相压成或涂成薄膜的色谱法，称为薄层色谱。操作方法同纸色谱。

3.1.2.3 按分离原理分类

(1)吸附色谱

这是指利用固体吸附剂(固定相)表面对各组分吸附能力强弱的不同进行分离的色谱法。

(2)分配色谱

这是指利用固定液体对各组分的溶解能力(分配系数)不同进行分离的色谱法。

(3)离子交换色谱

这是指利用离子交换剂(固定相)对各组分的亲和力不同进行分离的色谱法。

(4) 凝胶色谱

凝胶色谱也叫空间排阻色谱，它是利用某些凝胶(固定相)对分子大小、形状不同的组分所产生的阻滞作用不同而进行分离的色谱法。

3.1.3 色谱图及色谱参数的定义与作用

3.1.3.1 色谱图

色谱分析时，混合物中各组分经色谱柱分离后，随流动相依次流出色谱柱，经检测器把各组分的浓度信号转变成电信号，然后用记录仪将组分的信号记录下来。色谱图就是组分在检测器上的产生的信号强度对时间 t 所作的图，由于它记录了各组分流出色谱柱的情况所以又叫色谱流出曲线。流出曲线的突起部分称为色谱峰，由于电信号(电压或电流)强度与物质的浓度呈正比，所以流出曲线实际上是浓度-时间曲线，正常是色谱峰为对称的正态分布曲线，如图 3-2 所示。

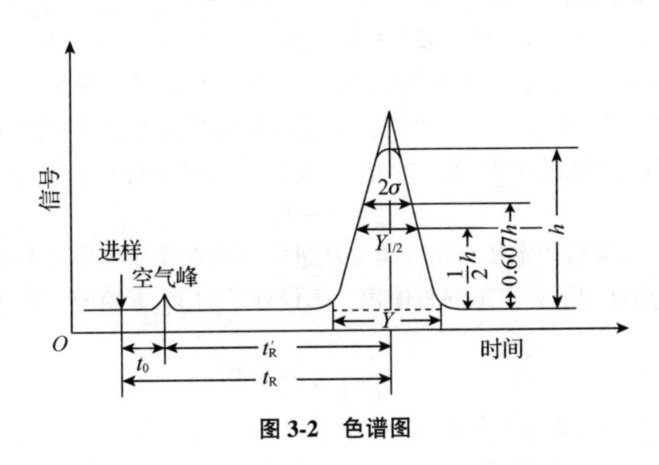

图 3-2 色谱图

3.1.3.2 色谱图中的参数

(1) 基线

基线是在正常实验操作条件下，没有组分流出，仅有流动相通过检测器时，检测器所产生的响应值。稳定的基线是一条直线，若基线下斜或上斜，称为漂移，基线的上下波动，称为噪声(或噪音)。

(2) 色谱峰的高度、宽度及面积

① 峰高 h　从峰的最大值到峰底的距离。可以用电信号的大小(mV 或 mA)表示。

② 峰宽　峰宽有多种表示法，例如：

标准偏差 σ：峰高 0.607 倍处的色谱峰宽度的 1/2。

峰底宽 Y：曲线上、下两个拐点处所作切线与基线相交点之间的距离。$Y=4\sigma$。

半峰宽 $Y_{1/2}$：峰高 1/2 处色谱峰宽度。$Y_{1/2}=2\sigma\sqrt{2\ln2}=2.355\sigma$。

③ 峰面积 A　色谱峰与峰底之间的面积，它是色谱定量的依据。色谱峰的面积可由色谱仪中的微机处理器或积分仪求得，也可以采用以下方法计算求得。

对于对称的色谱峰：$A=1.065hY_{1/2}$

对于非对称的色谱峰：$A=1.065h\dfrac{Y_{0.15}+Y_{0.85}}{2}$

式中，$Y_{0.15}$ 和 $Y_{0.85}$ 分别为色谱峰高 0.15 和 0.85 处的宽度。

(3)色谱保留值

色谱保留值是色谱定性分析的依据，它体现了各待测组分在色谱柱(或板)上的滞留情况。在固定相中溶解性能越好，或与固定相的吸附性越强的组分，在柱中的滞留时间越长，或者说将组分带出色谱所需的流动相体积越大。所以，保留值可以用保留时间和保留体积两套参数来描述。

① 死时间 t_0　不能被固定相滞留的组分从进样到出现峰最大值所需的时间。例如，GC 中的空气峰的出峰时间即为死时间。

② 保留时间 t_R　组分从进样到出现峰最大值时所需的时间。当色谱柱中固定相、柱温、流动相的流速等操作条件保持不变时，一种组分只有一个 t_R 值，故 t_R 可以作为定性的指标。对于不同的色谱柱，t_0 不一样，或者操作条件不一样，t_R 就不能作为定性的指标了。

③ 调整保留时间 t_R'　扣除了死时间后的保留时间。体现了待测组分真实的用于固定相溶解或吸附所需的时间。因扣除了死时间，所以比保留时间更实质地体现了该组分在柱中的保留行为。t_R'扣除了与组分性质无关的 t_0，所以作为定性指标比 t_R 更合理。

$$t_R'=t_R-t_0 \tag{3-1}$$

④ 死体积 V_0　不能被固定相滞留的组分从进样到出现峰最大值时所消耗的流动相的体积。也可以说是色谱柱中所有空隙的总体积，每根柱子的 V_0 不相同。死体积与死时间有如下的关系：

$$V_0=t_0\cdot F_0 \tag{3-2}$$

式中，F_0 为柱后出口出流动相的体积流速(单位为 $mL\cdot min^{-1}$)。

⑤ 保留体积 V_R　组分从进样到出现峰最大值所需的流动相的体积。

$$V_R=t_R\cdot F_0 \tag{3-3}$$

⑥ 调整保留体积 V_R'　扣除死体积的保留体积，是真实的将待测组分从固定相中携带出柱所需的流动相的体积。把死体积这一与待测物无关的性质扣除了，比 V_R 更合理地反映了待测组分的保留体积。

$$V_R=t_R'\cdot F_0 \tag{3-4}$$

⑦ 相对保留值 $\gamma_{2,1}$ 或 $\gamma_{i,s}$　在相同操作条件下，组分 2(或 i)与参比组分 1(或 s)的调整保留值之比。

$$\gamma_{2,1}=\frac{t'_{R(2)}}{t'_{Red}}=\frac{V'_{R(2)}}{V'_{R(1)}} \tag{3-5}$$

相对保留值仅与柱温、固定相性质有关，是较理想的定性指标。

上述色谱参数的用途有：根据色谱峰的保留值可以进行定性鉴定；根据色谱峰的峰高或峰面积可以进行定量测定；根据色谱峰的保留值和峰宽参数可以评价色谱的分离效率。

3.2 气相色谱分析的理论基础

3.2.1 色谱分离的基本概念

3.2.1.1 分配平衡和差速迁移

色谱分离过程，实质上是试样中各组分在流动相和固定相之间的分配平衡(或吸附平衡、离子交换平衡，以下讨论中以分配平衡为例)的差异所造成的。各组分按其在两相间溶解能力的大小，以一定的比例分配在流动相和固定相之间。在一定的温度下，组分在两相之间分配达到平衡时的浓度比称为分配系数 K：

$$K=\frac{\text{组分在固定相中的浓度}}{\text{组分在流动组中的浓度}}=\frac{c_s}{c_m} \tag{3-6}$$

在一定的温度下，各组分在两相间的分配系数是不相同的。分配系数小的组分每次达到分配平衡后，在固定相中的浓度小而在流动相中的浓度大，分配系数大的组分则反之。图 3-3 为混合样在色谱柱分离的示意图。在色谱分离过程中，各组分要经历数千上万次这样的分配，于是分配系数小的组分[如图 3-3(a)中的 B 组分]由于更不易溶解在固定相中，它们随流动相流动的速度就要比分配系数大、更易溶解在固定相中的组分[如图 3-3(a)中的 A 组分]快，于是形成了分配系数不同的组分之间的差速迁移。只要分配的次数足够多，就可以将分配系数有微小差别的组分一一分离，当分离后的组分由流动相携带进入检测器时，就得到了相应的色谱峰。图 3-3(b)示意一对分配系数不同($K_A>K_B$)的组分经历色谱分离分析的全过程。

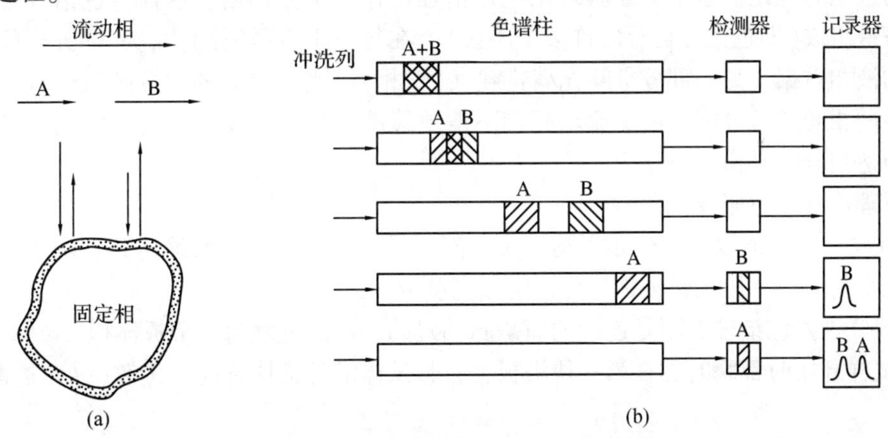

图 3-3 混合样在色谱柱分离示意图

(a)分配平衡的差异造成的不同组分间的差速迁移 (b)色谱分离分析的全过程示意图

3.2.1.2 分配比 k'

分配比即为溶质在两相中物质的量之比，用 k' 表示。

$$k'=\frac{\text{组分在固定相中物质的量}}{\text{组分在流动相中物质的量}}=\frac{n_s}{n_m}=\frac{c_sV_s}{c_mV_m}=K\frac{V_s}{V_m} \tag{3-7}$$

式中，V_s、V_m 分别为固定相和流动相的体积。

不能被固定相保留的那些组分，如 GC 中的空气、甲烷等，$n_s=0$，所以 $k'=0$，它们实际测得的保留时间即为柱子的死时间 t_0。

3.2.1.3 分配比与保留值的关系

分配平衡是在色谱柱中两相之间进行的，因此分配系数、分配比也可用组分停留在两相之间的保留值来表示：

$$k'=\frac{t'_R}{t_0}=\frac{t_R-t_0}{t_0} \quad 或 \quad k'=\frac{V'_R}{V_0}=\frac{V_R-V_0}{V_0} \tag{3-8}$$

从式(3-8)看出，分配比反映了组分在某一柱子上的调整保留时间(或体积)是死时间(或死体积)的多少倍。k'越大，说明组分在色谱柱中停留时间越长，对该组分来说，相当于柱容量大，因此 k'又称为容量因子、容量比、分配容量。

3.2.2 色谱分离的基本理论

如果试样中的各组分的色谱峰分不开，色谱(定性与定量)分析就无法进行，也就是说，色谱分析的首要任务是将待测组分分离好，因此，色谱分析理论研究的中心课题是分离问题。

关于色谱分析的基本理论，主要包括塔板理论和速率理论。

3.2.2.1 塔板理论

塔板理论是1941年马丁(Martin)提出的半经验理论。它是把整个色谱柱比拟为一座分馏塔，把色谱的分离过程比拟为分馏过程，直接引用分馏过程的概念、理论和方法来处理色谱分离过程的理论。这个半经验理论把色谱柱比作一个分馏塔，这样，色谱柱可由许多假想的塔板组成(即色谱柱可分成许多个小段)，在每一小段(塔板)内，一部分空间被涂在担体上的液相占据，另一部分空间充满着载气(气相)。当欲分离的组分随载气进入色谱柱后，就在两相间进行分配。由于流动相在不停地移动，组分就在这些塔板间隔的气液两相间不断地达到分配平衡。

塔板理论有以下假设：

① 在每一小段间隔内，气相平均组成与液相平均组成可以很快地达到分配平衡。这样达到分配平衡的一小段柱长被称为理论塔板高度 H。

② 载气进入色谱柱，不是连续的而是脉动式的，每次进气为一个板体积。

③ 试样开始时都瞬时加在第一块塔板上，且试样沿色谱柱方向的扩散(纵向扩散)可忽略不计。

④ 分配系数在各塔板上是常数。

如果色谱柱的总长度为 L，每一块塔板高度为 H，则色谱柱中的塔板(层)数 n 为

$$n=\frac{L}{H} \tag{3-9}$$

从式(3-9)可知，在柱子长度固定后，塔板数越多，组分在柱中的分配次数就越多，分离情况就越好，同一组分在出峰时就越集中，峰形就越窄，流出曲线的 σ 越小。塔板数与色谱峰的宽度 Y，$Y_{1/2}$ 有如下的关系：

$$n=5.54\left(\frac{t_R}{Y_{1/2}}\right)^2=16\left(\frac{t_R}{Y}\right)^2 \tag{3-10}$$

n 和 H 可以作为描述柱效能的指标。由于 t_0 和 V_0 不直接参与分配过程，所以计算处理的 n 不能完全反映柱子的真实的效能。因此，式(3-10)的 n 和相应的 H 实际上是理论塔板数和理论塔板高度。用扣除了 t_0 因素的 t'_R 来计算 n，得到的塔板数和塔板高度可作为有效的塔板数和有效塔板高度。

$$n_{有效}=5.54\left(\frac{t'_R}{Y_{1/2}}\right)^2=16\left(\frac{t'_R}{Y}\right)^2 \tag{3-11}$$

$$H_{有效}=\frac{L}{n_{有效}} \tag{3-12}$$

$n_{有效}$ 和 $H_{有效}$ 消除了死时间的影响。因而比理论塔板数和理论塔板高度更真实地反映了柱效能的高低。但是。不论 n 和 $n_{有效}$，都是针对某一物质的，使用时应注明是对什么物质而言。

塔板理论形象地描述了物质在柱内进行多次分配的运动过程。色谱柱的理论塔板数越大，表示组分在色谱柱中达到分配平衡的次数越多，固定相的作用越显著，因而对分离越有利。但还不能预言并确定各组分是否有被分离的可能，因而分离的可能性决定于试样混合物在固定相中分配系数的差别，而不是决定于分配次数的多少，因此不应把 $n_{有效}$ 看作有无实现分离可能的依据，而只能把它看作是在一定条件下柱分离能力程度的一个标志。

塔板理论在解释流出曲线的形状(呈正态分布)、浓度极大点的位置以及计算评价柱效能等方面都取得了成功。但是它的某些基本假设是理想化的，如纵向扩散可忽略不计，分配系数与浓度无关只在有限的浓度范围内成立，而且色谱体系几乎没有真正的平衡状态。因此塔板理论不能解释塔板高度是受哪些因素影响的这个本质问题，不能解释色谱峰扩展现象，也不能解释为什么在不同流速(F)下可以测得不同的理论塔板数这一实验事实(图 3-4)。塔板理论只是定性地给出了塔板数和塔板高数的概念，没有完全解释色谱操作条件对分离效果的影响，也没有解决如何提高柱效能的问题。

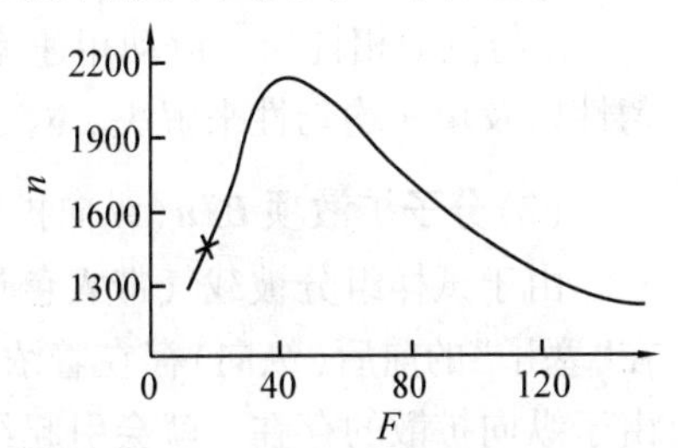

图 3-4 流速对塔板数的影响

3.2.2.2 速率理论——范第姆特方程

1956 年荷兰科学家范第姆特(Van Deemter)首先提出了色谱分离过程的动力学理论，在塔板理论的基础上，结合了影响塔板高度的动力学因素，即综合考虑了组分分子的纵向分子扩散和组分分子在两相间的传质过程等因素，提出了速率理论。速率理论给出了塔板高度 H 与流动相流速 u(cm · s^{-1})以及影响 H 的 3 项主要因素之间的关系：

$$H=A+B/u+Cu \tag{3-13}$$

式中，A、B、C 为 3 个常数，其中 A 称为涡流扩散项，B 为分子扩散系数，C 为传质阻力系数。上式即为范第姆特方程式的简化式。

由此式可见，影响 H 的 3 项因素为：涡流扩散项，分子扩散项和传质阻力项。在 u 一定时，只有 A、B、C 较小时，H 才能较小，柱效才能较高；反之则柱效较低，色谱峰将扩张。

下面分别讨论各项的意义。

(1)涡流扩散项 A

图3-5形象地描述了流动相在固定相中运行的情况。流动相中的组分分子在色谱中随载气或载液向前运行时，会碰到固定相的小颗粒，使前进受阻，改变前行方向而形成向垂直方向的流动，称为“涡流”。涡流的产生使组分分子的同步前进被打乱，产生了一些分子通过柱子的路径长而另一些分子通过柱子的路径短的现象，最终的结果表现为到达检测器有先有后，产生的色谱峰峰形变宽。显然，涡流扩散的严重程度取决于柱子的填充不均匀因子 λ 和固定相的颗粒大小 d_p。

$$A=2\lambda d_p \tag{3-14}$$

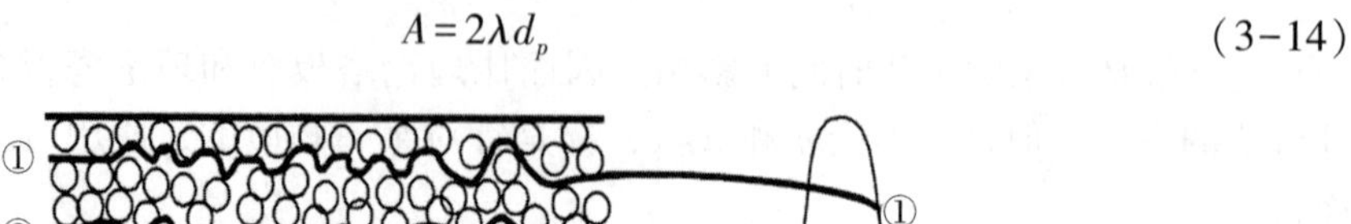
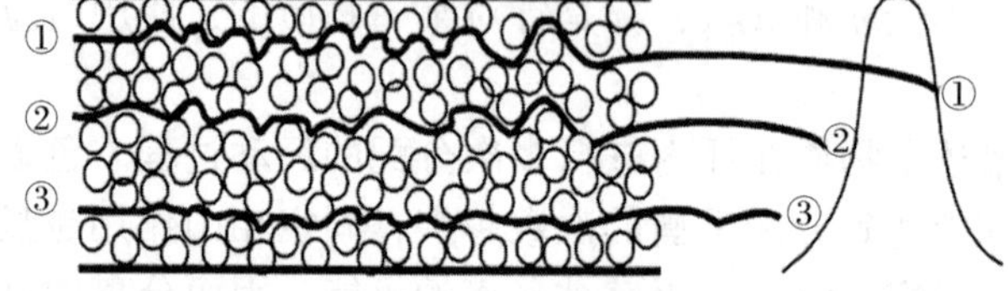

图3-5 涡流扩散示意图

① 慢速 ② 平均速度 ③ 快速

A 与流动相性质、流动相速率无关。要减小 A 值，需要从提高固定相的颗粒细度和均匀性以及填充均匀性来解决。对于空心毛细管柱，$A=0$。

(2)分子扩散项 B/u(纵向扩散项)

由于试样组分被载气带入色谱柱后，是以“塞子”的形式存在于柱的很小一段空间中，在“塞子”的前后(纵向)存在着浓差而形成浓度梯度，因此使运动着的分子产生纵向扩散。由于纵向扩散的存在，就会引起组分分子不能同时到达检测器，组分分子会分布在浓度最大处(峰的极大值处)的两侧，引起峰形变宽。范第姆特方程式中

$$B=2\gamma D \tag{3-15}$$

式中，D 为组分在流动相中的扩散系数，单位是 $cm^2 \cdot s^{-1}$。如果是气相色谱，则 D 为组分在气相中的扩散系数 D_g。D 还与柱温、柱压和流动相的种类和性质有关。由于组分分子在气相中的扩散要比在液相中的扩散严重得多，在气相中的扩散系数大约是在液相中的10倍，因此在液相色谱中，分子的纵向扩散引起的塔板高度增加和由此引起的峰形扩张很小，B/u 项在液相色谱中不是主要的影响因素。所以，纵向扩散主要是针对气相色谱来讨论的。

在气相色谱中，纵向扩散的程度与组分在柱内的保留时间有关，载气流速越慢，保留时间越长，分子扩散越明显，H 越大。因气相扩散系数与载气的相对分子质量的平方根成反比，所以载气相对分子质量越大，D_g 越小。根据以上原理，在气相色谱中，为了减小纵向扩散的影响，应采用较高的载气流速，采用较低的柱温，选择相对分子质量较大的气体(如氮气)作为载气。

γ 是弯曲因子，是由固定相引起的。采用填充色谱柱时，由于固定相颗粒的阻挡，分子纵向扩散程度减小，$\gamma<1$。如果采用空心毛细管柱，因没有固定相颗粒阻挡组分分子的扩散，所以 $\gamma=1$，毛细管柱的 B 值要比填充柱大的多。

(3)传质阻力项 Cu

这一项中的系数 C 包括气相传质阻力系数 C_g 和液相传质阻力系数 C_L 两项。

所谓气相传质过程是指试样组分从气相移动到固定相表面的过程，在这一过程中试样组分将在两相间进行质量交换，即进行浓度分配。这种过程若进行缓慢，表示气相传质阻力大，就引起色谱峰扩张。对于填充柱

$$C_g=\frac{0.01k^2}{(1+k)^2}\cdot\frac{d_p^2}{D_g} \tag{3-16}$$

式中，k 为容量因子。

由式(3-16)可见，气相传质阻力与填充物粒度的平方呈正比，与组分在载气流中的扩散系数呈反比。因此采用粒度小的填充物和分子量小的气体(如氢气)作载气可使 C_g 减小，可提高柱效。

所谓液相传质过程是指试样组分从固定相的气液界面移动到液相内部，并发生质量交换，达到分配平衡，然后又返回气液界面的传质过程。这个过程也需要一定时间，在此时间内，气相中组分的其他分子仍随载气不断地向柱口运动，这也造成峰形的扩张。液相传质阻力系数 C_L 为

$$C_L=\frac{2}{3}\cdot\frac{k}{(1+k)^2}\cdot\frac{d_f^2}{D_L} \tag{3-17}$$

因此，固定相的液膜厚度 d_f 越薄，组分在液相的扩散系数 D_L 越大，则液相传质阻力就越小。

对于填充柱，早期固定液含量为20%~30%，固定液含量一般较高，中等线速时，塔板高度的主要控制因素是液相传质项，而气相传质项数值很小，可以忽略。然而随着快速色谱的发展，在用低固定液含量柱、高载气线速进行快速分析时，C_g 对 H 的影响，不但不能忽略，甚至会成为主要控制因素。

将以上3项常数的关系式代入式(3-13)，可得：

$$H=2\lambda d_p+\frac{2\lambda D_g}{u}+\left[\frac{0.01k^2}{(1+k)^2}\cdot\frac{d_p^2}{D_g}+\frac{2}{3}\cdot\frac{k}{(1+k)^2}\cdot\frac{d_f^2}{D_L}\right]u \tag{3-18}$$

由上述讨论可见，范第姆特方程对于分离条件的选择具有指导意义。它可以说明，填充均匀程度、担体粒度、载气种类、载气流速、柱温、固定相液膜厚度等对柱效、峰扩张的影响。

3.2.2.3 柱效能和分离度

如前所述，组分分配系数的差异决定了组分在色谱柱内迁移速度的差别，也就决定了色谱图上两组分峰之间的距离。这是色谱分离系统对组分的选择性的表现，是由体系的热力学性质(γ_{21})所决定的。但是，组分分子在随流动相向柱尾迁移时，仍然不可避免地会发生扩散，从而使原本较窄的组分区带变宽，在色谱图上即表现为一个增宽了的峰。如果组分峰增宽得较为显著，那么即使两组分由于化学性质存在差异而在色谱图上拉开一定的距离，但仍然会相互重叠，不能完全分开，如图3-6(b)所示。因此，在色谱分离中，希望组分区带在迁移过程中尽量不扩散即色谱峰尽量不变宽，如图3-6(a)，这就是色谱分析中常说的色谱柱的柱效能要高。

柱效能用理论塔板数 n 来表示。理论塔板数可以用色谱峰参数计算得到，即前文公式(3-10)：

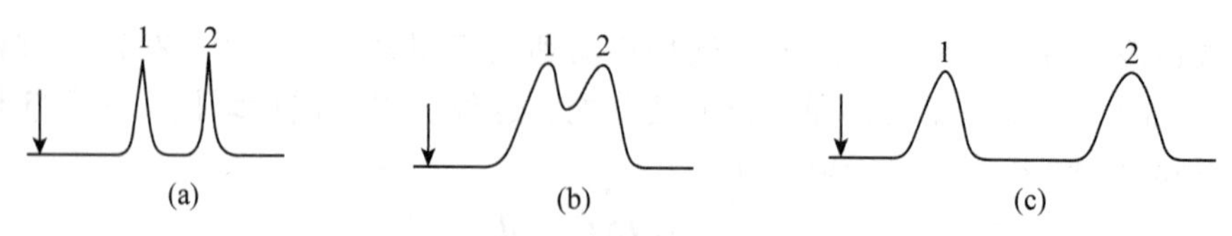

图 3-6 色谱峰变宽对色谱分离的影响

$$n=5.54\left(\frac{t_R}{Y_{1/2}}\right)^2=16\left(\frac{t_R}{Y}\right)^2 \tag{3-19}$$

式中的 t_R 和 $Y_{1/2}$、Y 应用相同的单位表示，如时间或距离的单位。同一组分在不同的色谱条件下得到不同的色谱峰参数，若用某条件下的参数计算得到的 n 值大，则说明该实验条件下色谱柱的柱效能高。

色谱柱的柱效能仅仅表示色谱柱的分离效率，它还不能定量地表示一对性质相似的难分离组分经过色谱柱后所能达到分离的程度。衡量相邻峰的分离程度是用分离度 R 来表示的：

$$R=\frac{t_{R_2}-t_{R_1}}{1/2(Y_2+Y_1)} \tag{3-20}$$

当色谱峰对称呈正态分布时，从色谱峰参数计算得到的 $R=1$ 时，两相邻峰的分离程度达到98%；当 $R=1.5$ 时，分离程度达到99.7%。因而可以用 $R=1.5$ 作为相邻两峰完全分离的标志。分离度一方面与色谱分离系统对两个组分的选择性有关(γ_{21})，另一方面也与色谱柱的柱效能(n)有关。例如，如图3-6(a)表示的色谱分离系统对组分1和2有适中的选择性，由于柱效能高，两组分得到了基线分离；图3-6(b)的色谱分离系统对组分1和2的选择性与图3-6(a)相似，但由于柱效能低，两组分未能达到基线分离；图3-6(c)的色谱分离系统对组分1和2的选择性很高，虽然柱效能较低，但两组分仍能达到基线分离。

3.3 气相色谱分离与检测

3.3.1 固定相及其选择

在气相色谱分析中，某一多组分混合物中各组分能否完全离开，主要取决于色谱柱的柱效能和选择性，后者在很大程度上取决定于固定相选择得是否适当，因此适当的固定相就成为色谱分析中的关键问题。

3.3.1.1 气-固色谱固定相

在气相色谱分析中，气液色谱法的应用范围广，选择性好；但在分离常温下的气体及气态烃类时，因为气体在一般固定液中溶解度甚小，所以分离效果并不好。若采用吸附剂作固定相，由于其对气体的吸附性能常有差别，因此往往可取得满意的分离效果。

在气-固色谱法中作为固定相的吸附剂，常用的有非极性的活性炭、弱极性的氧化铝、强极性的硅胶等。它们对各种气体吸附能力的强弱不同，因而可根据分析对象选用。由于气-固色谱固定相存在某些缺陷，比如吸附剂种类不多，不同批次制备的吸附剂的性能不易重复，且进样量稍多时色谱峰就不对称，有拖尾现象等，限制了进一步的应用。近年来，通过对吸附剂表面进行物理化学改性，研制出表面结构均匀的吸附剂(如石墨化碳黑、碳分子筛等)，不但使极性化合物的色谱峰不致拖尾，而且可以成功地分离一些顺、反式空间异构体。

高分子多孔微球(国产商品牌为 GDX)是以二乙烯基苯作为单体，经悬浮共聚所得的交联多孔聚合物，是一种应用日益广泛的气固色谱固定相。例如，有机物或气体中水的含量测定，若应用气液色谱柱，由于组分中含水会给固定液、担体的选择带来麻烦与限制；若采用气固色谱柱，由于水的吸附系数很大，以致于实际上无法进行分析；而采用高分子多孔微球固定相，由于多孔聚合物和羟基化合物的亲和力极小，且基本按分子质量顺序分离，故相对分子质量较小的水分子可在一般有机物之前出峰，峰形对称，特别适于分析试样中的痕量水含量，也可用于多元醇、脂肪酸、腈类等强极性物质的测定。由于这类多孔微球具有耐腐蚀和耐辐射性能，还可用以分析如 HCl、NH_3、Cl_2、SO_2 等腐蚀性气体。

3.3.1.2 气-液色谱固定相

在气-液色谱法中，色谱柱可分为毛细管柱和填充柱两类。毛细管柱是将固定液直接涂敷在毛细管内壁，填充柱的固定相则由担体和固定液两部分组成。

(1) 担体

担体也称载体，是一种化学惰性、多孔性的固体颗粒，它的作用是提供一个大的惰性表面，用以承担固定液，使固定液以薄膜状态分布在其表面上。作为担体应满足以下几点要求：

① 表面应是化学惰性的，即表面没有吸附性或吸附性很弱，更不能与被测物质起化学反应。

② 多孔性，即表面积较大，使固定液与试样的接触面较大。

③ 热稳定性好，有一定的机械强度，不易破碎。

④ 具有一定的粒度和规则的形状，颗粒均匀。一般选用 40~60 目、60~80 目或 80~100 目等。

气-液色谱中所用的担体可分为硅藻土型和非硅藻土型两类。常用的是硅藻土型担体，它又可分为红色担体和白色担体两种。它们都是天然硅藻土经煅烧而成，所不同的是白色担体在煅烧前于硅藻土原料中加入少量助溶剂，如碳酸钠。这两种硅藻土担体的化学组成和内部结构基本相似，但它们的表面结构却不相同。

红色担体如 6201 红色担体、201 红色担体、C-22 保温砖等，表面孔穴密集，孔径较小，表面积大，一般比表面积为 $4.0\ m^2 \cdot g^{-1}$，平均孔径为 1 μm。由于表面积大，固定液涂量多，在同样大小的柱中分离效率就比较高。此外由于结构紧密，因而机械强度较好。缺点是表面有吸附活性中心，与极性固定液配合使用时，会造成固定液分布不均匀，从而影响柱效，与非极性固定液配合使用则影响不大，故一般适用于分析非极性或弱极性物质。

白色担体如 101 白色担体等，则与红色担体刚好相反，由于在煅烧时加入了助熔剂 Na_2CO_3，成为较大的疏松颗粒，其机械强度不如红色担体强。白色担体表面孔径较大，8~9 μm，表面积较小，只有 $1.0\ m^2 \cdot g^{-1}$。但表面极性中心显著减少，吸附性小，故一般用于分析极性物质。

硅藻土型担体表面含有相当数量的硅醇基团 $-\overset{|}{\underset{|}{Si}}-OH$ 以及 $>Al-O-$，$>Fe-O-$ 等

基团，具有细孔结构，并呈现不同的pH，故担体表面既有吸附活性，又有催化活性。如涂上极性固定液，会造成固定液分布不均匀。分析极性试样时，由于与极性中心的相互作用，会造成色谱的拖尾。因此，担体在使用前需加以钝化处理，改进担体孔隙结构，屏蔽活性中心，提高柱效率。处理方法可用酸洗、碱洗、硅烷化等。

酸洗、碱洗是用浓盐酸、氢氧化钾甲醇溶液分别浸泡，以除去铁等金属氧化物杂质及表面的氧化铝等酸性作用点。

硅烷化是用硅烷化试剂和担体表面的硅醇、硅醚基团起反应，以消除担体表面的氢键结合能力，从而改进担体的性能。

非硅藻土型担体有氟担体、玻璃微球担体、高分子多孔微球等。

担体的选择对色谱分离有非常大的影响。例如，分析试样中含有 10^{-9} g·μL^{-1} 的4个有机磷农药，若用未处理的担体，涂3%OV-1固定液则不出峰；用白色硅烷化担体，出现3个峰，柱效很低；用酸洗DMCS硅烷化(二甲基二氯硅烷硅烷化)的担体，出现4个峰，且柱效很高；但若固定液质量分数在10%左右，进行常量分析，则未处理的白色担体效果也很好。

选择担体的大致原则为：

① 当固定液质量分数大于5%时，可选用硅藻土型(白色或红色)担体。

② 当固定液质量分数小于5%时，应选用处理过的担体。

③ 对于高沸点组分，可选用玻璃微球担体。

④ 对于强腐蚀性组分，可选用氟担体。

(2)固定液

固定液是覆盖在担体表面的高沸点有机化合物，主要用于分离混合样品。

对固定液的要求一般有：

① 在使用温度下是液体，应具有较低的挥发性。

② 良好的热稳定性。

③ 对要分离的各组分应具有合适的分配系数。

④ 化学稳定性好，不与样品组分、载气、载体发生任何化学反应。

用于色谱分析的固定液已有上千种，为了选择和使用方便，一般按极性大小把固定液分为4类：非极性、中等极性、强极性和氢键型固定液。

非极性固定液主要是一些饱和烷烃和甲基硅油，它们与待测物质分子之间的作用力以色散力为主。组分按沸点由低到高顺序流出，若样品中兼有极性和非极性组分，则同沸点的极性组分先出峰。常用的固定液有角鲨烷(异三十烷)、阿皮松等。适用于非极性和弱极性化合物的分析。

中等极性固定液是由较大的烷基和少量的极性基团或可以诱导极化的基团组成，它们与待测物质分子间的作用力以色散力和诱导力为主，组分基本上按沸点顺序出峰，同沸点的非极性组分先出峰。常用的固定液有邻苯二甲酸二壬酯、聚酯等，适用于弱极性和中等极性化合物的分析。

强极性固定液含有较强的极性基团，它们与待测物质分子间作用力以静电力和诱导力为主，组分按极性由小到大的顺序出峰。常用的固定液有氧二丙腈等，适用于极性化合物的分析。

氢键型固定液是强极性固定液中特殊的一类，与待测物质分子间作用力以氢键力为主，组分以形成氢键的难易程度出峰，不易形成氢键的组分先出峰。常用的固定液有聚乙二醇、三乙醇胺等，适用于分析含 F、N、O 等的化合物。

表 3-1 列出了几种常用固定液的性质，使用温度和分析对象。

表 3-1 某些常用固定液及其性能

固定液名称	商品名称	最高使用温度/℃	溶 剂	分析对象
角鲨烷	SQ	150	乙醚、甲苯	(非极性标准固定液)分离一般烃类及非极性化合物
阿皮松 L	APL	300	苯、氯仿	高沸点非极性有机化合物
甲基硅橡胶	SE-30JXR Silicon	300	氯仿	高沸点弱极性化合物
邻苯二甲酸二壬酯	DNP	160	乙醚、甲醇	芳香族化合物、不饱和化合物及各种含氧化合物(醇、醛、酮、酸、酯等)
β，β′-氧二丙腈	ODPN	100	甲醇、丙酮	醇、胺、不饱和烃等极性化合物
聚乙二醇(1500~20 000)	PEG(1500~20 000)Carbowax	80~200	乙醇、氯仿、丙酮	醇、醛、酮、脂肪酸、酯及含氮官能团等极性化合物，对芳香烃有选择性

固定液的选择一般根据“相似相溶”的原则，待测组分分子与固定液分子的性质(极性、官能团等)相似时，其溶解度就大。依据此原理，色谱流出的一般规律是：

① 分离非极性物质，一般选用非极性固定液。试样中各组分按沸点次序先后流出色谱柱，沸点低的先出峰，沸点高的后出峰。

② 分离极性物质，选用极性固定液。试样中各组分主要按极性顺序分离，极性小的先流出色谱柱，极性大的后流出色谱柱。

③ 分离非极性和极性混合物时，一般选用极性固定液。非极性组分先出峰，极性组分(或易被极化的组分)后出峰。

④ 对于能形成氢键的试样，如醇、酚、胺和水等的分离，一般选择极性的或是氢键型的固定液。试样中各组分按与固定液分子间形成氢键的能力大小先后流出，不易形成氢键的先流出，最易形成氢键的最后流出。

在实际工作中遇到的样品往往是比较复杂的，所以固定液的选择要根据具体样品而定。一般依靠经验或参考文献，按最接近的性质来选择。

通常为了有助于对固定液进行评价、分类和选择，可采用麦克雷诺兹常数(麦氏常数)表示固定液的相对极性。它选用 10 种物质来表征固定液的分离极性，但实际上采用苯、丁醇、2-戊酮、硝基丙烷和吡啶 5 种物质测得的特征常数即可表征固定液的相对极性。其方法是以角鲨烷固定液为基础，用以上 5 种物质作为探测物，分别测得在待测固定液上的保留指数 I_x 和在角鲨烷固定液上的保留指数 I_s 之差 $\Delta I=I_x-I_s$，即可表征以标准非极性固定液角鲨烷为基准时待测固定液的麦氏常数，以 X'、Y'、Z'、U'、S' 表示以上 5 种物质的麦氏常数。即

$$X'=I_x^{苯}-I_s^{苯}=\Delta I^{苯}$$
$$Y'=I_x^{丁醇}-I_s^{丁醇}=\Delta I^{丁醇}$$
$$Z'=I_x^{2-戊酮}-I_s^{2-戊酮}=\Delta I^{2-戊酮}$$
$$U'=I_x^{硝基丙烷}-I_s^{硝基丙烷}=\Delta I^{硝基丙烷}$$
$$S'=I_x^{吡啶}-I_s^{吡啶}=\Delta I^{吡啶}$$

麦氏常数越小，则固定液的极性越接近非极性固定液的极性，麦氏常数可从气相色谱手册中查阅。5种探测物 ΔI 值之和 $\sum \Delta I$ 称为总极性，总极性越大则表明该固定液极性越强。

表3-2列出了几种常用固定液的麦氏常数。

表3-2 麦氏常数

序号	固定液	型号	苯 X'	丁醇 Y'	2-戊酮 Z'	硝基丙烷 U'	吡啶 S'	平均极性	总极性 $\sum \Delta I$	最高使用温度/℃
1	角鲨烷	SQ	0	0	0	0	0	0	0	100
2	甲基硅橡胶	SE-30	15	53	44	64	41	43	217	300
3	甲基(10%)甲基聚硅氧烷	OV-3	44	86	81	124	88	85	423	350
4	苯基(20%)甲基聚硅氧烷	OV-7	69	113	111	171	128	118	592	350
5	苯基(50%)甲基聚硅氧烷	DC-710	107	149	153	228	190	168	827	225
6	苯基(60%)甲基聚硅氧烷	OV-22	160	188	191	283	253	219	1075	350
7	苯二甲酸二癸酯	DDP	136	255	213	320	235	232	1159	175
8	三氟丙基(50%)甲基聚硅氧烷	QF-1	144	233	355	463	305	300	1500	250
9	聚乙二醇十八醚	Emulphor ON-270	202	396	251	395	345	318	1589	200
10	氰乙基(25%)甲基硅橡胶	XE-60	204	381	340	493	367	357	1785	250
11	聚乙二醇-20 000	PEG-20M	322	536	368	572	510	462	2308	225
12	己二酸二乙二醇聚酯	DEGA	378	603	460	665	658	553	2764	200
13	丁二酸二乙二醇聚酯	DEGS	492	733	581	833	791	686	3504	200
14	三(2-氰乙氧基)丙烷	TCEP	593	857	752	1028	915	829	4145	175

3.3.2 气相色谱检测器

检测器的作用是将经色谱柱分离后的各组分按其特性及含量转换为相应的电信号。根据检测原理不同，气相色谱检测器分为两种类型：浓度型和质量型。浓度型检测器的检测原理是响应信号与载气中组分的瞬间浓度呈线性关系，峰面积与载气流速呈反比。常用的浓度型检测器有热导池检测器和电子捕获检测器。质量型检测器的检测原理是响应信号与单位时间内进入检测器组分的质量呈线性关系，与组分在载气中的浓度无关，因此峰面积不受载气流速影响。常用的质量型检测器有氢火焰离子化检测器和火焰光度检测器。

3.3.2.1 热导池检测器

热导池检测器(TCD)由于结构简单、灵敏度适宜、稳定性较好，而且对所有物质都有响应，因此是应用最广、最成熟的一种检测器。

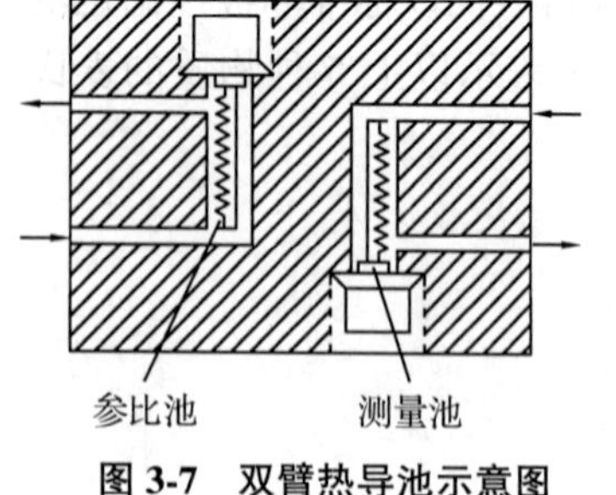

图3-7 双臂热导池示意图

(1)热导池的结构

热导池由池体和热敏元件构成，图3-7为双臂热导池。热导池体用不锈钢块制成，有两个大小相同、形状完全对称的孔道，每个孔里固定一根金属丝(如钨丝、铂丝)，两根金属丝长短、粗细、电阻值都一样，此金属丝称为热敏元件。为了提高检测器的灵敏度，一般选用电阻率高、电阻温度系数

(即温度每变化 1℃，导体电阻的变化值)大的金属丝或半导体热敏电阻作热导池的热敏元件。

钨丝具有较高的电阻温度系数(6.5×10^{-3} cm·Ω^{-1}·℃$^{-1}$)和电阻率(5.5×10^{-6} Ω·cm)，而且价廉，容易加工，因此是目前最广泛使用的热敏元件。钨丝的主要缺点是高温时容易氧化。为克服钨丝的氧化问题，可采用铼钨合金制成的热丝，铼钨丝抗氧化性好，机械强度、化学稳定性及灵敏度都比钨丝高。

双臂热导池有两根钨丝(采用 220V，40W 白炽灯钨丝)，其中一臂是参比池，另一臂是测量池。热导池体两端有气体进口和出口，参比池仅通载气，从色谱柱出来的组分由载气携带进入测量池。

(2)热导池检测器的基本原理

热导池作为检测器，是基于不同的物质具有不同的热导系数。当电流通过钨丝时，钨丝被加热到一定温度，由于金属丝的电阻值随温度升高而增加，钨丝的电阻值也就增加到一定值。在未进试样时，通过热导池参比池和测量池的都是载气，由于载气的热传导作用，使钨丝的温度下降，电阻减小，此时热导池的两个池孔中钨丝温度下降和电阻减小的数值是相同的。在试样组分进入以后，载气带着试样组分流经测量池，而参比池只通载气。由于被测组分与载气组成的混合气体的热导系数和载气的热导系数不同，因而测量池中钨丝的散热情况就发生变化，使两个池孔中两根钨丝的电阻值之间有了差异，这个差异可以利用电桥测量出来。图 3-8 所示即为双臂热导池电路原理图。

图 3-8 中，R_1 和 R_2 分别为参比池和测量池的钨丝的电阻，分别连于电桥中作为两臂。在安装仪器时，挑选配对的钨丝，使 $R_1=R_2$。

从物理学中知道，当电桥平衡时：

$$R_1\cdot R_4=R_2\cdot R_3$$

当电流通过热导池中两臂的钨丝时，钨丝加热到一定温度，钨丝的电阻值也增加到一定值，两个池中电阻增加的程度相同。如果用氢气作载气，当载气经过参比池和测量池时，由于氢气的热导系数较大，被氢气传走的热量也较多，钨丝温度就迅速下降，电阻减小。当载气流速恒定时，在两个池中的钨丝温度下降和电阻值的减小程度是相同的，亦即 $\Delta R_1=\Delta R_2$，因此当两个池都通载气时，电桥处于平衡状态，能满足$(R_1+\Delta R_1)\cdot R_4=(R_2+\Delta R_2)\cdot R_3$。此时 C，D 两端的电位相等，$\Delta E=0$，就没有信号输出，电位差计记录的是一条零位直线，称为基线。如果从进样器注入试样，经色谱柱分离后，由载气先后带入测量池。此时由于被测组分与载气组成的二元导热系数与纯载气不同，使测量池中钨丝散热情况发生变化，导致测量池中钨丝温度和电阻值的改变，而与只通过纯载气的参比池内的钨丝的电阻值之间有了差异，这样电桥就不平衡，即

$$\begin{aligned}&\Delta R_1\neq\Delta R_2\\&(R_1+\Delta R_1)\cdot R_4\neq(R_2+\Delta R_2)\cdot R_3\end{aligned}\qquad(3\text{-}21)$$

这时电桥 C，D 之间产生不平衡电位差，就有信号输出。载气中被测组分的浓度越大，测量池钨丝的电阻值改变亦越显著，因此检测器所产生的响应信号，在一定条件下与载气中组分的浓度存在定量关系。电桥上 C，D 间不平衡电位差用自动平衡电位差计记录其响应电位，在记录纸上即可记录出各组分的色谱峰。

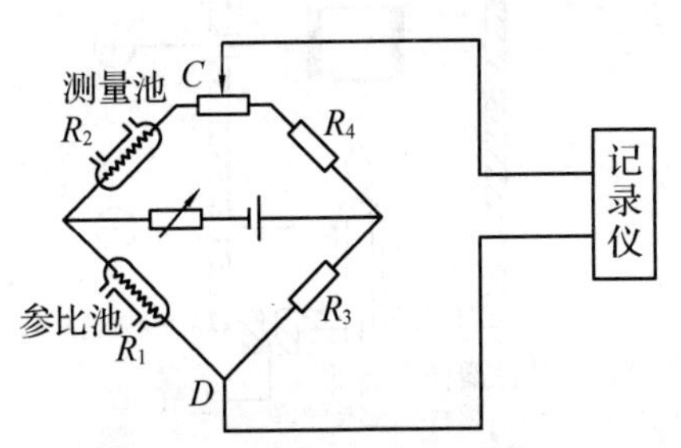

图 3-8 双臂热导池电路原理图

(3)影响热导池检测器灵敏度的因素

① 桥路工作电流的影响　桥电流增加，钨丝温度提高，钨丝和热导池体的温差加大，气体易于将热量传出去，灵敏度提高。一般工作电流与响应值之间有三次方的关系，即增加电流能使灵敏度迅速增加；但电流太大，将使钨丝处于灼热状态，引起基线不稳，呈不规则抖动，甚至会将钨丝烧坏。一般桥路电流控制在100~200 mA，N_2 作载气时为100~150 mA，H_2 作载气时为150~200 mA。

② 热导池体温度的影响　当桥路电流一定时，钨丝温度一定。如果池体温度低，池体和钨丝的温差就大，能使灵敏度提高。但池体温度不能太低，否则被测组分将在检测器内冷凝。一般池体温度不应低于柱温。

③ 载气的影响　载气与试样的热导系数相差越大，则灵敏度越高。由于一般物质的热导系数都比较小，故选择热导系数大的气体如 H_2 气或He气作载气，灵敏度就比较高。另外，载气的热导系数大，在相同的桥路电流下，热丝温度较低，桥路电流就可升高，从而使热导池的灵敏度大为提高，因此通常采用 H_2 作载气。如果用 N_2 气作载气，除了 N_2 和被测组分热导系数差别小，灵敏度低以外，还常常由于热导系数的非线性，以及因热导性能差而使对流作用在热导池中影响增大等原因，有时会出现不正常的色谱峰，如倒峰等。载气流速对输出信号有影响，因此载气流速要稳定。

④ 热敏元件阻值的影响　选择阻值高，电阻温度系数较大的热敏元件，如钨丝，当温度有一些变化时，就能引起电阻明显变化，灵敏度就高。

除上述影响之外，一般热导池还存在死体积较大、灵敏度较低的缺陷。为提高灵敏度并使之能在毛细管柱气相色谱仪上配用，可使用池体体积微小的如2.5 μL的微型热导池。

3.3.2.2 氢火焰离子化检测器

氢火焰离子化检测器(FID)，简称氢焰检测器。它对含碳有机化合物有很高的灵敏度，一般比热导池检测器的灵敏度高几个数量级，能检测 10^{-12} g·s^{-1} 的痕量物质，故适宜于痕量有机物的分析。因其结构简单、灵敏度高、响应快、稳定性好、死体积小、线性范围宽，可达 10^6 以上，因此它也是一种较理想的检测器。

(1)氢焰检测器的结构

氢焰检测器主要部分是一个离子室。离子室一般用不锈钢制成，包括气体入口，火焰喷嘴，一对电极和外罩。氢焰检测器离子室示意图如图3-9所示。

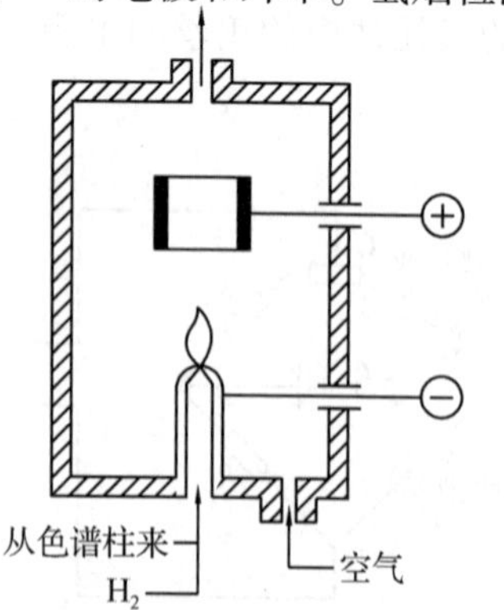

图3-9　氢火焰电离检测器离子室示意图

被测组分被载气携带，从色谱柱流出，与氢气混合一起进入离子室，由毛细管喷嘴喷出。氢气在空气的助燃下经引燃后进行燃烧，以燃烧所产生的约2100 ℃高温的火焰为能源，使被测有机物组分电离成正负离子。在氢火焰附近设有收集极(正极)和极化极(负极)，在两极之间加有150~300 V的极化电压，形成一个直流电场。产生的离子在收集极和极化极的外电场作用下定向运动而形成电流。电离的程度与被测组分的性质有关，一般在氢火焰中电离效率很低，大约每50万个碳原子中有一个碳原子被电离，因此产生的电流很微弱，需经放大器放大后，才能在记录仪上得到色谱峰。产生的微电流大小与进入离子室的被测组分含量有关，含量越大，产生的微电流就越大，二者之间存在一定的定量关系。

为了使离子室在高温下不被试样腐蚀，金属零件都用不锈钢制成，电极都用纯铂丝绕成，极化极兼作点火极，将氢焰点燃。为了把微弱的离子流完全收集下来，要控制收集极和喷嘴之间的距离。通常把收集极置于喷嘴上方，与喷嘴之间的距离不超过10 mm。也有把两个电极装在喷嘴两旁，二电极之间距离 6～8 mm。

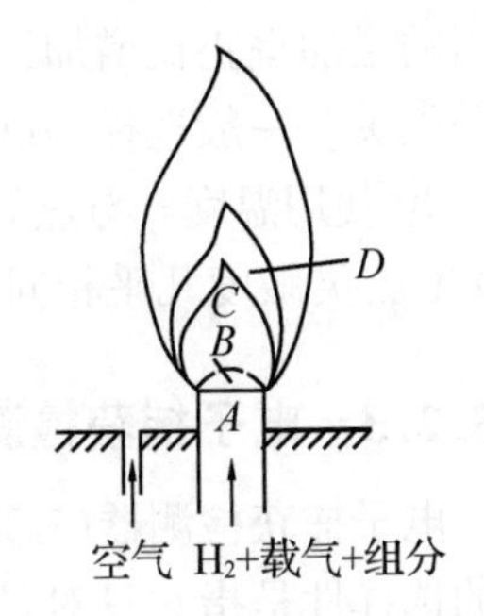

图 3-10 火焰各层示意图

(2)氢焰检测器离子化的作用机理

对于氢焰检测器离子化的作用机理，至今还不十分清楚。根据有关研究结果，目前认为火焰中的电离不是热电离而是化学电离，即有机物在火焰中发生自由基反应而被电离。火焰性质如图 3-10 所示，A 为预热区，B 层点燃火焰，C 层温度最高，为热裂解区。有机物 C_nH_m 在此发生裂解而产生含碳自由基 $\cdot CH$：

$$C_nH_m \longrightarrow \cdot CH(\text{自由基}) \tag{3-22}$$

然后进入 D 层反应层，与外面扩散进来的激发态原子或分子氧发生反应，生成 CHO^+ 及 e^-：

$$\underset{}{\cdot CH+O^*} \longrightarrow \underset{(\text{正离子})}{2CHO^+} + \underset{(\text{电子})}{e^-} \tag{3-23}$$

形成的 CHO^+ 与火焰中大量水蒸气碰撞发生分子–离子反应，产生 H_3O^+ 离子：

$$CHO^++H_2O \longrightarrow \underset{(\text{正离子})}{H_3O^+} +CO \tag{3-24}$$

化学电离产生的正离子(CHO^+，H_3O^+)和电子(e^-)在外加 150～300 V 直流电场作用下向两极移动而产生微电流。经放大后，记录下色谱峰。

(3)操作条件的选择

① 气体流量　气体流量主要考虑载气流量、氢气流量和空气流量。

一般用 N_2 作载气，载气流量的选择主要考虑分离效能。对一定的色谱柱和试样，要找到一个最佳的载气流速，使色谱柱的分离效果最好。

氢气流量与载气流量之比会影响氢火焰的温度及火焰中的电离过程。氢火焰温度太低，组分分子电离数目少，产生电流信号就小，灵敏度就低。氢气流量低，不但灵敏度低，而且易熄火。氢气流量太高，热噪音就大。故对氢气必须维持足够流量。当氮气作载气时，一般氢气与氮气流量之比是 1∶1～1∶1.5。在最佳氢氮比时，不仅灵敏度高，而且稳定性也好。

空气是助燃气，并为生成 CHO^+ 提供 O_2。空气流量在一定范围内对响应值有影响。当空气流量较小时，对响应值影响较大，流量很小时，灵敏度较低。空气流量高于某一数值如 400 $mL \cdot min^{-1}$ 时，对响应值几乎没有影响。一般氢气与空气流量之比为 1∶10。

气体中含有的机械杂质或载气中含有的微量有机杂质，对基线的稳定性影响很大，因此要保证管路的干净。

② 极化电压　氢火焰中生成的离子只有在电场作用下向两极定向移动，才能产生电流。因此极化电压的大小直接影响响应值。实践证明，在极化电压较低时，响应值随极化

电压的增加呈正比增加，然后趋于一个饱和值，极化电压高于饱和值时与检测器的响应值几乎无关。一般选择±100～±300 V之间。

③ 使用温度　与热导池检测器不同，氢火焰检测器的温度不是主要影响因素，从80～200 ℃，灵敏度几乎相同。80 ℃以下，灵敏度显著下降，这是水蒸气冷凝造成的影响。

3.3.2.3　电子捕获检测器

电子捕获检测器(ECD)是应用广泛的一种具有高选择性、高灵敏度的浓度型检测器。它的选择性是指它只对具有电负性的物质(如含有卤素、硫、磷、氮、氧的物质)有响应，电负性越强，灵敏度越高。高灵敏度表现在能测出10^{-14} g·mL^{-1}的电负性物质。

电子捕获检测器的构造如图3-11所示。在检测器池体内有一圆筒状β放射源(^{63}Ni或^{3}H)作为负极，一个不锈钢棒作为正极。在正负两极间施加一个直流或脉冲电压。当载气(一般采用高纯氮)进入检测器时，在放射源发射的β射线作用下发生电离：

$$N_2 \longrightarrow N_2^+ + e^- \qquad (3-25)$$

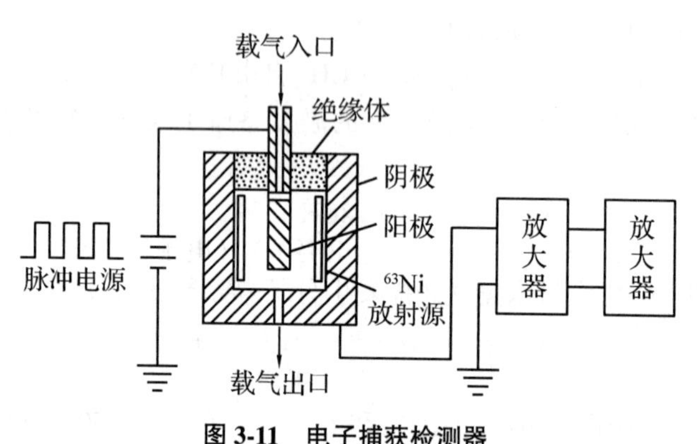

图3-11　电子捕获检测器

生成的正离子和慢速低能量的电子，在恒定电场作用下向极性相反的电极运动，形成恒定的电流即基流。当具有电负性的组分进入检测器时，它捕获了检测器中的电子而产生带负电荷的分子离子并放出能量：

$$AB + e^- \longrightarrow AB^- + E \qquad (3-26)$$

带负电荷的分子离子和载气电离产生的正离子复合成中性化合物，被载气携出检测器外：

$$AB^- + N_2^+ \longrightarrow N_2 + AB \qquad (3-27)$$

由于被测组分捕获电子，其结果使基流降低，产生负信号而形成倒峰。组分浓度越高，倒峰越大。

由于电子捕获检测器具有高灵敏度、高选择性，其应用范围日益扩大。它经常用于痕量的具有特殊官能团的组分的分析，如食品、农副产品中农药残留量的分析，大气、水中痕量污染物的分析等。

操作时应注意载气的纯度，一般应在99.99 %以上。纯度和流速对信号值和稳定性有很大的影响。检测器的温度对响应值也有较大的影响。由于线性范围较狭，只有10^3左右，因此要格外注意进样量的控制，不可超量。

3.3.2.4 火焰光度检测器

火焰光度检测器(FPD)是对含磷、含硫的有机化合物有高选择性和高灵敏度的一种色谱检测器。

这种检测器主要由火焰喷嘴、滤光片、光电倍增管3个部分组成，如图3-12所示。当含有硫(或磷)的试样进入氢焰离子室，在富氢-空气焰中燃烧时，有下述反应发生：

$$RS+空气+O_2 \longrightarrow SO_2+CO_2 \tag{3-28}$$

$$2SO_2+8H \longrightarrow 2S+4H_2O \tag{3-29}$$

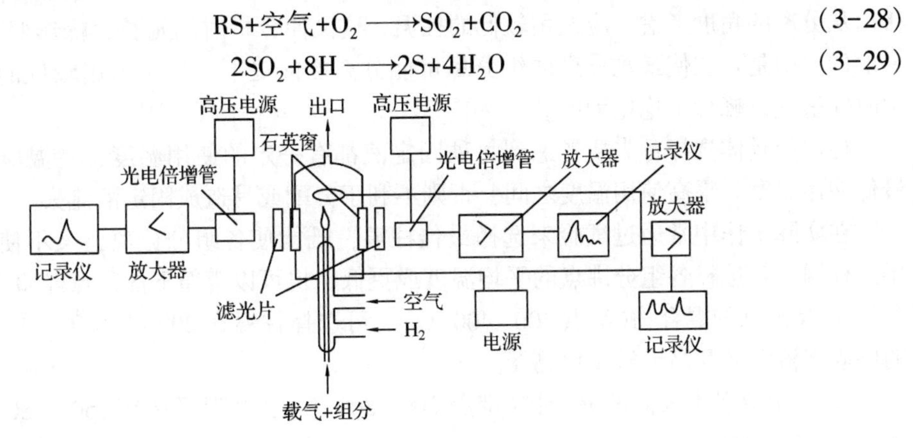

图 3-12 火焰光度检测器

亦即有机硫化物首先被氧化成 SO_2，然后被氢还原成S原子，S原子适当温度下生成激发态的 S_2^* 分子，当其跃迁回基态时，发射出350~430 nm的特征分子光谱。

$$S+S \longrightarrow S_2^*$$

$$S_2^* \longrightarrow S_2+h\nu \tag{3-30}$$

含磷试样主要以HPO碎片的形式发射出526 nm波长的特征光。这些发射光通过滤光片而照射到光电倍增管上，将光转变为光电流，经放大后在记录器上记录下含硫或含磷有机化合物的色谱图。至于含碳有机物，在氢火焰高温下进行电离而产生微电流，经收集极收集，放大后可同时记录下来。因此火焰光度检测器可以同时测定含硫、含磷和含碳有机物，即火焰光度检测器、氢焰检测器联用。

3.3.3 操作条件的选择

为了较短时间内获得较满意的色谱分析结果，除了选择合适的固定相之外，还要选择最佳的操作条件，以提高柱效能，增大分离度，满足分离分析的需要。

3.3.3.1 载气及其流速的选择

选用何种载气，应从两个方面考虑：首先考虑检测器的适应性，如TCD常用 H_2，He作载气，FID、ECD和FPD常用 N_2 作载气；其次考虑流速的大小，由范第姆特方程可知，当流速较小时，分子扩散项(B/u)是色谱峰扩张的主要因素，应采用相对分子质量较大的载气如 N_2、Ar等，这样组分在载气中的扩散系数就小；当流速较大时，传质阻力项(Cu)起主要作用，宜用相对分子质量较小的载气如 H_2、He等。

载气流速严重影响分离效率和分析时间，当色谱柱和组分一定时(即分配系数 K 一定)，由范第姆特方程可计算出最佳流速，此时柱效能最高，但在此流速下，分析时间较长。一般采用稍高于最佳流速的载气流速，以加快分析速度。

3.3.3.2 柱温的选择

柱温是气相色谱最重要的操作条件之一，直接影响柱效、分离选择性、检测灵敏和稳定性。柱温的改变将影响 K、k'、D_g 和 D_s，从而影响分离效率和分析速率。提高柱温，可以改善传质阻力，有利于提高柱效，缩短分析时间，但降低了 k' 和选择性，不利于分离。所以从分离的角度考虑，应选用较低的柱温，这又使分析时间延长，峰形变宽，柱效下降。一般的原则是：在使最难分离的组分尽可能分离的前提下，尽量采用较低的柱温，但以保留时间适宜，峰形不拖尾为度。

柱温的具体选择首先要考虑到每种固定液都有一定的使用温度，柱温应介于固定液的最低使用温度和最高使用温度之间，否则不利于分配或易造成固定液流失。

在实际工作中常通过试验来选择最佳柱温，既能使各组分分离，又不使峰形扩张、拖尾。柱温一般选择各组分沸点的平均温度或更低，也可以遵循下面几点经验规律：

① 高沸点的混合物(沸点 300~400 ℃)，可选择柱温在 200~230 ℃之间。用 1 %~3 %的低固定液含量和高灵敏度检测器。

② 对于沸点不太高的混合物(沸点 200~300 ℃)，柱温可选在 150~180 ℃之间。固定液含量 5 %~10 %。

③ 对于沸点在 100~200 ℃的混合物，柱温可选在 70~120 ℃之间。固定液含量 10 %~15 %。

④ 对于气体、气态烃等低沸点物质，柱温可选在其沸点或沸点以上，以便能在室温或 50 ℃以下分析。固定液含量一般在 15 %~25 %。

对于宽沸程(沸程大于 100 ℃)样品，宜采用程序升温色谱法，即柱温按预定的程序连续地或分阶段地进行升温。这样能兼顾高、低沸点组分的分离效果和分析时间，使不同沸点的组分基本上都在其较合适的温度下得到良好的分离。

3.3.3.3 载体和固定液含量的选择

(1) 载体的选择

载体的选择一般要遵循以下要求：

① 载体表面的固定液液膜薄而均匀可使液相传质阻力减小，因此要求载体表面具有多孔性且孔径分布均匀。

② 载体粒度的减小有利于提高柱效。但也不可太小，这样不仅不易填充均匀致使填充不规则因子 λ 增大，导致塔板高度 H 增大，而且将需要较大的柱压，容易漏气，给仪器装配带来困难。一般填充柱要求载体颗粒直径是柱直径的 1/10 左右，即 60~80 目或 80~100 目为好。

③ 载体颗粒要求均匀，筛分范围要窄，以降低 λ 值，减小 H。一般使用颗粒筛分范围约为 20 目。

(2) 固定液及其配比的选择

固定液的性质和配比对 H 的影响反映在传质阻力项中，亦即与分配比 k'、液膜厚度和组合在液相中的扩散系数 D_L 有关。k'，D_L 与固定液和样品的性质及温度有关，液膜厚度除了与固定液的性质、用量有关外，还与载体的可浸润性、表面结构和孔结构有关。因此，一般选用的固定液对分析样品要有合适的 k' 值，使待分离物质对有较大的相对保留值 $\gamma_{1,2}$，此外还要求固定液的黏度小、蒸气压力低等。

为了改善液相传质，减小 H，可采用低固定液配比以减小液膜厚度，并且有利于在较低的温度下分析沸点较高的组分和缩短分析时间。但是配比太低，固定液不足以覆盖载体而出现载体的吸附现象，反而会降低柱效能。在低固定液配比时，柱负荷变小，样品量也要相应减小。一般填充柱的液载比是 5 %~25 %；空心柱液膜厚度在 0.2~0.5 μm 之间。

3.3.3.4 进样条件的选择

进样速度必须要快，使样品能立即汽化被带入柱中。若进样时间过长，样品原始宽度变大，可使色谱峰扩张。

原则上要求在选择的汽化温度下样品能瞬间汽化而不分解，这对于高沸点或易分解组分尤为重要，由于色谱进样量为微升级，近于无限稀释的情况，所以汽化温度可比样品最难汽化组分的沸点略低些，反之进样量多汽化温度就要高些。一般汽化室温度比柱温高 30~70 ℃。

进样量一般控制原则为液体试样进样 0.1~5 μL，气体试样 0.1~10 mL。进样量太少，检测器不易检测，增大分析误差；若进样量太多，则柱效下降，同时由于柱超负荷，使分离效果差，拖延流出时间。

3.4 色谱定性和定量方法

3.4.1 色谱定性方法

3.4.1.1 与标样对照的方法

在相同色谱条件下，分别将标样和试样进行色谱分析，比较两者的保留值，如果保留值相同，可能是同一种物质。在组分性质和范围较确定、色谱条件非常稳定的情况下，这种方法很适用。图 3-13 即为采用标准对照法作色谱定性。但是，单纯依靠 t_R 值来判定是否为同一种物质，证据还不够充分。此外，并不是每一种组分都能得到色谱纯的标样。

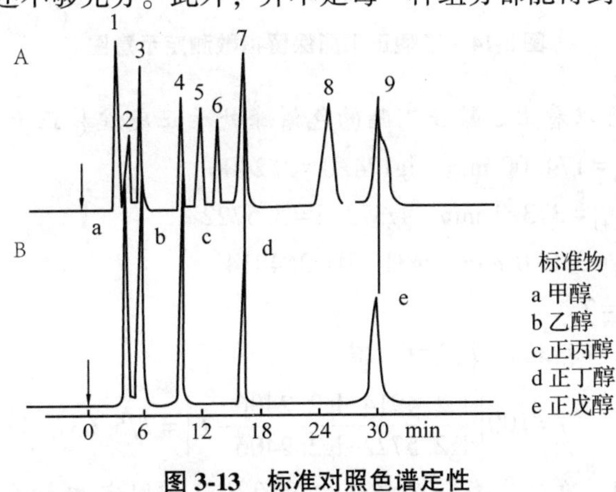

图 3-13 标准对照色谱定性

A. 混合样色谱图 B. 标准样色谱图

为克服以上局限性，采用相对保留值 $\gamma_{i,s}$ 定性，可排除柱长、固定液含量、流动相流速等条件的影响，仅与柱温有关，其定性的可靠性比保留值定性大一些。

如果样品中组分较多，各峰距离较近，不易精确比较 t_R 和 $\gamma_{i,s}$，则可在样品中加入标样后混合进样，对比混合前后的谱图，如有某色谱峰明显增高，则样品中含有此标样成分。

双柱法可进一步确证已得到的初步结果。因为不同组分可能在同一根色谱柱上具有相同的保留值，为此，可分别在极性不同的两根柱子或多根柱子上进行，如果仍然能观察到保留值相同的现象，则进一步证实了此两者为同一种物质。

3.4.1.2 利用保留指数法定性

保留指数法是采用一系列物质作为定性的参照，例如，Kovats 提出用正构烷烃系列为基准，规定正构烷烃的保留指数为 100 Z（Z 代表碳原子数），正戊烷、正己烷、正庚烷的保留指数分别为 500、600、700，其他物质的保留指数用靠近它的两个正构烷烃来标定。待测物的保留指数 I 可表示如下：

$$I=100\left[\frac{\lg X_i-\lg X_z}{\lg X_{z+1}-\lg X_z}+Z\right] \tag{3-31}$$

式中，X 为调整保留值（调整保留时间或调整保留体积）；i 为待测物，Z 和 $Z+1$ 为具有 Z 个和 $Z+1$ 个碳原子数的正构烷烃，以使待测组分的保留值处于这两个正构烷烃的保留值之间。

按式(3-31)求出 I 值后，再与文献值对照，即可达到定性的目的。

例 乙酸正丁酯在阿皮松 L 柱上，柱温为 100 ℃时，得到以下色谱图（图 3-14），求乙酸正丁酯的保留指数 I。

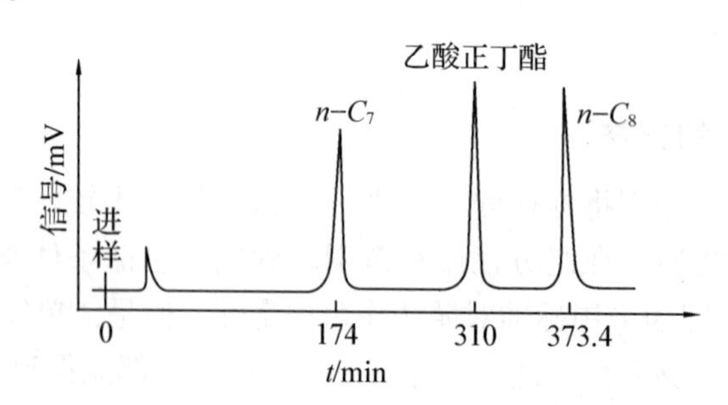

图 3-14 乙酸正丁酯保留指数测定示意图

解答：从图 3-14 可以看出乙酸正丁酯的色谱峰处于正庚烷和正辛烷之间。已知：

正庚烷　　$X_z=174.00$ min　$\lg174.0=2.2406$

正辛烷　　$X_{z+1}=373.4$ min　$\lg373.4=2.5722$

乙酸正丁酯　$X_i=310.0$ min　$\lg310.0=2.4914$

正庚烷　　$Z=7$

将实验结果代入保留指数计算式中，得

$$I=100\left[\frac{\lg2.4914-\lg2.2406}{\lg2.5722-\lg2.2406}+7\right]=775.63$$

保留指数计算精确，准确度高，只要在相同的柱温和固定相条件下进行色谱操作，就可以利用文献资料上的保留指数值进行对照来定性。

3.4.1.3 与其他方法结合定性

采用得较多的是色谱与质谱、红外光谱或核磁共振等联用来进行结构测定。质谱、光谱等精密仪器起的作用与色谱检测器的作用类似，色谱充分发挥它的分离的特长，质谱或光谱等则充分发挥确定结构的特长。尤其是色谱与质谱的联用，是目前解决复杂未知物定性问题的最有效方法之一。

3.4.2 色谱定量分析

3.4.2.1 校正因子和相对校正因子

相同色谱条件下，某一组分 i 产生的色谱响应值峰面积 A_i 或峰高 h_i 与这一组分的质量 m_i 呈正比，即

$$m_i = f_i' A_i \quad 或 \quad m_i = f_i'' h_i \tag{3-32}$$

式中，f_i'（或f_i''）为组分 i 在该检测器上的响应斜率，也称为定量校正因子。

因检测对不同组分的响应灵敏度不同，所以峰面积的大小不能完全反映各组分的含量，含量相同的两种组分，出峰的面积不一定相同，所以必须要对检测器的响应值峰面积和峰高进行校正。上式中f_i'就是定量校正因子，它的物理含义是单位峰面积或峰高所代表的组分量。

$$f_i' = \frac{m_i}{A_i} \quad 或 \quad f_i'' = \frac{m_i}{h_i}$$

由于求出f_i'和f_i''的绝对值较困难，不仅要掌握精确的进样量，而且要严格控制色谱操作条件，以保证测定和使用f_i'值时条件相同，所以绝对校正因子使用不方便。为此，在实际工作中往往采用一种标准物质的校正因子f_s'来校正其他物质的校正因子f_i'，得到一个相对校正因子f_i。

$$f_i = \frac{f_i'}{f_s'} \tag{3-33}$$

如将式(3-32)代入式(3-33)，并且物质的含量采用质量表示，则所对应的f称为质量校正因子f_m。如物质的含量采用物质的量表示，所对应的f称为摩尔校正因子f_M。它们分别表示为

$$f_m = \frac{f'_{i(m)}}{f'_{s(m)}} = \frac{A_s m_i}{A_i m_s} \quad 或 \quad f_m = \frac{h_s m_i}{h_i m_s} \tag{3-34}$$

$$f_M = \frac{f'_{i(M)}}{f'_{s(M)}} = \frac{A_s m_i M_s}{A_i m_s M_i} = f_m \cdot \frac{M_s}{M_i} \tag{3-35}$$

式中，A_i、A_s、m_i、m_s、M_i、M_s 分别为组分 i 和标准物质 s 的峰面积、质量和摩尔质量。

在文献资料中列出的校正因子都是相对校正因子，以热导池为检测器，以苯作为标准物质；或以氢火焰为检测器，以正庚烷作为标准物质。也可自行测定相对校正因子f_i。测定方法为：精确称量待测组分和标样，混合后，在实验条件下进行进样分析，分别测量相应的峰面积或峰高，然后按上述有关公式计算出f_m 或f_M。表 3-3 为一些化合物的校正因子。

表 3-3 一些化合物的校正因子

化合物	沸点/℃	相对分子质量	热导池检测器		氢焰电离检测器 f_m
			f_M	f_m	
甲烷	-160	16	2.80	0.45	1.03
乙烷	-89	30	1.96	0.59	1.03
丙烷	-42	44	1.55	0.68	1.02
丁烷	-0.5	58	1.18	0.68	0.91
乙烯	-104	28	2.08	0.59	0.98
乙炔	-83.6	26			0.94
苯	80	78	1.00	0.78	0.89
甲苯	110	92	0.86	0.79	0.94
环已烷	81	84	0.88	0.74	0.99
甲醇	65	32	1.82	0.58	4.35
乙醇	78	46	1.39	0.64	2.18
丙酮	56	58	1.16	0.68	2.04
乙醛	21	44	1.54	0.68	
乙醚	35	74	0.91	0.67	
甲酸	100.7				1.00
乙酸	118.2				4.17
乙酸乙酯	77	88	0.9	0.79	2.64
氯仿		119	0.93	1.10	
吡啶	115	79	1.0	0.79	
氨	33	17	2.38	0.42	
氮		28	2.38	0.67	
氧		32	2.5	0.80	
CO_2		44	2.08	0.92	
CCl_4		154	0.93	1.43	
水	100	18	3.03	0.55	

3.4.2.2 几种常用的定量计算方法

(1)归一化法

当试样中各组分都能流出色谱柱，并在色谱图上显示色谱峰时，可用此法进行定量计算。

假设试样中有 n 个组分，每个组分的质量分别为 m_1，m_2，…，m_n，各组分含量的总和 m 为 100 %，其中组分 i 的质量分数 w_i 可按下式计算：

$$w_i=\frac{m_i}{m}\times 100\%=\frac{m_i}{m_1+m_2+\cdots+m_n}\times 100\%$$

$$=\frac{A_i f_i}{A_1 f_1+A_2 f_2+\cdots+A_i f_i+A_n f_n}\times 100\% \tag{3-36}$$

f_i 为质量校正因子时，得质量分数；如为摩尔校正因子时，则得摩尔分数或体积分数(气体)。

若各组分的 f 值相近或相同，例如，同系物中沸点接近的各组分，则上式可简化为：

$$w_i = \frac{A_i}{A_1 + A_2 + \cdots + A_i + A_n} \times 100\% \tag{3-37}$$

对于狭窄的色谱峰，也有用峰高代替峰面积来进行定量测定。当各种操作条件保持严格不变时，在一定的进样量范围内，峰的半宽度是不变的，因此峰高就直接代表某一组分的量。这种方法快速简便，最适合于工厂和一些具有固定分析任务的化验室使用。此时

$$w_i = \frac{h_i f_i''}{h_1 f_1'' + h_2 f''_2 + \cdots + h_i f_i'' + \cdots + h_n f_n''} \times 100\% \tag{3-38}$$

式中，f_i''为峰高校正因子，需要自行测定，测定方法同峰面积校正因子，不同的是用峰高来代替峰面积。

归一化法的优点是：简便、准确，当操作条件、进样量、流速等变化时，对结果影响较小。

(2) 内标法

当只需测定试样中某几个组分，或试样中所有组分不能全部出峰时，可采用内标法。

所谓内标法是将一定量的纯物质作为内标物，加入到准确称取的试样中，根据被测物和内标物的质量及其在色谱图上相应的峰面积比，求出某组分的含量。例如，要测定试样中组分 i(质量为 m_i)的质量分数 w_i，可于试样中加入质量为 m_s 的内标物，试样质量为 m，则

$$m_i = f_i A_i$$

$$m_s = f_s A_s$$

$$\frac{m_i}{m_s} = \frac{A_i f_i}{A_s f_s}$$

$$m_i = \frac{f_i A_i}{f_s A_s} \cdot m_s$$

$$w_i = \frac{m_i}{m} \times 100\% = \frac{A_i f_i}{A_s f_s} \cdot \frac{m_s}{m} \times 100\% \tag{3-39}$$

一般常以内标物为基准，则 $f_s = 1$，此时计算可简化为

$$w_i = \frac{A_i}{A_s} \cdot \frac{m_s}{m} \cdot f_i \times 100\% \tag{3-40}$$

由上述计算式可以看到，本法是通过测量内标物及被测组分的峰面积的相对值来进行计算的，因而由于操作条件变化而引起的误差，都将同时反映在内标物及被测组分上而得到抵消，所以可得到较准确的结果。这是内标法的主要优点。

内标物的选择非常重要，它应该是试样中不存在的纯物质。内标物加入的量应接近于被测组分，出峰位置最好在被测组分的中间，并与这些组分完全分离，同时还要求内标物与被测组分的物理及物理化学性质(如挥发度、化学结构、极性以及溶解度等)相近，这样当操作条件变化时，更有利于内标物及被测组分的峰型作匀称的变化。

内标法的优点是能较准确地定量，不像归一化法有使用上的限制，但此方法要求每次

分析都要准确称取试样和内标物的质量，因而它不宜于作快速控制分析。

(3)外标法

外标法又称为定量进样-标准曲线法，与分光光度分析中的标准曲线法相同，它是应用被测组分的纯物质来制作标准曲线。具体方法是用被测组分的纯物质配制不同质量分数的标准溶液，取固定量标准溶液进样分析，从所得色谱图上测出响应信号(峰面积或峰高等)，然后绘制响应信号(纵坐标)对质量分数(横坐标)的标准曲线。分析试样时，取和制作标准曲线时同样量的试样，以固定量进样，测得该试样的响应信号，由标准曲线求出其质量分数。

外标法的优点是操作简单，计算方便，但分析结果的准确度主要取决于进样量的重现性和操作条件的稳定性。

3.5 毛细管柱气相色谱法

毛细管柱气相色谱法是用毛细管柱作为气相色谱柱的一种高效、快速、高灵敏的分离分析方法，是1957年由戈雷(Golay M. J. E.)首先提出的。他用内壁涂渍一层极薄而均匀的固定液膜的毛细管代替填充柱，解决组分在填充柱中由于受到大小不均匀载体颗粒的阻碍而造成色谱峰扩展，柱效能降低的问题。这种色谱柱的固定液涂布在内壁上，中心是空的，故称开管柱，习惯称毛细管柱。由于毛细管柱具有相比大、渗透性好、分析速度快、总柱效能高等优点，因此可以解决原来填充柱色谱法不能解决或很难解决的问题。

3.5.1 毛细管色谱柱简介

毛细管柱可由不锈钢、玻璃等制成，不锈钢毛细管柱由于惰性差，有一定的催化活性，加上不透明，不易涂渍固定液，现已很少使用。玻璃毛细管柱表面惰性较好，表面易观察，但存在易折断、安装较困难的缺陷。目前使用较多的是熔融石英柱子，这种色谱柱具有化学惰性、热稳定性及机械强度好并具有弹性等特点，已占主要使用地位。

毛细管柱按其固定液的涂渍方法可分为壁涂毛细管柱、多孔层毛细管柱、载体涂渍毛细管柱、化学键合毛细管柱、化学交联毛细管柱等。

壁涂毛细管柱是戈雷最早提出的毛细管柱，它是将固定液直接涂在毛细管内壁上。为了克服管壁表面光滑、润湿性差，直接涂渍制柱重现性差、柱寿命短的缺陷，现在的壁涂毛细管柱，其内壁通常都先经过表面处理，增加了表面的润湿性，减小表面接触角，再涂固定液。

多孔层毛细管柱是在管壁上涂一层多孔性吸附剂固体微粒，不再涂固定液，实际上是使用开管柱的气固色谱。

载体涂渍毛细管柱是在毛细管内壁先涂一层很细的($<2\ \mu m$)多孔颗粒，再在多孔层上涂渍固定液，这种毛细管柱，增大了毛细管柱内固定液的涂渍量，液膜较厚，因此柱容量较壁涂毛细管柱高。

化学键合毛细管柱是将固定相用化学键合的方法键合到硅胶涂敷的柱表面或经表面处理的毛细管内壁上。通过化学键合，提高柱的热稳定性。

化学交联毛细管柱是由交联引发剂将固定相交联到毛细管管壁上，具有耐高温、抗溶剂抽提、液膜稳定、柱效高、柱寿命长等特点。

毛细管色谱柱具有以下几个特点：

① 渗透性好，载气流动阻力小，可使用长色谱柱 毛细管色谱柱的比渗透率约为填充柱的100倍，在同样的柱压降下，使用100 m以上的柱子，载气线速仍可保持不变。如提高载气流速，则可缩短分析时间。

② 柱容量小，允许进样量少 进样量取决于柱内固定液的含量。毛细管柱涂渍的固定液，液膜厚度为0.35～1.50 μm，对液体试样，进样量通常为10^{-3}～10^{-2} μL。

③ 总柱效高，大大提高分离复杂混合物的能力 从单位柱长的柱效看，毛细管柱的柱效优于填充柱，但二者仍处于同一数量级，但由于毛细管柱的长度比填充柱大1～2个数量级，所以总的柱效远高于填充柱，可解决很多极复杂混合物的分离分析问题。

3.5.2 毛细管柱速率理论方程

毛细管柱结构的特殊性使之与填充柱色谱理论具有一定的差别。基于范第姆特方程，Golay提出影响毛细管柱色谱峰扩张的主要因素是：纵向分子扩散、流动相传质阻力、固定相传质阻力，从而导出毛细管柱的速率理论方程

$$H=H_1+H_2+H_3=B/u+C_g u+C_l u \tag{3-41}$$

与填充柱速率方程的主要差别是：① 毛细管柱只有一个气体流路，无涡流扩散项，$A=0$；② 空心毛细管柱无分子扩散路径弯曲，路径弯曲因子$\gamma=1$；③ 与填充柱相似，气相传质阻力常常是色谱峰扩张的重要因素。

3.5.3 毛细管色谱系统

毛细管柱与填充柱的色谱系统是基本相同的，但由于毛细管柱内径小，柱容量低，载气体积流速慢等，对死体积的限制很严格，所以对系统设计有些特殊要求。

一个不同之处是由于毛细管柱的柱容量小，液体试样的进样量一般为10^{-3}～10^{-2} μL，用微量注射器很难准确直接进样，因此毛细管柱色谱采用分流进样方式(图3-15)。所谓分流进样是将液体试样注入进样器使其气化，与载气均匀混合，少量试样进入色谱柱，大量试样放空。放空量与入柱量之比称为分流比，通常控制在50∶1至500∶1。分流进样有利于样品形成窄的谱带，但对痕量组分的定量分析以及定量要求高的分析，有较大误差，为改善分析结果，已发展了多种进样技术，如不分流进样、冷柱头进样等。

另一个不同之处是为减小死体积，毛细管柱与进样器联接时应将色谱柱伸直，插入分流器的分流点，色谱柱出口直接插入检测器内。又因检测器内腔体积大于毛细管柱体积而使载气流速突然减速，造成色谱峰扩张，因此在色谱柱出口处加一个辅助尾吹气，加速样品通过检测器，减少组分的柱后扩散(图3-15)。增加尾吹气还能提高氢焰电离检测器载气、燃气的氮氢比，从而提高检测器的灵敏度。

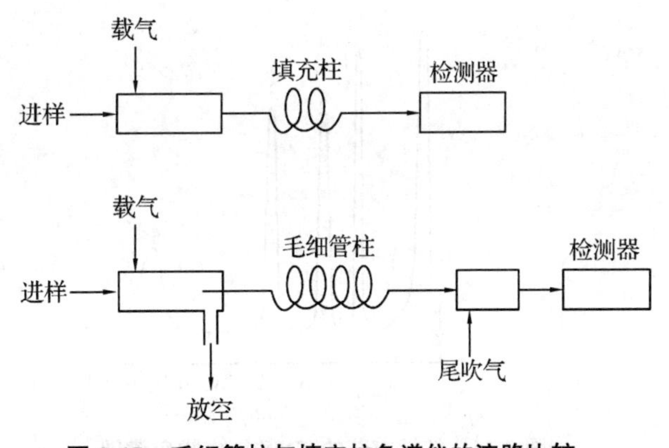

图3-15 毛细管柱与填充柱色谱仪的流路比较

3.6 气相色谱法应用

气相色谱分析是一种高效能、高选择性、高灵敏度的分析、分离方法，它操作简单，在生物科学、环保、医药卫生、食品检验等领域有广泛应用。近年来裂解气相色谱法(将难挥发的固体样品在高温下裂解后进行分离鉴定，已用于聚合物的分析和微生物的分类鉴定)、顶空气相色谱法(通过对密闭体系中处于热力学平衡状态的蒸气的分析，间接地测定液体或固体中的挥发性成分)、反应气相色谱法(利用适当的化学反应将难挥发试样转化为易挥发的物质)等的应用，大大扩展了气相色谱法的应用范围。

气相色谱分析可以检测 10^{-13}~10^{-11} g 物质，在痕量分析上，它可以检出超纯气体、高分子单体和高纯试剂等中质量分数为 10^{-6} 甚至 10^{-10} 数量级的杂质；在环境监测上可用来直接检测大气中质量分数为 10^{-9}~10^{-6} 数量级的污染物；农药残留量的分析中可测出农副产品、食品、水质中质量分数为 10^{-9}~10^{-6} 数量级的卤素、硫、磷化物等物质。

(1)在生物科学中的应用

气相色谱法不仅可以对生物体中的氨基酸、脂肪酸、维生素和糖等组分进行分离分析，还可以分析生物体组织液、尿液中的有机物(农药、低级醇、丙酮等)、痕量的动、植物激素等。

如用气相色谱法分析核酸，该方法的分析时间短，灵敏度可达 10^{-9} g·s^{-1}，准确度高于 ±5%。样品前处理时要将核酸先转化成低沸点的无极性衍生物——三甲基硅烷[TMS]衍生物。色谱分析条件为：色谱柱可选用 2 m×4 mm 玻璃柱，内充 3%OV-101 或 3%OV-17 的 chromosorb W Hp100~120 目(AW-DMCS)；柱温为嘧啶碱基 160 ℃、嘌呤碱基 190 ℃、核苷 260 ℃；汽化温度为核苷 280 ℃，嘧啶、嘌呤 250 ℃；载气为氩气，流速 60 mL·min^{-1}；FID 为检测器，所得分析结果如图 3-16 所示。

又如用气相色谱分析维生素，样品前处理将维生素转化为 TMS 衍生物，色谱柱采用 2.1 m×4 mm 玻璃柱，5%硅油+7.5%OV-210，DiatomiteCQ(100~200 目)。柱温为 220 ℃，汽化温度为 250 ℃，载气为氮气，流速 50 mL·min^{-1}，检温器为 FID，温度 270 ℃，得到的分析结果如图 3-17 所示。

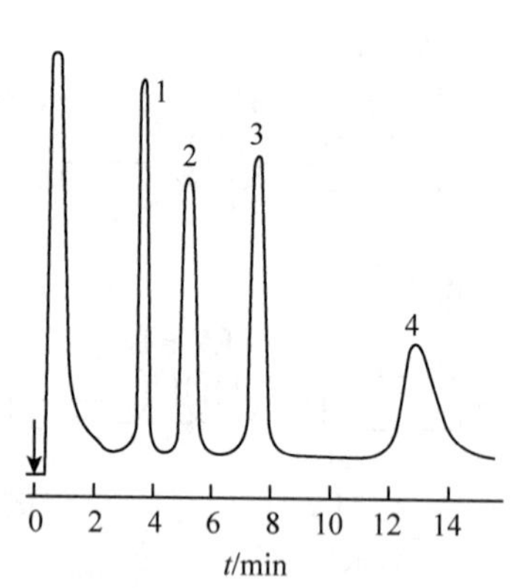

图 3-16 核糖核苷的 TMS 衍生物色谱图

1. 尿苷 2. 腺苷 3. 鸟苷 4. 胞苷

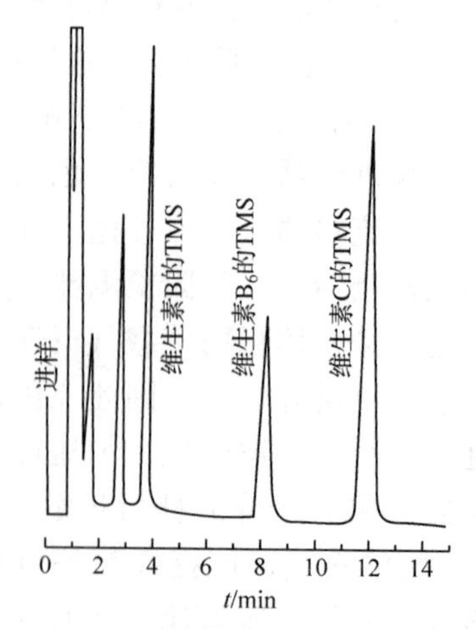

图 3-17 几种维生素的分离情况

(2) 在测定农药残留方面的应用

用气相色谱法可以检测农副产品、食品、水质中的农药残留量在 $10^{-6} \sim 10^{-9}$ g · mL^{-1} 之间的农药。

如检测农副产品、食品、环境样品中的有机氯农药，可选用 2 m×2 mm 玻璃柱作为色谱柱，内填充 3 %DC-200(或 SE-30)涂于 100～120 目 Gas Chrom Q 上，柱温设置 175 ℃，汽化温度 250 ℃，氮气作为载气，控制流速 3 mL · min^{-1}，ECD 作为检测器，几种有机氯农药的色谱图如图 3-18 所示。

有机氯农药主要有 DDT、七氯、艾氏剂、狄氏剂等环戍二烯系农药，化学性质相对稳定，在环境中不易分解，在人体、动物体内不易代谢分解排出体外，因此对有机氯农药残留量的测定分析是保护人类身体健康的一个很重要的措施。

(3) 在环保监测中应用

气相色谱法可分析测定大气中的污染物。如大气中硫化物，可选用 1.25 m×3 mm 的聚四氟乙烯柱，内装石墨化炭黑，预涂以 1.5 % H_3PO_4 作减尾剂。设置柱温 40 ℃，氮气作载气，流速 100 mL · min^{-1}，FPD 作检测器，温度 140 ℃，分析测定的色谱图如图 3-19 所示。

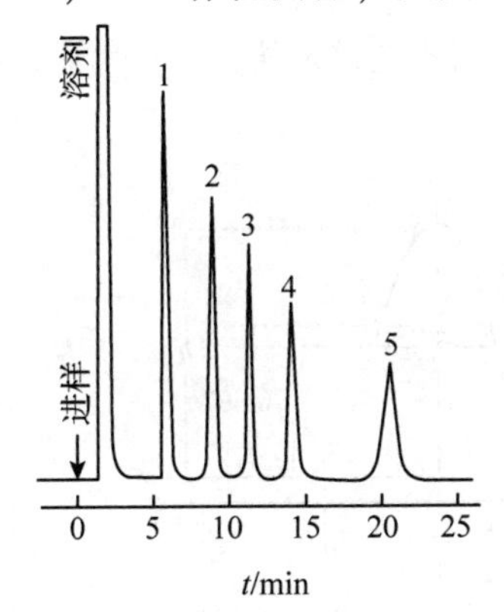

图 3-18 几种有机氯农药色谱图

1. 林丹 2. 七氯 3. 艾氏剂 4. 环氧士氯 5. 狄氏剂

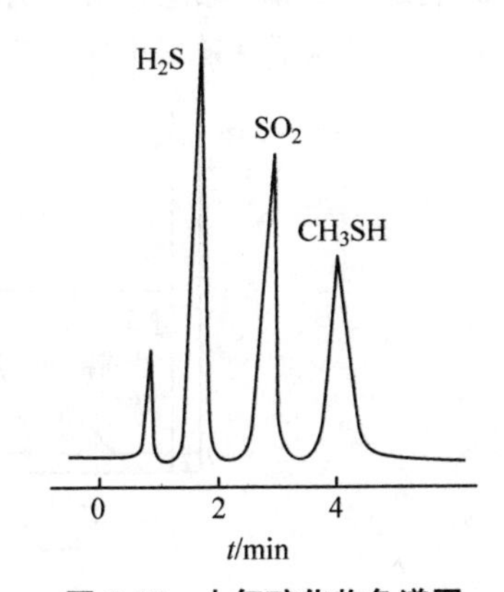

图 3-19 大气硫化物色谱图

大气污染成分除硫化物外，另有卤化物、氮化物以及芳香族化合物等，质量浓度一般在 $10^{-9} \sim 10^{-6}$ g · L^{-1} 水平，用气相色谱分析时，由于使用了高灵敏度的检测器，因此试样可不经浓缩直接进行测定。

气相色谱也可对水质进行分析，一般测定可溶性气体、农药、多卤联苯、酸类和有机胺等成分，如测定水样中的微量酚，可先用五氟苯甲酰氯试剂将微量酚转化为衍生物，再行分析。色谱柱可选用 3m×3mm 玻璃柱，内充 1.5 %OV—17+2 %QF-1 涂渍的 100～120 目 Chromosorb W，柱温为 195 ℃，ECD 可作为检测器。水中微量酚的色谱图见图 3-20。

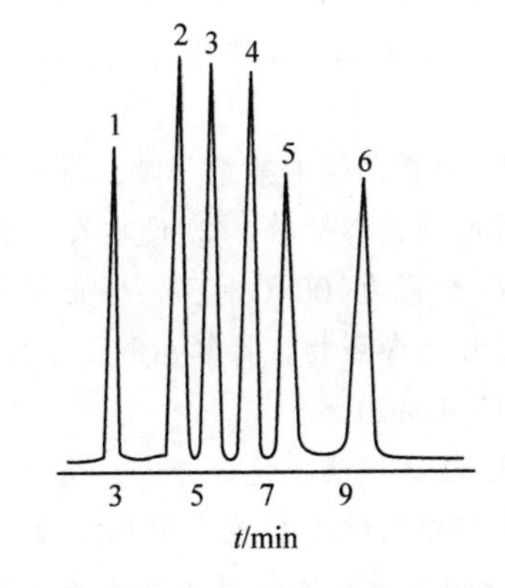

图 3-20 水中酚类物质色谱图

1. 0-氯酚 2. 2,4-二氯酚 3. 2,3-二氯酚 4. 2,4,6-三氯酚 5. 2,4,5-三氯酚 6. 2,3,4-三氯酚

(4) 在食品卫生检验中的应用

用气相色谱法还可以对食品中各种组分、添加剂(防腐剂、抗氧化剂、发色剂等)及食品中的污染物进行分离分析。这里就不再举具体实例了。

思考题与习题

3-1. 从一张色谱流出曲线上，能获得哪些信息？

3-2. 欲使两种组分完全分离，必须符合哪些要求？这些要求与哪些因素有关？

3-3. 试述塔板理论和速率理论的要点。

3-4. 今有5个组分A、B、C、D和E，在气液色谱上分配系数分别为480、360、490、496和473。试指出它们在色谱柱上的流出顺序。为什么？

3-5. 用色谱基本理论来解释对载体和固定液的要求。

3-6. 气相色谱法有哪些常用的定性分析方法和定量分析方法？

3-7. 色谱定量分析时，为什么要引入定量校正因子？

3-8. 简述毛细管气相色谱法的优点。

3-9. 请标出以下色谱图中各个参数的名称，并指出色谱定性、定量的参数各是什么？

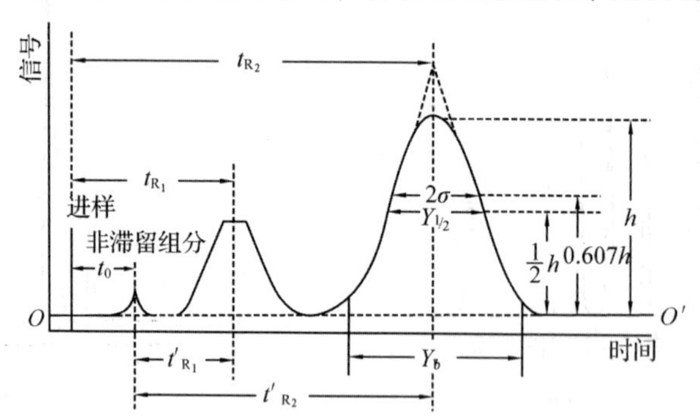

3-10. 用一根柱长为1 m的色谱柱分离含有A、B两个组分的混合物，它们的保留时间分别为14.4 min、15.4 min，其峰底宽Y_b分别为1.07 min、1.16 min。不被保留组分的保留时间为4.2 min。试计算A、B两组分的：①分离度R；②选择性系数r_{BA}；③达到分离度1.5时所需柱长。

3-11. 分析试样中某组分时，得到的色谱图基线宽度为40 s，保留时间为6.5 min。① 计算此色谱柱的理论塔板数。② 设柱长为1.00 m，每一理论塔板的高度是多少？

3-12. 柱温为100 ℃时，乙酸正丁酯在阿皮松L柱上的调整保留值为310.0 mm，选取正庚烷和正辛烷作为参照物，计算乙酸正丁酯的保留指数(正庚烷和正辛烷的调整保留值分别为174.0 mm和373.4 mm)。

3-13. 在某一液相色谱柱上，组分A流出的时间15.0 min，组分B流出时间25.0 min，而不溶于固定相中的物质C流出时间为2.0 min。试问：① B组分相对于A的相对保留值是多少？② A组分相对于B的相对保留值是多少？③ 组分A在柱中的容量因子是多少？④ 组分B在固定相中的时间是多少？

第 4 章
电位分析法

4.1　电位分析法概要

利用物质的电学及电化学性质来进行分析的方法称为电分析化学法。它通常是使待分析的试样溶液构成一个化学电池(电解池或原电池)，然后根据所组成电池的某些物理量(如两电极间的电位差，通过电解池的电流或电量，电解质溶液的电阻等)与其化学量之间的内在联系来进行测定。因而电分析化学法可以分为 3 种类型。

第一类方法是通过试液的浓度在某一特定实验条件下与化学电池中某些物理量的关系来进行分析。这些物理量包括电极电位、电阻、电流-电压曲线等，相应也建立了电位分析法、电导分析法、伏安分析法等。这些方法是电分析化学中很重要的一大类方法，发展亦很迅速。例如，离子选择性电极就是 20 世纪 60 年代以来，在电位分析法领域内迅速发展起来的一个活跃的分支。

第二类方法是以上述这些电物理量的突变作为滴定分析法终点的指示，所以又称为电容量分析法。属于这一类方法的有电位滴定、电流滴定、电导滴定等。

第三类方法是将试液中某一个待测组分通过电极反应转化为固相(金属或其氧化物)，然后由工作电极上析出的金属或其氧化物的质量来确定该组分的量。称为电重量分析法，即通常所称的电解分析法。这种方法在分析化学中也是一种重要的分离手段。

电分析化学法的灵敏度和准确度都很高，手段多样，分析浓度范围宽，能进行组成、状态、价态和相态分析，适用于各种不同体系，应用面广。由于在测定过程中得到的是电信号，因而易于实现自动化和连续分析。

电分析化学法在化学研究中具有十分重要的地位与作用。它已广泛应用于电化学基础理论、有机化学、药物化学、生物化学、临床化学、环境生态等领域的研究中。例如，各类电极过程动力学、电子转移过程、氧化还原过程及其机制、催化过程、有机电极过程、吸附现象、大环化合物的电化学性能等。因而电分析化学法对成分的定性及定量分析、生产控制和科学研究等方面都有很重要的意义。

本章主要介绍电位分析法。

电位分析法是以测量原电池的电动势为基础，根据电动势与溶液中某种离子的活度(或浓度)之间的定量关系来测定待测物质活度(或浓度)的一种电化学分析法。它是以待测试液作为化学电池的电解质溶液，于溶液中插入两支电极，一支是电极电位随试液中待测离子的活度(或浓度)的变化而变化，用以指示待测离子活度(或浓度)的指示电极，此电极常用作负极；另一支是在一定温度下，电极电位基本稳定不变，不随试液中待测离子的活度(或浓度)的变化而变化的参比电极，此电极常用作正极，通过测量该电池的电动势来确定待测物质的含量。

电位分析法根据其原理的不同可分为直接电位法和电位滴定法两大类。直接电位法是通过直接测量电池电动势，根据 Nernst 方程，计算出待测物质的含量。电位滴定法是通过测量滴定过程中电池电动势的突变确定滴定终点，再由滴定终点时所消耗的标准溶液的体积和浓度求出待测物质的含量。

已知能斯特公式表示了电极电位 E 与溶液中对应离子活度之间存在的简单关系。例如，对于氧化还原体系：

$$\mathrm{Ox}+ne^- \rightleftharpoons \mathrm{Red}$$

$$E=E^{\ominus}_{\mathrm{Ox/Red}}+\frac{RT}{nF}\ln\frac{a_{\mathrm{Ox}}}{a_{\mathrm{Red}}} \tag{4-1}$$

式中，$E^{\ominus}$ 为标准电极电位；R 为摩尔气体常数 8.314 J · K^{-1}；F 为法拉第常数 96 500 C · mol^{-1}；T 为热力学温度；n 为电极反应中传递的电子数；a_{Ox} 及 a_{Red} 为氧化态 Ox 及还原态 Red 的活度。

对于金属电极，还原态是纯金属，其活度是常数，定为 1，则上式可写作：

$$E=E^{\ominus}_{\mathrm{M}^{n+}/\mathrm{M}}+\frac{RT}{nF}\ln a_{\mathrm{M}^{n+}} \tag{4-2}$$

式中，$a_{\mathrm{M}^{n+}}$为金属离子 M^{n+}的活度。

由式(4-2)可见，测定了电极电位，就可确定离子的活度，或在一定条件下确定其浓度，这就是电位测定法的依据。

电位分析及离子选择性电极分析法具有如下特点：

①选择性好　对组成复杂的试样往往不需分离处理就可直接测定。

②灵敏度高　直接电位法的检出限一般为 10^{-8}～10^{-5} mol · L^{-1}，特别适用于微量组分的测定。

电位分析法所用仪器设备简单，操作方便，分析快速，测定范围宽，不破坏试液，易于实现分析自动化。目前已广泛应用于农、林、渔、牧、地质、冶金、医药卫生、环境保护等各个领域中，并已成为重要的测试手段。

4.2　电位分析法基本理论

4.2.1　指示电极与参比电极的定义

电位分析法需要两种功能不同的电极。其中电极电位能响应待测离子活度的电极称为指示电极，而电极电位固定不变的电极称为参比电极。图 4-1 是电位分析法基本装置的示意图。

4.2.1.1　指示电极

指示电极的基本要求是其电极电位与试样溶液中待测离子活度之间的关系符合能斯特方程。常用的指示电极有金属基电极和离子选择性膜电极。

金属基指示电极是以金属得失电子为基础的半电池反应来指示相应离子活度的。最基本的金属基指示电极是基于金属与该种金属离子所组成的半电池反应来响应该种金属离子活度的电极。例如，将一根银丝插入 Ag^+ 溶液，就构成了一支能响应溶液中 Ag^+ 活度的银指示电极，它的半电池反应和电极电位表达式为：

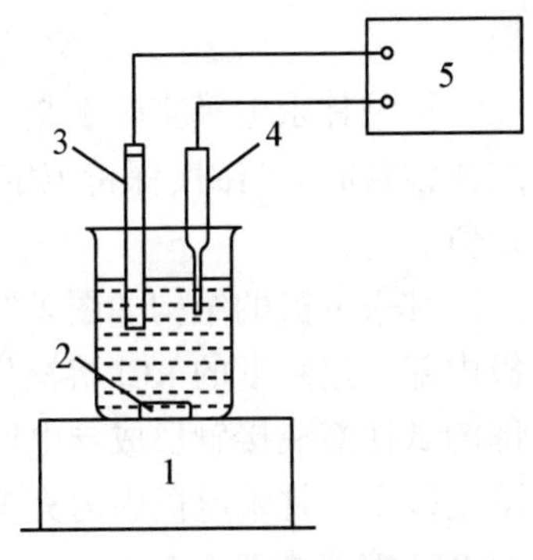

图 4-1 电位法的基本装置示意图

1. 磁力搅拌器 2. 搅拌子
3. 指示电极 4. 参比电极
5. 测量仪表(离子计)

$$Ag^+ + e^- \rightleftharpoons Ag$$

$$E(Ag^+/Ag) = E^{\ominus}(Ag^+/Ag) + \frac{RT}{nF}\ln a(Ag^+) \tag{4-3}$$

在电位分析中，能斯特方程习惯用常用对数来表示，此时式(4-3)可写成：

$$E(Ag^+/Ag) = E^{\ominus}(Ag^+/Ag) + \frac{2.303RT}{nF}\lg a(Ag^+)$$

$$= E^{\ominus}(Ag^+/Ag) + S\lg a(Ag^+) \tag{4-4}$$

式中，S 为电极反应的斜率。25 ℃时，对于 $n=1$ 的一价离子，$S=0.0592$ V；对于 $n=2$ 的二价离子，$S=0.0296$ V，依次类推。这一类金属基电极常称为第一类金属基电极。

金属基电极除了可直接指示该种金属离子的活度外，在适当的条件下还可以指示某些阴离子的活度。例如，在有 AgCl 沉淀存在的 Cl^- 溶液中，银电极就能指示 Cl^- 的活度。其半电池反应和电极电位的能斯特方程如下：

$$AgCl + e^- \rightleftharpoons Ag + Cl^-$$

$$E(AgCl/Ag) = E^{\ominus}(AgCl/Ag) - S\lg a(Cl^-) \tag{4-5}$$

对于由金属、该金属的难溶盐及难溶盐的阴离子所组成的指示该阴离子的金属基指示电极，电极反应和能斯特方程式可用以下通式表示：

$$M_nX_m + me^- \rightleftharpoons nM + mX^{n-}$$

$$E_{M_nX_m/M} = E^{\ominus}_{M_nX_m/M} - S\lg a_{X^{n-}} \tag{4-6}$$

这类金属基电极常被称为第二类金属基电极。

对于像 $Fe^{3+} + e^- \rightleftharpoons Fe^{2+}$ 的半电池反应，其电极电位指示的是溶液中两种离子的活(浓)度比。这时，可以将一根惰性的铂丝作为电极，插入含有 Fe^{3+}，Fe^{2+} 的溶液，它的电位为：

$$E(Fe^{3+}/Fe^{2+}) = E^{\ominus}(Fe^{3+}/Fe^{2+}) + S\lg \frac{a(Fe^{3+})}{a(Fe^{2+})} \tag{4-7}$$

这时，铂丝自身并没有电子的得失，它只是提供了 Fe^{3+} 和 Fe^{2+} 交换电子的场所。这类金属基电极常称为零类电极。

金属基指示电极结构简单，制作方便，是金属离子和某些阴离子的常用指示电极。

4.2.1.2 参比电极

参比电极的基本要求是电极电位恒定，不受试样溶液组成变化的影响。在电化学分析中，最常用的参比电极是甘汞电极。它由汞、氯化亚汞(Hg_2Cl_2)沉淀、Cl^- 组成，半电池反应为：

$$Hg_2Cl_2(s) + 2e^- \rightleftharpoons 2Hg + 2Cl^-$$

其电极电位为：

$$E(Hg_2Cl_2/Hg) = E^{\ominus}(Hg_2Cl_2/Hg) - S\lg a(Cl^-) \quad (4-8)$$

可见甘汞电极实际上是一种能响应 Cl^-活度的第二类金属基电极。但是，如果将电极反应所涉及的 Cl^-浓度保持恒定，根据式(4-8)，在确定的温度下，甘汞电极的电位就是一个定值。

甘汞电极的结构如图 4-2 所示，汞、甘汞与电极内部的 KCl 溶液接触，构成半电池。电极内部一定浓度的 KCl 溶液借助电极下部的多孔陶瓷形成一个 KCl 盐桥，使甘汞电极与外部的试样溶液接触形成导电回路，但内部溶液不会与外部试样溶液发生混合而使内部的 KCl 浓度改变。甘汞电极因内充 KCl 溶液的浓度不同而有不同的电位值，常用的甘汞电极内充的 KCl 溶液浓度有 0.1 mol · L^{-1}、1 mol · L^{-1}、饱和溶液 3 种，其中常用的是内充饱和 KCl 溶液的饱和甘汞电极(SCE)，它在 25 ℃时的电极电位为 0.242 V。

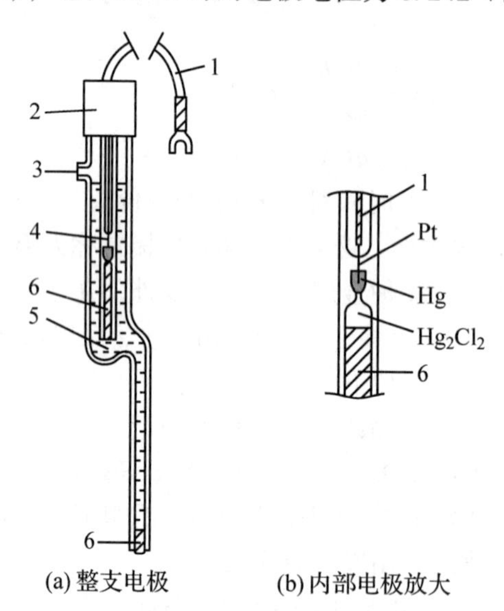

(a) 整支电极　　(b) 内部电极放大

图 4-2　甘汞电极的结构

1. 导线　2. 塑料帽　3. 加液口　4. 内部电极　5. 氯化钾溶液　6. 多孔陶瓷

Ag-AgCl 电极也是常用的参比电极。在温度较高(>80 ℃)的条件下使用时，Ag-AgCl 电极的电位较甘汞电极稳定。25 ℃时，内充饱和 KCl 溶液的 Ag-AgCl 电极的电位为 0.199 V。

4.2.2　电位法测定溶液的 pH 值

应用最早、最广泛的电位测定法是测定溶液的 pH 值。20 世纪 60 年代以来，由于离子选择性电极迅速发展，电位测定法的应用及重要性有了新的突破。

用于测量溶液 pH 的典型电极体系如图 4-3 所示。其中玻璃电极是作为测量溶液中氢离子活度的指示电极，而饱和甘汞电极则作为参比电极。

玻璃电极的构造如图 4-4 所示。它的主要部分是一个玻璃球泡，泡的下半部为特定组成的玻璃薄膜，薄膜组成约为 Na_2O 22 %、CaO 6 %、$SiO_2$72 %。薄膜厚度约为 30~100 μm。在玻璃球泡中装有一定 pH 值的溶液，也称内参比溶液或内部溶液，通常为 0.1 mol · L^{-1} HCl 溶液，其中插入一支 Ag-AgCl 电极作为内参比电极。

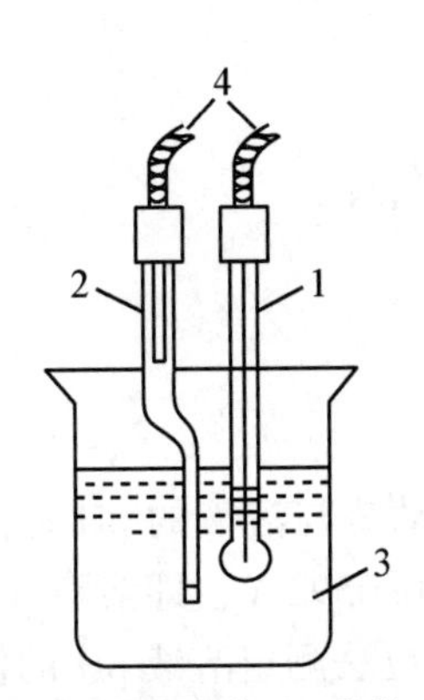

图 4-3 用作测量溶液 pH 值的电极系统

1. 玻璃电极 2. 饱和甘汞电极 3. 试液 4. 接至电压计(pH 计)

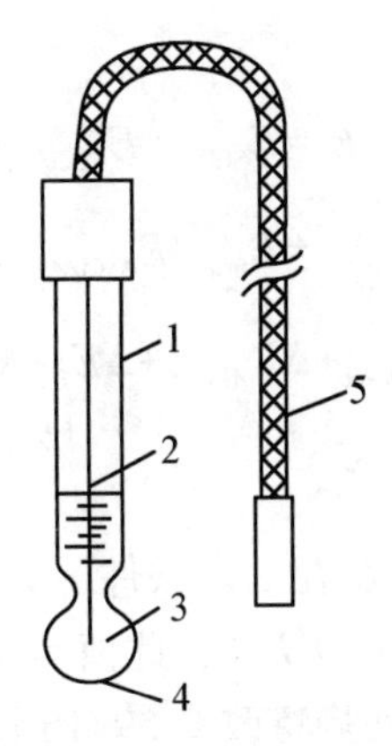

图 4-4 玻璃电极

1. 玻璃管 2. 内参比电极(Ag/AgCl) 3. 内参比溶液(0.1 mol·L^{-1}HCl) 4. 玻璃薄膜 5. 接线

内参比电极的电位是恒定的，与被测溶液的 pH 无关；玻璃电极作为指示电极，其作用主要在玻璃膜上。当玻璃电极浸入被测溶液时，玻璃膜处于内部溶液(氢离子活度为 $a_{H^+,内}$)和待测溶液(氢离子活度为 $a_{H^+,试}$)之间，这时跨越玻璃膜产生一个电位差 ΔE_M，这种电位差称为膜电位，它与氢离子活度之间的关系符合能斯特公式：

$$\Delta E_{\mathrm{M}}=\frac{2.303RT}{F}\lg\frac{a_{H^+,试}}{a_{H^+,内}} \tag{4-9}$$

因 $a_{H^+,内}$为一常数，故上式可写成：

$$\Delta E_M=K+\frac{2.303RT}{F}\lg a_{H^+,试}$$

$$=K-\frac{2.303RT}{F}\mathrm{pH}_{试} \tag{4-10}$$

从式(4-9)可见，当 $a_{H^+,试}=a_{H^+,内}$ 时，$\Delta E_{\mathrm{M}}=0$。但实际上，ΔE_{M} 并不等于零，跨越玻璃膜仍存在一定的电位差，这种电位差称为不对称电位，可用 $\Delta E_{不对称}$表示。它是由于玻璃膜内外表面的情况不完全相同而产生的。其值与玻璃的组成、膜的厚度、吹制条件和温度等因素有关。

当用玻璃电极作指示电极，饱和甘汞电极(SCE)为参比电极时，组成下列原电池：

(-)Ag | AgCl，0.1 mol·L^{-1}HCl | 玻璃膜 | 试液 ‖ KCl(饱和)，Hg_2Cl_2 | Hg(+)

$$\longleftarrow 玻璃电极 \xrightarrow{\Delta E_{\mathrm{M}}} \quad \xleftarrow{\Delta E_{\mathrm{L}}} \mathrm{SCE} \longrightarrow$$

在此原电池中，以玻璃电极为负极，饱和甘汞电极为正极，则所组成电池的电动势 E 为：

$$E=E_+-E_-=E_{\mathrm{SCE}}-E_{玻璃}=E_{\mathrm{SCE}}-(E_{\mathrm{AgCl/Ag}}+\Delta E_{\mathrm{M}}) \tag{4-11}$$

但上述关系中还应考虑玻璃电极的不对称电位的影响，除此之外，还存在有液接电位(液体接界面电位)ΔE_{L}。这种电位差是由于浓度或组成不同的两种电解质溶液接触时，在它们的相界面上正负离子扩散速度不同，破坏了界面附近原来溶液正负电荷分布的均匀性而产生的。这种电位也称为扩散电位。在电池中通常用盐桥连接两种电解质溶液而使 ΔE_{L} 减至最小，但在电位测定法中，严格说来仍不能忽略这种电位差，因此上述原电池的电动势应为：

$$E = E_{SCE} - (E_{AgCl/Ag} + \Delta E_M) + \Delta E_{不对称} + \Delta E_L$$
$$= E_{SCE} - E_{AgCl/Ag} + \Delta E_{不对称} + \Delta E_L - K + \frac{2.303RT}{F} pH_{试} \quad (4-12)$$

令 $E_{SCE} - E_{AgCl/Ag} + \Delta E_{不对称} + \Delta E_L - K = K'$，得：

$$E = K' + \frac{2.303RT}{F} pH_{试} \quad (4-13)$$

式(4-13)中K'在一定条件下为一常数，故原电池的电动势与溶液的pH之间呈直线关系，其斜率为$2.303RT/F$，此值与温度有关，于25 ℃时为0.0592 V，即溶液pH变化一个单位时，电池电动势将改变59.16 mV(25 ℃)。这就是以电位法测定溶液pH的依据。

25 ℃时，由式(4-13)得：

$$pH_{试} = \frac{E - K'}{0.0592} \quad (4-14)$$

式(4-14)中K'无法测量与计算，因此在实际测定中，试样的pH是同已知pH的标准缓冲溶液相比求得的。在相同条件下，若标准缓冲溶液的pH为$pH_{标}$，以该缓冲溶液组成原电池的电动势为$E_{标}$，则：

$$pH_{标} = \frac{E_{标} - K'}{0.0592} \quad (4-15)$$

由式(4-14)及式(4-15)，并以$2.303RT/F$代0.0592，得：

$$pH_{试} = pH_{标} + \frac{E - E_{标}}{2.303RT/F} \quad (4-16)$$

上式即为按实际操作方式对水溶液pH的实用定义，亦称为pH标度。因此用电位法以pH计测定时，先用标准缓冲溶液定位，然后可直接在pH计上读出$pH_{试}$。

pH玻璃电极有如下特点：

① pH测定范围为1~9，在此范围内可准确至pH ± 0.01，测定结果准确。实验发现：当pH>9或Na^+浓度较高时，测得的pH比实际值偏低，这种现象称为碱差，亦称钠差。这是由于在溶胀层和溶液界面之间的离子交换过程中，不但有H^+参加(由于H^+活度小)，碱金属离子也进行交换，使之产生误差，这种交换以Na^+最为显著，故称之为钠差。当pH<1时，测得值比实际值偏高，称之为酸差。这是由于在强酸性溶液中，水分子活度减少，而H^+是由H_3O^+传递的，到达电极表面的H^+减少，交换的H^+减少，测得的pH偏高。

② 测定时不受氧化剂和还原剂的影响，也可用于有色、浑浊或胶体溶液的测定，缺点是有较高的电阻。

4.2.3 离子选择性电极与膜电位

在电位分析法领域中，离子选择性电极分析法是近三四十年来发展起来的一个新兴而活跃的分析方法。离子选择性电极是一种以电位法测量溶液中某些特定离子活度的指示电极。由于所需仪器设备简单、轻便，适于现场测量，易于推广，对于某些离子的测定灵敏度可达10^{-6}数量级，选择性好，因此发展极为迅速。

前面所述的pH玻璃电极，就是具有氢离子专属性的典型离子选择性电极。随着科学技术的发展，目前已制成了几十种离子选择性电极。例如，对Na^+有选择性的钠离子玻璃电极，以氟化镧单晶为电极膜的氟离子选择性电极，以卤化银或硫化银，或它们的混合物等难溶盐沉淀为电极膜的各种卤素离子，硫离子选择性电极等。

各种离子选择性电极的构造随薄膜的不同而略有不同，但一般都由薄膜及其支持体，内参比溶液（含有与待测离子相同的离子），内参比电极（Ag/AgCl 电极）等组成。图 4-5 表示有代表性的氟离子选择性电极的构造。

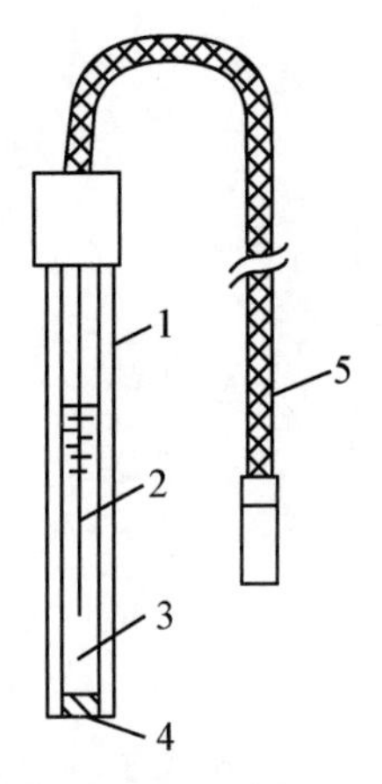

图 4-5　氟离子选择性电极

1. 塑料管或玻璃管　2. 内参比电极　3. 内参比溶液（NaF-NaCl）　4. 氟化镧单晶膜　5. 接线

用离子选择性电极测定有关离子，一般都是基于内部溶液与外部溶液之间产生的电位差，即所谓膜电位。

离子选择性电极的膜电位的机制是一个复杂的理论问题，目前对这问题仍在进行深入研究，但对一般离子选择性电极来说，膜电位的建立已证明主要是溶液中的离子与电极膜上离子之间发生交换作用的结果。玻璃电极的膜电位的建立是一个典型例子。

玻璃电极的玻璃膜浸入水溶液中时，形成一层很薄（10^{-5} ~ 10^{-4} mm）的溶胀的硅酸层，也称水化层，玻璃电极在使用前在水中浸泡足够时间，就可形成溶胀的水化层。其中 Si 与 O 构成的骨架是带负电荷的，与此抗衡的离子是碱金属离子 M^+：

$$
\begin{array}{c}
| \\
\mathrm{O} \\
| \\
—\mathrm{O}—\mathrm{Si}—\mathrm{O}^-\ \mathrm{M}^+ \\
| \\
\mathrm{O} \\
|
\end{array}
$$

当玻璃膜与水溶液接触时，其中 M^+（Na^+）为氢离子所交换，因为硅酸结构与 H^+ 所结合的键的强度远大于与 M^+ 的强度（约为 10^{14}），因而膜表面的点位几乎全为 H^+ 所占据而形成 $\equiv SiO^-H^+$。膜内表面与内部溶液接触时，同样形成水化层。但若内部溶液与外部溶液（试液）的 pH 不同，则将影响 $\equiv SiO^-H^+$ 的解离平衡：

$$\equiv SiO^-H^+_{(表面)} + H_2O_{(溶液)} \rightleftharpoons \equiv SiO^-_{(表面)} + H_3O^+ \tag{4-17}$$

故在膜内、外的固-液界面上的电荷分布是不同的，这样就使跨越膜的两侧具有一定的电位差，这个电位差称为膜电位。

当将浸泡后的电极浸入待测溶液时，膜外层的水化层与试液接触，由于溶液中 H^+ 活度的不同，将使式（4-17）的解离平衡发生移动，此时可能有额外的 H^+ 由溶液进入水化层，或由水化层转入溶液中，因而膜外层的固-液两相界面的电荷分布发生了改变，从而使跨越电极膜的电位差发生改变，而这个改变显然与溶液中 H^+ 活度（$a_{H^+,试}$）有关。这可用图 4-6 示意。

若膜的内、外侧水化层与溶液间的界面电位分别为 $E_内$ 及 $E_试$，膜两边溶液的 H^+ 活度为 $a_{H^+,内}$ 及 $a_{H^+,试}$，而 $a'_{H^+,内}$ 及 $a'_{H^+,试}$ 而是接触此两溶液的每一水化层中的 H^+ 活度，则膜电位 ΔE_M 应为：

$$\Delta E_M = E_试 - E_内 \tag{4-18}$$

根据热力学，界面电位与 H^+ 活度应符合下述关系：

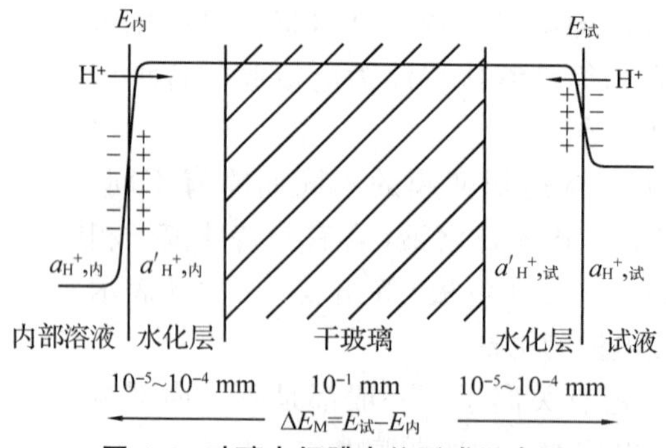

图 4-6 玻璃电极膜电位形成示意图

$$E_{试}=k_1+\frac{RT}{F}\ln\frac{a'_{H^+,试}}{a'_{H^+,试}} \tag{4-19}$$

$$E_{内}=k_2+\frac{RT}{F}\ln\frac{a_{H^+,内}}{a'_{H^+,内}} \tag{4-20}$$

式(4-18)的玻璃膜电位还应包含扩散电位，此电位将分布在两侧的水化层内。为简化讨论，假定玻璃两侧的水化层完全对称，因此其内部形成的两个扩散电位将相等且符号相反，故可不予考虑。根据此假设，$k_1=k_2$，$a'_{H^+,试}=a'_{H^+,内}$，于是将式(4-19)及式(4-20)代入式(4-18)，可得：

$$\Delta E_M=E_{试}-E_{内}=\frac{RT}{F}\ln\frac{a'_{H^+,试}}{a'_{H^+,内}} \tag{4-21}$$

由于 $a'_{H^+,内}$ 为一常数，式(4-21)可写作：

$$\Delta E_M=K+\frac{2.303RT}{F}\lg a_{H^+,试}$$

这就是前文的式(4-10)。此式说明一定温度下玻璃电极的膜电位与溶液的 pH 呈线性关系。

与玻璃电极类似，各种离子选择性电极的膜电位在一定条件下遵守能斯特公式。对阳离子有响应的电极，膜电位为：

$$\Delta E_M=K+\frac{2.303RT}{nF}\lg a_{阳离子} \tag{4-22}$$

对阴离子有响应的电极则为：

$$\Delta E_M=K-\frac{2.303RT}{nF}\lg a_{阴离子} \tag{4-23}$$

不同的电极，其 K 值是不相同的，它与感应膜、内部溶液等因素有关。式(4-22)及式(4-23)说明，在一定条件下膜电位与溶液中欲测离子的活度的对数呈直线关系，这就是离子选择性电极法测定离子活度的基础。

4.3 离子选择性电极种类和性能

离子选择性电极的种类繁多，1976 年国际纯粹化学与应用化学联合会(IUPAC)基于离子选择性电极绝大多数都是膜电极这一事实，依据膜的特征，推荐将离子选择性电极分为以下几类：

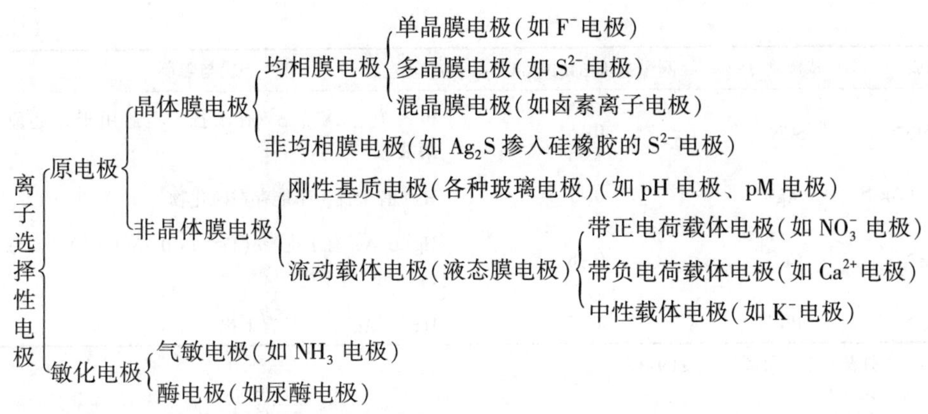

原电极是敏感膜直接与试液接触的离子选择性电极，可分为晶体膜电极和非晶体膜电极。

敏化电极是将离子选择性电极与另一种特殊的膜组成的复合电极，可分为气敏电极和酶电极两类。

4.3.1 晶体膜电极

晶体膜电极的敏感膜一般是由在水中溶解度很小，且能导电的金属难溶盐经加压或拉制而成的单晶、多晶或混晶活性膜。晶体膜电极一般有普通型和全固态型两种形式。普通型电极的内参比电极大都为 Ag-AgCl 丝，内参比溶液一般为既含有能稳定内参比电极电位的离子 Cl^-，又含有晶体膜响应的离子的电解质溶液。全固态型电极是将导线直接焊在敏感膜上。

按照膜的组成和制备方法的不同，可将晶体膜电极分为均相膜电极和非均相膜电极两类。没有其他惰性材料，仅用两种以上晶体盐混合压片制成的膜，为均相膜电极，如 F^- 电极等。若将晶体粉末均匀地混合在惰性材料(如硅橡胶、聚苯乙烯等)中制成的膜，为非均相膜电极。它们的电极响应机理都是借助于晶格缺陷进行导电的，膜片晶格中的缺陷(即空穴)引起离子的传导作用，靠近缺陷空隙的可移动离子移入空穴中。不同的敏感膜，其空穴的大小、形状及电荷的分布不同，只允许特定的离子进入空穴导电，这就使其有一定的选择性。常见的晶体膜电极见表 4-1 所列。

表 4-1 晶体膜电极

电极组成	检测离子	测量范围 p*M* 或 p*A* *	干扰与限制
LaF_3	F^-	0~6	OH^-有干扰，$C_{OH^-}<0.1C_{F^-}$
$AgCl-Ag_2S$	Cl^-	0~4.3	Br^-、I^-、OH^-、NH_3、$S_2O_3^{2-}$、S^{2-}有干扰
$AgBr-Ag_2S$	Br^-	0~5.3	NH_3、I^-、CN^-、$S_2O_3^{2-}$、S^{2-}有干扰，不适用于强还原性溶液
$AgI-Ag_2S$	I^-	0~7.3	CN^-、$S_2O_3^{2-}$、S^{2-}有干扰，
	CN^-	2~6	不适用于强还原性溶液
Ag_2S	S^{2-}	0~7	Hg^{2+}有干扰

（续）

电极组成	检测离子	测量范围 pM 或 pA*	干扰与限制
AgSCN-Ag_2S	SCN^-	0~5	Br^-、I^-、CN^-、S^{2-}有干扰，不适用于强还原性溶液
任何卤化银与 Ag_2S	Ag^+	0~7	Hg^{2+}有干扰，不能存在硫化物
CuS-Ag_2S	Cu^{2+}	0~8	Hg^{2+}，Ag^+有干扰，$c(Fe^{3+})<0.1c(Cu^{2+})$，高浓度Cl^-、Br^-有干扰
pbS-Ag_2S	Pb^{2+}	1~7	Hg^{2+}、Ag^+、Cu^{2+}有干扰

* pM 与 pA 分别表示正、负离子浓度的负对数。

4.3.1.1 均相膜电极

这类电极又可分为单晶、多晶和混晶膜电极。

F^-选择性电极是目前最成功的单晶膜电极。该电极的敏感膜是由 LaF_3 单晶掺杂一些 EuF_2 或 CaF_2 制成2 mm左右厚的薄片。Eu^{2+}和 Ca^{2+}可以造成 LaF_3 晶格空穴，增加其导电性。这是因为 Eu^{2+}和 Ca^{2+}代替晶格点阵中的 La^{3+}，使晶体中增加了空的 F^-点阵，使更多的 F^-沿着这些空点阵扩散而导电。F^-的导电情况可描述为：

$$LaF_3+\text{空穴}=LaF_2^++F^-$$

F^-电极的内参比电极为 Ag－AgCl 丝，内参比溶液为 0.1 $mol\cdot L^{-1}$NaF 和 0.1 $mol\cdot L^{-1}$ NaCl 混合液，电极可表示为：

$$Ag,\ AgCl|NaCl(0.1\ mol\cdot L^{-1}),\ NaF(0.1\ mol\cdot L^{-1})|LaF_3\text{膜}|F^-\text{试液}$$

NaF_3 单晶对 F^-有高度的选择性，允许体积小、带电荷少的 F^-在其表面进行交换。将电极插入 F^-试液，如果试液中 F^-活度较高，F^-进入晶体的空穴中；反之，晶体表面的 F^-进入试液，晶格中的 F^-又进入空穴，从而产生膜电位。298 K时，其膜电位表达式为：

$$\Delta E_M=\text{常数}-0.0592\lg a(F^-)$$

F^-选择性电极的电极电位 E_{F^-}为：

$$E_{F^-}=E_{AgCl/Ag}+\Delta E_M=k-0.0592\lg a(F^-) \tag{4-24}$$

当试液的 pH 较高($c_{OH^-}\gg c_{F^-}$)时，由于 OH^-离子的半径与 F^-相近，OH^-能透过 LaF_3 晶格产生干扰，发生如下反应：

$$LaF_3(s)+3OH^-=La(OH)_3(s)+3F^-$$

LaF_3 晶体表面形成了 $La(OH)_3$，同时释放出了 F^-，增加了试液中 F^-的活度，产生干扰；当试液的 pH 较低时，溶液中会形成难以解离的 HF，降低了 F^-活度而产生干扰。适宜的 pH 为 5~6。F^-电极的测定范围为 $10^{-6}\sim10^{-1}$ $mol\cdot L^{-1}$。在此范围内 F^-电极的电极电位与试液中的 $a(F^-)$有良好的线性响应。

4.3.1.2 非均相膜电极

此类电极与均相膜电极的电化学性质完全一样，其敏感是由各种电活性物质(如难溶盐、螯合物或缔合物)与惰性基质如硅橡胶，聚乙烯、聚丙烯、石蜡等混合制成的。

4.3.2 非晶体膜电极

4.3.2.1 刚性基质电极

玻璃电极即属于刚性基质电极，它是出现最早、至今仍属应用最广的一类离子选择性电极。除 pH 玻璃电极以外，钠玻璃电极(pNa 电极)也是较为重要的一种电极。其结构与 pH 玻璃电极相似，选择性主要决定于玻璃组成。对 $Na_2O-Al_2O_3-SiO_2$ 玻璃膜，改变 3 种组分的相对含量会使选择性出现较大的差异。

4.3.2.2 流动载体电极

这类电极的敏感膜是由待测离子的带电荷的盐类离子交换剂或中性有机螯合物分子载体溶解在憎水性的有机溶剂中，再使这种有机溶剂渗透在惰性多孔材实孔隙内制成的，惰性材料用来支持电活性物质溶液形成一层薄膜。流动载体有两类，一类是带电荷(正、负电荷的大有机离子)的离子交换剂；另一类是大的有机螯合物中性分子。Ca^{2+} 选择性电极是带负电荷的流动电极的一个重要例子。它的构造如图 4-7 所示。

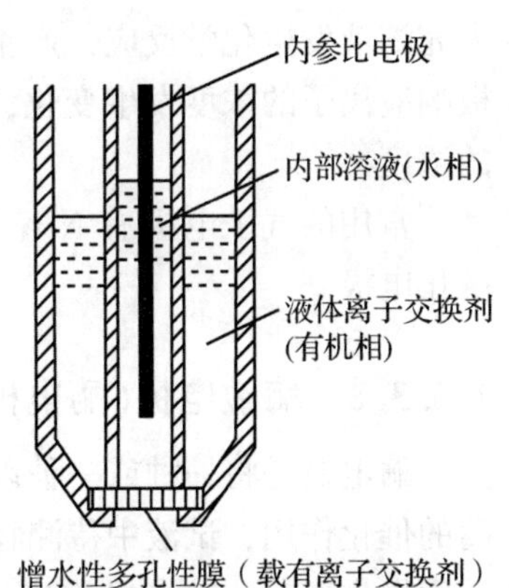

图 4-7 流动载体电极

电极内装有两种溶液，一种是内部溶液($0.1\ mol \cdot L^{-1}\ CaCl_2$ 水溶液)，其中插入内参比电极 Ag-AgCl 电极；另一种是液体离子交换剂，它是一种水不溶的非水溶液，如 $0.1\ mol \cdot L^{-1}$ 二癸基膦酸钙的苯基膦酸二辛酯溶液，底部用多孔性膜材料如纤维素渗析膜与外部溶液(试液)隔开，这种多孔性膜是憎水性的，仅支持离子交换剂液体形成一薄膜。在薄膜两面发生以下的离子交换反应：

$$\underset{\text{有机相}}{[(RO)_2PO_2]_2^-Ca^{2+}} \rightleftharpoons \underset{\text{有机相}}{2(RO)_2PO_2^-} + \underset{\text{水相}}{Ca^{2+}}$$

$R=C_8\sim C_{16}$。若为癸基，则 $R=C_{10}$。

298K 时，其膜电位表达式为：

$$\Delta E_M = k + \frac{0.0592}{2}\lg a(Ca^{2+}) \tag{4-25}$$

NO_3^- 选择性电极属于带正电荷载体的液膜电极。将 NO_3^- 型的长链季胺盐电活性物质溶于邻硝基苯十二烷醚中，将此溶液与 5 %PVC(聚氯乙烯，支持物)的四氢呋喃溶液以一定比例混合后，倒在一块平板玻璃上，使溶剂自然挥发可得一个透明的敏感膜，亦称 PVC 膜，该膜对 NO_3^- 有选择性响应。

中性载体是中性大分子多齿螯合剂，如大环抗生素，冠醚化合物等，K^+ 选择性电极即属此类。将二甲基二苯并-30-冠-10 溶解在邻苯二甲酸二戊酯中，再与 5 %PVC 的环已酮混合后，倒在一块平板玻璃上自然蒸发得到一个薄膜，构成对钾离子有选择性响应的钾离子选择性电极。

4.3.3 敏化电极

4.3.3.1 气敏电极

敏化电极是对某些气体敏感的电极，是将离子选择性电极与另一种特殊的膜组成的复合电极，包括气敏电极、酶电极两类。气敏电极是将指示电极(离子选择性电极)与参比电极装入同一个套管中，做成一个复合电极，实际上是一个化学电池。该电极由透气膜、内充溶液(中介溶液)、指示电极及参比电极等部分组成，其结构如图4-8所示。待测气体通过透气膜进入内充溶液发生化学反应，产生指示电极响应的离子或使指示电极响应离子的浓度发生变化，通过电极电位变化反映待测气体的浓度。

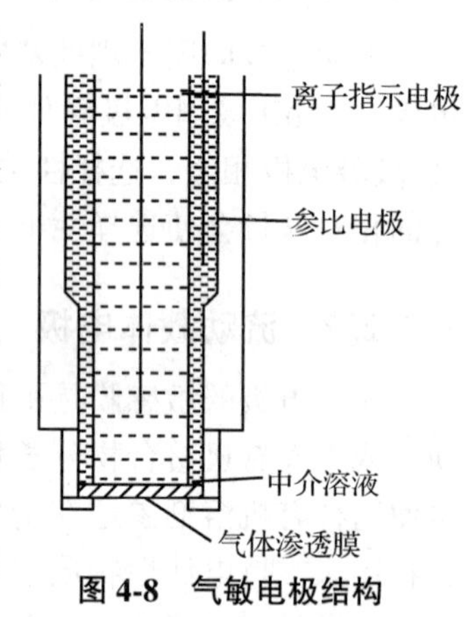

图4-8 气敏电极结构

常用的气敏电极有 NH_3、CO_2、SO_3、NO_2、H_2S 等气体的敏化电极。

4.3.3.2 酶敏电极(酶电极)

酶电极是将一种或一种以上的生物酶涂布在通常的离子选择性电极的敏感膜上，通过酶的催化作用，试液中待测物向酶膜扩散，并与酶层接触发生酶催化反应，引起待测物质活度发生变化，被电极响应；或使待测物产生能被该电极响应的离子，间接测定该物质。如尿素酶电极是以 NH_3 电极为指示电极，把脲酶固定在 NH_3 电极的敏感透气膜上而制成的。当试液中的尿素与脲酶接触时，发生分解反应：

$$CO(NH_2)_2+H_2O \xrightarrow{\text{脲酶}} 2NH_3+CO_2$$

通过 NH_3 电极检测反应生成的氨以测定尿素的含量。该电极可以检测血浆和血清中 $0.05\sim5\ mmol\cdot L^{-1}$ 的尿素。酶是具有特殊生物活性的催化剂，它的催化效率高，选择性强，许多复杂的化合物在酶的催化下都能分解成简单化合物或离子，从而用离子选择性电极来进行测定，此类电极在生命科学中的应用日益受到重视。

目前有直接利用动植物组织代替酶作为催化材料制作的组织电极。最早提出的是用猪肾组织与氨气敏电极组成测定L-谷氨酰胺的组织电极。其方法原理是：将新鲜猪肾深冻后切成0.05 mm的薄片，固定在氨电极敏感膜表面，当待测物扩散进入组织膜时，被其中的谷氨酰胺水解酶分解产生氨而被测定。直接利用生物组织制作电极具有制作简单、经济、寿命长等特点。

4.4 离子选择性电极分析方法与应用

4.4.1 测定离子活(浓)度的方法

离子选择性电极可以直接用来测定离子的活(浓)度，也可作为指示电极用于电位滴定。本节只讨论直接电位法。

与用pH指示电极测定溶液pH时类似，用离子选择性电极测定离子活度时也是将它浸入待测溶液而与参比电极组成一电池，并测量其电动势。例如，使用氟离子选择性电极测定F^-离子活度时组成如下工作电池：

$$(-)Hg|Hg_2Cl_2，KCl(饱和)\parallel 试液 | LaF_3 膜|NaF，NaCl，AgCl|Ag(+)$$

$$\underleftrightarrow{\quad SCE \quad}\qquad\qquad \underleftrightarrow{\quad 氟电极 \quad}$$

$$\Delta E_L \quad \Delta E_M$$

此时电池的电动势E为：

$$E=(E_{AgCl/Ag}+\Delta E_M)-E_{SCE}+\Delta E_L+\Delta E_{不对称}$$

$$\Delta E_M=E_{试}-E_{内}=K-\frac{2.303RT}{F}\lg a_{F^-}$$

合并上述两式得：

$$E=E_{AgCl/Ag}+K-\frac{2.303RT}{F}\lg a_{F^-}-E_{SCE}+\Delta E_L+\Delta E_{不对称}$$

令$E_{AgCl/Ag}+K-E_{SCE}+\Delta E_L+\Delta E_{不对称}=K'$，则：

$$E=K'-\frac{2.303RT}{F}\lg a_{F^-} \tag{4-26}$$

式中，K'的数值决定于温度、膜的特性、内参比溶液、内参比电极电位、外参比电极电位及液接电位等。其值在一定的实验条件下为定值。

式(4-26)说明，工作电池的电动势在一定实验条件下与欲测离子的活度的对数值呈直线关系。因此通过测量电动势可测定欲测离子的活度。下面叙述几种常用的测定方法。

4.4.1.1 标准曲线法

将离子选择性电极与参比电极插入一系列活(浓)度已确知的标准溶液，测出相应的电动势。然后以测得的E值对相应的$\lg a_i(\lg c_i)$值绘制标准曲线。在同样条件下测出被测溶液的E值，即可从标准曲线上查出被测溶液中的离子活(浓)度。

一般分析工作中要求测定的是浓度，而离子选择性电极根据能斯特公式测量的则是活度。图4-9是一个典型的标准曲线图。由此图可见，E-$\lg a_i$曲线(曲线1)及E-$\lg c_i$曲线(曲线2)是有差异的，这种差异在高浓度范围尤为显著。这是由于活度和浓度的关系为$a_i=\gamma_i c_i$，γ_i是活度系数，它是溶液中离子强度的函数，在极稀溶液中，$\gamma_i\approx1$，而在较浓的溶液中，$\gamma_i<1$。

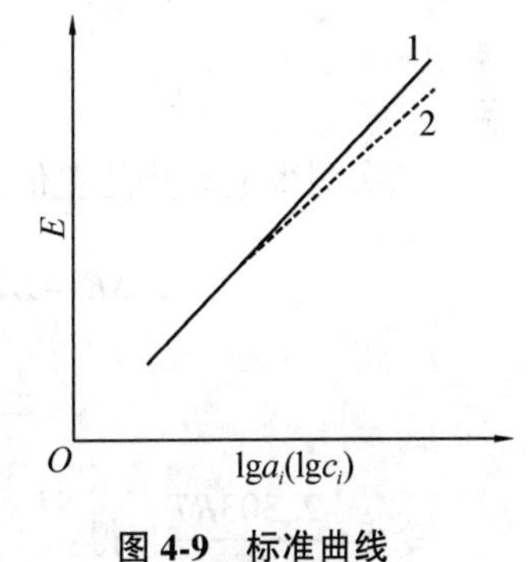

图4-9 标准曲线

1. $\lg a_i$ 2. $\lg c_i$

在实际工作中，很少通过计算活度系数来求被测离子的浓度，而是在控制溶液的离子强度的条件下，依靠实验通过绘制$E-\lg c_i$曲线来求得浓度的。针对不同情况可采取不同办法来控制离子强度。当试样中含有一种含量高而基本恒定的非被测离子时，可使用“恒定离子背景法”，即以试样本身为基础，用相似的组成制备标准溶液；如果试样所含非被测离子及其浓度不能确知或变动较大，则可使用加入“离子强度调节剂”的办法。离子强度调节剂是浓度很大的电解质溶液，它应对被测离子没有干扰，将它加到标准溶液及试样溶液中，使它们的离子强度都达到很高而近乎一致，从而使活度系数基本相同。在某些情况下，此种高离子强度的溶液还含有pH缓冲剂和消除干扰的络合剂。例如，测定水样中F^-浓度时应加入一定量的“总离子强度调节缓冲剂”(total ionic strength adjustment buffer TISAB)即属此例。此种调节剂的一种组成为：氯化钠0.1 mol·L^{-1}，乙酸0.25 mol·L^{-1}，乙酸钠0.75 mol·L^{-1}，柠檬酸钠0.001 mol·L^{-1}，pH为5.0，总离子强度为1.75。

离子电极分析法所用的标准曲线不及吸光光度法的标准曲线稳定。这与K'值易受温度、搅拌速度、盐桥液接电位等影响有关。某些离子电极的膜表面状态亦影响K'值。这些影响常表现为标准曲线的平移。实际工作中，可每次检查标准曲线上的1、2点。在取直线部分工作时，通过这1、2点作一直线与原标准曲线的直线部分平行，即可用于未知液的分析。

4.4.1.2 标准加入法

标准曲线法要求标准溶液与待测试液具有接近的离子强度和组成，否则将会因γ值变化而引起误差。如采用标准加入法，则可在一定程度上减免这一误差。

设某一未知溶液待测离子浓度为c_x，其体积为V_0，测得电动势为E_1，E_1与c_x应符合如下关系：

$$E_1=K'+\frac{2.303RT}{nF}\lg(x_1\gamma_1c_x) \tag{4-27}$$

式中，x_1为游离的(即未络合)离子的摩尔分数。

然后加入小体积V_s(约为试样体积的1/100)的待测离子的标准溶液，标准溶液的浓度为c_s，并约为c_x的100倍，再测量电动势E_2，于是

$$E_2=K'+\frac{2.303RT}{nF}\lg(x_2\gamma_2c_x+x_2\gamma_2\Delta c) \tag{4-28}$$

这里Δc为加入标准溶液后试样浓度的增加值：

$$\Delta c=\frac{V_sC_s}{V_0+V_s}$$

式(4-28)中γ_2和x_2分别为加入标准溶液后新的活度系数和游离离子的摩尔分数。由于$V_s \ll V_0$，则$V_0+V_s\approx V_0$，试样溶液的活度系数可认为能保持恒定，亦即$\gamma_1\approx\gamma_2$，$x_1\approx x_2$，所以

$$\Delta c=\frac{V_sC_s}{V_0} \tag{4-29}$$

二次测得电动势的差值为(若$E_2>E_1$)：

$$\begin{aligned}\Delta E&=E_2-E_1=\frac{2.303RT}{nF}\lg\frac{x_2\gamma_2(c_x+\Delta c)}{x_1\gamma_1c_x}\\&=\frac{2.303RT}{nF}\lg\left(1+\frac{\Delta c}{c_x}\right)\end{aligned} \tag{4-30}$$

令$S=\dfrac{2.303RT}{F}$，得：

$$\Delta E=\frac{S}{n}\lg(1+\frac{\Delta c}{c_x})$$

$$c_x=\Delta c(10^{n\Delta E/S}-1)^{-1} \tag{4-31}$$

式中，S为常数，Δc可由式(4-29)求得，因而根据测得的ΔE值可算出c_x。实际分析时，如S值固定(温度固定)，若$n=1$，只要令V_x、c_s与V_s为常数，则Δc为常数，于是c_x仅与ΔE有关。若预先计算出以$c_x/\Delta c$作为ΔE的函数的数值，并列成表，分析时按测得的ΔE值由表中查出$c_x/\Delta c$，即可求得c_x。

本法的优点是，仅需要一种标准溶液，操作简单快速。在有大量过量络合剂存在的体系中，此法是使用离子选择性电极测定待测离子总浓度的有效方法。对于某些成分复杂的试样，若以标准曲线法测定，在配制同组分的标准溶液上不易做到一致，而以本法测定，可得较高的准确度。

4.4.2 影响测定的因素

对离子选择性电极测量有影响而导致误差的因素较多，有电极性能、测量系统、温度、溶液组成等。下面讨论其中一些相对重要的因素。

4.4.2.1 温度

已知工作电池的电动势在一定条件下与离子活度的对数值成线性关系。温度不但影响直线的斜率$\left(2.303\dfrac{RT}{nF}\right)$，也影响直线的截距，$K'$项包括参比电极电位、液接电位等，这些电位数值都与温度有关。因此在整个测定过程中应保持温度恒定，以提高测定的准确度。

4.4.2.2 电动势测量

电动势测量的准确度(亦即测量系统的误差)直接影响测定的准确度。电动势测量误差ΔE与相对误差$\Delta c/c$的关系可根据能斯特方程推导如下：

$$E=K+\frac{RT}{nF}\ln c$$

$$\Delta E=\frac{RT}{nF}\cdot\frac{1}{c}\Delta c$$

将$R=8.314\ \mathrm{J\cdot mol^{-1}}$，$F=96\ 487\ \mathrm{C}$值代入上式，温度用25 ℃，$E$的单位换算成mV，则：

$$\Delta E=\frac{0.2568}{n}\cdot\frac{\Delta c}{c}\times 100$$

或

$$\%\text{相对误差}=\frac{\Delta c}{c}\times 100\ \%=\frac{n\Delta E}{0.2568}\approx 4n\Delta E \tag{4-32}$$

即对于一价离子的电极电位值测定误差ΔE，每±1 mV将产生约±4 %的浓度相对误差，对两价离子响应的电极的误差为±8 %，三价离子则为±12 %。这说明用直接电位法测定，误差一般较大，而且离子价数越高误差越严重。因此离子电极适宜于测定低价离子，对于高价离子，将其转变为电荷数较低的络离子后测定是较为有利的，例如，将B(Ⅲ)转化为BF_4^-后用BF_4^-液膜电极测定。测定S^{2-}时，加入过量Ag^+使之形成Ag_2S沉淀，再测定剩余的Ag^+。其测定误差将符合$n=1$时的关系。从式(4-32)看，测定相对误差与浓度无关，所以离子电极一般适用于较低浓度的测定。测试较高含量组分的含量时，则以采用电位滴定等方法为宜。

由上述可见，对于直接电位测定法，要求测量电位的仪器必须具有高的灵敏度和相当的准确度。

工作电池的电动势本身是否稳定也影响测定的准确度。K'不仅受温度的影响，也受试液的组成、搅拌速度等的影响。只有在严格的实验条件下，K'才基本上维持不变。

4.4.2.3 干扰离子

共存离子之所以发生干扰作用的原因是：有些共存离子能直接与电极膜发生作用。例如，当干扰离子和电极膜反应生成可溶性络合物时会发生干扰，以氟离子电极为例，当试液中存在大量柠檬酸根离子(Ct^{3-})时：

$$LaF_3(s)+Ct^{3-}(aq) \rightleftharpoons LaCt(aq)+3F^-(aq)$$

由于上述反应的发生使试液中 F^-增加，因而结果将偏高。

当共存离子在电极膜上的反应是生成一种新的、不溶性化合物时，则出现另一种形式的干扰。例如，SCN^-与 Br^-电极的溴化银膜反应：

$$SCN^-+AgBr(s) \rightleftharpoons AgSCN(s)+Br^-$$

溴离子电极可以接纳一定量的 SCN^-，但当 SCN^-浓度超过一定限度时，将发生上述反应而使硫氰酸银膜开始覆盖溴化银膜的表面。

试液中其他共存离子还可能在不同程度上影响溶液的离子强度，因而影响欲测离子的活度；亦能与欲测离子形成络合物或发生氧化还原反应而影响测定，这是较为常见的情况。例如，氟离子电极对铝离子虽无直接响应，但后者在试液中与 F^-共存时，能形成稳定的 AlF_6^{3-} 络离子，而氟电极对此种络离子无响应，因此产生负误差。

干扰离子不仅给测定带来误差，并且使电极响应时间增加。

为了消除干扰离子的作用，较方便的办法是加入掩蔽剂，只有必要时，才预先分离干扰离子。例如，测定 F^-时加入 TISAB 溶液的目的之一就是掩蔽铁、铝等离子。对于能使待测离子氧化的物质，可加入还原剂以消除其干扰。如水中的溶解氧能氧化 S^{2-}，可加入抗坏血酸消除干扰。

4.4.2.4 溶液的 pH 值

因为 H^+或 OH^-能影响某些测定，必要时应使用缓冲溶液以维持一个恒定的 pH 值范围。例如在使用氟离子电极时，酸度过高或过低都将影响测定。又如用以测定一价阳离子的玻璃电极(如钠离子电极)，一般都对 H^+敏感，所以试液的 pH 值不能太小。

4.4.2.5 被测离子的浓度

使用离子选择性电极可以检测的线性范围一般为 $10^{-6} \sim 10^{-1}$ mol · L^{-1}。检测下限主要取决于组成电极膜的活性物质的性质。例如，沉淀膜电极所能测定的离子活度不能低于沉淀本身溶解而产生的离子活度。测定的线性范围还与共存离子的干扰和 pH 等因素有关。

4.4.2.6 响应时间

这是指电极浸入试液后达到稳定的电位所需的时间。一般用达到稳定电位的 95 %所需时间表示，它与以下几个因素有关：

① 与待测离子到达电极表面的速率有关　搅拌溶液可加速响应时间。

② 与待测离子的活度有关　离子选择性电极的响应时间一般很短仅几秒钟，但测量的活度越小，响应时间越长，接近检测极限的极稀溶液的响应时间，有的甚至要 1 h 左右，使电极在此情况下的应用受到限制。

③ 与介质的离子强度有关　在通常情况下，含有大量非干扰离子时响应较快。

④ 共存离子的存在对响应时间有影响　如 Ba^{2+}、Sr^{2+}、Mg^{2+} 等共存时，活动载体钙电极响应时间要延长。

⑤ 与膜的厚度、表面光洁度等有关　在保证有良好的机械性能条件下，薄膜越薄，响应越快。光洁度好的膜，响应也较快。

响应时间在电极的实际应用中显然是一个重要的参数。在应用离子选择性电极进行连续自动测定时，尤需考虑电位响应的时间因素。

4.4.2.7　迟滞效应

这是与电位响应时间相关的一个现象，即对同一活度值的离子试液，测出的电位值与电极在测定前接触的试液成分有关。此现象亦称为电极存储效应，它是直接电位分析法的重要误差来源之一。减免此现象引起的误差的办法之一，是固定电极测定前的预处理条件。

离子选择性电极测定系统包括指示电极和参比电极、试液容器、搅拌装置及测量电动势的仪器，电动势的测量可以使用精密毫伏计。对测试仪器的要求，主要是要有足够高的输入阻抗和必要的测量精度与稳定性。

离子电极的阻抗以玻璃电极最高，可达 $10^8\ \Omega$ 数量级以上。因此要求使用的仪器是高输入阻抗的电子毫伏计，其输入阻抗不应低于 $10^{10}\ \Omega$。输入阻抗越高，通过电池回路的电流越小，越接近在零电流下测试的条件。

已如前述，以离子选择性电极测量离子活度时，如欲达到约 2％的精度，需要测定的电极电位应精确到 0.2 mV 数量级。因此用离子电极作测定时电位测量的精度较一般 pH 测定的要求高，一般 pH 测定时 0.1 pH 单位的测量误差相当于电极电位 6 mV 的变化。

对仪器的另一要求是稳定性。用仪器直读或标准曲线法进行测定时，在仪器定位或标准曲线绘制后，仪器的零漂或读数值变化都将直接影响测定结果。因此使用离子选择性电极进行直接电位分析，对测试仪器提出了较高的要求，应根据测定时要求的精度选择适当的精密酸度计或离子计。

4.4.3　离子选择性电极分析的应用

使用离子选择性电极进行测定的优点是简便快速。因为电极对待测离子有一定的选择性，一般可避免分离干扰离子的步骤。对有颜色、混浊液和黏稠液，也可直接进行测量。电极响应快，在多数情况下响应是瞬时的，即使在不利条件下也能在几十分钟内得出读数。测定所需试样量可很少，若使用特制的电极，所需试液可少至几微升。和其他仪器分析比较起来，本法所需的仪器设备较为简单。对于一些用其他方法难以测定的某些离子，如氟离子、硝酸根离子、碱金属离子等，用离子选择性电极测定可以得到满意的结果。离子选择性电极分析法所依据的电位变化信号可供连续显示和自动记录，因而还可实现连续和自动分析。

对于离子选择性电极电位所响应的是溶液中给定离子的活度，而不是一般分析法中的离子总浓度，这在某种场合中具有重要的意义。例如，航空铝制件表面处理所用溶液的效率，取决于其中游离氟离子的活度，一般化学分析法测得的总氟量，不能判断溶液是否失效，而只响应氟离子活度变化的氟离子选择性电极分析法，就成为这一监测的理想方法。

又如研究血清中钙对生理过程的影响，需要了解的往往不是总钙浓度，而是游离钙离子的活度，钙离子选择性电极恰好满足这个要求。

20 世纪中期，离子选择性电极已得到较全面的发展，在此基础上，科学家在 20 世纪 60 年代成功地把葡萄糖氧化酶固定到氧电极上制成第一只生物传感器(biosensors)。所谓生物传感器主要由两部分组成：分子识别元件(生物敏感膜)和换能器(将分子识别产生的信号转换成可检测的电信号)。其中电化学生物传感器是一个重要分支，它由电化学基础电极和生物活性材料组成，因此又称生物电极。除前述酶电极、组织电极外，还有微生物电极、免疫电极、细胞器电极等。电极的微型化是近年来发展较快的技术，微电极的出现在医学上的应用得以实现，如细胞分析、活体分析、皮下监测等。

但也应该看到，离子选择性电极就目前的发展水平，在实际应用中还是受到一些限制。如直接电位法的误差较大，因此它只能适用于对误差要求不高的快速分析，当精密度要求高于±2 %时就不适宜用此法。采用电位滴定法等方法能得到较高的精度，但在一定程度上又要失去快速、简便的优点。电极的选择性也是其应用受到局限的一个因素。目前电极品种仍限于一些低价离子，主要是阴离子。另外，电极电位值的重现性受实验条件变化影响较大，其标准曲线不及光度法测定的曲线稳定。由于这些因素的影响，目前许多已制成的离子电极，其实际应用的潜力也尚未得到充分发挥。

尽管离子选择性电极分析法尚存在不少缺陷，但仍然不失为工业生产控制、环境监测、理论研究，以及与海洋、土壤、地质、医学、化工、冶金、原子能工业、食品加工、农业等有关的分析工作的重要方法。

4.5 电位滴定法及应用

4.5.1 电位滴定法

利用滴定过程中电位的变化确定滴定终点的滴定分析法，称为电位滴定法。实验时，随着滴定剂的加入，滴定反应的进行，待测离子浓度不断地变化，在理论终点附近，待测离子浓度发生突变而导致电位的突变；因此，测量电池电动势的变化，即可确定滴定终点。实验装置如图 4-10 所示。

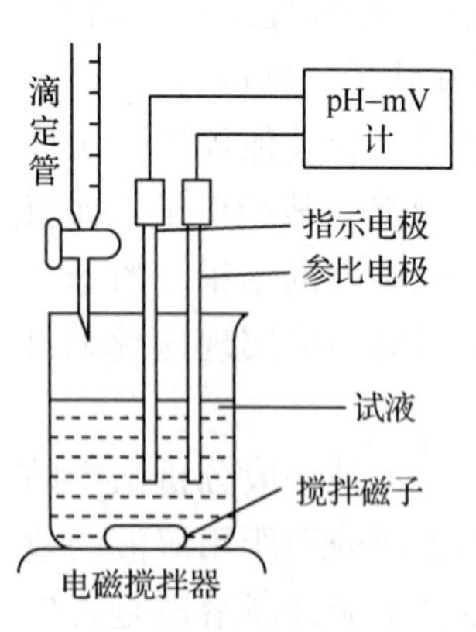

图 4-10 电位滴定分析装置

电位滴定法比直接电位法具有更高的准确度和精密度，可用于浑浊、有色及缺乏合适指示剂的溶液滴定，还可用于浓度较稀、反应不很完全，如很弱的酸、碱的滴定，以及用于混合物溶液的连续滴定及非水介质中的滴定等，并易于实现自动滴定。但与普通的滴定分析相比，电位滴定法一般比较麻烦，分析时间较长，还需要离子计、搅拌器等。如能使用自动电位滴定仪和计算机工作站，则可达到简便、快速的目的。

在滴定过程中，每滴加一定量的滴定剂，就要测量一次电动势，直到超过化学计量点为止，得到一系列的滴定剂体积(V)和相应的电动势(E)数据。表 4-2 即为 0.1000 mol · L^{-1} $AgNO_3$ 标准溶液滴定某 Cl^-溶液时所得到的部分数据。

表 4-2 0.1000 mol · L^{-1} $AgNO_3$ 标准溶液滴定 NaCl 溶液

加入 $AgNO_3$ 溶液的体积 V/mL	E/mV	ΔE/mV	ΔV/mL	$\Delta E/\Delta V$	$\overline{V}$/mL	$\Delta(\Delta E/\Delta V)$	$\overline{\Delta V}$/mL	$\Delta^2 E/\Delta V^2$	V/mL
24.00	174								
		9	0.10	90	24.05				
24.10	183								
		11	0.10	110	24.15				
24.20	194					280	0.10	2800	24.20
		39	0.10	390	24.25				
24.30	233					440	0.10	4400	24.30
		83	0.10	830	24.35				
24.40	316					-590	0.10	-5900	24.40
		24	0.10	240	24.45				
24.50	340					-130	0.10	-1300	24.50
		11	0.10	110	24.55				
24.60	351								
		7	0.10	70	24.65				
24.70	358								
		15	0.30	50	24.85				
25.00	373								

电位滴定法中确定终点的方法通常有以下 3 种。

(1) E–V 曲线法

用加入滴定剂的体积 V 为横坐标，以测得的电动势 E 为纵坐标，绘制曲线即得 E–V 曲线，如图 4-11(a)所示。作两条与滴定曲线呈 45°倾斜的切线，在两条切线间作一根垂线，通过垂线的中点作一条切线的平行线，该线与曲线相交的点为曲线拐点，其对应的 V' 即为滴定终点所消耗滴定剂的体积。

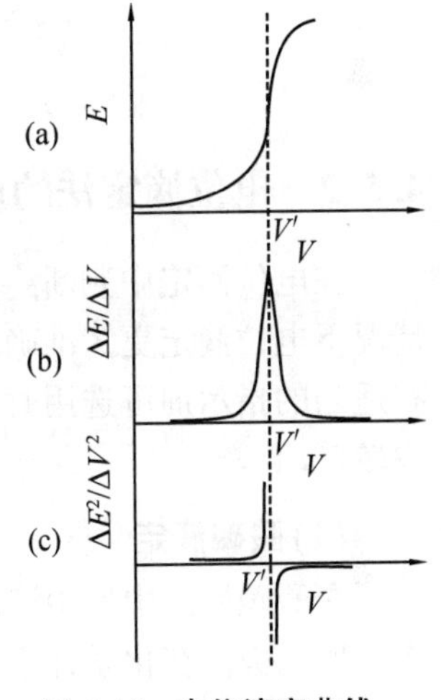

图 4-11 电位滴定曲线

(2) $\Delta E/\Delta V$–V 曲线法

此法又称一阶微商法。$\Delta E/\Delta V$ 表示在 E–V 曲线上，体积改变一小份引起 E 改变的大小。从图 4-11 (b)可以看出，滴定终点时，V 改变一小份，E 改变最大，$\Delta E/\Delta V$ 达最大值；曲线最高点所对应的体积 V'，即为滴定终点时所消耗滴定剂的体积(曲线最高点是用外延法绘出的)。

$\Delta E/\Delta V$ 的求法：例如，滴定至 24.30 mL 和 24.40 mL 之间，相应电动势为 $E_{24.30}$ 和 $E_{24.40}$，则：

$$\left(\frac{\Delta E}{\Delta V}\right)_{24.35}=\frac{E_{24.40}-E_{24.30}}{24.40-24.30}=\frac{316-233}{24.40-24.30}=\frac{83}{0.10}=830$$

(3) $\Delta^2 E/\Delta V^2$-V 曲线法

此法又称二阶微商法。$\Delta^2 E/\Delta V^2$ 表示在 $\Delta E/\Delta V$–V 曲线上，体积改变一小份引起 $\Delta E/\Delta V$ 改变的大小。从 $\Delta E/\Delta V$–V 曲线上可以看出，滴定终点前，$\Delta E/\Delta V$ 逐渐增大，$\Delta E/\Delta V$ 的变化(即 $\Delta^2 E/\Delta V^2$)为正值；滴定终点后，$\Delta E/\Delta V$ 逐渐减小，$\Delta E/\Delta V$ 的变化(即 $\Delta^2 E/\Delta V^2$)为负值。滴定终点时，V 的变化引起的 $\Delta E/\Delta V$ 的变化为零，即 $\Delta^2 E/\Delta V^2=0$。此时所对应的体积 V'，就是滴定终点时所消耗的滴定剂体积，如图 4-11(c)所示。

$\Delta^2 E/\Delta V^2$ 的求法：例如滴定剂为 24.30 mL 时，

$$(\Delta^2E/\Delta V^2)_{24.30}=\frac{(\Delta E/\Delta V)_{24.30}-(\Delta E/\Delta V)_{24.25}}{24.35-24.25}$$

$$=\frac{830-390}{0.10}=4400$$

用二阶微商法确定滴定终点一般不必作图，可直接通过内插法计算得到滴定终点的体积，比一阶微商法更准确、更简便，在日常工作中更为常用。内插法的计算方法为：在滴定终点前(以 i 表示)和终点后(以 i+1 表示)找出一对 $\Delta^2E/\Delta V^2$ 数值($\Delta^2E/\Delta V^2$ 由正到负或由负到正)，按下式比例计算：

$$\frac{(\Delta^2E/\Delta V^2)_{i+1}-(\Delta^2E/\Delta V^2)_i}{V_{i+1}-V_i}=\frac{0-(\Delta^2E/\Delta V^2)_i}{V_{终}-V_i} \tag{4-33}$$

如上例中滴定体积 V_i = 24.30 mL 时，$\Delta^2E/\Delta V^2$ = 4400；V_{i+1} = 24.40 mL 时，$\Delta^2E/\Delta V^2$ = −5900。则可按下图进行比例运算求 $V_{终}$：

加入滴定剂毫升数	24.30	$V_{终}$	24.40
$\Delta^2E/\Delta V^2$值	4400	0	−5900

$$(24.40-24.30):(-5900-4400)=(V_{终}-24.30):(0-4400)$$

$$V_{终}=24.30+\frac{24.40-24.30}{-5900-4400}\times(0-4400)$$

$$=24.34\text{ mL}$$

4.5.2 电位滴定法的应用

在电位滴定中判断终点的方法，比之用指示剂指示终点的方法更为客观，因此在许多情况下电位滴定更为准确。此外，电位滴定可以用于有色的或浑浊的溶液；当某些反应没有适当的指示剂可选用时(如在一些非水滴定中)，可用电位滴定来完成，所以它的应用范围较广。

(1)酸碱滴定

在酸碱滴定中发生溶液 pH 变化，所以最常应用 pH 玻璃电极作指示电极。用甘汞电极作参比电极。在化学计量点附近，pH 突跃使指示电极电位发生突跃而指示出滴定终点。

用指示剂法确定终点时，要求在化学计量点附近有 2 个 pH 单位的突跃，以观察出指示剂颜色的变化。而使用电位法确定终点时，因为 pH 计的灵敏性，化学计量点附近即使有零点几个单位的 pH 变化，也能觉察出，所以很多弱酸、弱碱，以及多元酸(碱)或混合酸(碱)可用电位滴定法测定。

在非水滴定中电位滴定法是基本的方法，滴定时常用的电极仍可用玻璃电极−甘汞电极。为了避免由甘汞电极漏出的水溶液以及在甘汞电极口上析出的不溶盐(KCl)影响液接电位，可以使用饱和氯化钾无水乙醇溶液代替电极中的饱和氯化钾水溶液。

(2)氧化还原滴定

一般应用铂电极作指示电极，甘汞电极为参比电极。氧化还原滴定都能应用电位法确定终点。

(3)沉淀滴定

在进行沉淀反应的电位滴定中，应根据不同的沉淀反应采用不同的指示电极。例如，以硝酸银标准溶液滴定卤素离子时，可以用银电极作指示电极。若滴定的是氯、溴、碘3种离子或其中两种离子的混合溶液，由于它们银盐溶解度不同，而且相差得足够大，可以利用分级沉淀的原理，用硝酸银溶液分步滴定。但是在实际测定中，由于沉淀的吸附作用和沉淀易于附着在指示电极上引起反应迟钝等原因，测定结果有一定偏差。若仅有碘离子和溴离子或碘离子和氯离子共存时，其测定结果偏差较小。

(4)络合滴定

在络合滴定中(以EDTA为滴定剂)，若共存杂质离子对所用金属指示剂有封闭、僵化作用而使滴定难以进行，或需要进行自动滴定时，电位滴定是一种好的方法。最早的络合滴定电位法是利用待测离子的变价的氧化还原体系进行电位滴定，即利用某些氧化还原体系，例如，Fe^{3+}/Fe^{2+}，Cu^{2+}/Cu^{+}等，在滴定过程中的电位变化来确定终点。指示电极用铂电极，参比电极用甘汞电极。

络合滴定的终点也可用离子选择性电极作指示电极来确定。例如，以氟离子选择性电极为指示电极可以用镧滴定氟化物，用氟化物滴定铝离子；以钙离子选择性电极作指示电极可以用EDTA滴定钙等。

思考题与习题

4-1. 参比电极和指示电极有哪些类型？它们的作用是什么？

4-2. 玻璃电极在使用前为什么必须用水浸泡？简述pH玻璃电极的作用原理。

4-3. 直接电位法的依据是什么？直接电位法测定溶液的pH时，为什么用pH标准缓冲溶液校准pH计？

4-4. 电位滴定法的基本原理是什么？有哪些确定终点的方法？

4-5. 测定F^-浓度时，在溶液中加入TISAB的作用是什么？

4-6. 25 ℃时，电位法测定溶液pH值。用pH=3.56的标准缓冲液测得电动势为E_s，同样条件下测得未知液的电动势为E_x，且$E_x=E_s-0.0354$。求未知液的pH值。

4-7. 当一个电池用0.010 mol/L的氟化物溶液校正F^-选择电极时，所得读数为0.101 V；用3.2×10^{-4} mol/L溶液校正所得读数为0.194 V。如果未知浓度的氟溶液校正所得的读数为0.152 V，计算未知溶液的F^-浓度(忽略离子强度的变化，F^-选择电极作正极)。

4-8. 25 ℃时，用F^-电极测定水中F^-，取25 mL水样，加入10 mL TISAB，定容到50 mL测得电极电位为0.1370 V；加入1.0×10^{-3} mol/L标准溶液1.0 mL后，测得电极电位为0.1170 V。计算水样中F^-含量。

4-9. 下表数据为用0.1165 mol/L NaOH溶液，以pH电位滴定法滴定25.0 mL一元弱酸所得结果。

NaOH体积/mL	pH值	NaOH体积/mL	pH值	NaOH体积/mL	pH值
0	2.89	15.0	7.08	17.0	11.34
2.0	4.52	15.5	7.75	18.0	11.63
4.0	5.06	15.6	8.4	20.0	12.0
10.0	5.89	15.7	9.29	24.0	12.41
12.0	6.15	15.8	10.07		
14.0	6.63	16.0	10.65		

试计算：(1)原始酸的浓度；(2)弱酸离解常数。

第 5 章
紫外-可见分光光度法

分光光度法(spectrophotometry)是基于物质分子对光的选择性吸收而建立起来的分析方法。按物质吸收光的波长不同，分光光度法可分为可见分光光度法、紫外分光光度法及红外分光光度法(又称红外光谱法)。

分光光度法的灵敏度较高，适用于微量组分的测定。其灵敏度一般能达到 1~10 $\mu g \cdot L^{-1}$ 的数量级。但该方法的相对误差较大，一般可达到 2%~5%。紫外-可见分光光度法具有操作方便、仪器设备简单、灵敏度和选择性较好等优点，目前已成为常规的仪器分析方法。

5.1 紫外-可见分光光度法基本原理

5.1.1 分子光谱产生原理

组成物质的各种不同微粒，具有各种形式的运动。如分子整体的平动、分子围绕其质量中心的转动、分子中原子间的相对运动(振动)及分子中的电子相对原子核的运动等。每一种运动状态都有一定的能量。一般地说，化合物分子的总能量 $E_{总}$ 可用下式描述：

$$E_{总}=E_0+E_{平}+E_{转}+E_{振}+E_{电} \tag{5-1}$$

式中，E_0、$E_{平}$、$E_{转}$、$E_{振}$、$E_{电}$分别为零点能、平动能、转动能、振动能和电子能。E_0 是不随分子的运动而改变的能量；$E_{平}$是连续变化的，平动时不发生偶极矩变化，不产生光谱。因此，与光谱有关的是 $E_{转}$、$E_{振}$、$E_{电}$。每一种能量都是量子化的，分子的每一个能量值，称为一个能级。每一种分子的能级数和能级值，取决于分子的本性和状态，也就是说，每一种分子都具有特征的能级结构。图 5-1 为一分子的能级跃迁示意图。

由图 5-1 可知，在同一电子能级中，因振动能量的不同又分为几个振动能级，而在同一振动能级中，又因分子转动能量不同分为几个转动能级。

通常，物质的分子处于稳定的基态。当它受到光照或其他能量激发时，将根据分子所吸收能量的大小，引起分子转动、振动或电子能级的跃迁，同时伴随着光子的吸收或发射，光子的能量($E_{光}$)等于前后两个能级的能量(E_1，E_2)的差值(ΔE)，即：

$$E_{光}=hv=E_2-E_1=\Delta E=\Delta E_{转}+\Delta E_{振}+\Delta E_{电} \tag{5-2}$$

式中，$\Delta E_{转}$、$\Delta E_{振}$、$\Delta E_{电}$分别为分子的转动能级、振动能级、电子能级跃迁时的能量变化。

物质的粒子按上式吸收某特定的光子后，由某低能级跃迁到某高能级，把物质对光的吸收情况按照波长的次序排列记录下来，就得到吸收光谱；反过来，吸收了能量(光能、热能、电能或其他能量）的粒子，由高能级跃迁到低能级时，如果以光辐射形式释放出多余的能量，把光的发射按波长次序排列记录下来，就得到发射光谱。

由于物质内部的粒子运动所处的能级和产生能级跃迁时的能量变化都是量子化的，因此在产生能级跃迁时，只能吸收或发射与粒子运动相对应的特定频率（或波长）的光能，形成相应的特征光谱。不同的物质，由于其组成和结构的不同，粒子运动时所具有的能量也不同，获得的特征光谱也就不同。因此根据试样物质的光谱，可以研究物质的组成和结构。

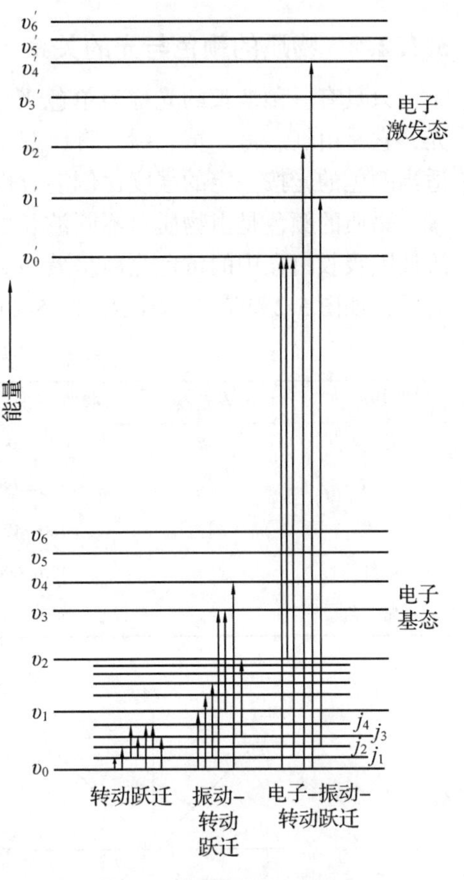

图 5-1　能级跃迁示意图

5.1.2　光的基本性质

5.1.2.1　光的波粒二象性

光是一种电磁波，所有电磁波都具有波粒二象性，可用能量、波长、频率和速度等物理来描述这些性质。

光的衍射、折射、偏振和干涉等现象，就明显地表现了波动性，光的波长 λ、频率 ν 与光速 c 的关系为：

$$\lambda\nu = c \qquad (5-3)$$

光速在真空中等于 2.9979×10^{8} m·s^{-1}。

光同时具有粒子性。它是由一定能量的光子或光量子所组成。通过光电效应、光压现象以及光的化学作用，可确证其粒子性。光子的能量与波长的关系为：

$$E = h\nu = hc/\lambda \qquad (5-4)$$

式中，E 为光子的能量；h 为普朗克常数，为 6.626×10^{-34} J·s。

若将光按波长或频率排列，则可得到如表 5-1 所列的电磁谱表。波长范围在 200~400 nm 的光称为紫外光，波长范围在 400~750 nm 的光，可被人们的视觉所辨别，称为可见光。

表 5-1　电磁波谱范围表

波谱名称	波长范围*	跃迁类型	原子或分子的运动形式	分析方法
X 射线	10^{-1}~100 nm	K 和 L 层电子	原子内层子的跃迁	X 射线光谱法
远紫外光	100~200 nm	中层电子	分子中原子外层电子的跃迁	真空紫外光度法
近紫外光	200~400 nm	外层电子	分子中原子外层电子的跃迁	紫外光度法
可见光	400~750 nm	外层电子	分子中原子外层电子的跃迁	比色及可见光度法
近红外光	0.75~2.5 μm	分子振动	分子中涉及氢原子的振动	近红外光谱法
中红外光	2.5~5.0 μm	分子振动	分子中原子的振动及分子转动	中红外光谱法
远红外光	5.0~1000 μm	分子转动和低位振动	分子的转动	远红外光谱法
微　波	0.1~100 cm	分子转动	分子的转动	微波光谱法
无线电波	1~1000 m	核的自旋	核磁共振	核磁共振光谱法

*波长范围的划分不是很严格，在不同文献资料，数据有出入。

5.1.2.2 物质的颜色与光的关系

只具有一种波长的光称为单色光，由两种以上波长组成的光为混合光。白光就是混合光，它是由红、橙、黄、绿、青、蓝、紫等各种色光按一定比例混合而成的。如果把两种适当颜色的光按一定的强度比例混合也可以得到白光，这两种光叫作互补色光。

物质的颜色是由物质对不同波长的光具有选择性的吸收作用而产生的。例如，硫酸铜溶液因吸收白光中的黄色光而呈紫色。因此，特质呈现的颜色和吸收的光颜色之间是互补关系，如图 5-2 和表 5-2 所示。图 5-2 中处于一条直线的两种色光都是互补色光。

表 5-2 物质颜色和吸收光颜色的关系

物质颜色	吸收光颜色	吸收光波长/nm	物质颜色	吸收光颜色	吸收光波长/nm
黄 色	紫	400~450	紫	黄绿	560~580
黄	蓝	450~480	蓝	黄	580~600
橙	绿蓝	480~490	绿 蓝	橙	600~650
红	蓝绿	490~500	蓝 绿	红	650~760
紫 红	绿	500~560	—	—	—

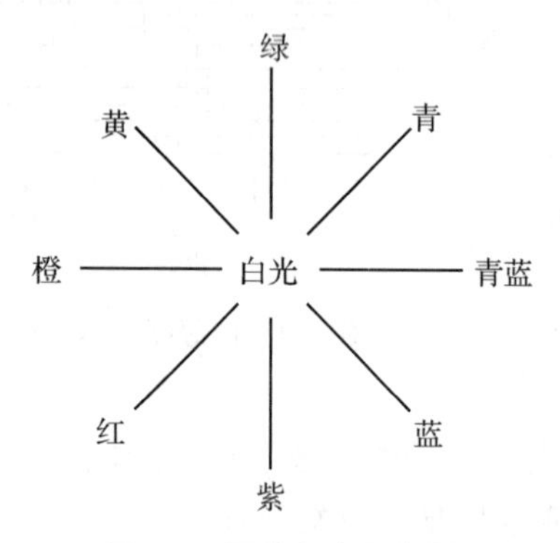

图 5-2 互补色光示意图

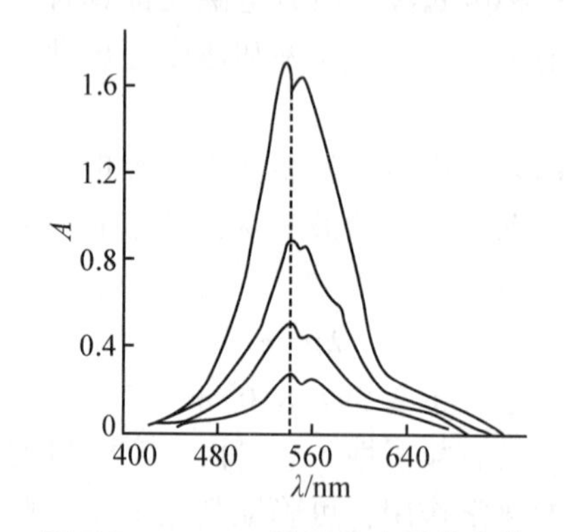

图 5-3 $KMnO_4$ 溶液的光吸收曲线

5.1.2.3 分子吸收光谱

以上只是粗略地用物质对各种色光的选择性吸收来说明物质呈现的颜色。如果测定某种物质对不同波长单色光的吸收程度，以波长为横坐标，吸光度为纵坐标作图可得一条曲线，称为吸收光谱或吸收曲线，它清楚地描述了物质对光的吸收情况。如图 5-3 所示的是 $KMnO_4$ 溶液的光吸收曲线。

由图 5-3 可知，$KMnO_4$ 溶液对波长 525 nm 附近的绿色光吸收最强，而对紫色光吸收最弱。光吸收程度最大处的波长叫作最大吸收波长，用 λ_{max} 表示。不同浓度的 $KMnO_4$ 溶液所得的吸收曲线都相似，其最大吸收波长不变，只是相应的吸光度大小不同。从上面的讨论可以看出有色溶液呈现的颜色，正是它所选择吸收光的互补色。吸收越多，则互补色的颜色越深。比较颜色的深浅，实质上是比较溶液对于吸收程度之强弱。

吸收曲线可作为分光光度分析中选择波长的依据，测定时一般选择最大吸收波长的单色光作为光源。这样即使被测物质浓度较低，也可得到较大的吸光度，因而提高了分析的灵敏度。

5.1.3 光的吸收定律

5.1.3.1 朗伯-比尔定律

朗伯(Lambert)和比尔(Beer)分别于1760年和1852年研究了光的吸收与液层宽度及浓度的定量关系，二者结合称为朗伯-比尔定律，也称为光的吸收定律。

当一束平行的单色光照射到有色溶液时，光的一部分被溶液吸收，一部分透过溶液，还有一部分被器皿表面所反射。由于在实际测量时，都是采用同样质料及厚度的比色皿，因而反射光的强度基本不变，故其影响可以不予考虑。设入射光强度为 I_0，透过光强度为 I_t，溶液的浓度为 c，液层厚度为 b，如图5-4所示。

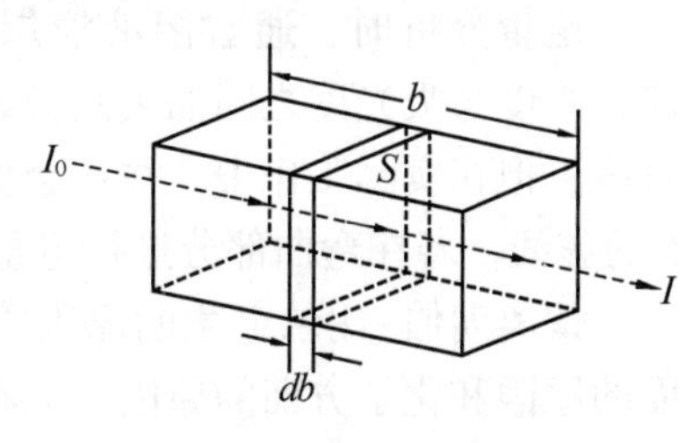

图5-4 光吸收示意图

经实验表明它们之间有下列关系：

$$\lg \frac{I_0}{I_t} = kcb$$

$\lg \frac{I_0}{I_t}$ 值越大，说明光被吸收得越多，故通常把 $\lg \frac{I_0}{I_t}$ 称为吸光度，用 A 表示。上式可写成：

$$A = \lg \frac{I_0}{I_t} = kcb \tag{5-5}$$

式(5-5)即朗伯-比尔定律的数学表示式。它表明，当一束单色光通过有色溶液时，其吸光度与溶液浓度和厚度的乘积呈正比。

通常还把透过光 I_t 和入射光 I_0 的比值 $\frac{I_t}{I_0}$ 称为透射比或透光度，以 T 表示，其数值可用小数或百分数表示。溶液的透射比越大，表示它对光的吸收越小。

透射比、吸光度与溶液浓度及液层厚度的关系为：

$$A = \lg \frac{I_0}{I_t} = \lg \frac{1}{T} = kcb \tag{5-6}$$

由此看出，溶液浓度与厚度的乘积只与吸光度呈正比，而不与透射比呈正比。以上两式中 k 是比例系数，与入射光波长、溶液的性质及温度有关。当入射光波长和溶液温度一定时，k 代表单位浓度的有色溶液放在单位厚度的比色皿中的吸光度，其值由溶液浓度和厚度采用的单位所决定。k 值随 b 和 c 的单位不同而不同。当 c 的单位为 $g \cdot L^{-1}$，b 的单位为cm时，k 以 a 表示，称为吸收系数，其单位为 $L \cdot g^{-1} \cdot cm^{-1}$，此时式(5-5)变为：

$$A = abc \tag{5-7}$$

如果式(5-5)中浓度 c 的单位为 $mol \cdot L^{-1}$，b 的单位为cm，这时 k 常用 ε 表示，ε 称为摩尔吸收系数，其单位为 $L \cdot mol^{-1} \cdot cm^{-1}$。它表示吸光质点的浓度为 $1\ mol \cdot L^{-1}$，溶液的厚度为1 cm时，溶液对光的吸收能力。ε 越大，表示吸光质点对某波长的光吸收能力越强，光度测定的灵敏度越高。因此 ε 是吸光质点特性的重要参数，也是衡量光度分析方法灵敏度的指标。一般 ε 在 10^3 上即可进行分光光度法测定，高灵敏度的分光光度法 ε 可达到 $10^5 \sim 10^6$。式(5-5)可写成为：

$$A = \varepsilon bc \tag{5-8}$$

ε 与 a 的关系为：

$$\varepsilon = Ma \tag{5-9}$$

式中，M 为吸光物质的摩尔质量。

5.1.3.2 偏离朗伯-比尔定律的原因

定量分析时，通常溶液液层厚度是相同的，按照比尔定律，浓度与吸光度之间的关系应该是一条通过直角坐标原点的直线。但在实际工作中，往往会偏离线性而发生弯曲，如图 5-5 的虚线。若在弯曲部分进行定量，将产生较大的测定误差。

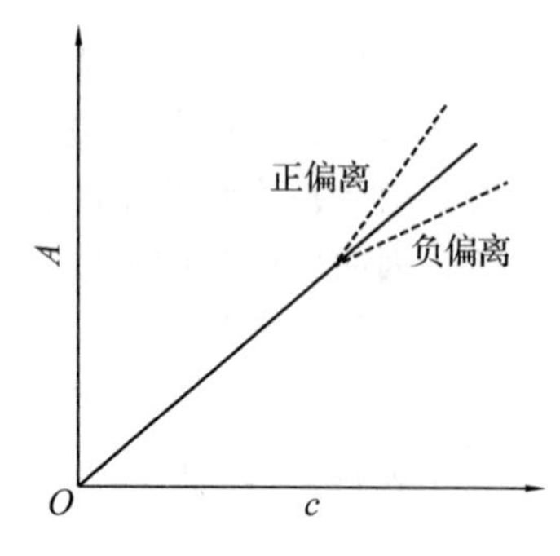

图 5-5 对比尔定律的偏离情况

偏离朗伯-比尔定律的原因很多，但基本上可分为物理方面的原因和化学方面的原因两大类。物理方面的原因主要是入射的单色光不纯所引起，化学方面的原因主要是溶液本身的化学变化所引起。

(1) 单色光不纯所引起的偏离

朗伯-比尔定律只对一定波长的单色光才能成立。但在实际工作中，目前各种方法都无法获得纯的单色光，即使质量较好的分光光度计所得的入射光，仍然具有一定波长范围的波带宽度。在这种情况下，吸光度与浓度并不完全成直线关系，因而导致了对朗伯-比尔定律的偏离。所得入射光的波长范围越窄，即“单色光”越纯，则偏离越小，标准曲线的弯曲程度也就越小，或趋近于零。

(2) 由于溶液本身的原因所引起的偏离

溶液本身的原因引起的偏离主要有以下几方面：

① 朗伯-比尔定律表达式中的吸收系数与溶液的折光指数有关。溶液的折光指数随溶液浓度的变化而变化。实践证明，溶液浓度在 $0.01\ mol \cdot L^{-1}$ 或更低时，折光指数基本上是一个常数，说明朗伯-比尔定律只适用于低浓度的溶液，浓度过高会偏离朗伯-比尔定律。

② 朗伯-比尔定律是建立在均匀、非散射的溶液基础上的。如果介质不均匀，呈胶体、乳浊、悬浮状态，则入射光除了被吸收外，还会有反射、散射的损失，因而实际测得的吸光度增大，导致对朗伯-比尔定律的偏离。

③ 溶质的解离、缔合、互变异构及化学变化也会引起偏离，其中有色化合物的解离是偏离朗伯-比尔定律的主要化学因素。

5.2 有机化合物的紫外吸收光谱

5.2.1 电子跃迁的类型

紫外-可见吸收光谱是由分子中价电子能级跃迁而产生的。因此，有机化合物的紫外-可见吸收光谱取决于分子中价电子的性质。

根据分子轨道理论，在有机化合物分子中与紫外-可见吸收光谱有关的价电子有 3 种：形成单键的 σ 电子，形成双键或三键的 π 电子和分子中未成键的孤对电子 n 电子。当有机化合物吸收了可见光或紫外光，分子中的价电子就要跃迁到激发态，其跃迁方式主要有 4

种类型，即 $\sigma\to\sigma^*$，$n\to\sigma^*$，$n\to\pi^*$，$\pi\to\pi^*$。各种跃迁所需能量大小为：$\sigma\to\sigma^*>n\to\sigma^*\geqslant\pi\to\pi^*>n\to\pi^*$。

电子能级间位能的相对大小如图 5-6 所示。

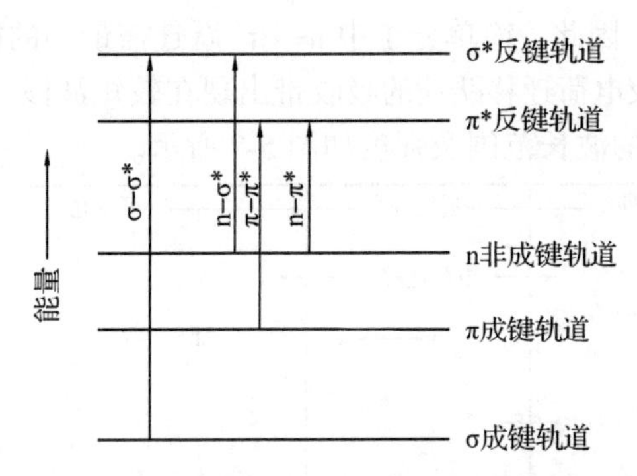

图 5-6　有机化合物分子中的电子能级和跃迁类型

5.2.1.1　$\sigma\to\sigma^*$ 跃迁

成键 σ 电子由基态跃迁到 σ^* 轨道。

在有机化合物中，由单键构成的化合物，如饱和烃类能产生 $\sigma\to\sigma^*$ 跃迁。引起 $\sigma\to\sigma^*$ 跃迁所需的能量很大，因此，所产生的吸收峰出现在远紫外区，在近紫外区、可见光区内不产生吸收，故常采用饱和烃类化合物做紫外-可见吸收光谱分析时的溶剂(如正己烷、正庚烷)。

5.2.1.2　$n\to\sigma^*$ 跃迁

分子中未共用 n 电子跃进到 σ^* 轨道。

凡含有 n 电子的杂原子(如 O、N、X、S 等)的饱和化合物都可发生 $n\to\sigma^*$ 跃迁。此类跃迁比 $\sigma\to\sigma^*$ 所需能量小，一般相当于 150～250 nm 的紫外区，ε 值在 10^2～10^3 $L\cdot mol^{-1}\cdot cm^{-1}$，属于中等强度吸收。

5.2.1.3　$\pi\to\pi^*$ 跃迁

成键 π 电子由基态跃迁到 π^* 轨道。

凡含有双键或三键(如 >C=C<，—C≡C— 等)的不饱和有机化合物都可发生 $\pi\to\pi^*$ 跃迁。其所需的能量与 $n\to\sigma^*$ 跃迁相近，吸收峰在 200 nm 附近，属强吸收。共轭体系中的 $\pi\to\pi^*$ 跃迁，吸收峰向长波方向移动，在 200～700 nm 的紫外-可见光区。

5.2.1.4　$n\to\pi^*$ 跃迁

未共用 n 电子跃迁到 π^* 轨道。

含有杂原子的双键不饱和有机化合物能产生这种跃迁。如含有 >C=O，—N=O，—N=N—等杂原子的双键化合物。跃迁的能量较小，吸收峰出现在 200～400 nm 的紫外光区，属于弱吸收。

$n\to\pi^*$ 及 $\pi\to\pi^*$ 跃迁都需要有不饱和官能团，以提供 π 轨道。这两类跃迁在有机化合物中具有非常重要的意义，是紫外-可见吸收光谱的主要研究对象，因为跃迁所需的能量使吸收峰进入了便于实验的 200~1000 nm 光谱区域。

一般说来，未成键孤对电子较易激发，成键电子中 π 电子较相应的 σ 电子具有较高的能级，而反键电子却相反。因此，简单分子中 $n\to\pi^*$ 跃迁需最小的能量，吸收带出现在长波段方向，$n\to\sigma^*$、$\pi\to\pi^*$ 及电荷迁移跃迁的吸收带出现在较短波段，而 $\sigma\to\sigma^*$ 跃迁则出现在远紫外区。电子跃迁所处的波长范围及强度如图 5-7 所示。

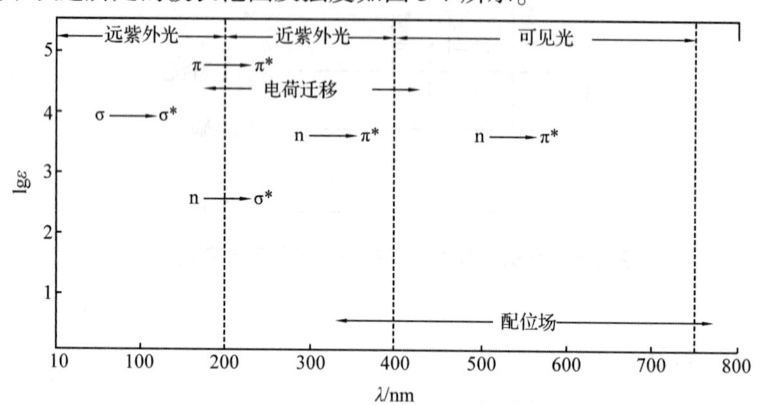

图 5-7　电子跃迁所处的波长范围及强度

5.2.2　发色团、助色团和吸收带

5.2.2.1　发色团

含有不饱和键，能吸收紫外、可见光产生 $\pi\to\pi^*$ 或 $n\to\pi^*$ 跃迁的基团称为发色团，也称生色团。如 >C=C< ，—C≡C— ，>C=O ，>C=N— ，—N=N— ，—COOH 等。

5.2.2.2　助色团

含有未成键 n 电子，本身不产生吸收峰，但与发色团相连时，能使发色团吸收峰向长波方向移动，吸收强度增强的杂原子基团称为助色团。如—NH_2、—OH、—OR、—SR、—X 等。

5.2.2.3　吸收带

吸收峰在紫外-可见光谱中的波带位置称为吸收带，通常分为以下 4 种：

(1) R 吸收带

这是由 $n\to\pi^*$ 跃迁而产生的吸收带。其特点是强度较弱，一般 $\varepsilon<10^2\ L\cdot mol^{-1}\cdot cm^{-1}$，吸收峰位于 200~400 nm 之间。

(2) K 吸收带

这是由共轭体系中 $\pi\to\pi^*$ 跃迁而产生的吸收带。其特点是吸收强度较大，通常 $\varepsilon>10^4\ L\cdot mol^{-1}\cdot cm^{-1}$；跃迁所需能量大，吸收峰通常在 217~280 nm 之间。K 吸收带的波长及强度与共轭体系长度、位置、取代基的种类有关。其波长随共轭体系的加长而向长波方向移动，吸收强度也随之加强。K 吸收带是紫外-可见吸收光谱中应用最多的吸收带，用于判断化合物的共轭结构。

(3) B 吸收带

这是由芳香族化合物的 $\pi \to \pi^*$ 跃迁而产生的精细结构吸收带。吸收峰在 230~270 nm 之间，$\varepsilon \approx 10^2$ L·mol^{-1}·cm^{-1}。B 吸收带的精细结构常用来判断芳香族化合物，但苯环上有取代基且与苯环共轭或在极性溶剂中测定时，这些精细结构会简单化或消失。

(4) E 吸收带

这是由芳香族化合物的 $\pi \to \pi^*$ 跃迁所产生的，是芳香族化合物的特征吸收，可分为 E_1 带和 E_2 带。E_1 带出现在 185 nm 处，为强吸收，$\varepsilon > 10^4$ L·mol^{-1}·cm^{-1}；E_2 带出现在 204 nm 处，为较强吸收，$\varepsilon > 10^3$ L·mol^{-1}·cm^{-1}。

当苯环上有发色团且与苯环共轭时，E 带常与 K 带合并且向长波方向移动，B 吸收带的精细结构简单化，吸收强度增加且向长波方向移动。例如，图 5-8 所示的苯和苯乙酮的紫外吸收光谱图。

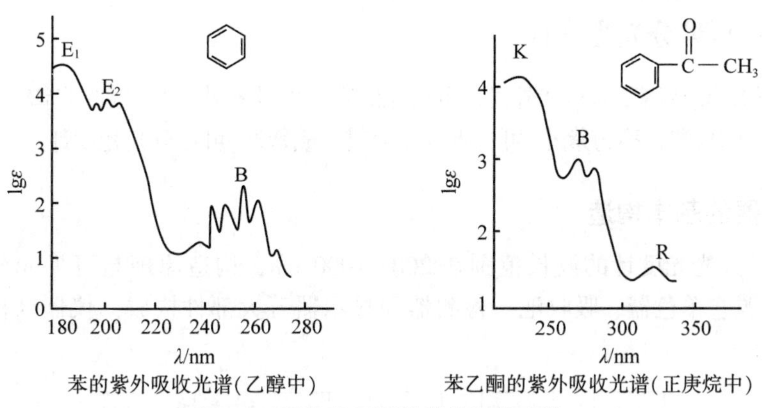

图 5-8 苯和苯乙酮的紫外吸收光谱

5.2.3 影响紫外-可见吸收光谱的因素

紫外-可见吸收光谱主要取决于分子中价电子的能级跃迁，但分子的内部结构和外部环境都会对紫外-可见吸收光谱产生影响。

(1) 共轭效应

分子中的共轭体系由于大 π 键的形成，使各能级间能量差减小，跃迁所需能量降低，因此使吸收峰向长波方向移动，吸收强度随之加强。这种现象称为共轭效应。

(2) 助色效应

当助色团与发色团相连时，由于助色团的 n 电子与发色团的 π 电子共轭，结果使吸收峰向长波方向移动，吸收强度随之加强。这种现象称为助色效应。

(3) 超共轭效应

由于烷基的 σ 电子与共轭体系中的 π 电子共轭，使吸收峰向长波方向移动，吸收强度加强的现象，称为超共轭效应。但其影响远远小于共轭效应。

(4)溶剂效应

溶剂的极性强弱能影响紫外-可见吸收光谱的吸收峰波长、吸收强度及形状。表5-3列出了溶剂对异亚丙基丙酮 $CH_3COCH═C(CH_3)_2$ 紫外吸收光谱的影响。从表5-3可以看出，溶剂极性越大，由 $n\rightarrow\pi^*$ 跃迁所产生的吸收峰向短波方向移动(称为短移或紫移)，而 $\pi\rightarrow\pi^*$ 跃迁吸收峰向长波方向移动(称为长移或红移)。因此，测定紫外-可见光谱时应注明所使用的溶剂，所选用的溶剂应在样品的吸收光谱区内无明显吸收。

表5-3 异亚丙基丙酮的溶剂效应 nm

溶剂	正己烷	氯仿	甲醇	水	波长位移
$\pi\rightarrow\pi^*$	230	238	237	243	向长波移动
$n\rightarrow\pi^*$	329	315	309	305	向短波移动

5.3 紫外-可见分光光度计及测定方法

5.3.1 紫外-可见分光光度计

用于测量和记录待测物质对紫外光、可见光的吸光度及紫外-可见吸收光谱，并进行定性定量以及结构分析的仪器，称为紫外-可见吸收光谱仪，或紫外-可见分光光度计。

5.3.1.1 仪器的基本构造

紫外-可见分光光度计的波长范围在200~1000 nm，构造原理与可见光分光光度计相似，都是由光源、单色器、吸收池、检测器和显示器五大部件构成，仪器结构示意图如图5-9所示。

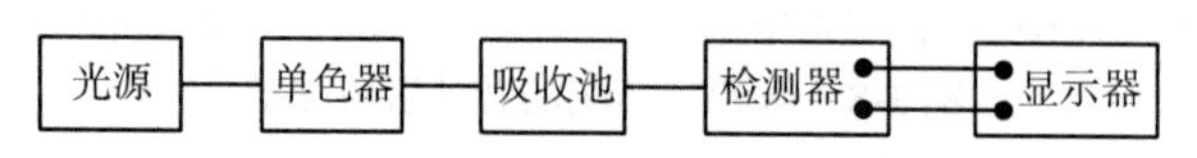

图5-9 紫外-可见分光光度计结构示意图

(1)光源

光源是提供入射光的装置。要求光源能发射连续的具有足够强度和稳定的紫外及可见光，并且辐射强度随波长变化的幅度尽可能小，使用寿命要长。

在可见区常用的光源为钨灯，可用的波长范围为350~1000 nm。仪器装有聚光透镜使光线变成平行光。为保证光强度恒定，配有稳压电源。在紫外区常用的光源为氢灯或氘灯，它们发射的连续光波长范围为180~360 nm。其中氘灯的辐射强度大，稳定性好，寿命也长。

(2)单色器

单色器是将光源辐射的复合光色散成单色光的光学装置，又称波长控制器。它包括狭缝和色散元件及准直镜三部分。色散元件用棱镜或光栅制成，棱镜有玻璃棱镜和石英棱镜。玻璃棱镜的色散波段一般在360~700 nm，主要用于可见分光光度计中。石英棱镜的色散波段一般在200~1000 nm，可用于紫外-可见分光光度计中。有些较好的分光光度计用光栅作色散元件，其特点是工作波段范围宽，适用性强，对各种波长色散率几乎一致。

(3)吸收池

吸收池也称比色皿，是由无色透明的光学玻璃或熔融石英制成，用于盛装试液或参比溶液，形状一般是长方形。玻璃吸收池只能用于可见光区，石英吸收池可用于可见光区和紫外光区。一般分光光度计都配有一套不同宽度的吸收池，通常有0.5、1、2、3和5 cm，可适用于不同浓度范围的试样测定，同一组吸收池的透光率相差应小于0.5%。使用时应保护其透光面，不用手直接接触。

(4)检测器

将光信号转变成电信号的装置。要求灵敏度高，响应时间短，噪声水平低且有良好的稳定性。常用的检测器有光电管、光电倍增管和光电二极管阵列检测器。

光电管能将所产生的光电流放大，可用来测量很弱的光。常用的光电管有蓝敏和红敏光电管两种。前者适用波长范围210~625 nm；后者适用范围625~1000 nm。

光电倍增管比普通光电管更灵敏，它是利用二次电子发射来放大光电流，放大倍数可达10^8倍，是目前高中档分光光度计中常用的一种检测器。

光电二极管阵列检测器是紫外-可见光度检测器的一个重要进展。这类检测器用光电二极管阵列作检测元件。通过单色器的光含有全部的吸收信息，在阵列上同时被检测，并用电子学方法及计算机技术对二极管阵列快速扫描采集数据，扫描速度非常快，可以得到三维(A、λ、t)的光谱图。

(5)显示器

显示器是将检测器检测的信号显示和记录下来的装置。在分光光度计中常用的是微安表、数码显示管等。简单的分光光度计多用微安表。在标尺上有透射比(T)和吸光度(A)两种刻度，由于吸光度和透射比是负对数关系，因此透射比的刻度是均匀的，而吸光度的刻度是不均匀的，如图5-10所示。现代精密的分光光度计多带有微机，能在屏幕上显示操作条件、各项数据并可对光谱图像进行数据处理，测定准确而可靠。

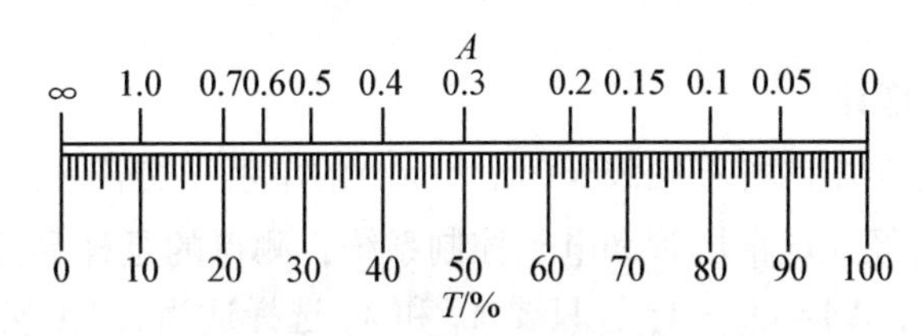

图5-10 吸光度与透射比标尺

5.3.1.2 仪器的类型

紫外-可见分光光度计主要有单光束分光光度计、双光束分光光度计、双波长分光光度计以及光电二极管阵列分光光度计。

(1)单光束分光光度计

单光束分光光度计光路示意图如前文的图5-9所示，一束经过单色器的光，交替通过参比溶液和样品溶液来进行测定。

(2)双光束分光光度计

双光束分光光度计的光路设计基本上与单光束相似，如图5-11所示，经过单色器的光被斩光器一分为二，一束通过参比溶液，另一束通过样品溶液，然后由检测系统测量即可得到样品溶液的吸光度。

由于采用双光路方式两光束同时分别通过参比池和测量池，使操作简单，同时也消除了因光源强度变化而带来的误差。图5-12是一种双光束、自动记录式分光光度计光路系统图。

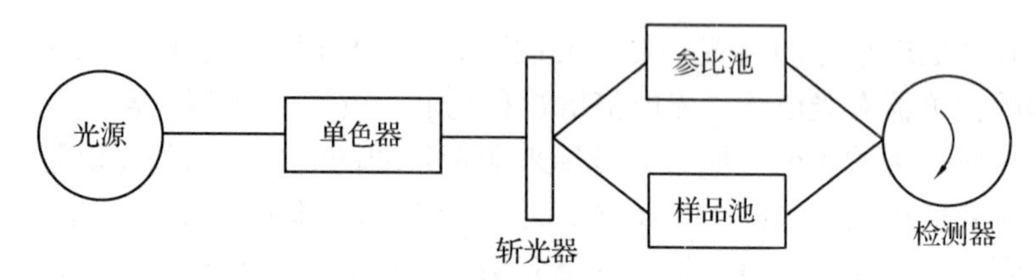

图5-11 双光束分光光度量示意图

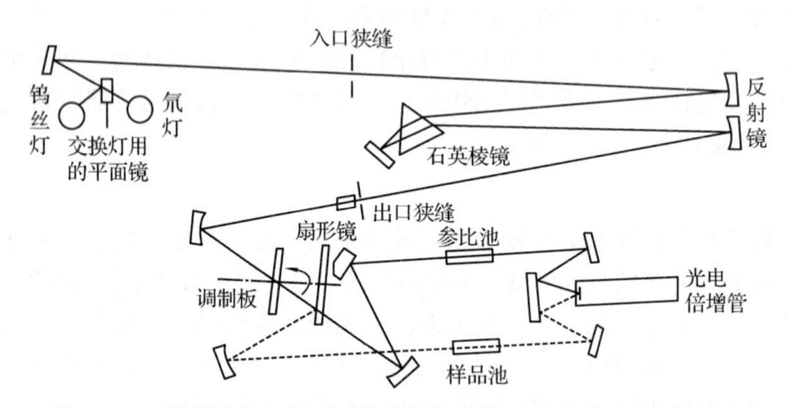

图5-12 一种双光束、自动记录式紫外-可见分光光度计光程原理图

(3)双波长分光光度计

双波长分光光度计是用两种不同波长(λ_1和λ_2)的单色光交替照射样品溶液，此方法不再需要使用参比溶液。经光电倍增管和电子控制系统，测得的是样品溶液在两种波长λ_1和λ_2处的吸光度之差ΔA，$\Delta A = A_{\lambda_1} - A_{\lambda_2}$，只要$\lambda_1$和$\lambda_2$选择适当，$\Delta A$就是扣除了背景吸收的吸光度。仪器原理如图5-13所示。

双波长分光光度计不仅能测定高浓度试样、多组分混合试样，还能测定混浊试样，而且准确度高。

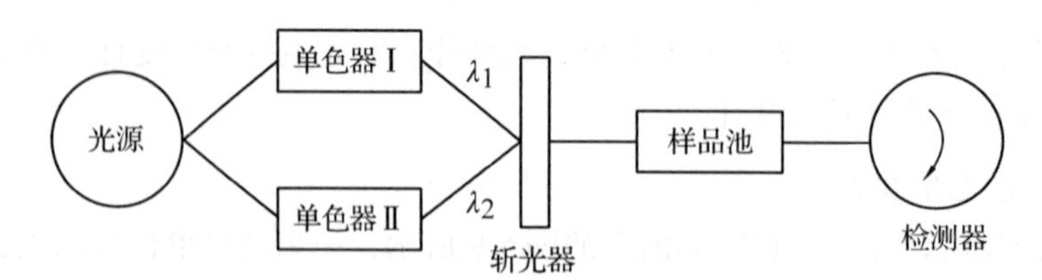

图5-13 双波长分光光度计示意图

(4)光电二极管阵列分光光度计

这种光度计是利用光电二极管阵列作检测器、由微型电子计算机控制的多通道的紫外-可见分光光度计，具有快速扫描吸收光谱的特点。

从光源发射的非平行复合光，经过透镜聚焦到吸收池上，通过吸收池到达全息光栅，经分光后的单色光由光电二极管阵列中的光电二极管接受，光电二极管与电容耦合，当光电二极管受光照射时，电容器就放电，电容器的带电量与照射到二极管上的总光量成正比。由于单色器的谱带宽度接近于光电二极管的间距，每个谱带宽度的光信号由一个光电二极管接受，一个光电二极管阵列可容纳约 400 个光电二极管，可覆盖 200~800 nm 波长范围，分辨率为 1~2 nm，其全部波长可同时被检测而且响应快，在极短时间(约 2 s)内给出整个光谱的全部信息。

5.3.2 紫外-可见分光光度计测定方法

5.3.2.1 标准曲线法

标准曲线法是吸光光度法中最经典的定量方法，此法尤其适用于单色光不纯的仪器。其方法是先配制一系列浓度不同的标准溶液，用选定的显色剂进行显色，在一定被长下分别测定它们的吸光度 A。以 A 为纵坐标，浓度 c 为横坐标，绘制 $A-c$ 曲线。若符合朗伯-比尔定律，则得到一条通过原点的直线，称为标准曲线，如图 5-14 所示。然后用完全相同的方法和步骤测定被测溶液的吸光度，便可从标准曲线上找出对应的被测溶液浓度或含量，这就是标准曲线法。在仪器、方法和条件都固定的情况下，标准曲线可以多次使用而不必重新制作，因而标准曲线法适用于大量的经常性的测定。

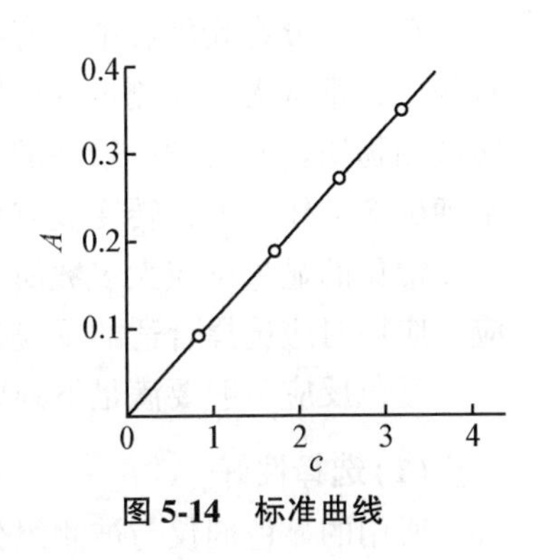

图 5-14 标准曲线

也可用直线回归的方法，求出回归的直线方程，再根据试液所测得的吸光度，从回归方程求得试液的浓度。在带有微机的分光光度计上，这些工作都能自动完成。

5.3.2.2 标准对照法

标准对照法又称直接比较法。其方法是将试液和一个标准溶液在相同条件进行显色、定容，分别测出它们的吸光度，按下式计算被测溶液的浓度：

$$\frac{A_{测}}{A_{标}}=\frac{\varepsilon_{测}\ c_{测}\ b_{测}}{\varepsilon_{标}\ c_{标}\ b_{标}}$$

在相同入射光及用同样比色皿测量同一物质时，

$$\varepsilon_{标}=\varepsilon_{测} \qquad b_{标}=b_{测}$$

所以

$$c_{测}=\frac{A_{测}}{A_{标}}c_{标} \tag{5-10}$$

标准对照法要求 A 与 c 线性关系良好，试液与标准溶液浓度接近，以减少测定误差。由于该法仅用一份标准溶液即可计算出试液的含量或浓度，这给非经常性分析工作带来方便，操作亦简单。

5.3.2.3 吸收系数法

在没有标准品可供比较测定的条件下，可查阅文献，找出被测物质的吸收系数，然后按文献规定条件测定被测物的吸光度，从试样的配制浓度、测定的吸光度及文献查出的吸收系数即可计算试样的含量，这种方法在有机化合物的紫外分析时有较大的应用价值。

因为

$$a_{样}=\frac{A}{cb}$$

则

$$试样含量=\frac{a_{样}}{a_{标}}=\frac{\frac{A}{cb}}{a_{标}} \tag{5-11}$$

5.3.3 显色反应及其影响因素

5.3.3.1 显色反应及显色剂

在可见分光光度法中，有些被测物质对可见光的吸收较弱，溶液颜色很淡或者根本没有颜色，常常无法使测量的仪器有足够的响应信号。因此需要在被测溶液中加入某些物质，使被测物质转变为颜色较深的有色物质，便于在可见光范围内进行测定。这种被测元素在某种试剂的作用下，转变成有色化合物的反应叫作显色反应，所加入试剂称为显色剂。

常见的显色反应大多数属于配合反应，少数是氧化还原反应和增加吸光能力的生化反应。应用时应选择合适的反应条件和显色剂，以提高显色反应的灵敏度和选择性。

显色反应一般要满足下列要求：

(1)选择性好

所用的显色剂仅与被测组分显色而与其他共存组分不显色，或其他组分干扰少。否则须进行分离或掩蔽后才能进行测定。通常是选用干扰少或干扰容易消除的显色反应进行显色。

(2)灵敏度高

由于光度法一般用于微量组分的测定，故要求显色反应生成的有色化合物的摩尔吸收系数要大，一般应有 $10^4 \sim 10^5$ 数量级，才有足够的灵敏度。摩尔吸收系数越大，表示显色剂与被测物质形成有色物质的颜色越深，被测物质在含量较低的情况下也能测出。

(3)有色配合物的组成要恒定

显色剂与被测物质的反应要定量进行，生成有色配合物的组成要恒定，即符合一定的化学反应式。否则，由于组成的改变而引起色调的变化，将会出现误差。

(4)生成的有色配合物稳定性好

即要求配合物有较大的稳定常数，这样显色反应进行得比较完全。同时要求有色配合物不易受外界环境条件的影响，亦不受溶液中其他化学因素的影响，这样才能有较好的重现性，结果才准确。

(5)色差大

有色配合物与显色剂之间的颜色差别要大，这样试剂空白小，显色时颜色变化才明显。

5.3.3.2 影响显色反应的因素

分光光度法是测定显色反应达到平衡时溶液的吸光度，因此，必需严格控制反应条件，使显色反应趋于完全和稳定，以提高测定的灵敏度和重现性。影响显色反应的主要因素如下：

(1)显色剂的用量

根据化学平衡原理，有色配合物MR的稳定常数越大，显色剂R的用量越多，越有利于显色反应的进行。但有时过多的显色剂反而对测定不利，因此在实际工作中，常根据试验结果来确定显色剂的用量。试验的方法是固定待测组分的浓度和其他条件，加入不同量的显色剂，显色后分别测定不同显色剂用量时的吸光度，绘制$A-c(R)$关系曲线以确定最佳用量。

(2)溶液的酸度

许多显色剂都是有机弱酸或有机弱碱，溶液的酸度会直接影响显色剂的解离程度。对某些能形成逐级配合物的显色反应，产物的组成会随介质酸度的改变而改变，从而影响溶液的颜色。另外，某些金属离子会随着溶液酸度的降低而发生水解，甚至产生沉淀，使稳定性较低的有色配合物的解离程度增大，颜色变浅甚至消失，影响测定。显色反应通常是通过试验来确定最适宜的酸度条件，并常采用缓冲溶液来保持其恒定。

(3)显色温度

显色反应的进行与温度有关，有些反应需要加热才能进行完全。但有些显色剂或有色配合物在较高温度下易分解褪色。此外温度对光的吸收及颜色深浅也有影响，因此同样可通过实验结果来选择相应的最适温度。一般情况下显色反应在室温条件下进行，要求标准溶液和被测溶液在测定过程中温度一致。

(4)显色时间

有些反应瞬时完成，溶液的颜色很快即达到稳定，并在较长的时间内保持不变。有些反应进行缓慢，溶液须经过一段时间，颜色才能稳定。还有些有色配合物容易褪色，因此不同的显色反应需放置不同的时间，并在一定的时间范围内进行比色测定。

(5)副反应的影响

显色反应应该尽可能地进行完全，但是，当溶液中有各种副反应存在时，便会影响主反应的完全程度。例如，被测金属离子M与显色剂R反应，生成有色配合物MR_n，此时若M有配位效应，R有酸效应，则由于R的酸效应会影响M配位反应的完全程度。通常，当金属离子有99%以上被配位时，就可认为反应基本上是完全的。

(6)溶液中共存离子的影响

如果共存离子本身有颜色或共存离子与显色剂生成有色配合物，会使吸光度增加，造成正干扰。如果共存离子与被测组分或显色剂生成无色配合物，则会降低被测组分或显色剂的浓度，从而影响显色剂与被测组分的反应，引起负干扰。

5.4 紫外-可见分光光度法的误差和测量条件选择

5.4.1 分光光度法的误差

分光光度法的误差指系统误差，主要来源有下列 4 个方面：

(1) 溶液偏离朗伯-比尔定律所引起的误差

偏离朗伯-比尔定律的原因主要为物理因素和化学因素两大类。在实际工作中，可以利用标准曲线的直线段来测定被测溶液的浓度，从而减少由入射光为非单色光引起的误差；也可以利用试剂空白和确定适宜的浓度范围减少由溶液本身所引起的误差。

(2) 光度测量误差

在分光光度计中，吸光度与透射比是负对数关系，故吸光度的标尺刻度是不均匀的。对于一台仪器，透射比读数的误差是均匀的，基本上是一定值。对 A 来说其读数误差就不再为定值，这可由图 5-10 吸光度与透射比的标尺上看出。在标尺左端，由于吸光度刻度较密，同样的读数误差，引起的测定误差就较大，而在标尺右端，吸光度刻度较疏，虽然读数误差所引起的测定误差较小，但由于测定的浓度较低，所以测定的相对误差还是较大。因此一般来说吸光度为 0.2~0.7(透射比为 20%~65%)时，浓度测量的相对误差都不太大，这就是分光光度分析中比较适宜的吸光度范围。

(3) 仪器误差

仪器误差包括机械误差和光学系统的误差，如比色皿的质量、检流计的灵敏度都属于机械误差。对于光学系统来说，光源不稳定、棱镜的性能、安装条件及光电管的质量等都可以使分析产生误差。

(4) 操作误差

操作误差由分析人员所采用的实验条件与正确的条件有差别所引起的，如显色条件和测量条件掌握得不好等。这类误差是分光光度法分析中最普遍存在的。因而其影响因素在实验中需严格控制。

5.4.2 分光光度法测量条件的选择

为了提高分光光度分析法的灵敏度和准确度，除了选择高效的显色剂外，还必须选择适当的测定条件。

5.4.2.1 入射光波长的选择

入射光波长选择的依据是吸收曲线，一般以最大吸收波长 λ_{max} 为测量的入射光波长。这是因为在此波长处摩尔吸收系数最大，测定的灵敏度最高，而且在此波长处吸光度有一较小的平坦区，能够减少或消除由于单色光的不纯而引起的对朗伯-比尔定律的偏离，提高测定的准确度。

若被测物质存在干扰物，且干扰物在 λ_{max} 处也有吸收，则根据“吸收大、干扰小”的原则，在干扰最小的条件下选择吸光度最大的波长。有时为了消除其他离子的干扰，也常常加入掩蔽剂。

5.4.2.2 吸光度读数范围的选择

任何分光光度计都有一定的测量误差，这是由于光源不稳定，读数不准确等因素造成的。一般来说，透射比读数误差 ΔT 是一个常数，但在不同的读数范围内所引起的浓度的相对误差却是不同的。

由朗伯-比尔定律 $A=-\lg T=\varepsilon bc$ 微分可得：

$$-\mathrm{dlg}T=-0.434\mathrm{dln}T=\frac{0.434}{T}\mathrm{d}T=\varepsilon b\mathrm{d}c$$

整理后得：

$$\frac{\mathrm{d}c}{c}=\frac{0.434}{T\lg T}\mathrm{d}T$$

积分得：

$$\frac{\Delta c}{c}=\frac{0.434}{T\lg T}\Delta T \tag{5-12}$$

式中，$\frac{\Delta c}{c}$为浓度的相对误差；ΔT 为透射比绝对误差。

若 $\Delta T=0.5\ \%$，根据式(5-12)作$\frac{\Delta c}{c}$-T 关系曲线，如图 5-15 所示。由关系曲线可以看出，浓度的相对误差$\frac{\Delta c}{c}$的大小与透射比(或吸光度)读数范围有关。当 T 为 20 %~65 %时，$\frac{\Delta c}{c}<2\ \%$；当 $T=36.8\ \%$时，$\frac{\Delta c}{c}=1.32\ \%$，浓度相对误差最少。

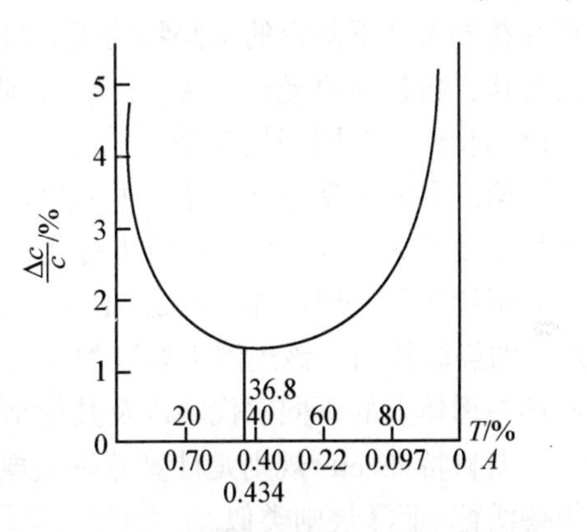

图 5-15 浓度测量的相对误差与透射比的关系

因此，为了减小浓度的相对误差，提高测量的准确度，一般应控制被测液的吸光度在 0.2~0.7(透射比为 65 %~20 %)。当溶液的吸光度不在此范围时，可以通过改变称样量、稀释溶液以及选择不同厚度的比色皿来控制吸光度。

5.4.2.3 参比溶液的选择

选择参比溶液的总原则是：使试液的吸光度能真正反映待测物的浓度。通常利用空白试验来消除因溶剂或器皿对入射光反射和吸收带来的误差。参比溶液的选择方法有以下几种：

① 纯溶剂空白　当试液、试剂、显色剂均为无色时，可直接用纯溶剂(或蒸馏水)作参比溶液。

② 试剂空白　试液无色，而试剂或显色剂有色时，可在同一显色反应条件下，加入相同量的显色剂和试剂(不加试样溶液)，稀释至同一体积，以此作为参比溶液。

③ 试液空白　试剂和显色剂均无色，试液中其他离子有色时，可采用不加显色剂的溶液作参比溶液。

5.5 紫外-可见分光光度法应用

5.5.1 定性分析

紫外分光光度法不仅可以进行定量分析、测定某些化合物的物理化学参数，而且还可以对一些有机化合物尤其是不饱和有机化合物进行定性分析。

一般定性分析有两种方法，一是比较吸收光谱曲线；二是先用经验规则计算最大吸收波长 λ_{max}，然后与实测值进行比较。

不饱和有机化合物(特别是含共轭体系的有机化合物)既含有未共享的 n 电子又含有 π 电子，其中的 $\pi-\pi^*$ 跃迁吸收谱带和 $n-\pi^*$ 跃迁吸收谱带属于紫外-可见特征吸收光谱。目前，已有多种以试验结果为基础的各种有机化合物的紫外-可见光谱标准谱图。因此，可以将在相同条件下测得的未知物的吸光度与标准谱图进行比较来作定性分析。如果吸收光谱的形状，包括吸收光谱的 λ_{max}、λ_{min}，吸收峰的数目、位置、拐点以及 ε_{max} 等完全一致，则可以初步认为是同一化合物。

第二种方法是根据伍德沃德-菲泽(Woodward-Fieser)规则和斯科特(Scott)规则来计算最大吸收波长 λ_{max}，并与实验值进行比较来确认物质的结构。

伍德沃德-菲泽(Woodward-Fieser)规则是计算共轭二烯、多烯烃及共轭烯酮类化合物 λ_{max} 的经验规则。该规则主要以类丁二烯结构作为母体得到一个最大吸收的基数，然后对连接在母体上的不同取代基以及其他结构因素加以修正，得到一个化合物的总 λ_{max} 值。

斯科特(Scott)规则是计算芳香族羰基衍生物和取代苯的 λ_{max} 的经验规则。计算方法与伍德沃德-菲泽规则类似。

表 5-4、表 5-5 分别是共轭多烯类化合物和 α, β-不饱和醛酮最大吸收波长的计算参数。

应该指出，仅靠一个紫外光谱或仅以经验规则求得的 λ_{max} 来确定一个未知物结构是不现实的，还必须配合红外光谱、核磁共振波谱法和质谱法来进行定性鉴定和结构分析。因此，紫外光谱法只是一种非常有用的定性分析辅助方法。

表 5-4 共轭多烯类化合物最大吸收波长计算法*(以己烷为溶剂)

母体基本值	λ_{max}/nm
链状共轭二烯	217
单环共轭二烯	217
异环共轭二烯	214
同环共轭二烯	253
增加值	
延伸一个共轭双键	+30
增加一个烷基或环烷基取代	+5
增加一个环外双键	+5
助色团取代	
—OCOR(酯基)	+0
—Cl 或 Br	+5
—OR(烷氧基)	+6
—NR_2	+60
—SR(烷硫基)	+30

* 同环二烯与异环二烯同时并存时，按同环二烯计算。

表 5-5 α，β-不饱和醛酮最大吸收波长计算法(以乙醇为溶剂)

母体基本值	λ_{max}/nm
链状 α，β-不饱和醛	207
链状 α，β-不饱和酮	215
六元环 α，β-不饱和酮	215
五元环 α，β-不饱和酮	202
增加值	
同环共轭二烯	+39
增加一个共轭双键	+30
增加一个环外双键	+5
增加一个烷基或环烷基取代	α 位+10
	β 位+10
	γ 位及以上+18
极性基团—OH 取代	α 位+35
	β 位+30
	γ 位及以上+150

5.5.2 有机化合物分子结构的推断

根据化合物的紫外及可见区吸收光谱可以推测化合物所含有的官能团。例如，某一化合物在 220~800 nm 范围内无吸收峰，它可能是脂肪族碳氢化合物、胺、腈、醇、羧酸、氯代烃和氟代烃，不含双键或环状共轭体系，没有醛、酮或溴、碘等基团。如果在 210~250 nm 有强吸收带，可能含有两个双键的共轭单位；在 260~350 nm 有强吸收带，表示有 3~5 个共轭单位。

如化合物在 270~350 nm 范围内出现的吸收峰很弱，摩尔吸光系数 $\varepsilon = 10 \sim 100$ $L \cdot mol^{-1} \cdot cm^{-1}$，而无其他强吸收峰，则说明只含非共轭的，具有 n 电子的生色团。例如：

化合物	λ_{max}/nm	ε_{max}	跃迁形式
$(CH_3)_2C{=}O$	279	16	$n \to \pi^*$
CH_3NO_2	278	20	$n \to \pi^*$
$CH_3{-}N{=}N{-}CH_3$	345	20	$n \to \pi^*$
$(CH_3)_2CH{=}N{=}O$	300	100	$n \to \pi^*$

它们的共同点是都有 $n \to \pi^*$ 的跃迁。

如在 250~300 nm 有中等强度吸收带，并且还有一定的精细结构，则表示有苯环的特征吸收。

紫外吸收光谱除可用于推测所含官能团外，还可用来对某些同分异构体进行判别。例如，乙酰乙酸乙酯存在酮-烯互变异构体：

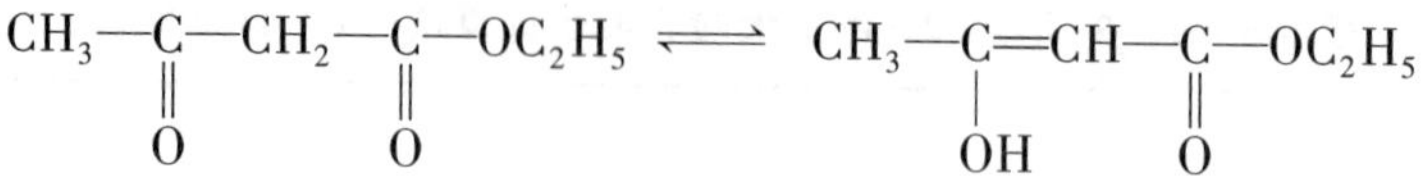

$$\underset{\text{酮式}}{CH_3-\underset{\underset{O}{\|}}{C}-CH_2-\underset{\underset{O}{\|}}{C}-OC_2H_5} \rightleftharpoons \underset{\text{烯醇式}}{CH_3-\underset{\underset{OH}{|}}{C}=CH-\underset{\underset{O}{\|}}{C}-OC_2H_5}$$

酮式没有共轭双键，它在 204 nm 处仅有弱吸收；而烯醇式拥有共轭双键，因此在 245 nm 处有强的 K 吸收带，$\varepsilon = 18\ 000\ L \cdot mol^{-1} \cdot cm^{-1}$。故根据它们的紫外吸收光谱可判断其是否存在。

又如 1, 2-二苯乙烯具有顺式和反式两种异构体：

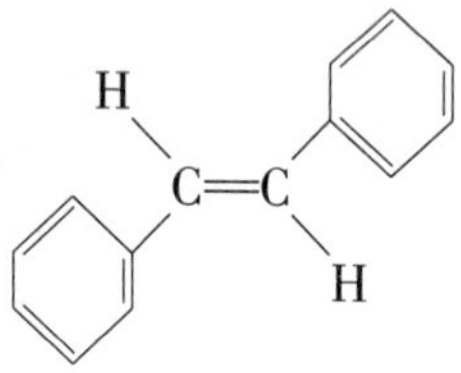

反式

$\lambda_{max} = 295$ nm

$\varepsilon_{max} = 27\ 000\ L \cdot mol^{-1} \cdot cm^{-1}$

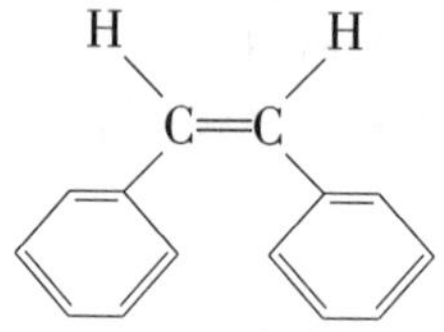

顺式

$\lambda_{max} = 280$ nm

$\varepsilon_{max} = 10\ 500\ L \cdot mol^{-1} \cdot cm^{-1}$

已知生色团或助色团必须处在同一平面上才能产生最大的共轭效应。由上列 1, 2-二苯乙烯的结构式可见，顺式异构体由于产生位阻效应而影响平面性，使共轭的程度降低，因而发生浅色移动，即 λ_{max} 向短波方向移动，并使 ε 值降低。由此可判断其顺反式的存在。

由上述一些例子可见，紫外吸收光谱可以为我们提供识别未知物分子中可能具有的生色团、助色团和估计共轭程度的信息，这对有机化合物结构的推断和鉴别往往是很有用的，这也是紫外吸收光谱的最重要应用之处。

5.5.3 纯度检查

如果一种化合物在紫外区没有吸收峰，而其中的杂质有较强吸收，就可方便地检测出该化合物中的痕量杂质。例如，要检定甲醇或乙醇中的杂质苯，可利用苯在 256 nm 处的 B 吸收带，而甲醇或乙醇在此波长处几乎没有吸收，如图 5-16 及图 5-17 所示。又如四氯化碳中有无二硫化碳杂质，只要观察在 318 nm 处有无二硫化碳的吸收峰即可。

如果一种化合物，在可见区或紫外区有较强的吸收带，有时可用摩尔吸收系数来检查其纯度。例如，菲的氯仿溶液在 296 nm 处有强吸收，$\lg\varepsilon = 4.10$。用某种方法精制的菲，熔点 100 ℃，沸点 340 ℃，似乎已很纯，但用紫外吸收光谱检查，测得的 $\lg\varepsilon$ 值要比标准菲低 10 %，说明很有可能存在蒽等杂质。

又如干性油含有共轭双键，而不干性油是饱和脂酸酯，或虽不是饱和体，但其双键不存在共轭关系。不相共轭的双键具有典型的烯键紫外吸收带，其所在波长较短；共轭双键谱带所在波长较长，且共轭双键越多，吸收谱带波长越长。因此饱和脂酸酯及不相共轭双键的吸收光谱一般在 210 nm 以下。含有 2 个共轭双键的约在 220 nm 处，3 个共轭双键的在 270 nm 附近，4 个共轭双键的则在 310 nm 左右，所以干性油的吸收谱带一般都在较长的波长处。工业上往往要设法使不相共轭的双键转变为共轭，以便将不干性油变为干性油。紫外吸收光谱的观察是判断双键是否移动的简便方法。

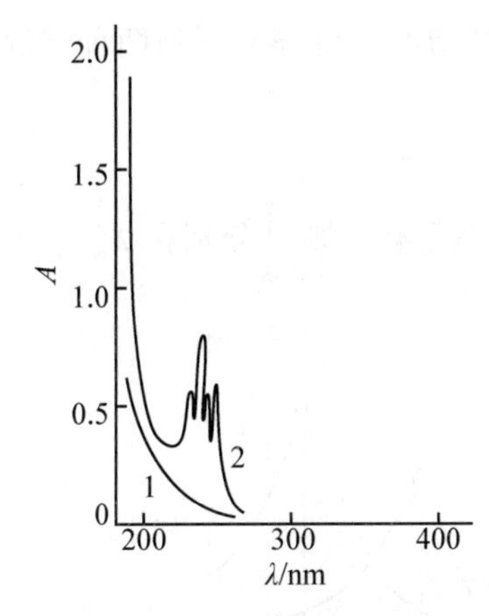

图 5-16　甲醇中杂质苯的检定

1. 纯甲醇　2. 被苯污染的甲醇

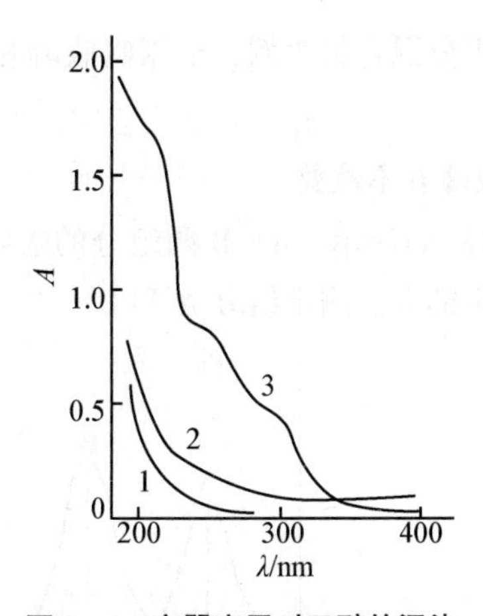

图 5-17　容器塞子对乙醇的污染

1. 纯乙醇　2. 乙醇被软木塞污染

3. 乙醇被橡皮塞污染

5.5.4　定量测定

5.5.4.1　单组分含量测定

对于在选定波长下只有待测单一组分有吸收的试样，可用标准曲线法、标准对照法和吸收系数法来计算含量，前两种方法在可见分光光度法中更是经常使用的方法。由于某一组分可用多种显色剂使其显色，因而又会有多种方法可选择测定该组分。如铁的测定有硫代氰酸盐法、磺基水杨酸法和1,10-邻二氮菲法等。不同方法测定的条件、灵敏度、选择性等是不同的，应根据实际情况选择一种合适的方法。

以1,10-邻二氮菲法测定微量铁为例，1,10-邻二氮菲是有机配位剂之一，它与 Fe^{2+} 能形成3∶1的红色配离子，方程式为：

$$3\ \text{(邻二氮菲)} + Fe^{2+} \longrightarrow [\text{Fe/3}]_3^{2+}$$

其最大吸收波长 λ_{max} = 512 nm，ε 为 $1.1\times10^4\ L\cdot mol^{-1}\cdot cm^{-1}$。在pH值为3~9范围内，反应能迅速完成，且显色稳定。在铁含量0.5~8 $\mu g\cdot mL^{-1}$ 范围内，浓度与吸光度符合朗伯-比尔定律。被测溶液用pH=4.5~5.0的缓冲液保持其酸度，并用盐酸羟胺还原其中的 Fe^{3+}，同时防止 Fe^{2+} 被空气氧化。一般用标准曲线法进行测定。

5.5.4.2　多组分含量测定

在含有多组分的体系中，各组分对同一波长的光可能都有吸收。这时，溶液的总吸光度等于各组分的吸光度之和：

$$A=A_1+A_2+A_3+\cdots+A_n \tag{5-13}$$

这就是吸光度的加和性。因此，常可在同一溶液中进行多组分含量的测定，其测定的结果往往可以通过计算求得。

现以双组分混合物为例，根据吸收峰相互重叠的情况，可分为下列两种情况进行定量测定。

(1)吸收峰互不重叠

如图5-18(a)所示，A、B两组分的吸收峰相互不重叠，则可分别在λ_{max}^{A}，λ_{max}^{B}处用单组分含量测定的方法测定组分A和B。

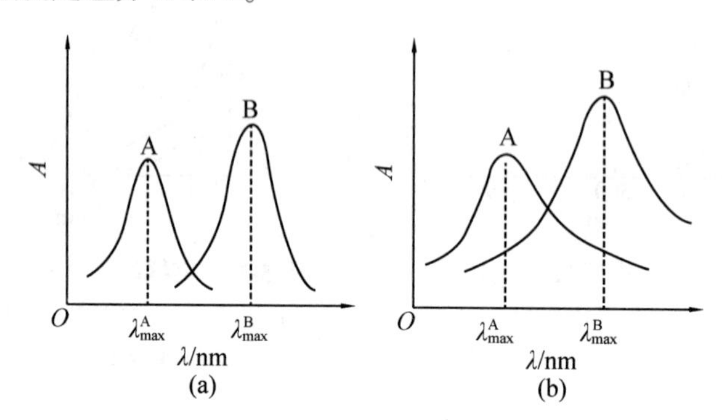

图5-18　多组分的吸收曲线

(2)吸收峰相互重叠

如图5-18(b)所示，A、B两组分的吸收峰相互重叠，即A在λ_{max}^{B}处，B在λ_{max}^{A}处也有吸收。这时可分别在λ_{max}^{A}和λ_{max}^{B}处测出A、B两组分的总吸光度A_1和A_2，然后根据吸光度的加和性列出联立方程组：

在λ_{max}^{A}处
$$A_1=\varepsilon_1^{A}bc(\mathrm{A})+\varepsilon_1^{B}bc(\mathrm{B}) \tag{5-14}$$

在λ_{max}^{B}处
$$A_2=\varepsilon_2^{A}bc(\mathrm{A})+\varepsilon_2^{B}bc(\mathrm{B}) \tag{5-15}$$

式中，ε_1^{A}，ε_1^{B}分别为A和B在波长λ_{max}^{A}处的摩尔吸收系数；ε_2^{A}，ε_2^{B}分别为A和B在波长λ_{max}^{B}处的摩尔吸收系数。

解上述联立方程，即可求得A、B两组分的浓度$c(\mathrm{A})$和$c(\mathrm{B})$。

例如测定混合物中磺胺噻唑(ST)及氨苯磺胺(SN)的含量时，先作出ST及SN两个纯物质的吸收光谱，如图5-19所示。

选定两个合适的波长λ_1及λ_2，使在λ_1时ε_{ST}和ε_{SN}都很大，而在λ_2时则使ε_{ST}和ε_{SN}的差值很大，即两组分重叠不严重，在此例中可选$\lambda_1=260$ nm，$\lambda_2=287.5$ nm。然后分别在λ_1及λ_2处测定混合物的吸光度A，根据吸收值的加和性原则：

$$A^{\lambda_1}=c_{ST}\varepsilon_{ST}^{\lambda_1}+c_{SN}\varepsilon_{SN}^{\lambda_1}$$
$$A^{\lambda_2}=c_{ST}\varepsilon_{ST}^{\lambda_2}+c_{SN}\varepsilon_{SN}^{\lambda_2}$$

式中，c_{ST}、c_{SN}分别为ST、SN的待测浓度，$\varepsilon_{ST}^{\lambda_1}$为在$\lambda_1$处用纯ST测得ST的摩尔吸收系数，$\varepsilon_{SN}^{\lambda_1}$为在$\lambda_1$处用纯SN测得SN的摩尔吸收系数，$\varepsilon_{ST}^{\lambda_2}$、$\varepsilon_{SN}^{\lambda_2}$意义相同。解上述联立方程，即可算出ST和SN的浓度。

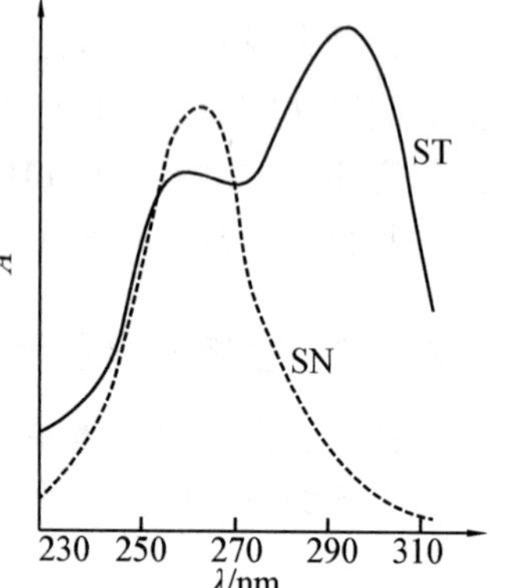

图5-19　ST及SN在乙醇中的紫外吸收光谱

上述用解联立方程式的办法原则上也能用于测定多于两个组分的混合物。但随着组分的增加，方法将越趋复杂，但可借助计算机处理测定结果。

5.5.4.3 摩尔比法测定配合物组成

摩尔比法是固定一种组分如金属离子 M 的浓度，改变配位剂 R 的浓度，得到一系列 c_R/c_M 不同的溶液，以相应的试剂空白作参比溶液，分别测定其吸光度。以吸光度 A 为纵坐标，配位剂与金属离子的浓度比值为横坐标作图。当配位剂减少时，金属离子没有完全被配合。随着配位剂的增加，生成的配合物便不断增多。当金属离子全部被配位剂配合后，再增加配位剂，其吸光度便不再增加，如图 5-20 所示。图中转折点不敏锐，是由于配合物的解离造成的。利用外推法可得到一个交叉点 D，D 点所对应的浓度比值就是配合物的配合比。对于解离度小的配合物，这种方法简单快速，可以得到满意的结果。

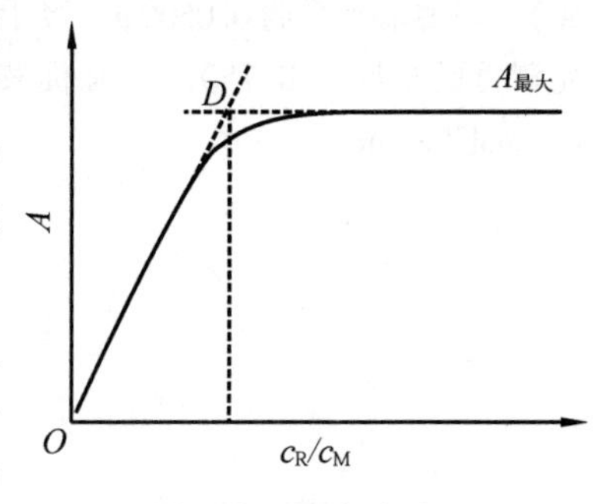

图 5-20 摩尔比法

思考题与习题

5-1. 有机化合物紫外-可见吸收光谱的电子跃迁有哪几种类型？产生的吸收带有哪几类？分别有什么特点？

5-2. 什么是红移和蓝移？什么是生色团和助色团？试举例说明。

5-3. 什么是吸收曲线和标准曲线？在分析中各有何实用意义？

5-4. 双波长分光光度法与单波长分光光度法相比有什么特点？

5-5. 为什么要选择最大吸收波长作为分析波长？

5-6. 朗伯-比尔定律的适用条件有哪些？

5-7. 引起朗伯-比尔定律偏离的主要因素有哪些？如何消除这些因素对测量的影响？

5-8. 简述溶剂对紫外-可见吸收光谱的影响。

5-9. 如何选择参比溶液？

5-10. 下列化合物中，哪个在近紫外光区有吸收，并说明原因：

① $H_2C{=\!=}CH{-\!-}CH_2{-\!-}CH{=\!=}CH_2$ ；② $H_2C{=\!=}CH{-\!-}CH{=\!=}CH{-\!-}CH_3$ 。

5-11. 共轭二烯在己烷溶剂中 $\lambda_{max}=219$ nm。如果溶剂改用乙醇时，λ_{max} 比 219 nm 大还是小？为什么？

5-12. 化合物中 CH_3Cl 在 172 有吸收带，CH_3Br 的吸收带在 204 nm，而 CH_3I 的吸收带在 258 nm 处，3 种化合物的吸收带对应的是什么跃迁类型？为什么吸收波长大小是 $CH_3Cl<CH_3Br<CH_3I$？

5-13. 苯甲酸在紫外区有吸收带，其最大吸收波长为 273 nm，最大摩尔吸光系数为 970 $L \cdot mol^{-1} \cdot cm^{-1}$，在 1 cm 的比色皿中苯甲酸水溶液在 273 nm 波长下的透光率为 50%，请计算苯甲酸水溶液的浓度。

5-14. 以丁二酮肟分光光度法测定镍，如果络合物 $NiDx_2$ 的浓度为 1.7×1.0^{-5} $mol \cdot L^{-1}$，使用 2.0 cm 比色皿在 470 nm 处测得的 $T=30\%$，计算该络合物在此波长下的 ε。

5-15. 有 a、b 两份不同浓度的某有色溶液，当液层厚度为 2.0 cm 时，对某一波长的光的透光率分别为 55 %和 40 %，试求出：①a、b 溶液的吸光度；②如果 a 溶液的浓度为 5.0×10^{-5} $g \cdot L^{-1}$， b溶液的浓度是多少？③如果吸光物质的 $M=81\ g \cdot mol^{-1}$，它的 ε 是多少？

5-16. 用邻二氮菲分光光度法测 Fe^{2+}，移取 $0.0200\ mg \cdot mL^{-1}$ 标准铁溶液 6.00 mL 于 50 mL 容量瓶中，加入邻二氮菲及条件试剂，用水稀释至刻度。用 1.00 cm 比色皿于 510 nm 处测得该溶液的吸光度为 0.488，计算吸光系数和摩尔吸光系数。[已知 $M(Fe)=55.85\ g \cdot mol^{-1}$]

5-17. 为测定有机胺的摩尔质量，常将其转变为 1∶1 的苦味酸胺的加成物(有机胺-苦味酸)。现称取加成物0.0500 g，溶于乙醇中制成1 L溶液，以1.00 cm比色皿在最大吸收波长380 nm处测得吸光度为 0.750，求有机胺的摩尔质量。[已知 M(苦味酸)$=229\ g \cdot mol^{-1}$，$\varepsilon=1.0\times10^{4}\ L \cdot mol^{-1} \cdot cm^{-1}$]

第 6 章
红外吸收光谱分析

6.1　红外吸收光谱分析基本原理

6.1.1　概述

利用红外分光光度计测量物质对红外光的吸收，并利用红外吸收光谱对物质的组成和结构进行分析测定的方法，称为红外吸收光谱分析(IR)或红外吸收分光光度法。

红外吸收光谱又称为分子振动转动光谱。红外光谱在化学领域中的应用，大体上可分为两个方面：一是用于分子结构的基础研究；二是用于化学组成的分析，这也是红外光谱法最广泛的应用。红外光谱法可以根据光谱中吸收峰的位置和形状来推断未知物结构，依照特征吸收峰的强度来测定混合物中各组分的含量。

红外吸收光谱法具有快速、灵敏度高、测试所需样品量少、分析试样的状态不受限制等优点而成为现代结构化学、分析化学最常用和不可缺少的工具。它不仅能进行定性和定量分析，而且是鉴定化合物和测定分子结构最有效的方法之一。红外吸收光谱法自从 1905 年起已经得到应用，70 年代以来，傅里叶变换技术以及其他新技术(如显微红外、色谱-红外联用)的引入，大大提高了红外吸收光谱的灵敏度、波数精度、分辨率和应用范围，使红外吸收光谱分析成为近年来发展最快的谱学方法之一。

按红外线波长的不同可将红外光谱分成近红外、中红外和远红外 3 个区域。这 3 个区域所包含的波长(波数)范围以及能级跃迁类型见表 6-1。其中中红外区(4000~400 cm^{-1})是研究、应用得最多的区域，本章将主要讨论中红外吸收光谱。

红外区的光谱除用波长 λ 表征外，更常用波数 σ 表征。波数是波长的倒数，表示每厘米长光波中的数目，若波长以 μm 为单位，波数的单位为 cm^{-1}，则波数与波长的关系是：

$$\sigma/\text{cm}^{-1}=\frac{1}{\lambda/\text{cm}}=\frac{10^4}{\lambda/\mu\text{m}} \tag{6-1}$$

所有的标准红外光谱图中都标有波数和波长两种刻度(图 6-1)。

表 6-1　红外光谱区分类

名称	$\lambda/\mu m$	σ/cm^{-1}	能级跃迁类型
近红外(泛频区)	0.78~2.5	12 820~4000	O—H，N—H 及 C—H 键的倍频吸收
中红外(基本振动区)	2.5~25	4000~400	分子中基团振动，分子转动
远红外(转动区)	25~300	400~33	分子转动，晶格振动

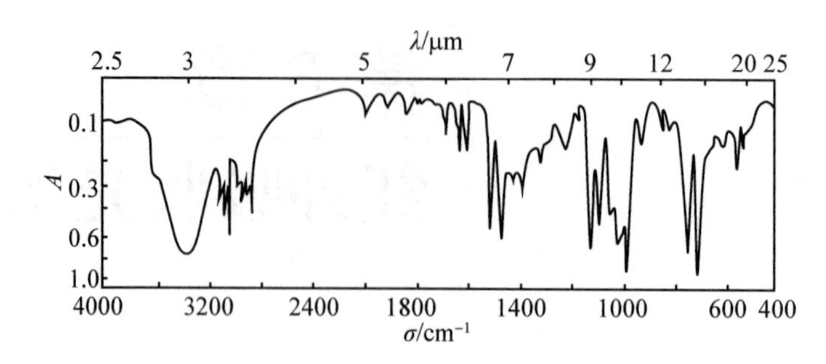

图 6-1 化学式为 $C_9H_{10}O$ 的未知物的红外光谱图

6.1.2 红外吸收光谱的产生条件

红外吸收光谱是由分子振动能级的跃迁同时伴随转动能级跃迁而产生的，因此红外吸收峰是具有一定宽度的吸收带。

物质吸收电磁辐射应满足两个条件，即：①辐射应具有刚好能满足物质跃迁时所需的能量；②辐射与物质之间有耦合作用，即相互作用。

红外辐射具有适合的能量，能导致振动跃迁的产生。当一定频率的红外光照射分子时，如果分子中某个基团的振动频率和外界红外辐射的频率一致，就满足了第一个条件。为满足第二个条件，分子必须有偶极矩的改变。任何分子就其整个分子而言，是呈电中性的，但由于构成分子的各原子因价电子得失的难易而表现出不同的电负性，分子也因此而显示不同的极性。通常可用分子的偶极矩 μ 来描述分子极性的大小。设正负电中心的电荷分别为 $+q$ 和 $-q$，正负电荷中心距离为 d，如图 6-2 所示，则：

$$\mu = q \cdot d \tag{6-2}$$

由于分子内原子处于在其平衡位置不断地振动的状态，在振动过程中 d 的瞬时值也会不断地发生变化，因此分子的 μ 也发生相应的改变，分子也就具有确定的偶极矩变化频率。对于非极性完全对称的双原子分子如 N_2、O_2、H_2 等，其正负电荷中心的距离 $d=0$，偶极矩 $\mu=q \cdot d=q \cdot 0=0$，分子的振动不引起 μ 的改变，因此它与红外光不发生耦合，所以不产生红外吸收；当分子是一个偶极分子($\mu \neq 0$)，如 H_2O、HCl 时，由于分子的振动使得 d 的瞬间值不断改变，因而分子的 μ 也不断改变，一定的分子振动频率使分子的偶极矩也有一个固定的变化频率。当红外光照射时，只有当红外光的频率与分子的偶极矩变化频率相匹配时，分子的振动才能与红外光发生耦合而增加其振动能，使得振幅加大，即分子由原来的振动基态跃迁到激发态。可见并非所有的振动都会产生红外吸收。凡能产生红外吸收的振动，称为红外活性振动，否则就是非红外活性振动。

由上述可见，当一定频率的红外光照射分子时，如果分子中某个基团的振动频率和它

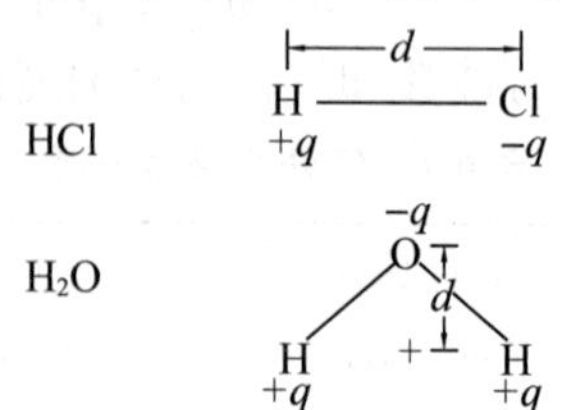

图 6-2 HCl、H_2O 分子的偶极矩

一致，二者就会产生共振，此时光的能量通过分子偶极距的变化而传递给分子，这个基团就吸收一定频率的红外光，产生振动跃迁；如果红外光的振动频率和分子中各基团的振动频率不符合，该部分的红外光就不会被吸收。因此除了对称分子外，几乎所有具有不同结构的化合物都有不同的红外光谱。谱图中的吸收峰与分子中各基团的振动特性相对应，所以红外吸收光谱是确定化学基团、鉴定未知物结构的最重要的工具之一。

6.1.3 分子振动方程式和振动形式

6.1.3.1 分子振动方程式

以双原子分子为例，用一个弹簧两端联着两个刚性小球，如图 6-3 所示。

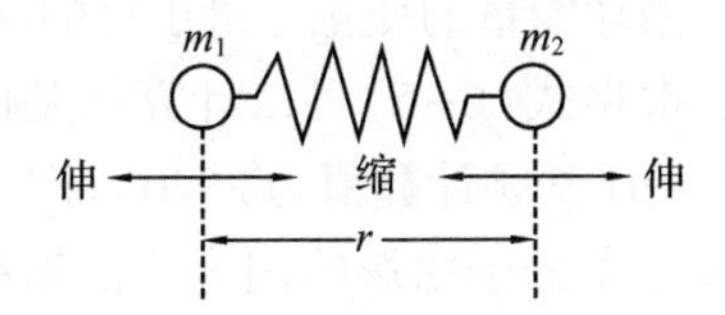

图 6-3 谐振子振动示意图

分子中的原子以平衡点为中心，以非常小的振幅(与原子核之间的距离相比)作周期性的振动，即所谓简谐振动。m_1、m_2 分别代表两个小球的质量(原子质量)，弹簧的长度 r 就是分子化学键的长度。这个体系的振动频率 σ(以波数表示)，用经典力学(虎克定律)可导出如下公式：

$$\sigma=\frac{1}{2\pi c}\sqrt{\frac{k}{\mu}} \tag{6-3}$$

式中，c 为光速(2.998×10^{10} cm · s^{-1})；k 为弹簧的力常数；μ 为两个小球(即两个原子)的折合质量(单位为 g)：

$$\mu=\frac{m_1\cdot m_2}{m_1+m_2} \tag{6-4}$$

根据小球的质量和相对原子质量之间的关系，式(6-3)可写作：

$$\sigma=\frac{N_A^{1/2}}{2\pi c}\sqrt{\frac{k}{M}}=1307\sqrt{\frac{k}{M}} \tag{6-5}$$

式中，N_A 为阿伏加德罗(Avogadro)常数，数值等于 6.022×10^{23}；k 为联结原子的化学键的力常数(N · cm^{-1})；M 为折合相对原子质量，如两原子的相对原子质量为 M_1 和 M_2，则：

$$M=\frac{M_1M_2}{M_1+M_2} \tag{6-6}$$

式(6-3)或式(6-5)即是分子振动方程式。由此式可见，影响基本振动频率的直接因素是相对原子质量 M 和化学键的力常数 k。可以总结为以下两点：

① 对于具有相似质量的原子基团来说，振动频率与力常数$\sqrt{k}$呈正比。已测得单键的 k=4~6 N · cm^{-1}，双键的 k=8~12 N · cm^{-1}，三键的 k=12~18 N · cm^{-1}。所以对于 C—C，k=5 N · cm^{-1}，$M=\frac{12\times12}{12+12}=6$，代入式(6-5)得 σ=1190 cm^{-1}；对于 C═C，k=10 N · cm^{-1}，M=6，σ=1683 cm^{-1}，对于 C≡C，k=15 N · cm^{-1}，M=6，σ=2062 cm^{-1}。

上述计算值与实验值是很接近的。由计算可说明，同类原子组成的化学键（折合相对原子质量相同），力常数大的，基本振动频率就大。

② 对于相同类型化学键的基团，σ 与相对原子质量平方根成反比。如 C—H 键，$k=5\ \text{N}\cdot\text{cm}^{-1}$，$M=\frac{12\times1}{12+1}\approx1$，则 $\sigma=2920\ \text{cm}^{-1}$。由于氢的相对原子质量最小，故含氢原子单键的基本振动频率都出现在中红外的高频区。

由于各个有机化合物的结构不同，它们的相对原子质量和化学键的力常数各不相同，就会出现不同的吸收频率，因此各有其特征的红外吸收光谱。

要注意的是，上述用经典力学的方法处理分子振动是为了得到宏观图像，便于理解并有一定的概念，但有局限性。对一个真实的微观粒子——分子的运动需要用量子理论方法加以处理，在真实分子体系中，振动能量的变化是量子化的。

另一方面要注意的是，虽然根据式(6-5)可以计算某基团基频峰的位置，而且某些计算与实测值很接近，如甲烷的 C—H 基频计算值为 $2920\ \text{cm}^{-1}$，而实测值为 $2915\ \text{cm}^{-1}$，但这种计算只适用于双原子分子或多原子分子中影响因素小的谐振子。实际上，在一个分子中基团与基团之间、基团中的化学键之间都相互有影响，因此基本振动频率除了决定于化学键两端的原子质量、化学键的力常数外，还与内部因素（结构因素）及外部因素（化学环境）有关。

6.1.3.2 分子的振动形式

双原子的振动只有一种振动形式，它的振动只能发生在联结两个原子的直线方向上，即两原子的相对伸缩振动。在多原子中情况就变得复杂了，但可以把它的振动分解为许多简单的基本振动。

设分子由 n 个原子组成，每个原子在空间都有 3 个自由度，原子在空间的位置可以用直角坐标系中的 3 个坐标 x、y、z 表示，因此 n 个原子组成的分子总共应有 $3n$ 个自由度，亦即 $3n$ 种运动状态。但在这 $3n$ 种运动状态中，包括 3 个整个分子的质心沿 x、y、z 方向平移运动和 3 个整个分子绕 x、y、z 轴的转动运动。这 6 种运动都不是分子的振动，故振动形式应有 $(3n-6)$ 种。但对于直线型分子，若贯穿所有原子的轴是在 x 方向，则整个分子只能绕 y、z 转动，因此直线型分子的振动形式为 $(3n-5)$ 种，直线型分子的振动形式如图 6-4 所示。

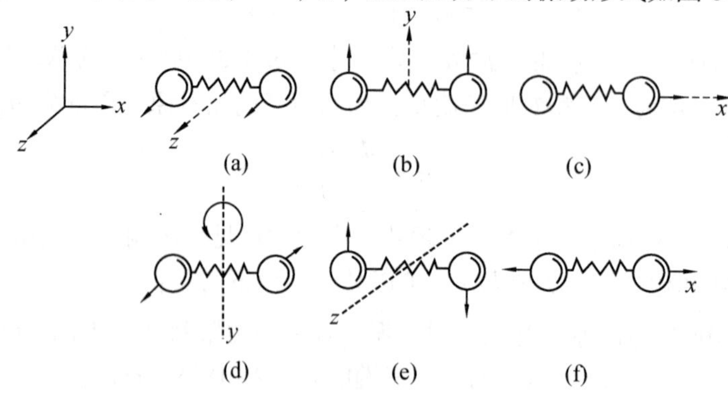

图 6-4 直线型分子的运动状态

(a)(b)(c)平移运动 (d)(e)转动运动

(f)在 x 轴上反方向运动，分子变形，产生振动运动

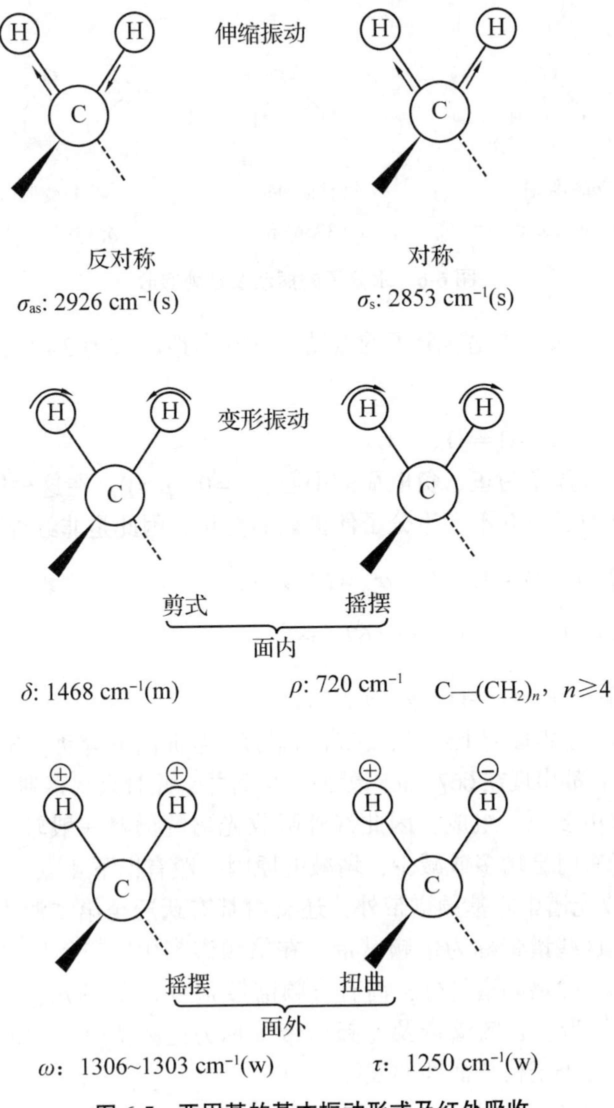

图 6-5 亚甲基的基本振动形式及红外吸收

s：强吸收 m：中等强度吸收 w：弱吸收

下面以亚甲基(—CH_2—)为例说明分子的振动形式。亚甲基的几种基本振动形式及红外吸收如图 6-5 所示。

因此，分子的振动形式可分成两类：

① 伸缩振动 对称伸缩振动 σ_s；反对称伸缩振动 σ_{as}。

② 变形或弯曲振动 面内变形振动 δ；面外变形振动 γ。面内变形振动又可分为剪式振动 δ 和面内摇摆振动 ρ；面外变形振动可分为面外摇摆振动 ω 和扭曲变形振动 τ。

上述每种振动形式都具有其特定的振动频率，也即有相应的红外吸收峰。

对非线型分子，如水分子的基本振动数为 $3\times3-6=3$，故水分子有 3 种振动形式，如图 6-6 所示。O—H 键长度改变的振动称为伸缩振动，键角∠HOH 改变的振动称为弯曲振动或变形振动。一般来说，键长的改变比键角的改变需要更大的能量，因此伸缩振动出现在高频区，而变角振动则出现在低频区。

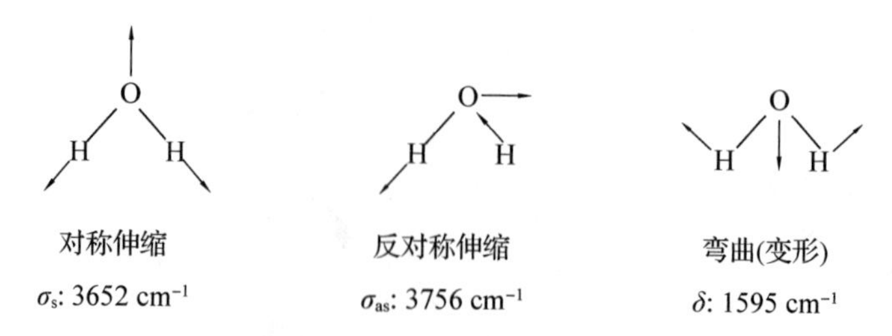

图 6-6 水分子的振动及红外吸收

而对直线型分子，如二氧化碳分子的振动，其基本振动数为 3×3−5=4，故有 4 种基本振动形式：

① 对称伸缩振动 $\overleftarrow{O}=C=\overrightarrow{O}$。

在 CO_2 分子中，C 原子为正、负电荷的中心，$d=0$，$\mu=0$。在这种振动形式中两个氧原子同时移向或离开碳原子，并不发生分子偶极矩的变化，因此是非红外活性的。

② 反对称伸缩振动 $\overrightarrow{O}=\overleftarrow{C}=\overrightarrow{O}$ $\sigma_{as}=2349\ \mathrm{cm^{-1}}$。

③ 面内弯曲振动 $\overset{\uparrow}{O}=\underset{\downarrow}{C}=\overset{\uparrow}{O}$ $\delta=667\ \mathrm{cm^{-1}}$。

④ 面外弯曲振动 $\overset{\oplus}{O}=\overset{\ominus}{C}=\overset{\oplus}{O}$ $\gamma=667\ \mathrm{cm^{-1}}$。

上式中⊕表示垂直于纸面向上运动，⊖表示垂直于纸面向下运动。③ 和④ 两种振动的能量都是一样的，故吸收都出现在 667 $\mathrm{cm^{-1}}$ 处而产生简并，此时只观察到一个吸收峰。

有机化合物一般由多原子组成，因此红外吸收光谱的谱峰一般较多。实际上，反映在红外光谱中的吸收峰有时会增多或减少，增减的原因一般有以下 4 点：

① 在中红外吸收光谱中除基频谱带外，还有由基态跃迁至第二激发态、第三激发态等所产生的吸收谱带，这些谱带称为倍频谱带。在倍频谱带中，三倍频谱带以上，因跃迁概率很小，一般都很弱。除倍频谱带外，尚有合频谱带 $\nu_1+\nu_2$，$2\nu_1+\nu_2$，…，差频谱带 $\nu_1-\nu_2$，$2\nu_1-\nu_2$，…等。倍频谱带、合频谱带及差频谱带统称为泛频谱带。它的存在，使光谱变得复杂，增加了光谱对分子结构特征性的表征。

② 分子的振动能否在红外光谱中出现及强度与其偶极矩的变化有关，并不是所有的分子振动形式都能在红外区中观察到。通常对称性强的分子不出现红外光谱，对称性越差，谱带的强度越大。若振动强度太弱，则也观察不到红外吸收峰。

③ 有时分子振动形式虽然不同，但它们的振动频率相等，因而产生简并。

④ 仪器分辨率不高，对一些频率很接近的吸收峰分不开。一些较弱的峰，可能由于仪器灵敏度不够而检测不出等。

6.1.4 红外光谱的吸收强度

分子振动时偶极矩的变化不仅决定该分子能否吸收红外光，而且还关系到吸收峰的强度。根据量子理论，红外光谱的强度与分子振动时偶极矩变化的平方呈正比。最典型的例子是 C=O 基和 C=C 基。C=O 基的吸收是非常强的，常常是红外谱图中最强的吸收带；而 C=C 基的吸收则有时出现，有时不出现，即使出现，相对地说强度也很弱。它们都是不饱和键，但吸收强度的差别却非常大，这是因为 C=O 基在伸缩振动时偶极矩变化很大，因而 C=O 基的跃迁概率大，而 C=C 双键则在伸缩振动时偶极矩变化很小。

另外，对于同一试样，在不同的溶剂中，或在同一溶剂不同浓度的试样中，由于氢键的影响以及氢键强弱的不同，使原子间的距离改变，偶极矩改变，吸收强度也会改变。例如，醇类的—OH 基在四氯化碳溶剂中伸缩振动的强度就比在乙醚溶剂中弱得多。而在不同浓度的四氯化碳溶剂中，由于缔合状态的不同，强度也有很大差别。

除此之外，谱带的强度还与分子振动形式有关。

应该指出，即使是强极性基团的红外振动吸收带，其强度也要比紫外及可见光区最强的电子跃迁要小 2~3 个数量级。另外，由于红外分光光度计中光源能量较低，测定时必须用较宽的狭缝，使单色器的光谱通带与吸收峰的宽度相近。这样就使测得的红外吸收带的峰值及宽度，受所用狭缝宽度的强烈影响。同一物质的摩尔吸收系数 ε 随不同仪器的改变而有变化。这就使 ε 在定性鉴定中用处不大。所以红外光谱的吸收强度常定性地用 s(强)，m(中等)，w(弱)，vw(极弱)等来表示。

6.2 红外吸收光谱与分子结构

6.2.1 红外光谱的特征性

红外光谱的最大特点是具有特征性。复杂分子中存在许多原子基团，各个原子基团或化学键在分子被激发后，都会产生特征的振动。分子的振动，实质上可归结为化学键的振动。因此，红外光谱的特征性与化学键振动的特征性是分不开的。

有机化合物的种类很多，但大多数都由 C、H、O、N、S、卤素等元素构成，其中大部分又是由 C、H、O、N 4 种元素组成。所以说大部分有机物质的红外光谱基本上都是由这 4 种元素所形成的化学键的振动所贡献的。研究大量化合物的红外光谱后发现，同一类型的化学键的振动频率是非常相近的，总是出现在某一范围内。例如，CH_3CH_2Cl 中的—CH_3 基团具有一定的吸收谱带，而很多具有—CH_3 基团的化合物，在频率 2800~3000 cm^{-1} 附近都出现吸收峰，因此可以认为这个出现—CH_3 吸收峰的频率是—CH_3 基团的特征频率。这个与一定的结构单元相联系的振动频率称为基团频率。但是它们又有差别，因为同一类型的基团在不同的物质中所处的环境各不相同，这种差别常常能反映结构上的特点。例如，C═O 基伸缩振动的频率范围在 1850~1600 cm^{-1}，当与此基团相连接的原子是 C、O、N 时，C═O 谱带分别出现在 1715 cm^{-1}、1735 cm^{-1}、1680 cm^{-1} 处，根据这一差别可区分酮、酯和酰胺。因此，吸收峰的位置和强度取决于分子中各基团或化学键的振动形式和所处的化学环境。只要掌握了各种基团的振动频率，即基团频率及其位移规律，就可应用红外光谱来鉴定化合物中存在的基团及其在分子中的相对位置。

6.2.2 基团频率与特征吸收峰

常见的化学基团在 4000~670 cm^{-1}(2.5~15 μm)范围内有特征基团频率。这正好是一般红外分光光度计的工作范围，也是科学家们最感兴趣的区域。在实际应用时，为便于对光谱进行解释，常将这个波数范围分为 4 个部分：

① X—H 伸缩振动区，4000~2500 cm^{-1}，X 可以是 O、N、C 和 S 原子。在这个区域内主要包括 O—H、N—H、C—H 和 S—H 键的伸缩振动，通常又称为“氢键区”。

② 叁键和累积双键区，2500~1900 cm^{-1}。主要包括炔键—C≡C，腈键—C≡N、丙二

烯基—C═C═C—、烯酮基—C═C═O、异氰酸酯基—N═C═O等的反对称伸缩振动。

③ 双键伸缩振动区，1900~1200 cm^{-1}。主要包括C═C，C═O，C═N，$—NO_2$ 等的伸缩振动，芳环的骨架振动等。

④ X—Y伸缩振动及X—H变形振动区(单键区)，<1650 cm^{-1}。这个区域的光谱比较复杂，主要包括C—H、N—H变形振动、C—O、C—X(卤素)等伸缩振动，以及C—C单键骨架振动等。

最有分析价值的基团频率一般都在4000~1300 cm^{-1} 之间，因此也称这一区域为基团频率区、官能团区或特征区。区内的峰是由伸缩振动产生的吸收带，比较稀疏，容易辨认，常用于鉴定官能团。

在1300~600 cm^{-1} 区域内，除单键的伸缩振动外，还有因变形振动产生的谱带。这种振动与整个分子的结构有关。当分子结构稍有不同时，该区的吸收就有细微的差异，并显示出分子特征。这种情况就像人的指纹一样，因此也称为指纹区。指纹区对指认结构类似的化合物很有帮助，可以作为化合物存在某种基团的旁证。

下面按上述方法划分的区域对主要吸收带进行讨论。

6.2.2.1 基团频率区

(1) X—H 伸缩振动区(4000~2500 cm^{-1})

该区域X可以是O、N、C和S原子。O—H基的伸缩振动出现在3650~3200 cm^{-1} 的范围内，它可以作为判断有无醇类、酚类和有机酸类的重要依据。

当醇和酚溶于非极性溶剂(如 CCl_4)，浓度在0.01 $mol \cdot L^{-1}$ 以下时，可以看到游离O—H基的伸缩振动吸收，其吸收峰出现在3650~3580 cm^{-1}，峰形尖锐，且没有其他吸收峰干扰，因此很容易识别。由于羟基是强极性基团，因此羟基化合物的缔合现象非常显著，当试样溶液浓度增加时，O—H基伸缩振动吸收峰向低波数方向位移，在3400~3200 cm^{-1} 出现一个宽而强的吸收峰。有机酸中的羟基形成氢键的能力更强，常常形成二缔合体：

$$2R—C(=O)OH \rightleftharpoons R—C(=O\cdots H—O)(—O—H\cdots O=)C—R$$

应该注意，在对O—H伸缩振动区进行解释时，要注意到N—H基的干扰，因胺和酰胺的N—H伸缩振动也出现在3500~3100 cm^{-1} 区域。

C—H键的伸缩振动可分为饱和的和不饱和的两种。饱和的C—H键主要有$—CH_3$、$—\underset{|}{CH_2}$ 和 $—\overset{|}{\underset{|}{C}}H$ 。$—CH_3$ 的反对称伸缩吸收出现在2960 cm^{-1}，对称伸缩吸收出现在2870 cm^{-1} 附近。$—\underset{|}{CH_2}$ 的反对称伸缩吸收则在2930 cm^{-1}，对称伸缩吸收在2850 cm^{-1} 附近。$—\overset{|}{\underset{|}{C}}H$ 的吸收出现在2890 cm^{-1} 附近，但强度很弱，甚至观察不到。例外的是三元环中的 $>CH_2$ 的反对称伸缩振动出现在3050 cm^{-1}。总的来说，饱和的C—H伸缩振动出现在3000 cm^{-1} 以下，一般在3000~2800 cm^{-1} 区域。无论是气态、液态或固态有机化合物中所含的C—H键，都出现在这个范围之内，并且取代基对它们的影响也很小。

不饱和 C—H 键，主要有苯环上的 C—H 键，双键和叁键上的 C—H 键。苯环的 C—H 伸缩振动出现在 3030 cm^{-1} 附近，它的特征是基团峰的强度比饱和的 C—H 键稍弱，但谱带比较尖锐。不饱和的双键 ═CH— 的吸收出现在 3040~3010 cm^{-1} 范围，末端 $=CH_2$ 的吸收出现在 3085 cm^{-1} 附近，而叁键 ≡CH 上的 C—H 伸缩振动出现在更高的区域(3300 cm^{-1} 附近)。因此不饱和的 C—H 伸缩振动出现在 3000 cm^{-1} 以上。这对于鉴定化合物中是否含有饱和的和不饱和的 C—H 键是很有用的。

(2)叁键和累积双键区(2500~1900 cm^{-1})

这个区域的谱带用得较少，因为含叁键和累积双键的化合物不多。对于炔类化合物，可以分成 R—C≡CH 和 R′—C≡C—R 两种类型，前者出现在 2140~2100 cm^{-1} 附近，后者出现在 2260~2190 cm^{-1} 附近，如果 R′═R，两边基团相同，则分子呈对称状态，是非红外活性的。

—C≡N 基的伸缩振动在非共轭的情况下出现在 2240~2260 cm^{-1} 附近。当与不饱和键或芳核共轭时，该峰位移到 2220~2230 cm^{-1} 附近。如果分子中仅含有 C、H、N 原子，—C≡N 基吸收比较强而尖锐。如果分子中含有氧原子，则氧原子离—C≡N 基越近，—C≡N 基的吸收越弱，甚至观察不到。由于只有少数的基团在此处有吸收，因而此谱带在鉴定分析中，仍然是很有用的。

(3)双键伸缩振动区(1900~1200 cm^{-1})

C═C 键(链烯)的伸缩振动出现在 1680~1620 cm^{-1} 区域，它的强度一般来讲都比较弱，甚至观察不到，对于下述含有 C═C 的分子：

$$\begin{matrix} R_1 & & & & R_3 \\ & \rangle C{=}C\langle & \\ R_2 & & & & R_4 \end{matrix}$$

显然 C═C 键的吸收强度与分子中 4 个基团 R_1、R_2、R_3 及 R_4 的差异大小及分子对称性有关。如果此 4 个基团相似或相同，则 C═C 的吸收很弱，甚至是非红外活性的。因此仅根据在此波长范围内有无吸收来判断有无双键的存在是不合理的。

单核芳烃的 C═C 伸缩振动吸收主要有 4 个，出现在 1620~1450 cm^{-1} 范围内。这是芳环的骨架振动，其中最低波数 1450 cm^{-1} 的吸收带常常观察不到。其余 3 个吸收带分别出现在 1620~1590 cm^{-1}，1580 cm^{-1} 和 1520~1480 cm^{-1}。其中 1500 cm^{-1} 附近(1520~1480 cm^{-1})的吸收带最强，1600 cm^{-1} 附近(1620~1590 cm^{-1})吸收带居中，1580^{-1} 的吸收带最弱，常常被 1600 cm^{-1} 附近的吸收带所掩盖或变成它的一个肩。1600 cm^{-1} 和 1500 cm^{-1} 附近的这两个吸收带对于确定芳核结构很有价值。

苯衍生物在 2000~1650 cm^{-1} 范围出现 C—H 面外和 C═C 面内变形振动的泛频吸收，虽然强度很弱，但它们的吸收面貌在表征芳核取代类型上都很有用，如图 6-7 所示。但分子中含有 C═O 基及其他有干扰的官能团时，就不能用于鉴定目的。

C═O 基的伸缩振动出现在 1850~1600 cm^{-1} 范围内。C═O 基的吸收是非常具有特征性的，一般吸收都很强烈，常成为红外谱图中最强的吸收。且在 1850~1600 cm^{-1} 范围内其他吸收带对它的干扰较小，因此能较容易的判断 C═O 基是否存在。含 C═O 基的化合物有酮类、醛类、酸类、酯类，以及酸酐等。

酸酐的 C═O 基的吸收有两个峰，出现在较高波数处(1820 cm^{-1} 及 1750 cm^{-1})。两个

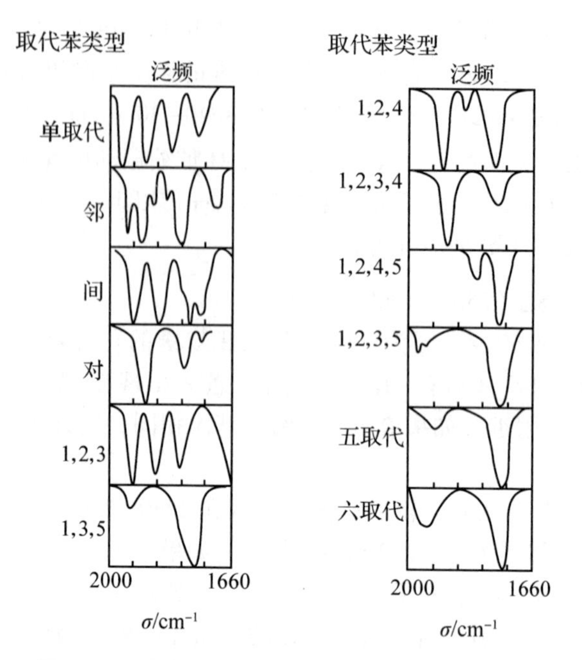

图 6-7　取代苯在 2000~1650 cm^{-1} 区的吸收面貌

吸收峰的出现是由于两个羰基振动的耦合所致。可以根据这两个峰的相对强度来判别酸酐是环状的还是线型的。线型酸酐的两峰强度接近相等，高波数峰比低波数峰强度稍强；但环状酸酐的低波数峰却比高波数峰强。

酯类中的 C═O 基的吸收出现在 1750~1725 cm^{-1}，且吸收很强。酯类中羰基吸收的位置不受氢键的影响。在各种不同极性的溶剂中测定时，谱带位置无明显移动。当羰基和不饱和键共轭时吸收向低波数移动，而吸收强度几乎不受影响。

醛类的羰基如果是饱和的，吸收出现在 1740~1720 cm^{-1}。如果是不饱和醛，则羰基吸收向低波数移动。醛和酮的 C═O 伸缩振动吸收位置是差不多的，虽然醛的羰基吸收位置要较相应的酮高 15~10 cm^{-1}，但不易根据这一差异来区分这两类化合物。然而用 C—H 伸缩振动吸收峰，却很容易区别它们。在 C—H 伸缩振动的低频侧，醛有两个中等强度的特征吸收峰，分别位于 2820 cm^{-1} 和 2720 cm^{-1} 附近，后者较尖锐，和其他 C—H 伸缩振动吸收不相混淆，极易识别。因此，根据 C═O 伸缩振动吸收以及 2720 cm^{-1} 峰就可判断有无醛基的存在。

羧酸由于氢键作用，通常都以二分子缔合体的形式存在，其吸收峰出现在 1725~1700 cm^{-1} 附近。羧酸在四氯化碳稀溶液中，单体和二缔合体同时存在，单体的吸收峰通常出现在 1760 cm^{-1} 附近。

6.2.2.2　指纹区

在指纹区，由于各种单键的伸缩振动之间以及和 C—H 变形振动之间互相发生耦合，这个区域里的吸收带相应变得非常复杂，并且对结构上的微小变化非常敏感，因此只要在化学结构上存在细小的差异(如同系物、同分异构体和空间构象等)，在指纹区中就有明显的变化。由于图谱复杂，有些谱峰无法确定是否为基团频率，但其主要价值在于表示整个分子的特征。因此指纹区对鉴定化合物是很有用的。

(1)1300~900 cm^{-1} 区域

该区域是 C—O、C—N、C—F、C—P、C—S、P—O、Si—O 等单键的伸缩振动和 C═S、S═O、P═O 等双键的伸缩振动吸收区域。其中≈1375 cm^{-1} 的谱带为甲基的 δ_{C-H} 对称弯曲振动，对识别甲基十分有用。另外 C—O 的伸缩振动在 1300~1000 cm^{-1}，是该区域最强的峰，比较容易识别。

甲基的对称变形振动出现在 1380~1370 cm^{-1}，这个吸收带的位置很少受取代基的影响，且干扰也较少，因此甲基的对称变形振动是一个很有特征的吸收带，可作为判断有无甲基存在的依据。当一个碳原子上存在两个甲基时，即—C(CH_3)(CH_3)，—CH(CH_3)(CH_3)，在这种结构中由于两个甲基的对称变形振动互相耦合而使 1370 cm^{-1} 附近的吸收带发生分裂，从而出现两个峰。

(2)900~650 cm^{-1} 区域

该区域的某些吸收峰可用来确定化合物的顺反构型或苯环的取代类型。如烯烃的 ═CH 面外变形振动出现的位置，很大程度上决定于双键取代情况。在反式构型 (R)(H)C═C(H)(R) 中，出现在 990~970 cm^{-1}，而在顺式构型 (R)(H)C═C(R)(H) 中则出现在 690 cm^{-1} 附近。

苯环上 H 原子面外变形的吸收峰位置，取决于环上的取代形式，即与苯环上相邻的 H 原子数有关，而与取代基的性质无关，一些取代基的面外变形振动波数见表 6-2。这谱带的位置，连同它在 2000~1650 cm^{-1} 范围出现的泛频吸收(图 6-7)，为决定取代类型提供了很好的依据。

表 6-2 苯环取代类型 900~650 cm^{-1} 面外变形振动 σ_{C-H}

取代类型	相邻氢数	σ_{C-H}/ cm^{-1}
单取代	5H	770~730、710~690
邻位取代	4H	770~735
间位取代	3H	810~750、725~680
对位取代	2H	860~800

6.2.2.3 谱图解析

基团频率区可用于鉴定官能团，但很多情况下，一个官能团有好几种振动形式，而每一种红外活性振动，一般相应产生一个吸收峰，有时还能观测到泛频峰。例如，CH_3—$(CH_2)_5$—CH ═CH_2 的红外光谱(图 6-8)中，由于有—CH═CH_2 基的存在，可观察到 3040 cm^{-1} 附近的不饱和═C—H 伸缩振动(图 6-8*d*)、1680~1620 cm^{-1} 处的 C ═C 伸缩振动(图 6-

8*e*)和 990 cm^{-1} 及 910 cm^{-1} 处的═C—H 及═CH_2 面外摇摆振动(图 6-8*f*)4 个特征峰。这一组特征峰是因—CH ═CH_2 基存在而存在的相关峰。可见，用一组相关峰可更确定地鉴别官能团，这是应用红外光谱进行定性鉴定的一个重要原则。

图 6-8 的另外一些吸收峰分别为：*a* 是饱和 C—H 伸缩振动(2960~2853 cm^{-1})，*b* 是 CH_3 基反对称变形振动(1460 cm^{-1})和 CH_2 基剪式变形振动(1468 cm^{-1})的重叠，*c* 是 CH_3 基对称变形振动(1380 cm^{-1})，*g* 是—$(CH_2)_n$ 基，当 $n>4$ 时的面内摇摆振动(720 cm^{-1})。

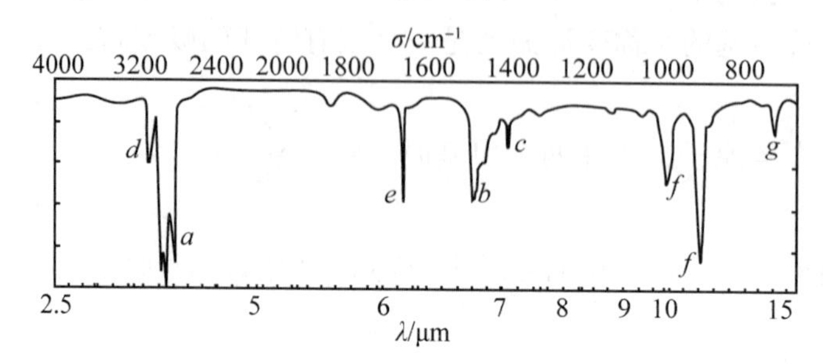

图 6-8 1-辛烯〔CH_3—$(CH_2)_5$—CH ═CH_2〕的红外光谱图

图 6-9 是羧酸的典型光谱图。图中 *k* 的吸收带非常宽，在 3400~3200 cm^{-1} 之间，这是缔合氢键的—OH 伸缩振动所形成的一系列多重叠峰，该—OH 重叠峰还能与 C—H 伸缩振动(3100~3000 cm^{-1})重叠。*l* 是 C═O 基伸缩振动，在红外光谱中它最易辨认(1700 cm^{-1} 附近)，*m* 为羧基中 C—O 伸缩振动(1300~1200 cm^{-1})。*n* 为羧基上—OH 面外变形振动(950~900 cm^{-1})。

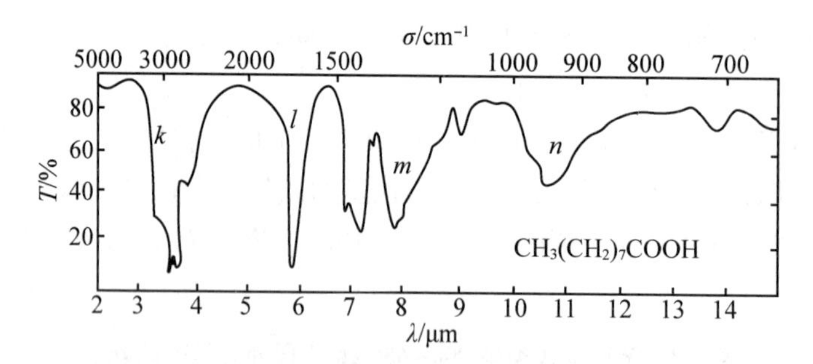

图 6-9 羧酸的红外光谱图

图 6-10 是邻、间、对二甲苯的红外光谱。从图中可以看到，对于芳香族化合物，首先可以根据 3030 cm^{-1} 附近的苯环 C—H 伸缩振动 σ_{C-H}(不饱和)以及 1600~1500 cm^{-1} 的 C ═C 伸缩振动 σ_{C-C} 来检查苯环是否存在，然后根据 900~650 cm^{-1} 区域芳环上 C—H 的面外变形振动($\sigma_{\phi-H}$，ϕ 表示苯环)的位置，来鉴别芳基上的取代类型(对于二甲苯，邻位 $\sigma_{\phi-H}$=743 cm^{-1}；间位 $\sigma_{\phi-H}$=767，692 cm^{-1}；对位 $\sigma_{\phi-H}$=792 cm^{-1})，最后在 2000~1650 cm^{-1} 区域里，按其泛频吸收的形状来鉴别取代情况(见图 6-7)。

应该指出，红外光谱中并不是所有谱带都能与化学结构联系起来的，特别是“指纹区”。但如前所述，指纹区的主要价值在于表示整个分子的特征，因而宜于用来与标准谱图(或已知物谱图)进行比较，以得出未知物与已知物结构是否相同的确切结论。红外光谱解释在许多情况下往往需从经验出发，这是因为化学键的振动频率与周围的化学环境，有相当敏感的依赖关系，即使像羰基这样强而有特征的振动，其吸收峰位置变化范围还是相当宽的。

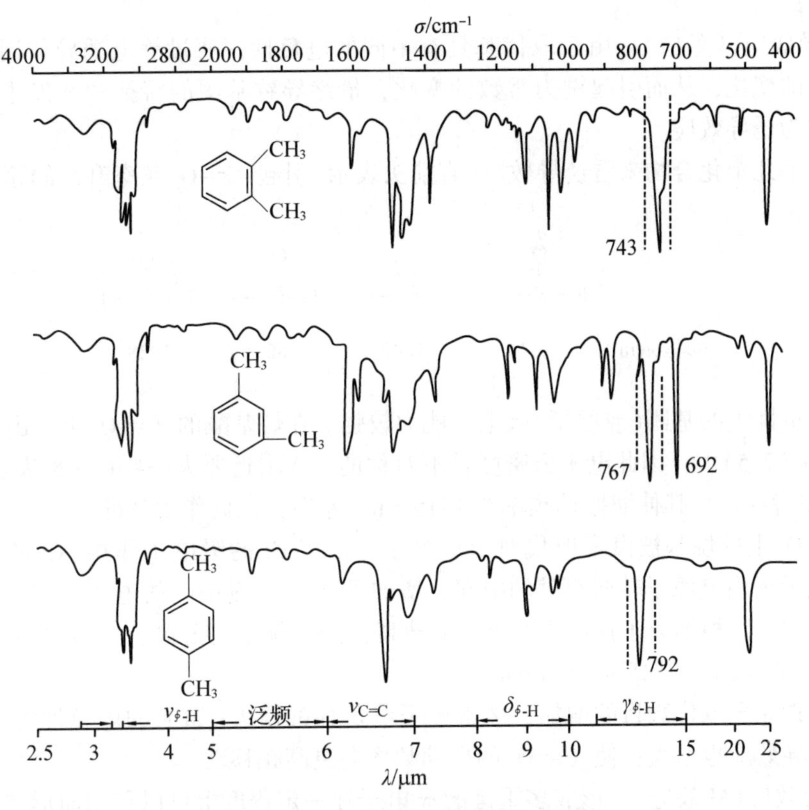

图 6-10　邻、间、对二甲苯红外光谱图

6.2.3　影响基团频率位移的因素

分子中化学键的振动并不是孤立的，而是受分子中其他部分，特别是相邻基团的影响，有时还会受到溶剂、测定条件等外部因素的影响。因此，在分析时不仅要知道红外特征谱带出现的频率和强度，还应了解影响它们的因素，只有这样才能正确进行分析。特别对于结构的鉴定，往往可以根据基团频率位移和强度的改变，推断产生这种影响的结构因素。

目前对基团频率的位移，研究得比较成熟的是羰基的伸缩振动。现对影响羰基位移的因素，作简要的介绍。

引起基团频率位移的因素大致可分成两类：外部因素和内部因素。

6.2.3.1　外部因素

试样状态、测定条件及溶剂极性等外部因素都会引起频率位移。一般气态时 C═O 伸缩振动频率最高，非极性溶剂的稀溶液次之，而液态或固态的振动频率最低。

同一化合物的气态和液态光谱，或液态和固态光谱有较大的差异，因此在查阅标准图谱时，要注意试样状态及制样方法等因素。

6.2.3.2　内部因素

(1) 电子效应

电子效应包括诱导效应、共轭效应和偶极场效应，它们都是由于化学键的电子分布不均匀而引起的。

① 诱导效应(I效应) 由于取代基具有不同的电负性，通过静电诱导作用，引起分子中电子分布的变化，从而引起键力常数的变化，最终导致基团的特征频率发生改变，这种效应通常称为诱导效应。

现从以下几个化合物来看诱导效应(直箭头表示)引起 C═O 频率升高的原因：

	R—C(═O)—R′ (δ^- O, δ^+ C)	R—C(═O)→Cl	Cl←C(═O)→Cl	F←C(═O)→F
$\sigma_{C=O}/cm^{-1}$	1715	1800	1828	1928

一般电负性大的基团(或原子)吸电子能力较强。在烷基酮的 C═O 上，由于 O 的电负性(3.5)比 C(2.5)大，因此电子云密度是不对称的，O 附近要大一些(用 δ^- 表示)，C 附近小一些(用 δ^+ 表示)，其伸缩振动频率在 1715 cm^{-1} 左右，以此作为基准。

当 C═O 上的烷基被卤素取代时形成酰卤，由于 Cl 的吸电子作用(Cl 的电负性等于 3.0)，使电子云由氧原子转向双键的中间，增加了 C═O 键中间的电子云密度，因而增加了此键的力常数。根据分子振动方程式，k 升高，振动频率也升高，所以 C═O 的振动频率从原来的 1715 cm^{-1} 升高至 1800 cm^{-1}。

随着卤素原子取代数目的增加，卤素原子电负性的增大(如 F 的电负性等于 4.0)，这种静电的诱导效应也增大，使 C═O 的振动频率向更高频移动。

② 共轭效应(M效应) 形成多重键的 π 电子在一定程度上可以移动而形成大 π 键所引起的效应。例如 1,3-丁二烯的 4 个碳原子都在一个平面上，4 个碳原子共有全部 π 电子，使分子中的单键具有一定的双键性质，而两个双键的性质又有所削弱，这就是通常所指的共轭效应。共轭效应使共轭体系中的电子云密度平均化，结果是原来的双键伸长，电子云密度降低，力常数减小，振动频率降低。例如酮的C═O，因与苯环共轭而使 C═O 的力常数减小，频率降低：

R—C(═O)—R	σ：1725~1710 cm^{-1}
C_6H_5—C(═O)—R	σ：1695~1680 cm^{-1}
C_6H_5—C(═O)—C_6H_5	σ：1667~1661 cm^{-1}
C_6H_5—C(═O)—CH═CH—R	σ：1667~1653 cm^{-1}

此外，当含有孤对电子的原子连接在具有多重键的原子上时，也可起类似的共轭作用。例如，酰胺 R—C(═O)—N̈H₂ 中的 C═O 因 N 原子的共轭作用，使 C═O 上的电子云更移向氧原子(弯箭头表示共轭效应)，C═O 双键上的电子云密度降低，力常数减小，所以

C═O 频率降低为 1650 cm^{-1} 左右。在这个化合物中，N 原子的吸电子作用存在诱导效应，但比共轭效应影响小，因此 C═O 的频率与饱和酮相比还是有所降低，这是 I 效应与 M 效应同时存在的例子之一。

I 效应与 M 效应同时存在的例子还有饱和酯。饱和酯的 C═O 伸缩振动频率为 1735 cm^{-1}，比酮(1715 cm^{-1})高，这是因为—OR 基的 I 效应比 M 效应大，所以 C═O 的频率升高：

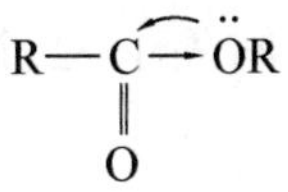

R—C(═O)—$\ddot{O}$R

③ 偶极场效应(F 效应) I 效应和 M 效应都通过化学键起作用，但偶极场效应要经过分子内的空间才能起作用，因此相互靠近的官能团之间，才能产生 F 效应。如氯代丙酮有 3 种旋转异构体：

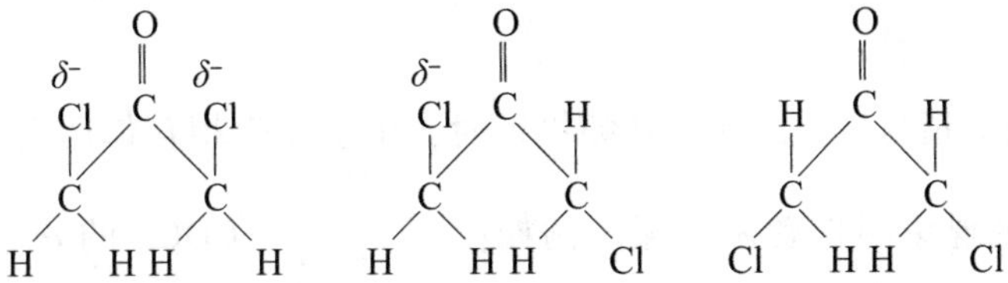

I	Ⅱ	Ⅲ
$\sigma_{c=o}$ 1755 cm^{-1}	1742 cm^{-1}	1728 cm^{-1}

卤素和氧都是键偶极的负极，在Ⅰ、Ⅱ中发生负负相斥作用，使 C═O 上的电子云移向双键的中间，增加了双键的电子云密度，力常数增加，因此频率升高。而Ⅲ接近正常频率。

(2)氢键

羰基和羟基之间容易形成氢键，使羰基的频率降低。最明显的是羧酸的情况。游离羧酸的 C═O 振动频率出现在 1760 cm^{-1} 左右，而在液态或固态时，C═O 振动频率都在 1700 cm^{-1} 左右，因为此时羧酸形成二聚体形式。

RCOOH(游离) R—C(═O……H—O)(—O—H……O═)C—R(二聚体)

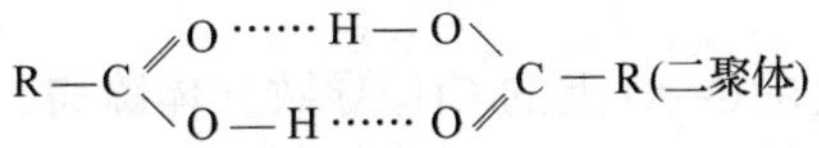

$\sigma_{c=o}$ 1760 cm^{-1} 1700 cm^{-1}

氢键使电子云密度平均化，C═O 的双键特性减小，因此 C═O 的振动频率下降。

(3)振动的耦合

适当结合的两个振动基团，若原来的振动频率很相近，它们之间可能会产生相互作用而使谱峰裂分成两个，一个高于正常频率，一个低于正常频率。这种两个振动基团之间的相互作用，称为振动的耦合。

例如，酸酐的两个羰基，振动耦合而裂分成两个谱峰：

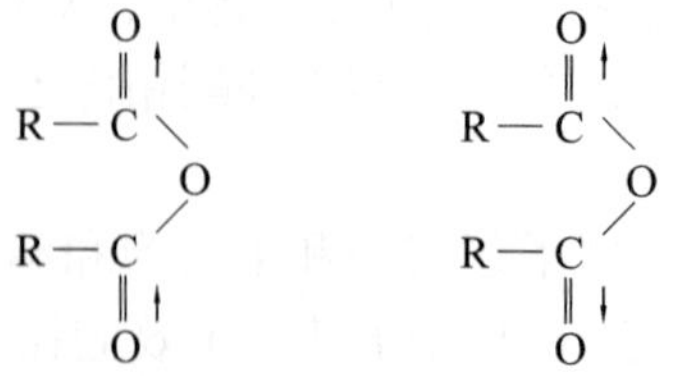

反对称耦合振动 ~1820 cm^{-1}　　对称耦合振动 ~1760 cm^{-1}

此外，二元酸的两个羧基之间只有间隔1～2个碳原子时，才会出现两个 C═O 吸收峰，这也是由耦合产生的：

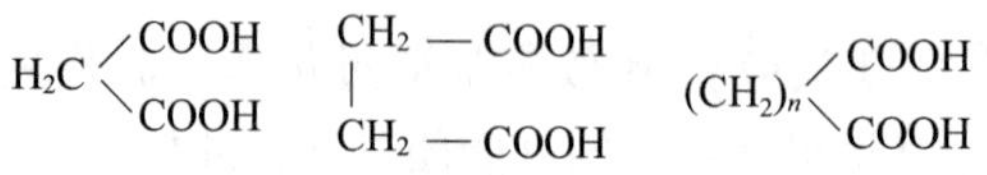

$H_2C(COOH)_2$：1740 cm^{-1}，1710 cm^{-1}
$CH_2—COOH$ / $CH_2—COOH$：1700 cm^{-1}，1780 cm^{-1}
$(CH_2)_n(COOH)_2$：$n>3$时只有一个$\sigma_{C=O}$

(4) 费米共振

当一个振动的倍频与另一振动的基频接近时，由于发生相互作用而产生很强的吸收峰或发生裂分，这个现象叫作费米共振。例如：苯—COCl 的 $\sigma_{C=O}$ 为 1773 cm^{-1} 和 1736 cm^{-1}。这是由于 $\sigma_{C=O}$（1774 cm^{-1}）和 苯—CO 间的 C—C 变形振动（880～860 cm^{-1}）的倍频发生费米共振，使 C═O 峰裂分。

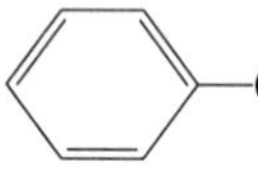

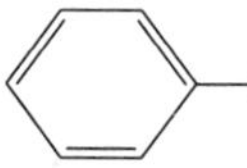

(5) 立体障碍

由于立体障碍，羰基与双键之间的共轭受到限制时，$\sigma_{C=O}$ 会较高，例如：

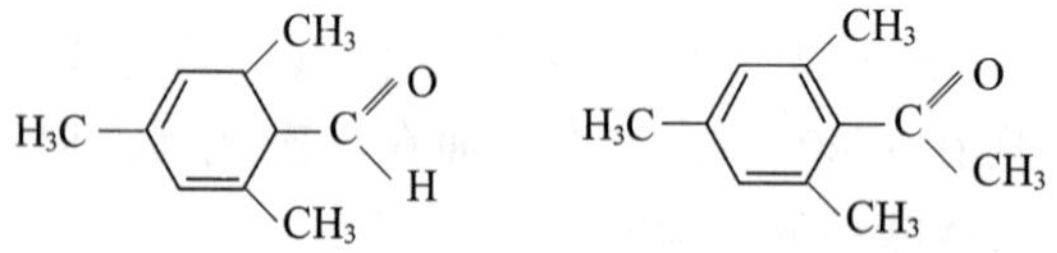

(Ⅰ)1680 cm^{-1}　　(Ⅱ)1700 cm^{-1}

（Ⅱ）式分子中接在 C═O 上的 CH_3 导致立体障碍，使 C═O 与苯环的双键不能处在同一平面，共轭受到限制，因此 $\sigma_{C=O}$ 比(I)式分子稍高。

(6) 环的张力

环的张力越大，$\sigma_{C=O}$ 就越高。在下面几个酮中，四元环的张力最大，因此它的 $\sigma_{C=O}$ 最高。

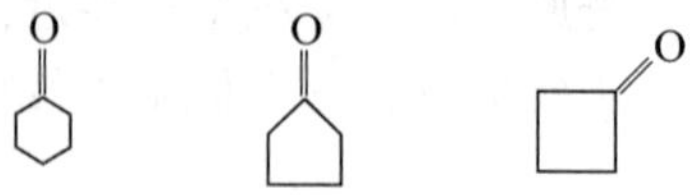

1715 cm^{-1}　　1745 cm^{-1}　　1775 cm^{-1}

6.3 红外光谱仪

6.3.1 色散型红外光谱仪

色散型红外光谱仪的原理如图 6-11 所示。从光源发出的红外辐射，再分成两束，一束通过试样池，另一束通过参比池，然后进入单色器。在单色器内先通过以一定频率转动的扇形镜(也称斩光器)，其作用与其他的双光束光度计一样，是周期地切割两束光，使试样光束和参比光束交替地进入单色器中的色散棱镜或光栅，最后进入检测器。随着扇形镜的转动，检测器交替地接受这两束光。

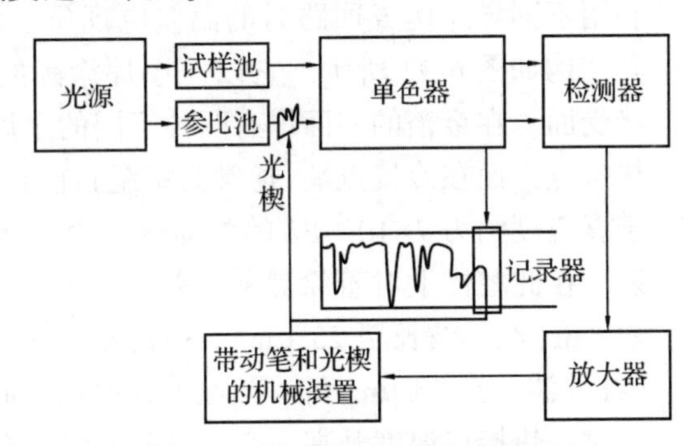

图 6-11　色散型红外光谱仪原理图

若该单色光不被试样吸收，此时两束光强度相等，检测器不产生交流信号；改变波数时，若试样对该波数的光产生吸收，则两束光的强度有差异，在检测器上就会产生一定频率的交流信号(其频率决定于斩光器的转动频率)。通过交流放大器放大，此信号即可通过伺服系统驱动参比光路上的光楔(也称光学衰减器)进行补偿，使投射在检测器上的光强等于试样光路的光强。试样对各种不同波数的红外辐射的吸收有多有少，参比光路上的光楔也相应地按比例移动以进行补偿。记录笔与光楔同步，随着光楔同步上下移动，这样在记录纸上就描绘出了红外光谱吸收曲线。

红外光谱仪也由光源、单色器、吸收池、检测器和记录系统等部分所组成。现将中红外光谱仪的主要部件简要介绍如下。

6.3.1.1 光源

红外光谱仪中所用的光源通常是一种惰性固体，用电加热使之发射高强度连续红外辐射。常用的有能斯特灯和硅碳棒两种。

能斯特灯是由氧化锆、氧化钇和氧化钍烧结制成，是一根直径为 1~3 mm，长 20~50 mm 的中空棒或实心棒，两端绕有铂丝作为导线。在室温下，它是非导体，但加热至 800 ℃时就成为导体并具有负的电阻特性，因此在工作之前，要由辅助加热器进行预热。这种光源的优点是发出的光强度高，使用寿命可达 6 个月至 1 年，但机械强度差，稍受压或受扭就会损坏，经常开关也会缩短其寿命。

硅碳棒一般为两端粗中间细的实心棒，中间为发光部分，其直径约 5 mm，长约 50 mm。硅碳棒在室温下是导体，并有正的电阻温度系数，工作前不需预热。与能斯特灯比较，它的优点是坚固、寿命长，发光面积大；缺点是工作时电极接触部分需用水冷却。

6.3.1.2 单色器

与其他波长范围内工作的单色器类似，红外单色器也由一个或几个色散元件(如光栅)，可变的入射和出射狭缝，可用于聚焦和反射光束的反射镜所构成。由于大多数红外光学材料易吸湿，因此使用时应注意防湿。

6.3.1.3 检测器

常用的红外检测器有真空热电偶、热释电检测器和汞镉碲检测器。

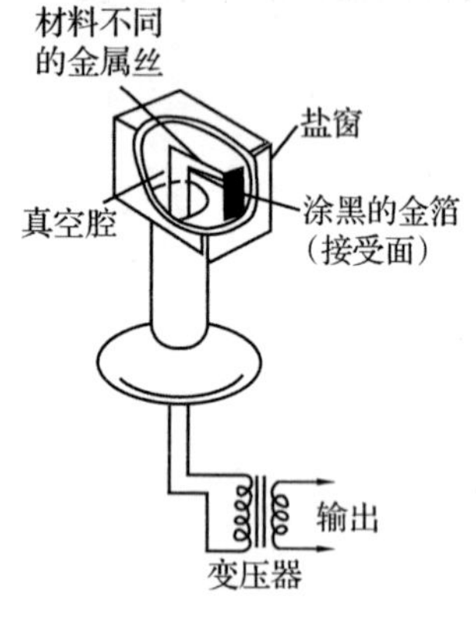

图 6-12 真空热电偶检测器

真空热电偶是色散性红外光谱仪中最常用的一种检测器。它利用不同导体构成回路时的温差电现象，将温差转变为电位差。其结构如图 6-12 所示。它以一小片涂黑的金箔作为红外辐射的接受面。在金箔的一面焊有两种不同的金属、合金或半导体作为热接点，而在冷接点端(通常为室温)连有金属导线。此热电偶封于真空度约为 7×10^{-7} Pa 的腔体内。为了接受各种波长的红外辐射，在此腔体上对着涂黑的金箔开一小窗，黏上红外透光材料，如 KBr(红外波长至 25 μm)，CsI(红外波长至 50 μm)，KRS-5(红外波长至 45 μm)等。当红外辐射通过此窗口射到涂黑的金箔上时，热接点温度升高，产生温差电势，在闭路的情况下，回路即有电流产生。

热释电检测器是利用某些热电材料的晶体，如硫酸三甘氨酸酯(TGS)等，将晶体放在两块金属板之间，当红外光照射到晶体上时，晶体表面电荷分布发生变化，以此测量红外辐射的强度。

汞镉碲检测器也可用 MCT 表示，它的检测元件由半导体碲化镉和碲化汞混合制成，改变化合物组成可制得不同测量波段、灵敏度各异的各种 MCT 检测器。其具有灵敏度高、响应速度快、适合于快速扫描测量等特点，可用于色谱与傅里叶变换红外光谱联用仪。MCT 检测器需要在液氮温度下工作以降低噪声。

6.3.2 傅里叶变换红外光谱仪

随着计算方法和计算技术的发展，20 世纪 70 年代出现了新一代的红外光谱测量技术及仪器——傅里叶变换红外光谱仪(FTIR)。它与色散型红外光谱仪最大的差异是没有色散元件，主要由光源、迈克尔逊(Micheison)干涉仪、探测器和计算机等组成。这种新技术具有分辨率高、波数精度高、扫描速度快(一般可在 1 s 内完成全谱扫描)、光谱范围宽、灵敏度高等优点，特别适用于弱红外光谱测定、红外光谱的快速测定以及与色谱联用等，因而得到迅速发展及应用，并将取代色散型红外光谱仪。

FTIR 与色散型红外光谱仪的工作原理有很大不同，图 6-13 为其工作原理图。光源发出的红外辐射，经干涉仪转变成干涉图，通过试样后得到含试样信息的干涉图，由电子计算机采集，并经过快速傅里叶变换，得到吸收强度或透光度随频率或波数变化的红外光谱图。

FTIR 的核心部分是迈克尔逊干涉仪，图 6-14 是它的光学示意及工作原理图。图中 M_1 和 M_2 为两块平面镜，它们相互垂直放置，M_1 固定不动，M_2 则可沿图示方向作微小的移

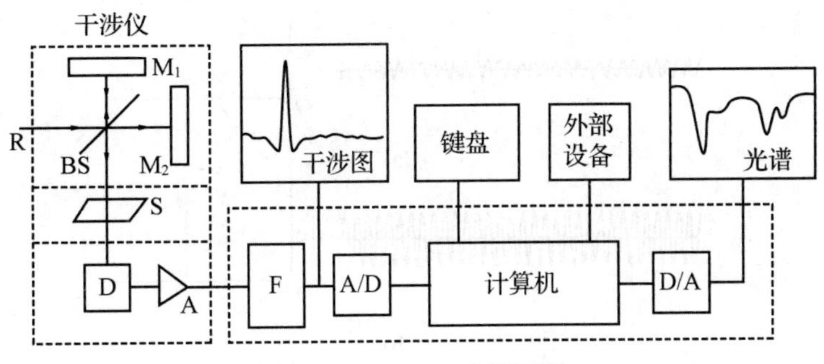

图 6-13　FTIR 工作原理图

R. 红外光谱　M_1. 定镜　M_2. 动镜　BS. 光束分裂器　S. 试样　D. 探测器

A. 放大器　F. 滤光器　A/D. 模数转换器　D/A. 数模转换器

动，称为动镜。在 M_1 和 M_2 之间放置一个呈 45°角的半透膜光束分裂器 BS，可使 50 %的入射光透过，其余部分被反射。当光源发出的入射光进入干涉仪后就被光束分裂器分成两束光——透射光Ⅰ和反射光Ⅱ，其中透射光Ⅰ穿过 BS 被动镜 M_2 反射，沿原路回到 BS 并被反射到达探测器 D，反射光Ⅱ则由固定镜 M_1 沿原路反射回来通过 BS 到达 D。这样，在探测器 D 上所得到的Ⅰ光和Ⅱ光是相干光。如果进入干涉仪的是波长为 λ_1 的单色光，开始时因 M_1 和 M_2 离 BS 距离相等(此时称 M_2 处于零位)，Ⅰ光和Ⅱ光到达探测器时位相相同，发生相长干涉，亮度最大。当动镜 M_2 移动入射光的 $1/4\lambda$ 距离时，则Ⅰ光的光程变化为 $1/2\lambda$，在探测器上两光位相差为 180°，则发生相消干涉，亮度最小。当动镜 M_2 移动 $1/4\lambda$ 的奇数倍，则Ⅰ光和Ⅱ光的光程差为$\pm\frac{1}{2}\lambda$，$\pm\frac{3}{2}\lambda$，$\pm\frac{5}{2}\lambda\cdots$时(正负号表示动镜零位向两边的位移)，都会发生这种相消干涉。同样，M_2 位移$\frac{1}{4}\lambda$ 的偶数倍时，即两光的光程差为 λ 的整数倍时，则都将发生相长干涉。而部分相消干涉则发生在上述两种位移之间。因此，当 M_2 以匀速向 BS 移动时，亦即连续改变两束光的光程差时，就会得到如图 6-15(a)所示的干涉图。图 6-15(b)为另一入射光波长为 λ_2 的单色光所得干涉图。如果两种波长的光一起进入干涉仪，则将得到两种单色光干涉图的加合图，如图 6-15(c)所示。

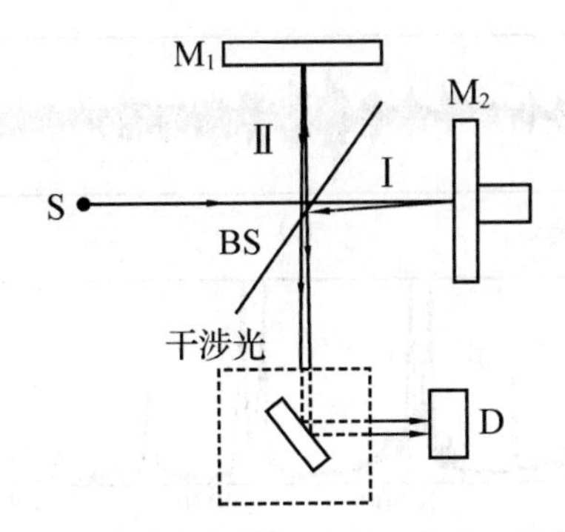

图 6-14　迈克尔逊干涉仪光学示意及工作原理图

M_1. 定镜　M_2. 动镜　S. 光源　D. 探测器　BS. 光束分裂器

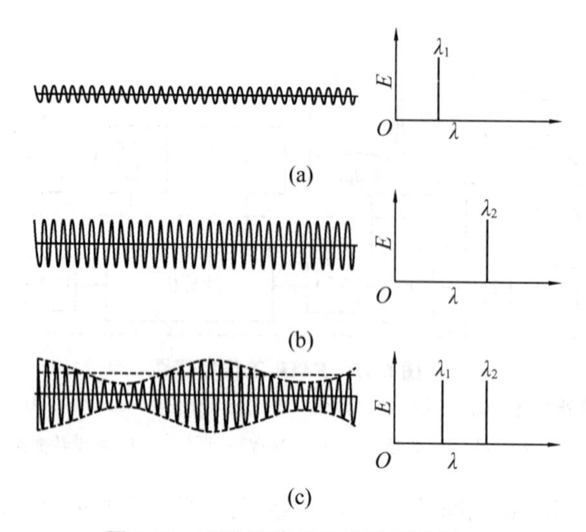

图 6-15　两种波长单色光的干涉图

(a)波长为 λ_1　(b)波长为 λ_2　(c)波长 λ_1 和 λ_2 同时进入干涉仪

同样，当入射光为连续波长的多色光时，得到的则是具有中心极大并向两边迅速衰减的对称干涉图(图 6-16)。这种多彩的干涉图等于所有各单色干涉图的加合。若在此干涉光束中放置能吸收红外光的试样，那么试样就会吸收某些频率的能量，所得到干涉图强度曲

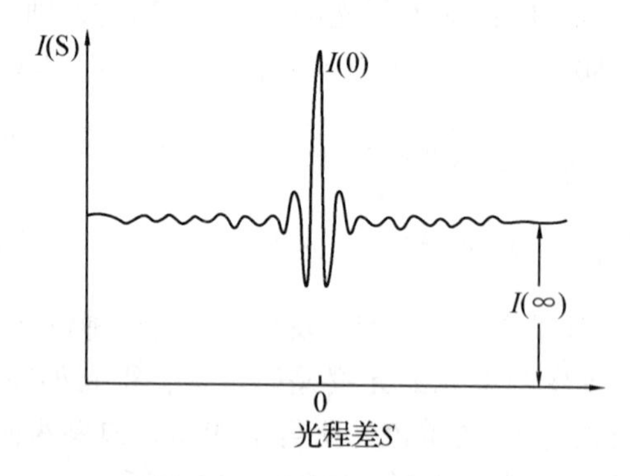

图 6-16　多色光的干涉图

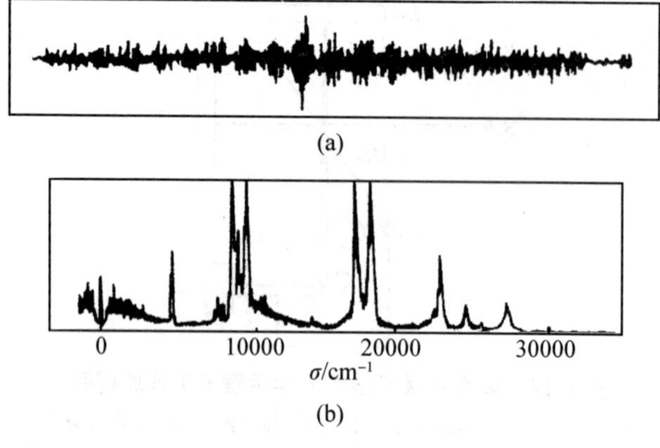

图 6-17　同一有机化合物的干涉图(a)和红外光谱图(b)

线函数就会发生如图 6-17(a)的变化，将干涉图进行傅里叶逆变换，即得到我们所熟悉的透射比随波数变化的普通红外光谱图，如图 6-17(b)所示。可见，实际上干涉并没有把光波按频率分开，而只是将各种频率的光信号经干涉作用调制为干涉函数，再由计算机通过傅里叶逆变换计算还原出原来的光谱，这就是 FTIR 最基本的原理。

与色散型红外光谱仪相比，FTIR 仪器没有狭缝的限制。光通量只与干涉仪平面镜大小有关，因此在同样分辨率下，光通量要大得多，从而使检测器接受到的信号和信噪比增大，具有很高的灵敏度，有利于弱光谱的测定；扫描速度极快，能在很短时间内(<1s)获得全频域光谱响应；采用激光干涉条纹准确测定光程差，使 FTIR 测定的波数更为准确。自 20 世纪 80 年代中后期计算机的微型化和通用机的发展，使 FTIR 的整机性能大大提高，而价格有所下降，这也促进了 FTIR 的应用和普及。

傅里叶红外光谱仪中应用的检测器有热释电检测器和碲镉汞检测器。

6.3.3 试样的制备

在红外光谱法中，试样的制备及处理占有重要的地位。如果试样处理不当，那么即使仪器的性能很好，也不能得到满意的红外光谱图。一般说来，在制备试样时应注意以下几点：

① 试样的浓度和测试厚度应选择适当　以使光谱图中大多数吸收峰的透射比处于 15 %~70 %范围内。浓度太小或厚度太薄，会使一些弱的吸收峰和光谱的细微部分不能显示出来，反之又会使强的吸收峰超越标尺刻度而无法确定它的真实位置。

② 试样中不应含有游离水　水分的存在不仅会侵蚀吸收池的盐窗，而且水分本身在红外区有吸收，将使测得的光谱图变形。

③ 试样应该是单一组分的纯物质　多组分试样在测定前应尽量预先进行组分分离，否则各组分光谱相互重叠，谱图无法得到正确的解释。

试样的制备，根据其聚集状态可按下法进行。

6.3.3.1 气态试样

使用气体吸收池，先将吸收池内空气抽去，然后吸入被测试样。

6.3.3.2 液体和溶液试样

对于沸点较高的试样，可直接滴在两块盐片之间，形成液膜，此法也称液膜法。

对于沸点较低，挥发性较大的试样，可注入封闭液体池中，液层厚度一般控制为 0.01~1 mm。

对于一些吸收很强的液体，当用调整厚度的方法仍然得不到满意的谱图时，往往可配制成溶液以降低浓度进行测试。量少的液体试样，为了能灌满液槽，亦需要补充加入溶剂。一些固体或气体以溶液的形式来进行测定，也是比较方便的。所以，溶液试样在红外光谱分析中是经常遇到的。但是红外光谱法中对所使用的溶剂必须仔细选择，一般说来，除了对试样应有足够的溶解度外，还应在所测光谱区域内溶剂本身没有强烈吸收，不侵蚀盐窗，对试样没有强烈的溶剂化效应等。原则上，在红外光谱法中，分子简单、极性小的物质可用作试样的溶剂。例如，CS_2 是 1350~600 cm^{-1} 区域常用的溶剂，CCl_4 用于 4000~1350 cm^{-1} 区域，但 CCl_4 在 1580 cm^{-1} 附近稍有干扰。为了避免溶剂的干扰，当需要得到试样在中红外区的吸收全貌时，可以采用不同溶剂配成多种溶液分别进行测定。例如，用试样的CCl_4溶液测绘4000~1350 cm^{-1}区域的红外光谱，用试样的CS_2溶液测绘1350~600 cm^{-1}区的红外光谱。也可以采用溶剂补偿法来避免溶剂的干扰，即在参比光路上放置与试样吸收池配对的、充有纯溶剂的参比吸收池，但在溶剂吸收特别强的区域，例如，CS_2的吸收区1600~1400 cm^{-1}，用补偿法不能得到满意的结果。

6.3.3.3 固体试样

(1)压片法

取试样0.5~2 mg，在玛瑙研钵中研细，再加入100~200 mg磨细干燥的KBr或KCl粉末，混合均匀后，加入压膜内，在压力机中边抽气边加压，制成一定直径及厚度的透明片。然后将此薄片放入仪器光束中进行测定。

(2)石蜡糊法

细粉状试样与石蜡油混合成糊状，压在两个盐片之间进行测谱，这样测得的谱图包含有石蜡油的吸收峰。当测定厚度不大时，只在4个光谱区出现较强的吸收，即3000~2850 cm^{-1}区的饱和C—H伸缩振动吸收，1468 cm^{-1}和1379 cm^{-1}的C—H变形振动吸收，以及在720 cm^{-1}处的CH_2面内摇摆振动引起的宽而弱的吸收。

可见当使用石蜡油作糊剂时，不能用来研究饱和C—H键的吸收情况，此时可用六氯丁二烯来代替石蜡油。

(3)薄膜法

对于那些熔点低，在熔融时又不分解、升华或发生其他化学反应的物质，可将它们直接加热熔融后涂制或压制成膜。但对于大多数聚合物，可先将试样制成溶液，然后蒸干溶剂以形成薄膜。

(4)溶液法

将试样溶于适当的溶剂中，然后注入液体吸收池中。

6.4 红外光谱定性和定量分析

6.4.1 红外光谱定性分析

红外光谱对有机化合物的定性分析具有鲜明的特征性。因为每一化合物都具有特异的红外吸收光谱，其谱带的数目、位置、形状和强度均随化合物及其聚集态的不同而不同，因此根据化合物的光谱，就可以像辨别人的指纹一样，确定该化合物或其官能团是否存在。

红外光谱定性分析，大致可分为官能团定性和结构分析两个方面。官能团定性是根据化合物的红外光谱的特征基团频率来鉴定物质含哪些基团，从而确定有关化合物的类别。结构分析或称结构剖析，则需要由化合物的红外光谱并结合其他实验资料，如相对分子质量、物理常数、紫外光谱、核磁共振波谱、质谱等，来推断有关化合物的化学结构。

下面简要叙述应用红外光谱进行定性分析的过程。

6.4.1.1 试样的分离和精制

用各种分离手段，如分馏、萃取、重结晶、层析等提纯试样，得到单一的纯物质。否则试样不纯不仅会给光谱的解析带来困难，还很有可能引起错误判断。

6.4.1.2 全面了解试样

要了解与试样性质有关的一切资料，如试样来源、元素分析值、相对分子质量、熔点、沸点、溶解度、相关的化学性质，以及紫外光谱、核磁共振谱、质谱等，这对红外谱图的解析有很大的帮助。

根据试样的元素分析值及相对分子质量得出的分子式，可以计算不饱和度，从而可估计分子结构式中是否含有双键、叁键及芳香环，并可验证光谱解析结果的合理性，这对光谱解析是很有利的。

所谓不饱和度是表示有机分子中碳原子的饱和程度。计算不饱和度 U 的经验式为：

$$U=1+n_4+\frac{1}{2}(n_3-n_1) \tag{6-7}$$

式中，n_1，n_3 和 n_4 分别为分子式中一价，三价和四价原子的数目。通常规定双键(C═C、C═O 等)和饱和环状结构的不饱和度为 1，叁键(C≡C、C≡N 等)的不饱和度为 2，苯环的不饱和度为 4(可理解为一个环加三个双键)。链状饱和烃的不饱和度则为零。

6.4.1.3 谱图解析

解析谱图时一般先从各个区域的特征频率入手，发现某个基团后，再根据指纹区进一步核证该基团的存在及其与其他基团的结合方式。例如，若在试样光谱的 1740 cm^{-1} 处出现强吸收，则表示有酯羰基存在，接着从指纹区的 1300～1000 cm^{-1} 处发现有酯的 C—O 伸缩振动强吸收，从而进一步得到确定。如果试样为液态，在 720 cm^{-1} 附近又找到了由长链亚甲基而引起的中等强度吸收峰，则该未知物大致是个长链饱和酯的概念则可初步形成，另外脂肪链的存在也可从 3000 cm^{-1}、1460 cm^{-1} 和 1375 cm^{-1} 等处的相关峰得到证明。再根据元素分析数据等就可以确定它的结构，最后再用标准谱图进一步加以验证。

如某未知物分子式为 C_8H_8O，测得其红外光谱如图 6-18 所示，试推测其结构式。

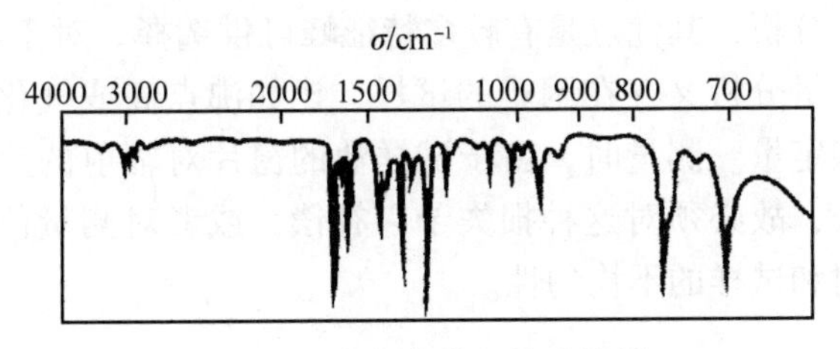

图 6-18 未知物的红外光谱图

由图可见，在 3000 cm^{-1} 附近有 4 个弱吸收峰，这是苯环及 CH_3 的 C—H 伸缩振动；1600～1500 cm^{-1} 处有 2～3 个峰，是苯环的骨架振动；指纹区 760、692 cm^{-1} 处有 2 个峰，说明为单取代苯环。

1681 cm^{-1} 处强吸收峰为 C═O 的伸缩振动，因分子式中只含一个氧原子，不可能是酸或酯，而且从谱图判断有苯环，因此很可能是芳香酮。1363 cm^{-1} 及 1430 cm^{-1} 处的吸收则

分别为 CH_3 的 C—H 对称及反对称变形振动。

根据上述解析，未知物的结构式很有可能是：

$$C_6H_5-\overset{\overset{\displaystyle O}{\|}}{C}-CH_3$$

由分子式计算其不饱和度 U：

$$U=1+8+\frac{1}{2}(0-8)=5$$

该化合物含苯环及双键，故上述推测是合理的，进一步查标准光谱核对，也完全一致，因此可以认为所推测的结构式是正确的。

6.4.1.4 与标准谱图进行对照

由上述讨论可见，在红外光谱定性分析中，无论是已知物的验证，还是未知物的鉴定，常需利用纯物质的谱图来作校验。这些标准谱图，除可用纯物质在相同的制样方法和实验条件下自己测得外，最方便的还是查阅标准谱图集。但在查对时要注意：

① 被测物和标准谱图上的聚集态、制样方法应一致。

② 对指纹区的谱带要仔细对照，因为指纹区的谱带对结构上的细微变化很敏感，结构上的微细变化都能导致指纹区谱带的不同。

常用的几种标准谱图有：萨特勒(Sadtler)标准红外光谱图；Aldrich 红外谱图库；Sigma Fourier 红外光谱图库。

6.4.1.5 计算机红外光谱谱库及其检索系统

目前近代仪器一般都配备有谱图库及其检索系统，可以较快地通过谱峰检索、全谱检索、给出主要基团等检索方式，得到相关信息。

6.4.2 红外光谱定量分析

红外光谱定量分析是根据物质组分的吸收峰强度来进行的，它的依据仍然是朗伯-比尔定律。各种气体、液体和固态物质，均可用红外光谱法进行定量分析。

用红外光谱作定量分析，其优点是有较多特征峰可供选择。对于物理和化学性质相近，而用气相色谱法进行定量分析又存在困难的试样，比如沸点高或气化时要分解的试样，常常可以采用红外光谱法定量。测量时，由于试样池的窗片对辐射的反射和吸收，以及试样的散射会引起辐射损失，故必须对这种损失予以补偿，或者对测量值进行必要的校正。还需消除仪器的杂散辐射和试样的不均匀性。

思考题与习题

6-1. 红外吸收光谱产生的条件是什么？哪些分子不会产生红外吸收光谱，请举例说明。

6-2. 分子的基本振动形式有哪几种？

6-3. 什么是基频、倍频和组频？它们是怎么产生的？

6-4. 何谓基团频率？影响基团频率位移的因素有哪些？

6-5. 请按照羰基振动频率增加的顺序排列下列化合物，并说明原因。

(a) (b) (c)

6-6. 什么是指纹区？它在红外吸收光谱分析中有什么用途？

6-7. 常用的红外光源有哪些？各有什么优缺点？

6-8. 试述迈克尔逊干涉仪的工作原理。

6-9. 傅里叶变换红外光谱仪与色散型红外光谱仪相比，在结构上有什么不同？在功能上有哪些优点？

6-10. 试计算下列化学键的力常数：① 某个酮分子的羰基伸缩振动频率为 1750 cm^{-1} 时；② 当羰基与双键共轭后，其伸缩振动频率为 1720 cm^{-1} 时。

6-11. 试计算下列化学键的振动频率：① C═C 的键力常数 $k=9.6$ N/cm；② H—F 的键力常数 $k=9.0$ N/cm。

6-12. 使用红外吸收光谱法测定固体样品，有哪些制样方法？

6-13. 某化合物分子式为 C_9H_{10}，红外吸收光谱图如下，试推测其结构。

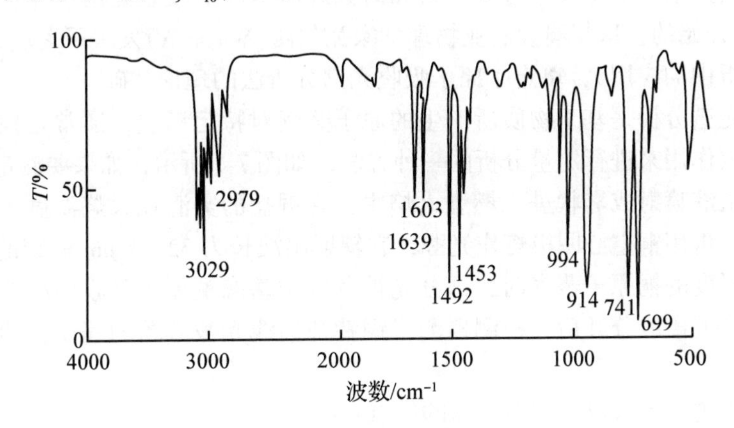

6-14. 某化合物分子式为 $C_5H_{10}O_2$，请根据红外光谱图推测其结构图。

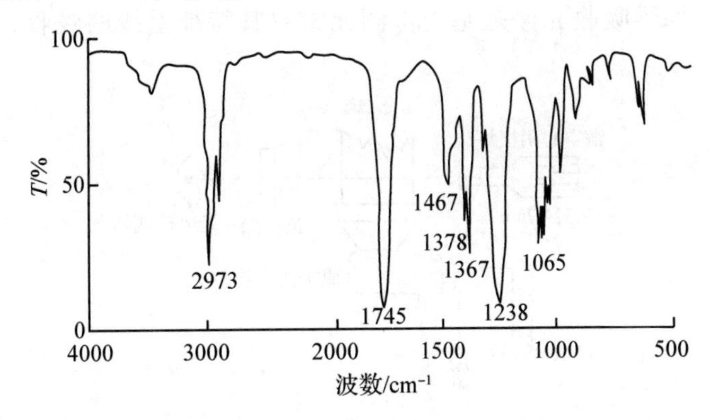

第 7 章 原子吸收光谱分析

7.1 原子吸收光谱分析概述及基本原理

7.1.1 概述

原子吸收光谱分析又称原子吸收分光光度分析，它是基于测量待测元素的基态原子对其特征谱线的吸收程度而建立起来的分析方法。早在 18 世纪初，人们就开始对原子吸收光谱——太阳连续光谱中的暗线进行了观察和研究。但是原子吸收光谱法作为一种分析方法是从 1955 年才开始的，这年澳大利亚物理学家瓦尔西(Walsh A)发表了著名论文《原子吸收光谱在化学分析中的应用》，奠定了原子吸收光谱分析法的理论基础。

原子吸收光谱分析是基于物质所产生的原子蒸气对特定谱线，通常是根据待测元素的特征谱线的吸收作用来进行定量分析的一种方法。如图 7-1 所示，如果要测定试液中铜离子的含量，先将试液喷射成雾状进入燃烧火焰中，含铜盐的雾滴在火焰温度下，挥发并离解成铜原子蒸气。再用铜空心阴极灯作光源，它辐射出波长为 324.7 nm 的铜的特征谱线，该谱线通过一定厚度的铜原子蒸气时，部分光被蒸气中基态铜原子吸收而减弱。通过单色器将特征谱线与临近谱线分开后，检测器测得铜特征谱线光被减弱的程度，即可求得试样中铜的含量。

原子吸收光谱法具有以下许多特殊的优点：

① 灵敏度高，原子吸收光谱法测定的绝对灵敏度可达 10^{-15} ~ 10^{-13} g。

② 选择性好，原子吸收光谱是基于待测元素对其特征谱线的吸收，干扰较少，易于消除。

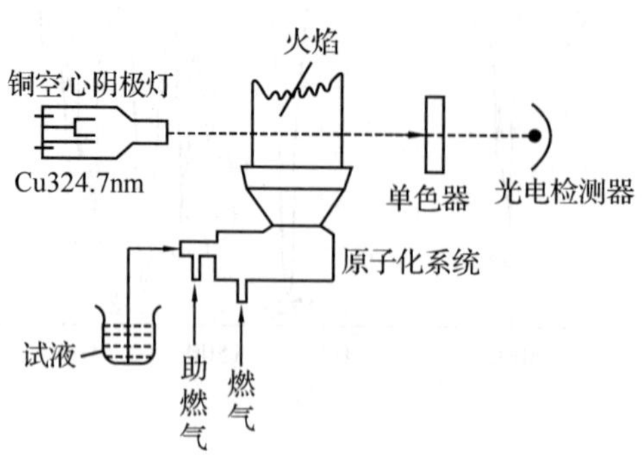

图 7-1　原子吸收分析示意图

③ 精密度和准确度高，原子吸收程度受外界因素的影响相对较小。

④ 可测元素多，能够用原子吸收光谱法测定的元素多达 70 多种。

⑤ 需样量少，分析速度快。

传统原子吸收光谱法的不足之处是测定不同元素要用不同的元素灯，更换不太方便。新型多通道原子吸收光谱法在一定程度上解决了此问题，但价格比较昂贵。另外，原子吸收光谱法主要测定对象是金属元素。

7.1.2 原子吸收光谱分析基本原理

7.1.2.1 原子吸收光谱的产生

在通常情况下，原子均处于基态。当一束具有某能量的辐射线照射原子，而这一能量又恰好等于该原子从基态跃迁到激发态所需的能量时，原子就会发生跃迁。原子在两个能态之间的跃迁伴随着能量的发射和吸收。从基态跃迁至激发态要吸收能量，从而产生原子吸收光谱。原子可具有多种能级状态，当原子受外界能量激发时，其最外层电子可能跃迁到不同能级，因此可能有不同的激发态。电子从基态跃迁到能量最低的激发态(称为第一激发态)时要吸收一定频率的光，产生的吸收谱线称为共振吸收线。激发态不稳定，再跃迁回基态时，则发射出同样频率的光(谱线)，这种谱线称为共振发射线。

各种元素的原子结构和外层电子排布不同，不同元素的原子从基态激发至第一激发态，或由第一激发态跃迁返回基态时，吸收或发射的能量各自不同，因而各种元素的共振线是不同的，各有其特征性，也称为该元素的特征谱线。从基态到第一激发态间的直接跃迁最易发生，对大多数元素而言，共振线是元素的灵敏线。在原子吸收分析中，共振线是最主要的分析线。

7.1.2.2 谱线轮廓与谱线变宽

(1)定量分析的依据

若将不同频率的光(强度为 $I_{0\nu}$)通过原子蒸气，如图 7-2 所示。

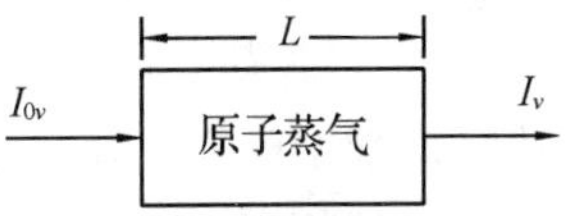

$I_{0\nu}$ → 原子蒸气 → I_ν （宽度 L）

图 7-2 原子吸收示意图

有一部分光将被吸收，其透过光的强度，即原子吸收共振线后光的强度与原子蒸气的宽度有关，此处原子蒸气的宽度即火焰宽度。若原子蒸气中原子密度一定，则透过光或吸收光的强度与原子蒸气宽度呈正比关系，此即朗伯定律：

$$I_\nu = I_{0\nu} e^{-K_\nu L} \tag{7-1}$$

式中，I_ν 为透过光的强度；L 为原子蒸气的宽度；K_ν 则为原子蒸气对频率为 ν 的光的吸收系数。

吸光度 A 为：

$$A = \lg \frac{I_{0\nu}}{I_\nu} = K_\nu L c \tag{7-2}$$

式中，c 为原子蒸气浓度。原则上公式中 c 为基态原子的浓度，由于在一般原子化温度下，绝大多数原子处于基态状态，所以可以直接以总原子浓度替代基态原子浓度，并间接表示样品中待测元素的浓度。

(2)吸收峰的形状

吸收系数K，随着光源的辐射频率的变化而改变，也即对不同频率的光，原子对光的吸收是不同的。透过光强度I_ν随光频率的变化规律如图7-3所示。由图可见，在频率ν_0处透过的光最少，吸收最大，即原子蒸气在特征频率ν_0处有吸收线。因此原子蒸气从基态跃迁至激发态所吸收的谱线(吸收线)并不是绝对单色的几何线，而是具有一定的宽度，通常称之为谱线轮廓。将吸收系数K_ν随频率ν变化的关系作图，更能说明吸收线的轮廓(图7-4)。在频率ν_0处，吸收系数有一极大值K_0，吸收线在中心频率ν_0的两侧具有一定的宽度。通常以吸收系数等于极大值的1/2即$\frac{K_0}{2}$处吸收线轮廓上两点间的距离，也即两点间的频率差来表征吸收线的宽度，称为吸收线的半宽度，以$\Delta\nu$表示，其数量级约为$10^{-3}\sim10^{-2}$ nm。

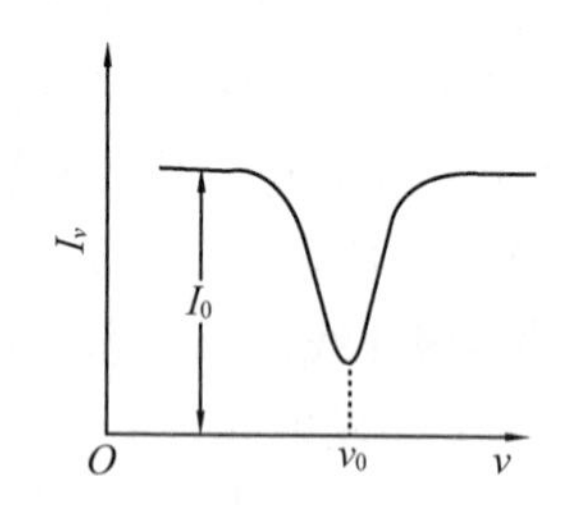

图7-3 I_ν与ν_0的关系

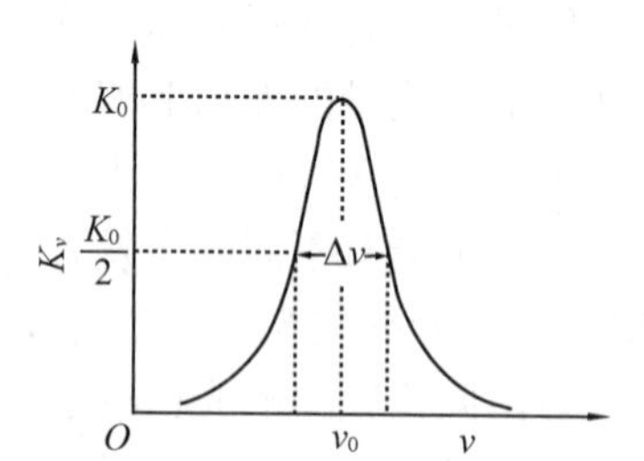

图7-4 吸收线轮廓与半宽度

(3)谱线变宽

由上述可见表征吸收线轮廓特征的值是中心频率ν_0和半宽度$\Delta\nu$，前者由原子的能级分布特征决定，后者除谱线本身具有的自然宽度外，还受多种因素的影响。

在无外界影响下，谱线仍有一定宽度，称为自然宽度，以$\Delta\nu_N$表示。它与原子发生能级间跃迁时激发态原子的有限寿命有关。不同谱线有不同的自然宽度。在多数情况下，$\Delta\nu_N$约相当于10^{-5} nm数量级。其他造成谱线变宽效应的因素有：

① 多普勒变宽$\Delta\nu_D$　这是由于原子在空间作无规则热运动所导致的，故又称为热变宽。从物理学中已知，从一个运动着的原子发出的光，如果运动方向离开观测者，则在观测者看来，其频率较静止原子所发的光的频率低；反之如原子向着观测者运动，则其频率较静止原子发出的光的频率为高，这就是多普勒效应。原子吸收分析中，气体中的原子是处于无规则热运动之中，在沿观测者即仪器的检测器的观测方向上就具有不同的运动速度分量，这种运动着的发光粒子的多普勒效应，使观测者接受到很多频率稍有不同的光，于是谱线发生变宽。谱线的多普勒变宽$\Delta\nu_D$可由下式决定：

$$\Delta\nu_D=\frac{2\nu_0}{c}\sqrt{\frac{2\ln2RT}{M}}$$

$$=7.162\times10^{-7}\nu_0\sqrt{\frac{T}{M}} \tag{7-3}$$

式中，R为气体常数；c为光速；M为吸光质点的相对原子质量；T为热力学温度(K)；ν_0为谱线中心频率。

因此，多普勒变宽与元素的相对原子质量、温度和谱线的频率有关。待测元素的相对

原子质量 M 越小，温度越高，则 $\Delta\nu_D$ 越大。由于 $\Delta\nu_D$ 与 $\sqrt{T}$ 呈正比，所以在一定温度范围内，温度稍有变化，对谱线的宽度影响并不很大。

② 压力变宽　这是由于吸光原子与蒸气中原子或分子相互碰撞而引起的能级的些微变化，使发射或吸收光量子频率改变而导致的谱线变宽。根据与之碰撞的粒子不同，压力变宽又可分为劳伦兹变宽和赫鲁兹马克变宽两类。

与其他粒子(如待测元素的原子与火焰气体粒子)碰撞而产生的变宽称为劳伦兹变宽，以 $\Delta\nu_L$ 表示。

与同种原子碰撞而产生的变宽称为共振变宽或赫鲁兹马克变宽。

共振变宽只有在被测元素浓度较高时才有影响。在通常的条件下，压力变宽起重要作用的主要是劳伦兹变宽：亦即被测元素的原子与不同原子间的碰撞所引起的变宽作用，它引起谱线轮廓的变宽、漂移和不对称。

谱线的劳伦兹变宽可由下式决定。

$$\Delta\nu_L = 2N_A\sigma^2\rho\nu_0\sqrt{\frac{2}{\pi RT}\left(\frac{1}{A}+\frac{1}{M}\right)} \tag{7-4}$$

式中，N_A 为阿佛加德罗常数，数值为 6.02×10^{23}；σ 为碰撞的有效截面；ρ 为外界气体压强；A 和 M 分别为外界气体的相对分子质量或相对原子质量和待测元素相对原子质量。

除上述讨论的因素外，影响谱线变宽的还有其他一些因素。例如，强电场和磁场导致的变宽、自吸效应等。但在通常的原子吸收分析的实验条件下，吸收线的轮廓主要受多普勒和劳伦兹变宽的影响。当采用火焰原子化装置时，$\Delta\nu_L$ 是主要的；在采用无火焰原子化装置时，$\Delta\nu_D$ 将占主要地位。不论是哪一种因素，谱线的变宽都将导致原子吸收分析灵敏度的下降。

7.1.2.3　积分吸收和峰值吸收

(1) 积分吸收

在原子吸收分析中常将原子蒸气所吸收的全部能量称为积分吸收，即图 7-4 中吸收线下面所包括的整个面积。根据经典色散理论，积分吸收 $\int K_\nu \mathrm{d}\nu$ 可由下式得出：

$$\int_{-\infty}^{+\infty} K_\nu \mathrm{d}\nu = \frac{\pi e^2}{mc}N_0 f \tag{7-5}$$

式中，e 为电子电荷；m 为电子质量；c 为光速；N_0 为单位体积原子蒸气中吸收辐射的基态原子数，或称基态原子密度；f 为振子强度，代表每个原子中能够吸收或发射特定频率光的平均电子数，在一定条件下对一定元素，f 为一定值。

这一公式表明，积分吸收与单位体积原子蒸气中吸收辐射的原子数呈简单的线性关系。这种关系与频率无关，亦与用以产生吸收线轮廓的物理方法和条件无关。此关系式是原子吸收分析方法的一个重要理论基础。若能测得积分吸收值，即可计算出待测元素的原子密度，从而使原子吸收法成为一种绝对测量方法而不需要与标准比较，但这在实际应用中是无法实现的，因为这对光源和单色器均提出了新的更高要求。

假设原子吸收光谱采用传统光源氘灯或钨灯等连续光源作为光源，连续光源与原子吸收线通带宽度比较如图 7-5 所示。

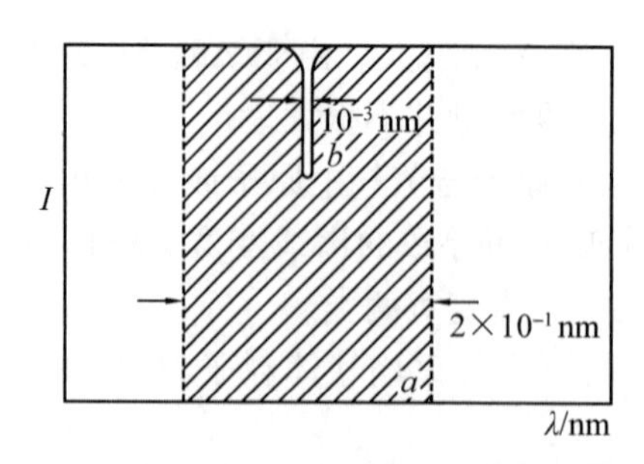

图 7-5 连续光源(a)与原子吸收线(b)的通常宽度示意图

图中 a 为连续光源经单色器及狭缝后分离所得入射光的谱带，对于常用的原子吸收分光光度计，当将狭缝器调至最小时(0.1 nm)，其通带宽度或光谱通带约为 0.2 nm。图中 b 为原子的吸收线，其半宽度约为 10^{-3} nm。可见若以具有宽通带的连续光源来对窄的吸收线进行测量时，由待测原子吸收线引起的吸收值，仅相当于总入射光强 a 的 0.5%，亦即原子吸收只占通带宽度范围的很少一部分，使测定灵敏度极差。要测量这样一条半宽度很小的吸收线的积分吸收值，需要分辨率高达五十万的单色器，这在目前的技术情况下是难以做到的。

(2)峰值吸收

1955 年瓦尔西(Walsh A)提出了采用锐线光源测量谱线峰值吸收的方法。所谓锐线光源就是能发射出谱线半宽度很窄的发射线的光源。

图 7-6 即为使用锐线光源进行吸收测量时的示意图。现根据光源发射线半宽度 $\Delta\nu_e$ 小于吸收线半宽度 $\Delta\nu_a$ 的条件，考察测量原子吸收与原子蒸气中原子密度之间的关系。在此吸光度为：

$$A=\lg\frac{I_0}{I}$$

式中，I_0 和 I 分别表示在 $\Delta\nu_e$ 频率范围内入射光和透射光的强度。它们分别为：

$$I_0=\int_0^{\Delta v_e} I_{0v}\mathrm{d}v \tag{7-6}$$

$$I=\int_0^{\Delta v_e} I_v\mathrm{d}v \tag{7-7}$$

将式(7-1)代入式(7-7)得：

$$I=\int_0^{\Delta v_e} I_{0v}e^{-k_vL}\mathrm{d}v \tag{7-8}$$

因此：

$$A=\lg\frac{\int_0^{\Delta v_e} I_{0v}\mathrm{d}v}{\int_0^{\Delta v_e} I_{0v}e^{-k_vL}\mathrm{d}v} \tag{7-9}$$

当 $\Delta\nu_e \ll \Delta\nu_a$，在积分界限内可以认为 K_v 为常数，并可合理地使之等于峰值吸收系数 K_0，则指数项可提出积分号之外，得：

$$A=\lg\frac{1}{e^{-K_0L}}=\lg e^{K_0L}=0.4343K_0L \tag{7-10}$$

K_0 值与谱线的宽度有关，在通常原子吸收分析的条件下，若吸收线轮廓单纯取决于多普勒变宽，则：

$$K_0=\frac{2\sqrt{\pi\ln2}}{\Delta\nu_D}\cdot\frac{e^2}{mc}N_0f \tag{7-11}$$

将 K_0 值代入式(7-10)：

$$A=0.4343\times\frac{2\sqrt{\pi\ln2}}{\Delta\nu_D}\cdot\frac{e^2}{mc}N_0fL \tag{7-12}$$

或

$$A=kN_0L \tag{7-13}$$

上式表明，当使用很窄的锐线光源作原子吸收光源时，测得的吸光度与原子蒸气中待测元素的基态原子数呈线性关系。

由图7-6可见，为了实现峰值吸收的测量，除了要求光源发射线的半宽度应小于吸收线半宽度以外，还必须使通过原子蒸气的发射线中心频率恰好与吸收线的中心频率 ν_0 相重合，这就需要在测定时使用一个与待测元素同种元素制成的锐线光源。

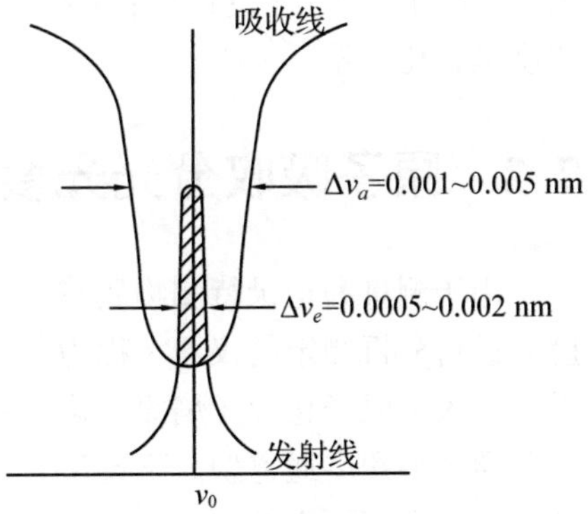

图 7-6 峰值吸收测量示意图
（阴影部分表示被吸收的发射线）

7.1.2.4 基态原子与激发态原子的分配

在原子吸收光谱中，一般广泛应用的火焰原子化方法，常用的温度低于3000 K，此时大多数化合物离解成原子状态，其中可能也有部分原子被激发。即在火焰中既有基态原子，也有部分激发态原子。在一定温度下两种状态的原子数有一定比值，若温度变化，这个比值也随之改变。其关系可用玻尔兹曼(Boltzmann)方程表示：

$$\frac{N_j}{N_0}=\frac{P_j}{P_0}e^{-\frac{E_j-E_0}{kT}}=\frac{P_j}{P_0}e^{\frac{-\Delta E}{kT}} \tag{7-14}$$

式中，N_j 和 N_0 分别为单位体积内激发态和基态的原子数；P_j 和 P_0 分别为激发态和基态能级的统计权重，它表示能级的简并度，即相同能级的数目；k 为玻尔兹曼常数；T 为热力学温度。

原子光谱中，对一定波长的谱线，P_j/P_0 和 ΔE 都是已知值，因此只要火焰温度 T 确定，就可以得 N_j/N_0 值。表7-1列出了几种元素共振线的 N_j/N_0 计算值。

表 7-1 几种元素共振线的 N_j/N_0 值

共振线波长/nm	$\frac{P_j}{P_0}$	激发能/eV	N_j/N_0		
			2000 K	3000 K	4000 K
Cs 852.11	2	1.455	4.31×10^{-4}	7.19×10^{-3}	2.98×10^{-2}
Na 589.0	2	2.104	0.99×10^{-5}	5.83×10^{-4}	4.44×10^{-3}
Ca 422.67	2	2.932	1.22×10^{-7}	3.55×10^{-5}	6.03×10^{-4}
Zn 213.86	2	5.795	7.15×10^{-15}	5.50×10^{-10}	1.48×10^{-7}

可以看出，温度越高，N_j/N_0 值越大。在同一温度，电子跃迁的能级 E_j 越小，共振线的频率越低，N_j/N_0 值也越大。常用的火焰温度一般低于 3000 K，且大多数的共振线波长都小于 600 nm，因此对大多数元素来说，N_j/N_0 值都很小，一般<1 %，即火焰中的激发态原子数远远小于基态原子数，也就是在火焰中基态原子数占绝对多数，因此可以用基态原子数 N_0 代表吸收辐射的原子总数。

实际分析要求测定的是试样中待测元素的浓度，而此浓度是与待测元素吸收辐射的原子总数成正比的。因此在一定浓度范围和一定火焰宽度 L 的情况下，式(7-13)可表示为：

$$A=k'c \tag{7-15}$$

式中，c 为待测元素的浓度；k'在一定实验条件是一个常数。在一定实验条件下，吸光度与浓度呈正比关系。

7.2 原子吸收分光光度计

用于测量和记录待测物质在一定条件下形成的基态原子蒸气对其特征光谱线的吸收程度并进行分析测定的仪器，称为原子吸收光谱仪或原子吸收分光光度计。按原子化方式分类，有火焰原子化和无焰原子化两种。按入射光束分，有单光束型和双光束型。按通道分，有单通道型和多通道型。不论型号如何，其光源、原子化器、分光系统和检测系统这四大部件都是必不可少的。

光源发射的待测元素的特征谱线，通过原子化器中待测元素的原子蒸气时，部分被吸收，透过部分经分光系统和检测系统即可测得该特征谱线被吸收的程度，即吸光度。根据吸光度与浓度呈线性关系的原理，即可求出待测物质的含量。

单光束型火焰原子吸收分光光度计示意图如图 7-7 所示，此类仪器结构比较简单，共振线在外光路损失少，因而应用广泛。

双光束型原子吸收分光光度计的光学系统示意图如图 7-8 所示。光源辐射被旋转斩光器分为两束光，试样光束通过火焰，参比光束不通过火焰，然后用半透半反射镜将试样光束及参比光束交替通过单色器而投射至检测系统。

现以单光束火焰原子吸收分光光度计的基本结构为例，讨论各部件的作用与测定原理。

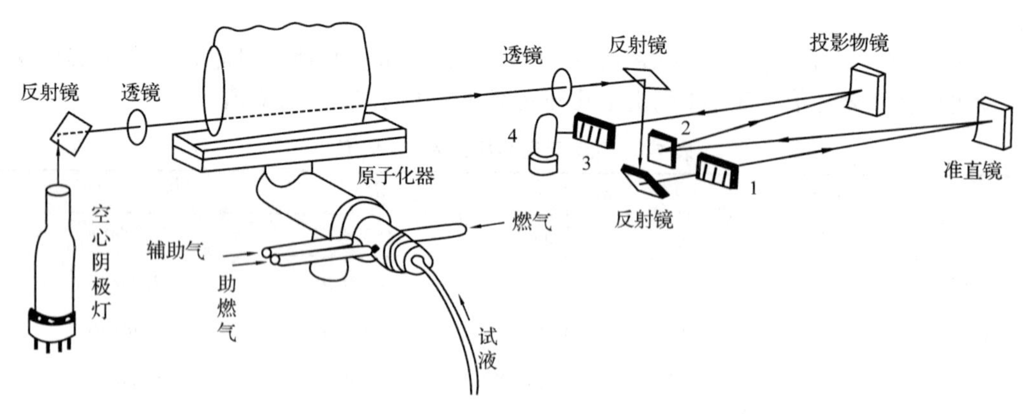

图 7-7 单光束火焰原子吸收分光光度计示意图

1. 入射狭缝 2. 光栅 3. 出射狭缝 4. 光电倍增管

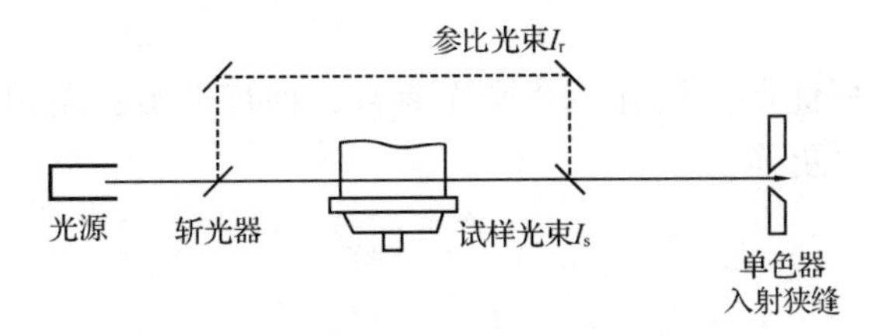

图 7-8　双光束型光学系统示意图

7.2.1　光源

光源的作用是辐射待测元素的特征光谱，以供测量之用，但实际辐射的谱线会混有其他一些非吸收谱线。如前所述，为了测出待测元素的峰值吸收，必须使用锐线光源。为了获得较高的灵敏度和准确度，所使用的光源应满足以下要求。

① 能辐射锐线，即发射线的半宽度明显小于吸收线的半宽度，即 $\Delta\nu_e \ll \Delta\nu_a$。

② 能辐射待测元素的共振线，具有足够的强度，以保证有足够的信噪比。

③ 辐射的光强度必须稳定且背景小，在光谱通带内无其他干扰光谱。

蒸气放电灯、无极放电灯和空心阴极灯都能符合上述要求。这里着重介绍应用最广泛的空心阴极灯。

空心阴极灯是一种特殊形式的低压气体放电光源，它包括一个阳极和一个空心圆筒形阴极，放电集中于阴极空腔内。阳极由钨棒制成，阴极由用以发射所需谱线的金属或合金，或铜、铁、镍等金属制成阴极衬套，空穴内再衬入或熔入所需金属所组成。两电极密封于充有低压惰性气体的带有石英窗的玻璃壳中。其结构如图 7-9 所示。

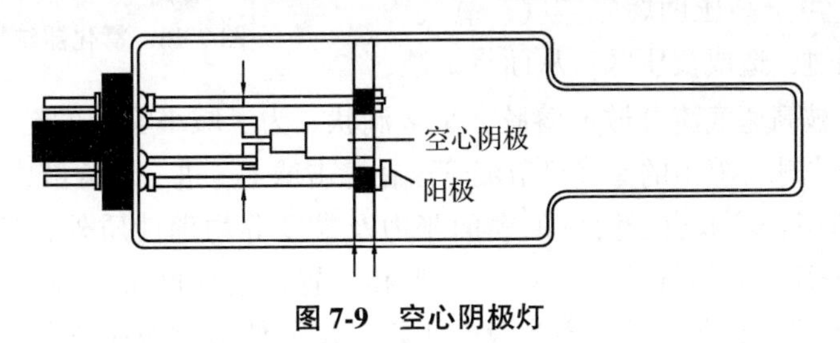

图 7-9　空心阴极灯

当正负电极间施加 300～500 V 的电压时，便开始辉光放电，在电场作用下，电子在飞向阳极的途中，与载气原子碰撞并使之电离，放出二次电子，使电子与正离子数目增加，以维持放电。正离子从电场获得动能，如果正离子的动能足以克服金属阴极表面的晶格能，当其撞击在阴极表面时，就可以将原子从晶格中溅射出来。除溅射作用之外，阴极受热也会致阴极表面元素的热蒸发。溅射与蒸发出来的原子进入空腔内，再与电子、惰性气体原子、离子等发生第二次碰撞而受到激发，发射出相应元素的特征共振辐射，于是阴极内的辉光中便出现了阴极物质和内充惰性气体的光谱。

空心阴极灯发射的光谱，主要是阴极元素的光谱，因此用不同的待测元素作阴极材料，可制成各相应待测元素的空心阴极灯。若阴极物质只含一种元素，可制成单元素灯，阴极物质含多种元素，则可制成多元素灯。由于谱线内也夹杂有内充气体及阴极中杂质的光谱，为了避免发生光谱干扰，在制灯时，必须用纯度较高的阴极材料和选择适当的内充气体，常使用高纯惰性气体氖或氩，以使阴极元素的共振线附近没有内充气体或杂质元素的强谱线。

空心阴极灯具有下列优点：只有一个操作参数，即灯电流；发射的谱线稳定性好，强度高而宽度窄，并且容易更换。

7.2.2 原子化系统

原子化系统的作用是将试样中的待测元素转变成原子蒸气。使试样原子化的方法有火焰原子化法和无火焰原子化法两种。前者具有简单、快速的特点，对大多数元素有较高的原子化效率、灵敏度和检测极限，因而发展很快。

7.2.2.1 火焰原子化装置

火焰原子化装置包括雾化器和燃烧器两部分。燃烧器又有全消耗型和预混合型两种类型。前者将试液直接喷入火焰，原子化效率低。后者是用雾化器将试液雾化，在雾化室内将较大的雾滴除去，使试液的雾滴均匀化，然后再喷入火焰。后一类型应用较为普遍。

(1) 雾化器

雾化器的作用是将试液雾化，其性能对测定精密度和化学干扰等产生显著影响。因此要求喷雾稳定，雾滴微小而均匀及雾化效率高。目前普遍采用的是气动同轴型雾化器，其雾化效率可达10%以上。图7-10为一种雾化器的结构示意图。根据伯努利原理，在毛细管外壁与喷嘴口构成的环形间隙中，由于高压助燃气空气、氧气、氧化氮等以高速通过，造成负压区，从而将试液沿毛细管吸入，并被高速气流分散成溶胶，呈雾滴状。为了减小雾滴的粒度，在雾化器前几毫米处放置一个撞击球，喷出的雾滴经节流管碰在撞击球上，进一步分散成细雾。

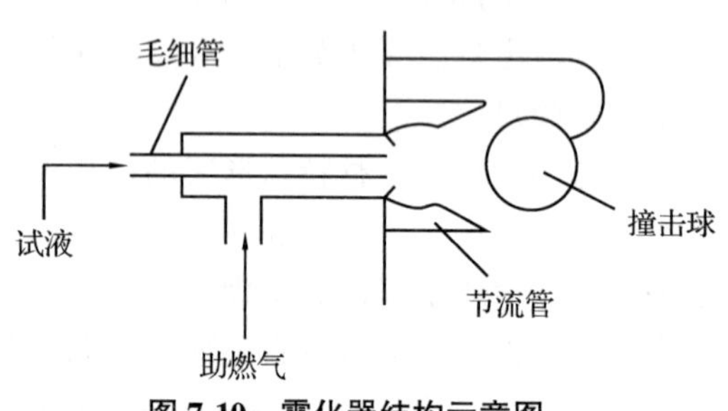

图7-10 雾化器结构示意图

形成雾滴的速率，除取决于溶液的表面张力及黏度等物理性质外，还取决于雾化器助燃气的压力气体导管和毛细管孔径的相对大小和位置。增加助燃气流速，可使雾滴变小。气压增加过大，提高了单位时间试样溶液的用量，反而使雾化效率降低。故应根据仪器条件和试样溶液的具体情况来确定助燃气条件。

(2) 燃烧器

图7-11为预混合型燃烧器的示意图，试液雾化后进入预混合室，也称雾化室，与燃气在室内充分混合，其中较大的雾滴凝结在壁上，经预混合室下方废液管排出，而最细的雾滴则进入火焰中。对预混合室的要求是能使雾滴与燃气充分混合，前测样品组分对后测组分测定的影响即“记忆”效应要小，噪声低，废液排出快。预混合型燃烧器的主要优点是产生的原子蒸气多，吸样和气流的稍许变动影响较小，火焰稳定性好，背景噪声较低，而且比较安全。缺点是试样利用率低，通常约为10%。

预混合型燃烧器一般采用吸收光程较长的长缝型喷灯。这种喷灯灯头金属边缘宽，散热较快，不需要水冷。为了适应不同组成的火焰，一般仪器配有两种以上不同规格的单缝式喷灯，一种是缝长10~11 cm，缝宽0.5~0.6 mm，适用于空气-乙炔火焰；另一种是缝长5 cm，缝宽0.46 mm，适用于氧化亚氮-乙炔火焰。

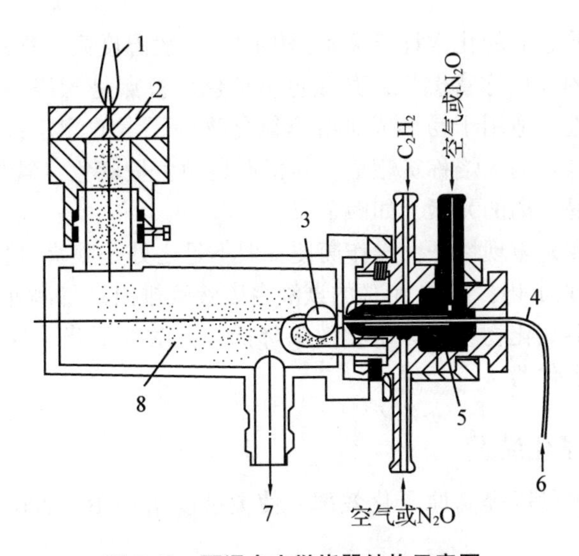

图 7-11 预混合室燃烧器结构示意图

1. 火焰 2. 喷灯头 3. 撞击球 4. 毛细管 5. 雾化器
6. 试液 7. 废液 8. 预混合室

(3) 火焰

原子吸收光谱分析测定的是基态原子，而火焰原子化法是使试液变成原子蒸气的一种理想方法。化合物在火焰温度的作用下经历蒸发、干燥、熔化、离解、激发和化合等复杂过程。

原子吸收所使用的火焰，只要其温度能使待测元素离解成游离基态原子即可。如超过所需温度，则激发态原子增加，电离度增大，基态原子减少，这对原子吸收是很不利的。因此在确保待测元素充分离解为基态原子的前提下，低温火焰比高温火焰具有较高的灵敏度。一般易挥发或电离电位较低的元素，如 Pb、Cd、Zn、Sn、碱金属及碱土金属等，应使用低温且燃烧速度较慢的火焰，与氧易生成耐高温氧化物而难离解的元素，如 Al、V、Mo、Ti 及 W 等，应使用高温火焰。表 7-2 列出了几种常用火焰的温度及燃烧速度。

表 7-2 火焰的温度及燃烧速度

燃 气	助燃气	着火温度/K	燃烧速率/($cm \cdot s^{-1}$)	火焰温度/K
乙 炔	空 气	623	158	2500
	氧 气	608	1140	3160
	笑 气(N_2O)		160	2990
氢 气	空 气	803	310	2318
	氧 气	723	1400	2933
	笑 气		390	2880
丙 烷	空 气	510	82	2198
	氧 气	490		3123

由表 7-2 可知，火焰的种类有多种，但最常用的是乙炔-空气火焰和乙炔-笑气火焰。前者最高温度约为 2500 K，适用于多数元素测定，后者最高温度 2990 K，适用于耐高温、难解离和激发电位较高的元素的原子化。

同种火焰又分为贫燃焰、富燃焰和化学计量焰 3 种类型。所谓化学计量焰也称中性焰，是指助燃气与燃气按照它们的化学计量关系提供的，一般温度高，适用于多数元素原子化。燃气量大于化学计量的火焰称富燃焰，其颜色呈黄色，特点是燃烧不完全，温度略低于化学计量焰，具有还原性，适用于易形成难解离氧化物的元素的测定；它的干扰较多，背景高。助燃气大于化学计量的火焰称贫燃焰，其特点是颜色呈蓝色，氧化性较强，温度较低，适用于测定易解离、易电离的元素，如碱金属。

火焰原子化的优点是重现性好，操作简便，但不足之处是喷雾气体对试样的稀释严重，仅有约10％的试液被原子化，而约90％的试液由废液管排出。待测元素易受燃气和火焰周围空气的氧化生成难溶氧化物，使原子化效率降低，灵敏度下降。为克服火焰原子化的缺点，发展了石墨炉原子化器。

7.2.2.2 无火焰原子化装置

无火焰原子化装置可以提高原子化效率，使灵敏度增加10～200倍，因而得到较多的应用。

无火焰原子化装置有多种：电热高温石墨管、石墨坩埚、石墨棒、钽舟、镍杯、高频感应加热炉、空心阴极溅射、等离子喷焰、激光等。图7-12为电热高温石墨炉原子化器。

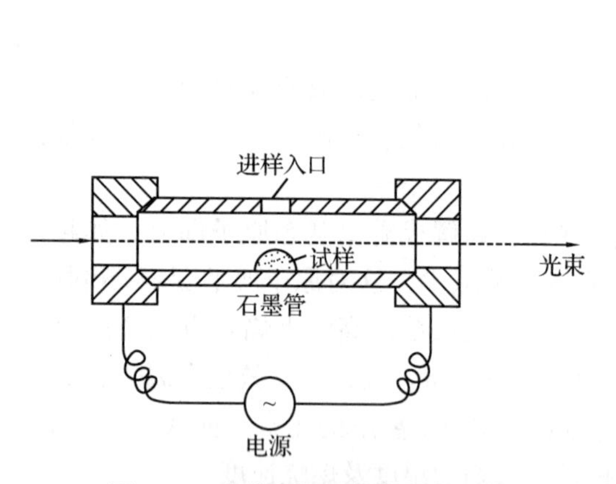

图7-12 电热高温石墨管原子化器

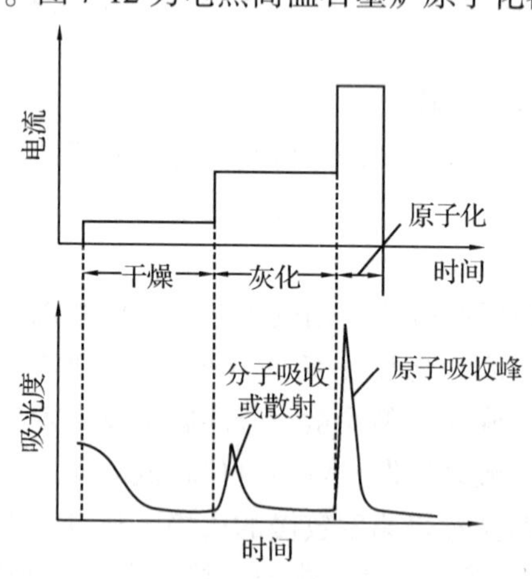

图7-13 无火焰原子化器的程序升温过程示意图

将一个石墨管固定在两个电极之间，管的两端开口，安装时使其长轴与原子吸收分析光束的通路重合。石墨管的中心有一进样口，液体试样由此注入。为了防止试样及石墨管氧化，用300 A大电流通过石墨管时，需要不断通入氮或氩等惰性气体加以保护。此时石墨管被加热至约3000 ℃高温而使试样原子化。测定时石墨管分干燥、灰化、原子化、净化4步程序升温，图7-13为阶梯式程序升温过程示意图。干燥的目的是在约105 ℃低温下蒸发去除试样的溶剂，以免溶剂存在导致灰化和原子化过程飞溅；灰化的作用是在350～1200 ℃的较高温度下进一步去除有机物或低沸点无机物，以减少基体组分对待测元素的干扰；原子化温度与被测元素有关，元素不同，温度不同，一般在2400～3000 ℃；净化的作用是将温度升至最大允许值，以去除残余物，消除由此产生的记忆效应。石墨管原子化器的升温程序由计算机控制自动进行。若改用斜坡式升温能使试样更有效地灰化，减少背景干扰，还能以逐渐升温来控制化学反应速度，对测定难挥发性元素更为有利。

无火焰原子化方法的最大优点是注入的试样几乎可以完全原子化。原子化效率有很大提高，与火焰原子化装置相比，灵敏度增加了10～200倍。特别对于易形成耐熔氧化物的元素，由于没有大量氧存在，并由石墨提供了大量碳，所以能够得到较好的原子化效率。当试样含量很低，或只能提供很少量的试样时，使用无火焰原子化法是很合适的。它的缺点是共存化合物干扰大，重现性差。

7.2.2.3 其他原子化方法

对于砷、硒、汞以及其他一些特殊元素，可以利用某些化学反应来使它们原子化。

(1) 氢化物原子化装置

氢化物原子化法是低温原子化法的一种。主要用来测定 As、Sb、Bi、Sn、Ge、Se、Pb 和 Te 等元素。这些元素在酸性介质中与强还原剂硼氢化钠，或硼氢化钾反应生成气态氢化物。然后将此氢化物送入原子化系统进行测定。因此，其装置分为氢化物发生器和原子化装置两部分。

氢化物原子化法由于还原转化为氢化物时的效率高，生成的氢化物可在较低的温度原子化，一般为 700~900 ℃，且氢化物生成的过程本身是个分离过程，因而此法具有较高灵敏度，分析砷、硒时的灵敏度可达 10^{-9} g。另外，该法还具有较少的基体干扰和化学干扰等优点。

(2) 冷原子化装置

将试液中汞离子用 $SnCl_2$ 或盐酸羟胺还原为金属汞，然后用空气流将汞蒸气带入具有石英窗的气体吸收管中进行原子吸收测量。本法的灵敏度和准确度都较高，可检出 0.01 μg 的汞，是测定痕量汞的好方法。

7.2.3 光学系统

光学系统可分为两部分：外光路系统和分光系统(或称单色器)。

外光路系统使光源发出的共振线能正确地通过被测试样的原子蒸气，并投射到单色器的狭缝上。图 7-14 是应用于单光束仪器的一种双透镜系统类型。光源发出的射线成像在原子蒸气的中间，再由第二透镜将光线聚焦在单色器的入射狭缝上。

分光系统主要由色散元件、反射镜、狭缝等组成，色散元件可以是光栅或棱镜。图 7-15 是一种单光束型的分光系统示意图。

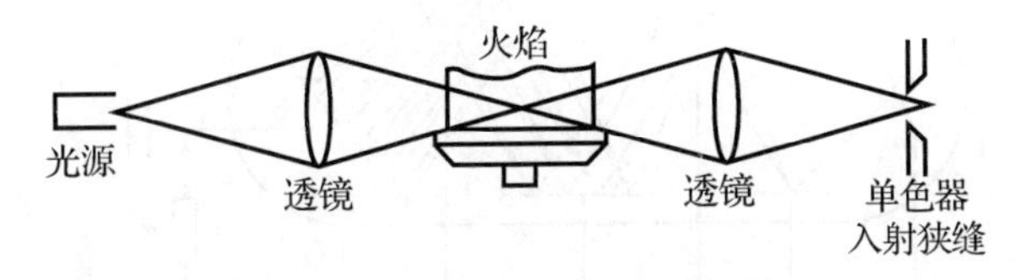

图 7-14 单光束外光路系统

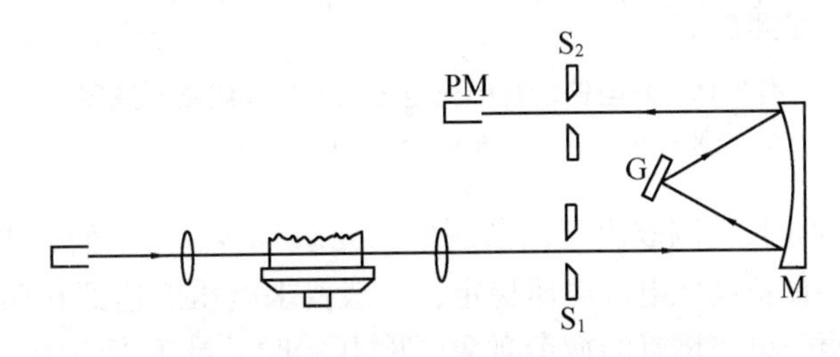

图 7-15 单光束型分光系统示意图

G. 光栅 M. 反射镜 S_1. 入射狭缝 S_2. 出射狭缝 PM. 检测器

原子吸收分光光度计中单色器的作用是将待测元素的共振线与邻近谱线分开。原子吸收所用的吸收线是锐线光源发出的共振线，谱线简单，只要求有一定的出射光强度。若光源强度一定，就需要选用适当的光栅色散率与狭缝宽度配合，构成适于测定的通带来满足上述要求。通带是由色散元件的色散率与入射及出射狭缝宽度决定的，入射及出射狭缝宽度通常是相等的。其表示式如下：

$$W=D\cdot S\times10^{-3} \tag{7-16}$$

式中，W 为单色器的通带宽度(nm)；D 为光栅线色散率的倒数($nm\cdot mm^{-1}$)；S 为狭缝宽度(μm)。

因为每台仪器色散元件的色散率是固定的，故分辨能力仅与仪器狭缝宽度有关。减小狭缝宽度，可提高分辨能力，有利于消除干扰谱线。但狭缝宽度太小，会导致透射光强度减弱，分析灵敏度下降。一般狭缝宽度调节在 0.01～2 mm 之间。

7.2.4 检测系统

检测系统主要由检测器、放大器、对数变换器、显示装置所组成。

7.2.4.1 检测器

检测器的作用是将单色器分出的光信号进行光电转换。在原子吸收分光光度计中常用光电倍增管作检测器。

图 7-16 为光电倍增管的原理和联结线路图。光电倍增管中有一个光敏阴极 K、若干个倍增极和一个阳极 A。外加负高压到阴极 K，经过一系列电阻(图中为 $R_1\sim R_5$)使电压依次均匀分布在各倍增极上，这样就能发生光电倍增作用。分光后的光照射到 K 上，使其释放出光电子，K 释放的一次光电子碰撞到第 1 个倍增极上，就可以放出增加了若干倍的二次光电子，二次光电子再碰撞到第 2 个倍增极上，又可以放出比二次光电子增加了若干倍的光电子，如此继续碰撞下去，在最后一个倍增极上放出的光电子可以比最初阴极放出的电子多到 10^6 倍以上。最后，倍增了的电子射向阳极而形成较大的电流，最大电流一般可达 10 μA。光电流通过光电倍增管负载电阻 R 而转换成电压信号送入放大器。

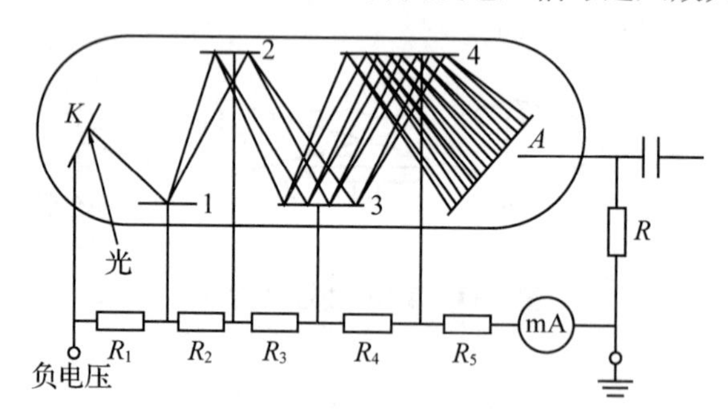

图 7-16 光电倍增管的光电倍增原理和线路示意图

K. 光敏阴极 1～4. 倍增极 *A*. 阳极 R、$R_1\sim R_5$. 电阻

光电倍增管适用的波长范围取决于涂敷阴极的光敏材料。为了使光电倍增管输出信号具有高度的稳定性，必须使负高压电源电压稳定，一般要求电压能达到 0.01 %～0.05 %的稳定度。在使用上，应注意光电倍增管的疲劳现象。刚开始时，灵敏度下降，过一段时间之后趋向稳定，长时间使用则又下降，而且疲劳程度随辐照光强和外加电压而加大。因此，要设法

遮挡非信号光，并尽可能不要使用过高的增益，以保持光电倍增管的良好的工作特性。

7.2.4.2 放大器与显示器

其作用是将光电倍增管输出的电压信号放大。由光源发出的光经原子蒸气、单色器后已经很弱，由光电倍增管放大后信号还不够强，所以电压信号在进入显示装置前还必须放大。由于原子吸收测量中处理的信号波形接近方波，因此多采用同步检波放大器，以改善信噪比。

先进原子吸收显示器具有数字打印和显示、浓度直读、自动校正和计算机处理等功能。

7.3 定量分析理论

7.3.1 灵敏度与检出限

7.3.1.1 灵敏度

在原子吸收法中，灵敏度 S 可用下式表示：

$$S_c=\frac{\Delta A}{\Delta c}\text{ 或 }S_m=\frac{\Delta A}{\Delta m} \tag{7-17}$$

式中，S_c 为浓度型检测器灵敏度；S_m 为质量型检测器灵敏度。

由此可见，原子吸收法的灵敏度即是标准曲线的斜率，即待测元素的浓度 c 改变一个单位时吸光度 A 的变化量。斜率越大，灵敏度越高。

在火焰原子吸收法中，常用特征浓度 c_c($\mu g/mL \cdot 1\ \%^{-1}$)来表征仪器对某一元素在一定条件下的分析灵敏度。所谓特征浓度又称百分灵敏度是指产生 1 %净吸收即吸光度为 0.0044 时的待测元素浓度：

$$c_c=\frac{\Delta c\times 0.0044}{\Delta A}=\frac{0.0044}{S_c} \tag{7-18}$$

在石墨炉原子吸收法中，常用特征质量 m_c($\mu g \cdot 1\ \%^{-1}$)来表征分析灵敏度，也称绝对灵敏度。所谓特征质量即产生 1 %净吸收即吸光度为 0.0044 时的待测元素质量：

$$m_c=\frac{\Delta m\times 0.0044}{\Delta A}=\frac{0.0044}{S_m} \tag{7-19}$$

7.3.1.2 检出限

原子吸收法中检出限(D)以下式表示：

$$D_c=\frac{3\sigma}{S_c}\text{或 }D_m=\frac{3\sigma}{S_m} \tag{7-20}$$

式中，σ 为用空白溶液进行 10 次以上吸光度测定所计算得到的标准偏差；D_c 为火焰原子化法检出限($\mu g \cdot mL^{-1}$)；D_m 为石墨炉原子化法绝对检出限(g)。

7.3.2 定量分析方法

7.3.2.1 标准曲线法

配制一组合适的标准溶液，浓度从低到高依次喷入火焰，分别测定其吸光度 A。以测得的吸光度为纵坐标，待测元素的含量或浓度 c 为横坐标，绘制 $A-c$ 标准曲线。在相同的实验条件下，喷入待测试样溶液，根据测得的吸光度，由标准曲线求出试样中待测元素的含量。

在实际分析中，有时出现标准曲线弯曲的现象。即在待测元素浓度较高时曲线向浓度坐标弯曲。这是因为当待测元素的含量较高时，吸收线的变宽除考虑热变宽外，还要考虑压力变宽，这种变宽还会使吸收线轮廓不对称，导致光源辐射共振线的中心波长与共振吸收线的中心波长错位，因而吸收相应地减少，标准曲线向浓度坐标弯曲。另外，火焰中各种干扰效应，如光谱干扰、化学干扰、物理干扰等也可能导致曲线弯曲。

在使用标准曲线法时要注意以下问题：

① 所配制的标准溶液的浓度，应在吸光度与浓度呈直线关系的范围内。

② 标准溶液与试样溶液都应使用相同的试剂处理。

③ 扣除空白值。

④ 在整个分析过程中操作条件应保持不变。

⑤ 由于喷雾效率和火焰状态经常变动，标准曲线的斜率也随之变动，因此，每次测定前都应用标准溶液对吸光度进行检查和校正。

标准曲线法简便、快速，但仅适用于组成简单的试样。

7.3.2.2 标准加入法

标准加入法适用于基体较为复杂、确切组成不完全确定的待测试样，可以克服因标样与试样的组成、介质等不一致而产生的干扰。

操作原理是取相同体积的试样溶液两份，分别移入容量瓶 A 及 B 中，另取一定量的标准溶液加入 B 中，然后将两份溶液稀释至刻度，测出 A 及 B 两溶液的吸光度。设容量瓶 A 试样中待测元素的浓度为 c_X，容量瓶 B 中加入标准溶液的浓度为 c_0，A 溶液的吸光度为 A_X，B 溶液的吸光度为 A_0，则可得：

$$A_X = kc_X$$

$$A_0 = k(c_0 + c_X)$$

由上两式可得到：

$$c_X = \frac{A_X}{A_0 - A_X} c_0 \tag{7-21}$$

标准加入法也可用作图法，具体操作是取若干份，一般为四份体积相同的试样溶液，从第二份开始分别按比例加入不同量的待测元素的标准溶液，然后用溶剂稀释至一定体积，假设试样中待测元素的浓度为 c_X，加入标准溶液后浓度分别为 c_X+c_0、c_X+2c_0、c_X+4c_0，依次分别测得吸光度为 A_X、A_1、A_2 和 A_3，以 A 对加入量作图，得如图 7-17 所示的直线。直线不过原点，相应的截距所显示的是试样中待测元素吸收光辐射所产生的吸收值。外延直线使之与横坐标相交，交点与原点之间的距离，即为所求的试样中的待测元素浓度 c_X。

使用标准加入法时应注意以下几点：

① 待测元素的浓度与其对应的吸光度应呈线性关系。

② 为了能够得到较为精确的外推结果，要求至少采用 4 个点（包括试样溶液本身）作外推曲线，第一份加入的标准溶液与试样溶液的浓度之比要适当。增量值的大小一般以第一个加入量产生的吸收值约为试样原吸收值的 1/2 为准则。

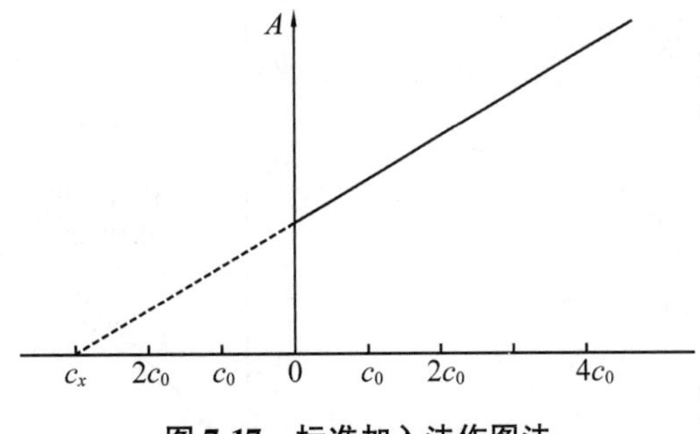

图 7-17　标准加入法作图法

③ 标准加入法能消除基体效应带来的影响，但不能消除背景吸收的影响，这是因为相同的信号，既加到试样测定值上，也加到增量后的试样测定值上，因此只有扣除了背景之后，才能得到待测元素的真实含量，否则将得到偏高结果。

④ 对于斜率太小的曲线，因灵敏度差，容易引进较大的误差。故不宜使用标准加入法。

7.3.3　干扰及其抑制

原子吸收分光光度法使用锐线光源，采用共振吸收线，吸收线的数目比发射线数目少得多，谱线相互重叠的概率较小。原子吸收跃迁的起始态是基态，基态的原子数目受温度波动影响很小，一般说来，基态原子数近似地等于总原子数，因此原子吸收分光光度法的干扰总体是比较小的。

原子吸收分析中的干扰主要有光谱干扰、物理干扰和化学干扰 3 种类型。

7.3.3.1　光谱干扰

光谱干扰主要来自光源和原子化器。

(1) 与光源有关的光谱干扰

若在单色器的光谱通带内存在与分析线相邻的其他谱线，可能源于下述 3 种情况。

① 与分析线相邻的是待测元素的谱线　这种情况常见于多谱线元素，如 Ni、Co、Fe。如图 7-18 所示是镍空心阴极灯的发射光谱。可见在镍的分析线 232.0 nm 附近还有多条镍的发射线，由于这些谱线不被镍所吸收，故将导致测定灵敏度下降，工作曲线弯曲(图 7-19)。可以通过减少狭缝宽度改善或消除这种影响。

② 与分析线相邻的是非待测元素的谱线　如果此谱线是该元素的非吸收线，同样会使被测元素的灵敏度下降，工作曲线弯曲。如果此谱线是该元素的吸收线，而当试样中又含有此元素时，将产生吸收值，使吸光度变大，产生误差。这种干扰主要是由于空心阴极灯的阴极材料不纯等因素导致，且常见于多元素灯。若选用具有合适惰性气体，纯度又较高的单元素灯，即可避免干扰。

③ 空心阴极灯中有连续背景发射　连续背景的发射，不仅使灵敏度降低，工作曲线弯曲，而且当试样中共存元素的吸收线处于连续背景的发射区时，有可能增加吸收值。因此不能使用有严重连续背景发射的灯。灯的连续背景发射是由于灯的制作不良，或长期不用而引起的。碰到这种情况，可将灯反接，并用大电流空点，以纯化灯内气体，经过这样处理后，情况可能改善。否则应更换新灯。

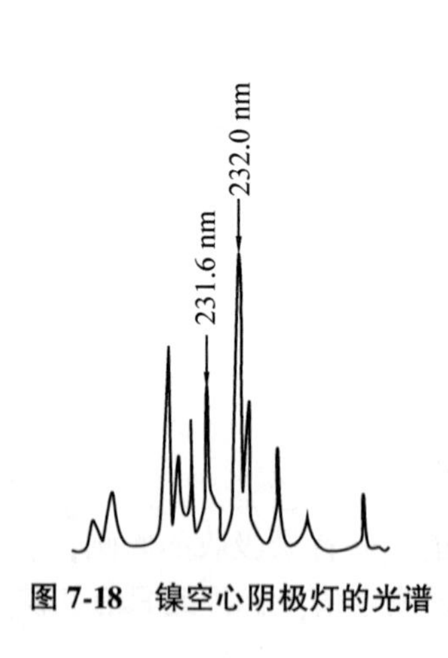

图 7-18 镍空心阴极灯的光谱

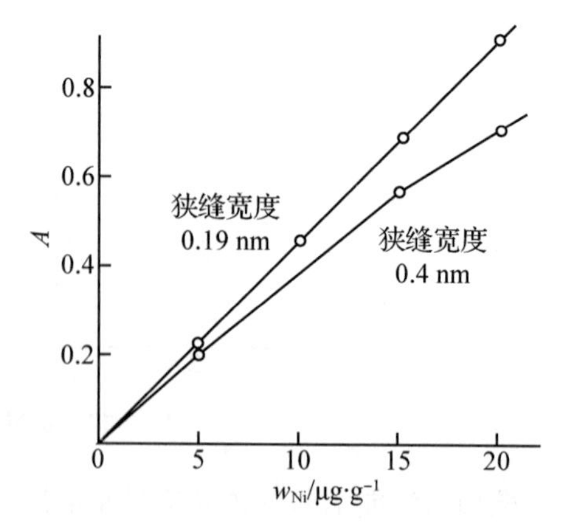

图 7-19 狭缝宽度对工作曲线的影响

(2)与原子化器有关的干扰

这类干扰主要来自原子化器的发射和背景吸收。

原子化器的发射主要来自火焰本身或原子蒸气中待测元素的发射，可采用调制方式进行减免，若有信号噪声，可适当增加灯电流，提高光源辐射强度改善信噪比。

背景吸收包括分子吸收和光散射引起的干扰。

分子吸收是指试样在原子化过程中，生成某些气体分子、难解离的盐类、难熔氧化物、氢氧化物等对待测元素的特征谱线产生吸收而引起的干扰。例如，在测定钡时，钙的存在会生成 $Ca(OH)_2$，它在 530~560 nm 处有一个吸收带，干扰钡 553. 5 nm 测定。

光散射是指原子化过程中产生的固体微粒，光路通过时对光产生散射，使被散射的光偏离光路，不为检测器所检测，测得的吸光度偏高。

在石墨炉原子吸收中，由于原子化过程形成固体微粒和产生难解离分子的可能性比火焰原子化大，所以，光的散射和分子吸收更为严重。

背景吸收的消除常用空白校正、氘灯校正和塞曼效应校正等几种方法。

空白校正的具体做法是配制一个与待测试样组成、浓度相近的空白溶液，这时待测溶液和空白溶液的背景吸收大致相同，测得的待测溶液的吸光度减去空白溶液的吸光度即为待测试液的真实吸光度。但实际中配制组成、浓度相近的空白溶液并不容易。

氘灯校正是同时使用空心阴极灯和氘灯两个光源，让两灯发出的光辐射交替通过原子化器。空心阴极灯特征辐射通过原子化器时，产生的吸收为待测原子和背景两种组分总的吸收 $A_{总}$，氘灯发出的连续光源通过原子化器时，产生的吸收仅为背景吸收 $A_{背}$，待测原子的吸收可忽略，两者之差 $A_{总}-A_{背}$ 即为待测元素的真实吸收。这种扣除，在现代仪器中可自动进行。这种方法只能在氘灯辐射较强的 190~350 nm 范围使用，且两灯的辐射应严格重合。

塞曼效应校正是由塞曼(Zeeman)创建。1986 年塞曼发现，把产生光谱的光源置于强磁场内时，在磁场的作用下，光源辐射的每条线便可分裂成几条偏振化的分线，这种现象称为塞曼效应，并被应用在原子吸收测定中。当在光源上加上与光束方向垂直的磁场时，光源发射的待测元素特征谱线将分裂为 π 和 σ^+、σ^- 3 条分线。π 分线的偏振方向与磁场平行，波长不变；σ^+和 σ^-的偏振方向与磁场垂直，且波长分别向长波和短波方向偏移，如图 7-20 所示。当光源的 3 条分线通过原子化器时，基态原子仅对 π 分线产生吸收，对 σ^+、σ^-

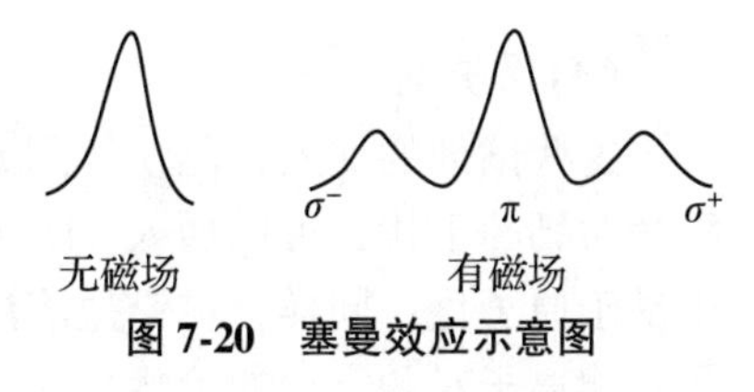

图 7-20 塞曼效应示意图

分线无吸收；而背景对 π、σ^+、σ^-分线均有吸收。用旋转式检偏器把 π、σ^+、σ^-分线分开，用 π 分线吸收值减去 σ^+、σ^-分线吸收值即为待测元素的真实吸收值。塞曼效应校正法是目前最为理想的背景校正法，许多较先进的原子吸收光谱仪都有该自动校正功能。

7.3.3.2 物理干扰

物理干扰也称基体效应，是指试样在转移、蒸发过程中任何物理因素变化而引起的干扰效应。对于火焰原子化法而言，它主要影响试样喷入火焰的速度、雾化效率、雾滴大小及其分布、溶剂与固体微粒的蒸发等。这类干扰是非选择性的，亦即对试样中各元素的影响基本相似。

配制与待测试样具有相似组成的标准溶液，是消除基体干扰的常用而有效的方法。若待测元素含量不太低，采用简单的稀释试液的方法亦可减少以至消除干扰。也可以使用标准加入法来消除这种干扰。

7.3.3.3 化学干扰

化学干扰是指待测元素与其他组分之间的化学作用所引起的干扰效应，它主要影响待测元素的原子化效率。这类干扰具有选择性，它对试样中各种元素的影响是各不相同的，并随火焰温度、火焰状态和部位、其他组分的存在、雾滴的大小等条件而变化。化学干扰是原子吸收分光光度法中的主要干扰来源。

典型的化学干扰是待测元素与共存物质作用生成难挥发的化合物，致使参与吸收的基态原子数减少。在火焰中容易生成难挥发氧化物的元素有铝、硅、硼、钛、铍等。例如，硫酸盐、磷酸盐、氧化铝对钙的干扰，是由它们与钙可形成难挥发化合物所致。应该指出，这种形成稳定化合物而引起干扰的大小，在很大程度上取决于火焰温度和火焰气体组成。使用高温火焰可降低这种干扰。

电离是化学干扰的又一重要形式。原子失去一个或几个电子后形成离子，不产生吸收，所以部分基态原子的电离，会使吸收强度减弱。这种干扰是某些元素所特有的，对于电离电位≤6 eV 的元素，在火焰中容易电离，火焰温度越高，干扰越严重。这种现象在碱金属和碱土金属中特别显著。

消除干扰的理想方法是抑制干扰。在标准溶液和试样溶液中均加入某些试剂，常可抑制化学干扰，这类试剂有如下几种：

(1)消电离剂

为了克服电离干扰，一方面可适当控制火焰温度，另一方面可加入较大量的易电离元素，如钠、钾、铷、铯等。这些易电离元素在火焰中强烈电离而消耗了能量，就抑制、减少了待测元素基态原子的电离，使测定结果得到改善。

(2)释放剂

加入一种过量的金属元素，与干扰元素形成更稳定或更难挥发的化合物，从而使待测元素释放出来。例如，磷酸盐干扰钙的测定，当加入 La 或 Sr 之后，La、Sr 与 PO_4^{3-} 结合而将 Ca 释放出来，从而消除了磷酸盐对钙的干扰。

(3) 保护剂

这些试剂的加入，能使待测元素不与干扰元素生成难挥发化合物。例如，为了消除磷酸盐对钙的干扰，可以加入 EDTA 络合剂，此时 Ca 转化为 EDTA-Ca 络合物，后者在火焰中易于原子化；同样，在铅盐溶液中加入 EDTA，可以消除磷酸盐、碳酸盐、硫酸盐、氟离子、碘离子对测定铅的干扰。应该指出，使用有机络合剂是有利的，因为有机物在火焰中易于破坏，使与有机络合剂结合的金属元素能有效地原子化。

(4) 缓冲剂

在试样与标准溶液中均加入超过缓冲量(即干扰不再变化的最低限量)的干扰元素。如在用乙炔-氧化亚氮火焰测钛时，可在试样和标准溶液中均加入质量分数为 2×10^{-4} 以上的铝，使铝对钛的干扰趋于稳定。

除加入上述试剂以控制化学干扰外，还可用标准加入法来控制化学干扰，这是一种简便而有效的方法。如果用这些方法都不能控制化学干扰，可考虑采用沉淀法、离子交换、溶剂萃取等分离方法，将干扰组分与待测元素分离。

7.3.3.4 有机溶剂的影响

在原子吸收分光光度法中，干扰物质常采用溶剂萃取进行分离。通常有机溶剂的影响可分为两方面，即对试样雾化过程的影响和火焰燃烧过程的影响。试样雾化过程的影响已在物理干扰一节中简要讨论，有机溶剂对燃烧过程的影响表现在：有机溶剂会改变火焰温度和组成影响原子化效率；溶剂的产物会引起发射及吸收，有的溶剂燃烧不完全将产生微粒碳而引起散射影响背景等。

有机溶剂中酯类、酮类具有燃烧完全、火焰稳定的特点，在常用的波长区，溶剂本身也不呈现强吸收，因此是最合适的溶剂。在萃取分离金属的有机络合剂中，应用最广的是甲基异丁基酮。而含氯有机溶剂如氯仿、四氯化碳等，以及其他溶剂如苯、环己烷、正庚烷、石油醚、异丙醚等燃烧不完全时会生成微粒碳，引起散射，并且这些溶剂本身也呈现强吸收，故不宜采用。

有机溶剂既是干扰因素之一，但也可用来有效地提高测定灵敏度。有机溶剂能提高喷雾速率和雾化效率，加速溶剂蒸发，降低火焰温度的衰减，对原子化提供更为有利的环境，从而改善原子化效率。

7.3.4 测定条件的选择

原子吸收分光光度分析中，测定条件的选择，对测定的灵敏度、准确度和干扰情况等有很大的影响。测定条件有以下几个方面。

(1) 分析线的选择

通常选择元素的共振线作为分析线，以得到较高的灵敏度。但也有例外，如在分析较高浓度的试样时，则选取灵敏度较低的谱线，以便得到适度的吸收值，改善标准曲线的线性范围。但对于微量元素的测定，就必须选用最强的吸收线。

最适宜的分析线应视具体情况通过实验确定。

(2) 空心阴极灯电流

空心阴极灯的发射特性取决于工作电流，一般商品空心阴极灯均标有允许使用的最大工作电流值与可使用的电流范围。灯的工作电流太大，谱线变宽，灯的寿命偏短；工作电流过低，灯的光输出稳定性差，辐射强度弱。一般需要通过实验，即通过测定吸收值随灯电流的变化而选定最适宜的工作电流。选用时应在保证稳定和合适光强输出的情况下，尽量选用最低的工作电流。

(3)火焰

火焰的选择和调节是保证高原子化效率的关键之一，选择什么样的火焰，取决于待测元素。不同火焰对不同波长辐射的透射性能各不相同，乙炔火焰在220 nm以下的短波区有明显的吸收。不同火焰产生的最高温度也有很大差别，一般来说，对易生成难离解化合物的元素，可选择温度高的乙炔-空气，甚至乙炔-氧化亚氮火焰。

(4)燃烧器高度

对于不同元素，自由原子浓度随火焰高度的分布是不同的。一般有3种情况：吸收值随燃烧器高度增加而增大；吸收值随燃烧器高度增加而下降；吸收值随燃烧器高度的增加先增大至极大值后又降低。在测定时必须仔细调节燃烧器的高度，使测量光束从自由原子浓度最大的火焰区通过，以期得到最佳的灵敏度。

(5)狭缝宽度

在原子吸收分光光度法中，谱线重叠的概率较小，在测定时可以使用较宽的狭缝以增加光强，使用小的增益以降低检测器的噪声，提高信噪比，改善检测极限。

在光源辐射较弱或共振线吸收较弱、单色器分辨能力较大时，必须使用较宽的狭缝。但当火焰的背景发射很强，在吸收线附近有干扰谱线与非吸收光存在时，就应使用较窄的狭缝。合适的狭缝宽度同样应通过实验确定。表7-3列出了常用元素的分析线和火焰类型。

表7-3 元素灯分析线及燃烧气体

元素		波长/nm	燃气	元素		波长/nm	燃气	元素		波长/nm	燃气
Ag	银	328.1 338.3	Air-C_2H_2	Hg	汞	253.7	Air-C_2H_2	Re	铼	346.0 346.5	N_2O-C_2H_2
Al	铝	309.3 396.2	N_2O-C_2H_2	In	铟	303.9	Air-C_2H_2	Ru	钌	349.9	Air-C_2H_2
As	砷	193.7 197.2	Air-C_2H_2	K	钾	766.5 769.9	Air-C_2H_2	Sb	锑	217.6 231.1	Air-C_2H_2
Au	金	242.8 267.6	Air-C_2H_2	La	镧	550.1 357.4	N_2O-C_2H_2	Se	硒	196.0	Air-C_2H_2
B	硼	249.7 249.8	N_2O-C_2H_2	Li	锂	670.8 610.4	Air-C_2H_2	Si	硅	251.6 288.2	N_2O-C_2H_2
Be	钡	553.6 455.4	N_2O-C_2H_2	Mg	镁	285.2 279.6	Air-C_2H_2	Sn	锡	224.6 286.4	Air-C_2H_2
Bl	铋	223.1 306.8	Air-C_2H_2	Mn	锰	279.5 403.1	Air-C_2H_2	Sr	锶	460.7	Air-C_2H_2 N_2O-C_2H_2
Ca	钙	422.7	Air-C_2H_2 N_2O-C_2H_2	Mo	钼	313.3 320.9	N_2O-C_2H_2	Ta	钽	271.5 275.8	N_2O-C_2H_2
Cd	镉	228.8	Air-C_2H_2	Na	钠	589.0 589.6	Air-C_2H_2	Te	碲	214.3	Air-C_2H_2
Co	钴	240.7 346.6	Air-C_2H_2	Nb	铌	334.9 409.9	N_2O-C_2H_2	Ti	钛	364.3 365.4	N_2O-C_2H_2
Cr	铬	357.9 425.4	Air-C_2H_2	Ni	镍	232.0 341.5	Air-C_2H_2	V	钒	318.4 306.6	N_2O-C_2H_2
Cs	铯	852.1	Air-C_2H_2	Pb	铅	283.3 217.0	Air-C_2H_2	W	钨	400.9 255.1	N_2O-C_2H_2
Cu	铜	324.7 327.4	Air-C_2H_2	Pd	钯	247.6 244.8	Air-C_2H_2	Zn	锌	213.9 307.6	Air-C_2H_2
Fe	铁	248.3 372.0	Air-C_2H_2	Pt	铂	265.9 299.8	Air-C_2H_2	Zr	锆	360.1 468.7	N_2O-C_2H_2
Gg	镓	287.4 294.4	Air-C_2H_2	Rb	铷	780.0 794.8	Air-C_2H_2				—

7.4 原子吸收光谱分析法特点及其应用

原子吸收光谱分析的主要特点是测定灵敏度高，特效性好，抗干扰能力强，稳定性好，适用范围广，可测定七十多种元素。另外，原子吸收分光光度计仪器较简单，操作方便，因而原子吸收分析法的应用范围日益广泛。在测定矿物、金属及其合金、玻璃、陶瓷、水泥、化工产品、土壤、食品、血液、生物试样、环境污染物等试样中的金属元素含量时，原子吸收法往往是一种首选的定量方法，在分析化学领域内已占重要地位。

7.4.1 直接原子吸收分析

直接原子吸收分析，指试样经适当前处理后，直接测定其中的待测元素。金属元素和少数非金属元素可直接测定。

试样前处理后，含量较高的K、Na、Ca、Cu、Zn、Fe、Mn等元素可直接(或适当稀释后)用火焰原子化法测定；含量低的Cd、Ni、Co、Mo等元素需萃取富集后用火焰原子化法测定，或者直接用石墨炉原子化法测定；易挥发且含量低的Se、As、Sb等元素宜选用氢化物发生法或石墨炉原子化法；汞宜选冷原子化法或石墨炉原子化法。

7.4.2 间接原子吸收分析

间接原子吸收分析，指待测元素本身不能或不容易直接用原子吸收光谱法测定，而利用它与第二种元素(或化合物)发生化学反应，再测定产物或过量的反应物中第二种元素的含量，依据反应方程式即可算出试样中待测元素的含量。大部分非金属元素需要采用间接法测定。例如，试液中的氯与已知过量的$AgNO_3$反应生成AgCl沉淀，用原子吸收法测定沉淀上部清液中过量的银，即可间接定量氯。此法曾用于尿、酒中$5 \sim 10\ \mu g \cdot mL^{-1}$氯的测定。利用$BaCl_2$与$SO_4^{2-}$的沉淀反应，间接定量$SO_4^{2-}$，曾用于生物组织和土样中$SO_4^{2-}$的测定。

思考题与习题

7-1. 简述原子吸收分光光度分析的基本原理。

7-2. 影响原子谱线轮廓的因素有哪些？

7-3. 何谓锐线光源？在原子吸收分光光度分析中为什么要用锐线光源？

7-4. 在原子吸收分光光度计中为什么不采用连续光源？而紫外-可见在分光光度计为什么需要采用连续光源？

7-5. 原子吸收分析中，如采用火焰原子化法，是否火焰温度越高，测定灵敏度越高？为什么？

7-6. 原子吸收分析中常用的火焰种类有哪些？并说明其主要特点。

7-7. 说明空心阴极灯的工作原理及注意事项。

7-8. 石墨炉原子化法的工作原理是什么？与火焰原子化法比较，有什么优缺点？

7-9. 应用原子吸收光谱法进行定量分析的依据是什么？进行定量分析有哪些方法？试比较它们的优缺点。

7-10. 原子吸收光谱法有哪几种干扰？分别是怎么产生的？如何消除？说明消除的依据。

7-11. 简述标准加入法的特点及实验操作步骤。

7-12. 火焰原子化法测定某物质中的Ca时：① 选择什么火焰？② 采取什么办法可以防止电离干扰？③ 采取什么办法可以消除PO_4^{3-}的干扰？

7-13. 原子吸收分析中，若产生下述情况而引起误差，应采用什么措施来减免之？① 光源强度变化引起基线漂移；② 火焰发射的辐射进入检测器(发射背景)；③ 待测元素吸收线和试样中共存元素的吸收线重叠。

7-14. 用标准加入法测定某水样中的镉，取4份等量水样，分别加入不同量镉标准溶液，稀释至50 mL，依次用火焰原子吸收法测定，测得吸光度见下表。求水样中镉的含量。

编号	水样量/mL	加入Cd/(μg·mL^{-1})	吸光度A
1	20	0	0.042
2	20	1	0.080
3	20	2	0.116
4	20	4	0.190

第 8 章
核磁共振波谱分析

8.1 核磁共振波谱法基本原理

8.1.1 概述

利用自旋原子核在外磁场作用下的核自旋能级跃迁所产生的吸收电磁波谱来研究有机化合物结构与组成的一种分析方法，称为核磁共振波谱法，简称核磁共振(NMR)。

核磁共振现象是 Harvard 大学爱德华·珀塞尔(E. Purcell)和 Stanford 大学费利克斯·布洛赫(F. Bloch) 在 1946 年首次分别独立发现提出，两人分享了 1952 年的诺贝尔物理学奖。第一台商品化 NMR 谱仪于 1953 年问世。20 世纪 70 年代末，高强超导磁场核磁共振技术及脉冲-傅里叶变换核磁共振谱仪的问世，极大地推动了 NMR 技术的发展，使得对低丰度、弱磁旋比的磁性核，比如^{13}C、^{15}N 等元素的测量成为可能。二维和多维核磁共振理论与技术方面的研究成果已广泛应用于蛋白质、核酸等生物大分子的结构、构象分析。80 年代出现的核磁共振的成像诊断技术已成为医学诊断的重要工具。^{1}H 核磁共振技术和^{13}C 核磁共振技术已成为有机化合物结构鉴定中最重要的手段，目前，已广泛应用于农、林、医、生物学领域的生物化学、分析化学、有机化学等学科的研究。

8.1.2 核磁共振原理

8.1.2.1 原子核的自旋

在磁场的激励下，一些具有磁性的原子核存在着不同的能级，如果此时外加一个能量，使其恰好等于相邻 2 个能级之差，则该核就可能吸收能量，这个能量也称为共振吸收。原子核则从低能态跃迁至高能态，其所吸收能量的数量级相当于射频范围的电磁波。因此，核磁共振就是研究磁性原子核对射频能的吸收。

由于原子核是带电荷的粒子，原子核的自旋运动能产生磁矩。物理学的研究证明，各种不同的原子核，自旋的情况不同，原子核自旋的情况可用自旋量子数 I 来表示。自旋量子数与原子的质量数和原子序数之间存在一定的关系，具体见表 8-1 所列。

自旋量子数等于零的原子核有^{16}O、^{12}C、^{32}S、^{28}Si 等，可以看作是一种非自旋的球体，没有磁矩，不产生共振吸收谱。

表 8-1 自旋量子数与原子质量数及原子序数的关系

质量数	原子序数	自旋量子数 I	NMR 信号
偶 数	偶 数	0	无
偶 数	奇 数	1、2、3、…	有
奇 数	奇数或偶数	$\frac{1}{2}$、$\frac{3}{2}$、$\frac{5}{2}$	有

自旋量子数等于 1 或大于 1 的原子核：$I=\frac{3}{2}$的有^{11}B、^{35}Cl、^{79}Br、^{81}Br 等；$I=\frac{5}{2}$的有^{17}O、^{127}I；$I=1$ 的有^{2}H、^{14}N 等。这类原子核的核电荷分布不均匀，可看作是一个自旋椭圆体。它们的共振吸收很复杂，应用较少。

自旋量子数等于$\frac{1}{2}$的原子核有^{1}H、^{19}F、^{31}P、^{13}C、^{15}N 等。这些核可当作一个电荷均匀分布的球体，并像陀螺一样地自旋，故有磁矩形成。^{1}H、^{19}F、^{31}P 3 种原子在自然界的丰度接近 100%，核磁共振容易测定。尤其是氢核(质子)，不但易于测定，而且它又是组成有机化合物的主要元素之一，目前在有机分析中，主要应用是氢核的核磁共振谱。

8.1.2.2 核磁共振的产生

当自旋的原子核放入磁感应强度为 B_0 的外磁场中，由于核磁矩与外磁场的相互作用，核磁矩相对于外磁场有不同的取向。根据量子力学原理，核磁矩在外加磁场方向上的分量是量子化的，可用磁量子数 m 描述，m 可取下列值：

$$m=I,\ I-1,\ I-2,\ \cdots,\ -I$$

m 共有 $(2I+1)$ 个取向，每种取向对应于一定的能量。

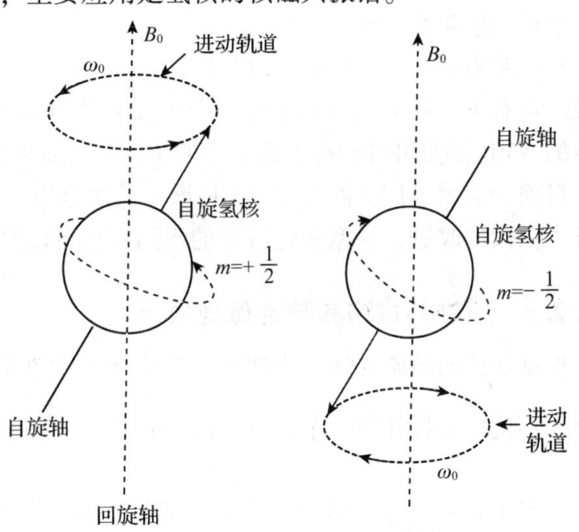

图 8-1 自旋核在外磁场中的两种取向示意图

例如，^{1}H 核的 $I=\frac{1}{2}$，其磁量子数 m 可取$+\frac{1}{2}$、$-\frac{1}{2}$两个值，其自旋产生的核磁矩 μ 相对于外磁场有两种取向，一个是平行于外磁场的低能态，$m=+\frac{1}{2}$，另一个是与外磁场方向相反的高能态，$m=-\frac{1}{2}$。图 8-1 为自旋核在外磁场中的两种取向示意图。

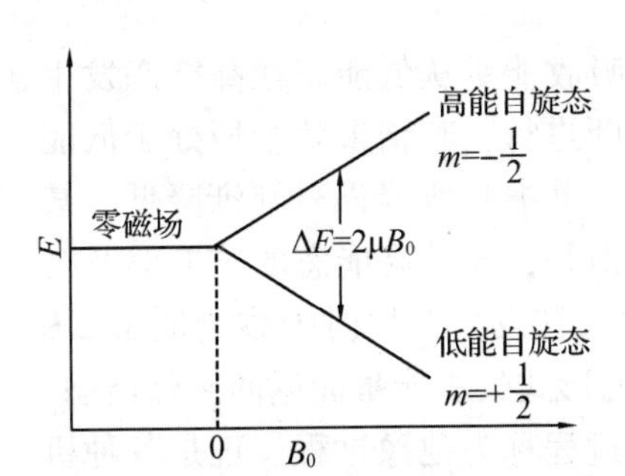

图 8-2 外磁场作用下核自旋能级的裂分示意图

显然，由于外磁场的作用，使 H 核自旋能级裂分为两个能级，如图 8-2 所示。其能量差 ΔE 很小，且取决于外磁场的磁感应强度 B_0：

$$\Delta E=\frac{\gamma h B_0}{2\pi} \tag{8-1}$$

式中，γ 为磁旋比，是原子核的特性参数，不同原子核的 γ 不同；h 为普朗克常数。

如果以一定频率的电磁波照射于外磁场 B_0 中的自旋原子核，当电磁波的频率 ν 恰好满足下列关系时：

$$\Delta E = h\nu \quad \text{或} \quad \nu = \frac{\gamma B_0}{2\pi} \tag{8-2}$$

则处于低能态的原子核将吸收此频率的电磁波而跃迁至高能态，此时频率称为共振频率，用 ν_0 表示。式(8-2)也是产生核磁共振的必要条件。如将 ^1H 核放在 B_0 为 1.4092T 的磁场中，它吸收的电磁波的频率为：

$$\nu_0 = \frac{2.675\times10^8\times1.4092}{2\times3.14} \approx 6.0\times10^7\text{Hz}$$

可见，核磁共振所吸收的电磁波是无线电波，或称射频，其频率在 0.1～100 MHz。另外，由式(8-2)还可以看出：

① 核磁共振所吸收的电磁波的频率 ν_0 的大小取决于外磁场的磁感应强度 B_0 的大小，B_0 增加时，ν_0 相应地增大。

② 由于不同的原子核的磁旋比 γ 值不同，所以就可能在不同的频率范围内分别得到不同原子核的核磁共振谱。

在一定强度的外磁场中，对特定的原子核，共振吸收的电磁波频率与原子核在分子中的微环境有关；共振吸收的强度与产生核磁共振原子核的数目有关。因此由样品分子中某种核的 NMR 谱便可得到有关该分子的结构与含量的信息。

目前，应用最广泛的是 ^1H NMR 谱，其次是 ^{13}C NMR 谱。由于近十年来，核磁共振波谱仪有了很大的改进，根据测定目的的不同，也可以测定 ^{19}F、^{31}P、^{14}N、^{15}N 核磁共振谱。

8.1.2.3 核磁共振饱和与弛豫现象

根据前述的核磁共振产生理论，在磁场不存在时，I＝1/2 的原子核对两种可能的磁量子数并不优先选择任何一个。可以说，m 等于 $+\frac{1}{2}$ 及 $-\frac{1}{2}$ 的核的数目完全相等。但在磁场中，核则倾向于 $m=+\frac{1}{2}$，即倾向于与外磁场取顺向的排列，这种现象与指南针在地球磁场内定向排列的情况相似。如此，处于低能态的核数目要比处于高能态的数目多，但两个能级之间的能差很小，前者比后者只占了微弱的优势。如在室温 300 K 及 1.409 T 强度的磁场中，低能态核的数目只比高能态的核数目约多百万分之十。

因此在射频电磁波的照射下，尤其是强照射下，氢核吸收能量从低能态往高能态发生跃迁，如高能态核无法返回到低能态，那么随着跃迁的不断进行，其结果就会使处于低能态氢核的微弱多数优势趋于消失，能量的净吸收逐渐减少，共振吸收峰讯号渐渐降低，甚至消失，使吸收无法测量，这种现象称为核磁共振饱和。但是，若较高能态的核能够及时返回到较低能态，就可以保持稳定信号。由于核磁共振中氢核发生共振时吸收的能量 ΔE 是很小的，因而跃迁到高能态的氢核不可能通过发射谱线的形式失去能量而返回到低能态，这种由高能态返回到低能态而不发射原来所吸收的能量的过程称为弛豫过程。正是各种机制的弛豫使得在正常测试情况下不会出现饱和现象。

弛豫过程可分为两种：自旋-晶格弛豫和自旋-自旋弛豫。

(1) 自旋-晶格弛豫

处于高能态的氢核，把能量转移给周围的分子(固体为晶格，液体则为周围的溶剂分子或同类分子)变成热运动，氢核自身回到低能态。对全体氢核而言，总能量下降，故又称纵向弛豫。

自旋晶格弛豫时间以 T_1 表示，气体、液体的 T_1 约为 1 s，固体和高黏度的液体 T_1 较大，有的甚至可达数小时。

(2) 自旋-自旋弛豫

两个进动频率相同、进动取向不同的磁性核，即两个能态不同的相同核，在一定距离内，可互相交换能量，两两改变进动方向，这称为自旋—自旋弛豫。通过自旋—自旋弛豫，磁性核的总能量未变，所以也称横向弛豫。

自旋-自旋弛豫时间以 T_2 表示，一般气体、液体的 T_2 也是 1 s 左右。固体及高黏度试样中由于各个核的相互位置比较固定，有利于相互间能量的转移，故 T_2 极小，即在固体中各个磁性核在单位时间内迅速往返于高能态与低能态之间。其结果是使共振吸收峰的宽度增大，分辨率降低。因此在核磁共振分析中固体试样要先配成溶液。

8.2 核磁共振波谱仪

核磁共振波谱仪主要由磁铁、射频振荡器、射频接受器等组成，如图 8-3 所示。

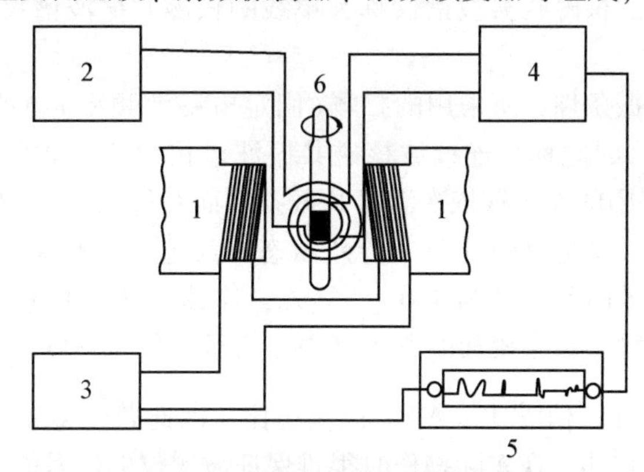

图 8-3 核磁共振波谱仪示意图

1. 磁铁 2. 射频振荡器 3. 扫描发生器 4. 检测器 5. 记录器 6. 样品管

8.2.1 磁铁

磁铁可以是永久磁铁，也可以是电磁铁，前者稳定性较好。磁场要求在足够大的范围内十分均匀。当磁场强度为 1.409 T 时，其不均匀性应小于六千万分之一。这个要求很高，即使细心加工也极难达到。因此在磁铁上备有特殊的绕组，以抵消磁场的不均匀性。磁铁上还备有扫描线圈，可以连续改变磁场强度的百万分之十几。在射频振荡器的频率固定时，改变磁场强度进行扫描这种方法称作扫场。

由永久磁铁和电磁铁获得的磁场一般不能超过 2.4 T，这相应于氢核的共振频率为 100 MHz。为了得到更高的分辨率，应使用超导磁体，此时可获得高达 10~17.5 T 的磁场，其相应的氢核共振频率为 400~750 MHz。但超导核磁共振波谱仪的价格及日常维护费用都很高。

8.2.2 射频振荡器

从一个很稳定的晶体控制的振荡器发生 60 MHz(对于 1.409 T 磁场)或 100 MHz(对于 2.350 T 磁场)的电磁波以进行氢核的核磁共振测定。如要测定其他的核，如 ^{19}F、^{13}C、^{11}B，则要用其他频率的振荡器。把磁场固定，改变频率以进行扫描的称为扫频。但一般以扫场较为方便，扫频应用较少使用。

8.2.3 射频接受器

当振荡器发生的电磁波的频率 ν_0 和磁场强度 B_0 达到前述特定的组合时，放置在磁场和射频线圈中间的试样中的氢核就要发生共振而吸收能量，这个能量的吸收情况为射频接受器所检出，通过放大后记录下来，所以核磁共振波谱仪测量的是共振吸收。

仪器中还备有积分仪，能自动画出积分线，以指出各组共振吸收峰的面积。

磁场方向、射频线圈轴和接受线圈轴，三者相互垂直。分析试样配成溶液后装在玻璃管中密封好，插在射频线圈中间的试管插座内，分析时插座和试样不断旋转，以消除任何不均匀性。

有的核磁共振波谱仪、射频线圈和射频接受线圈合并为一个，并把它接入韦斯顿电桥的一臂。射频振荡器的频率固定不变，改变磁场强度进行扫场。不发生共振吸收时，电桥处于平衡状态；当发生共振吸收时，射频强度发生改变，引起电桥不平衡，产生信号，经放大后记录下来。这样的核磁共振波谱仪称为单线圈核磁共振波谱仪，前者则称为双线圈核磁共振波谱仪。

为满足发生核磁共振条件，所采用的扫场(固定电磁波频率 ν_0)或扫频(固定磁场强度 B_0)均为连续扫描方式，因此称为连续波核磁共振波谱仪(CW-NMR)。它连续变化一个参数，比如 B_0，使不同基团的原子核依次满足共振条件而获得核磁谱图，在某一瞬间只有一种原子核处于共振状态，其他核则处于“等待”状态，为记录无畸变的核磁谱，扫描速度必须很慢，扫描一张氢谱的时间一般为 250 s。另外，连续波核磁共振波谱仪的灵敏度很低，对于低浓度或小剂量试样须采用累加的方法以增强信号。信号强度 s 与累加次数 n 呈正比，但噪声 N 也将随之而增加，信噪比 s/N 与 $n^{\frac{1}{2}}$ 呈正比，因此若使 s/N 提高 10 倍就需要累加 100 次，即 25 000 s，约 7 h，在实际操作时很难保证波谱仪的信号能长时不漂移。

20 世纪 70 年代发展的新一代仪器——脉冲傅里叶变换核磁共振波谱仪(PFT-NMR)解决了这一难题。在 PFT-NMR 中，采用恒定磁场，在整个频率范围内用射频强脉冲辐射试样，激发全部欲观测的核，得到全部共振信号。当脉冲发射时，试样中每种核都对脉冲中单个频率产生吸收。此时在感应线圈中可接收到一个随时间衰减的信号，称为自由感应衰减信号 FID，这种信号是复杂的干涉波，产生于核激发态的弛豫过程。FID 信号是时间的函数，经滤波、转换数字化后被计算机采集，再由计算机进行傅里叶变换转变成频率的函数，最后经过数/模转换器变成模拟量，显示到屏幕上或记录在记录纸上，得到通常的 NMR 谱图。

与 CW-NMR 相比，PFT-NMR 使检测灵敏度大为提高，一般可提高两个数量级以上。对氢谱而言，试样可由几十毫克降低至 1 mg，甚至更低。测速速度快，脉冲作用时间为微秒数量级。可以较快地自动测量高分辨谱及与谱线相对应的各核的弛豫，研究核的动态过程、瞬变过程和反应动力学等，还可做固体高分辨谱及二维谱等。

8.3 核磁共振波谱信息

应用低分辨核磁共振波谱仪，每种原子核只出现一个共振峰，但若应用高分辨核磁共振波谱仪，就可发现氢核的共振谱线有许多条，并且存在精细结构。这些谱线精细结构还与氢核所处的化学环境密切相关。因此，应用NMR谱进行定性、定量以及结构分析，主要的依据是化学位移、耦合常数、核磁共振吸收峰、积分线等信息。

8.3.1 化学位移

8.3.1.1 化学位移的产生及定义

在上面的讨论中是假定所研究的氢核受到磁场的全部作用，当频率 ν_0 和磁场强度 B_0 符合式(8-2)时，试样中的氢核发生共振，产生一个单一的峰。但实际情况并不如此，每个原子核都被不断运动着的电子云包围着。当氢核处于磁场中时，在外加磁场的作用下，电子的运动产生感应磁场，其方向与外加磁场相反，因而外围电子云起到对抗磁场的作用，这种对抗磁场的作用称为屏蔽作用，如图8-4所示。由于核外电子云的屏蔽作用，使原子核实际受到的磁场作用减小，为了使氢核发生共振，必须增加外加磁场的强度以抵消电子云的屏蔽作用。以图8-5为例进一步说明这个问题。图8-5中 a 是假设存在的裸核，共振时的磁场强度为 B_1，b 是屏蔽着的核，共振时的磁场强度为 B_2，且 $B_2>B_1$，核外电子对核的屏蔽作用以屏蔽常数 σ 表示，则核的实际所受的磁场强度 B 为：

$$B=B_0(1-\sigma) \tag{8-3}$$

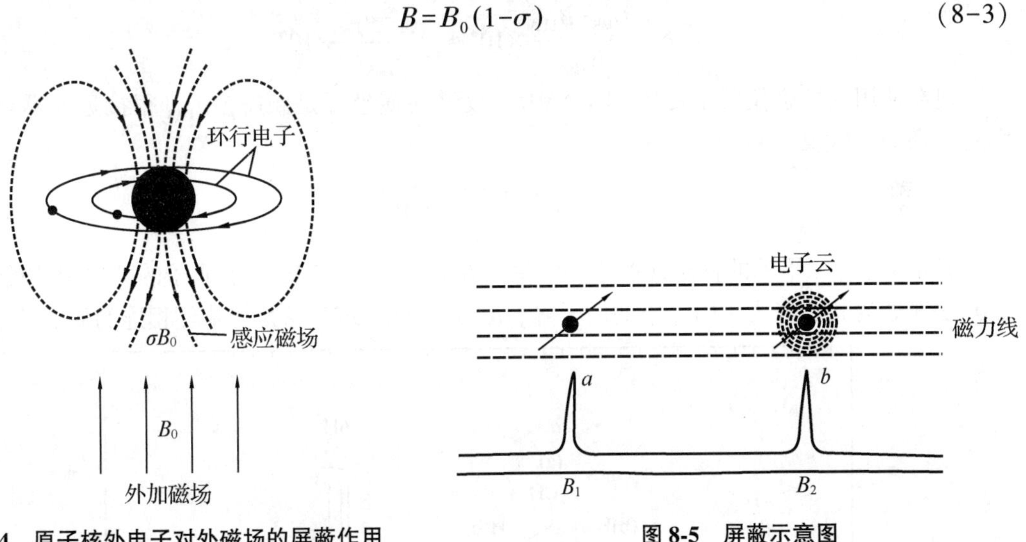

图8-4 原子核外电子对外磁场的屏蔽作用　　**图8-5 屏蔽示意图**

屏蔽作用的大小与核外电子云密切相关，电子云密度越大，屏蔽作用也越大，共振时所需的外加磁场强度也越强。电子云密度又与氢核所处的化学环境有关，即与相邻的基团是推电子基团，还是吸电子基团等因素有关，因此由屏蔽作用引起的共振时磁场强度的移动现象称为化学位移。由于化学位移的大小与氢核所处化学环境密切相关，因此就有可能根据化学位移的大小来考虑氢核所处的化学环境，也就是有机物的分子结构情况。化学位移用 δ 来表示。

8.3.1.2 化学位移的表示方法

化学位移 δ 在扫场时可用磁场强度的改变来表示。在扫频时也可用频率的改变来表示。由于人们不可能用一个赤裸的氢核来进行核磁共振测定，在实际测定中，需要选择一个合适的化合物作为标准，用以测定化学位移的相对值。一般用四甲基硅烷 $Si(CH_3)_4$(TMS)作内标，即在试样中加入少许 TMS，以 TMS 中氢核共振时的磁场强度作为标准，人为地把它的 δ 定为零。

用 TMS 作标准是由于下列几个原因：

① TMS 中的 12 个氢核处于完全相同的化学环境中，它们的共振条件完全一样，因此只有一个尖峰。

② 它们外围的电子云密度和一般有机物相比是最密集的，因此这些氢核都是最强烈地被屏蔽着，共振时需要的外加磁场强度最强，δ 值最大，不会和其他化合物的峰重叠。

③ TMS 是化学惰性，不会和试样反应。

④ 易溶于有机溶剂，且沸点低，回收试样较容易。

对于 CW-NMR，因为 TMS 共振时的磁场强度 B 最高，人为地把它的化学位移定为零作为标准，因而一般有机物中氢核的 δ 都是负值。为了方便起见，文献中常将负号略去，将它看作正数。凡是 δ 值较大的氢核，就称为低场，位于图谱中的左面；δ 较小的氢核是高场，位于图谱的右面，TMS 峰位于图谱的最右面。

为了应用方便，δ 一般都用相对值来表示，是量纲为 1 的单位。又因氢核的 δ 值数量级为百万分之几到十几，因此常在相对值上乘以 10^6，这时的 δ 即为百万分率：

$$\delta=\frac{B_{\text{TMS}}-B_{\text{试样}}}{B_{\text{TMS}}}\times10^6\approx\frac{\nu_{\text{试样}}-\nu_{\text{TMS}}}{\nu_{\text{TMS}}}\times10^6 \qquad (8-4)$$

现在使用的核磁仪器主要是 PFT-NMR，波谱的横坐标是频率，ν_{TMS} 很接近仪器所用频率 ν_0，所以上式又可写为：

$$\delta\approx\frac{\nu_{\text{试样}}-\nu_{\text{TMS}}}{\nu_0}\times10^6 \qquad (8-5)$$

图 8-6 为对二甲苯的核磁共振谱图。最右端 $\delta=0$ 处为 TMS 中的质子的共振吸收峰；$\delta=2.0\sim2.5$ 处的共振峰为—CH_3 中的质子峰，$\delta=7.0$ 处的共振峰为与苯环相连的质子峰。

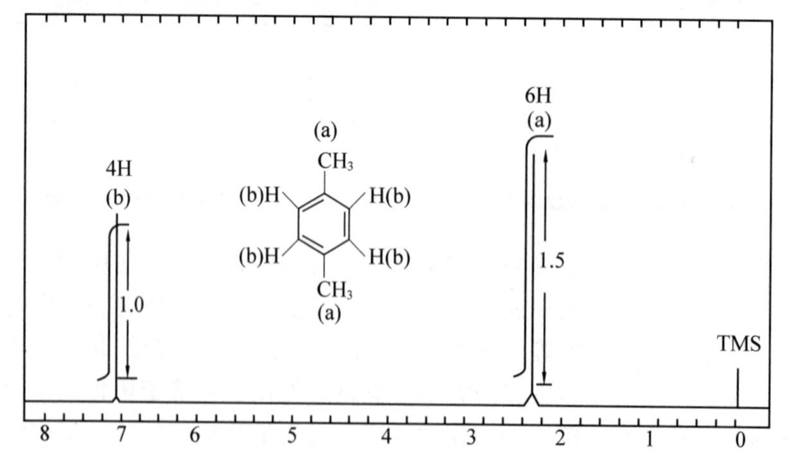

图 8-6 对二甲苯的核磁共振谱图

一般在¹H 核磁共振谱中，δ 值在 0~10 范围内。表 8-2 列出了一些典型基团的¹H 化学位移值，鉴定有机化合物时可作为参考。

表 8-2 不同化学环境中部分¹H 化学位移值

结构类型	化学位移(δ)	结构类型	化学位移(δ)
1. TMS	0.0000	14. $ArNH_2$*、ArNHR*、Ar_2NH*	(3.3)3.4~4.0(4.3)
2. —CH_2—、环丙烷	0.22	15. CH_3—O—	(3.3)3.5~3.8(4.0)
3. CH_4	0.233	16. CH_2=C<	4.6~5.7(6.2)
4. ROH、单体、很稀溶液	0.5	17. H—C=C (H 在 C=C 上)	(5.1)5.2~5.7(5.9)
5. CH_3—C(—)—X，(X=Cl、Br、I、OH、OR、C=O、N)	0.9~1.1(1.2)	18. ArOH*、聚合体	4.5~7.7
6. —CH_2—，饱和	1.20~1.35	19. H—C=C，共轭	(5.3)5.7~6.7(7.75)
7. —C(—)—H，饱和	1.40~1.65	20. H—N(—)—C(=O)—	5.5~8.5
8. CH_3—C(—)—X，(X=F、Cl、Br、I、OH、OR、OAr、N)	(1.0)1.2~1.9(2.0)	21. ArH、苯环型的	(6.0)6.6~8.0(9.5)
9. CH_3—C(—)=C<	1.6~1.9	22. ArH、非苯环型的	(4.0)6.2~8.6(9.0)
10. CH_3—C(—)=O	(1.9)2.1~2.6	23. H—C(=O)—O—	8.0~8.2
11. CH_3Ar	(2.1)2.25~2.5	24. >C=N—OH	8.8~10.2
12. CH_3—N<	2.1~3.0	25. RCHO、脂肪醛	(9.5)9.7~9.8
13. H—C≡C	2.45~3.1	26. ArCHO	10.0~9.7(9.5)

* 这类官能团的吸收位置与浓度有关，稀释时 δ 值降低。正常情况下，官能团的吸收将在所指的范围内，偶尔也会超出这一范围。

8.3.1.3 影响化学位移的因素

化学位移是由核外电子云密度决定的，能影响电子云密度的各种因素都能影响化学位移，其中包括与质子相邻近元素或基团的电负性，各向异性效应，溶剂效应及氢键作用等。

(1)诱导效应

影响电子云密度的一个重要因素是与质子连结的原子的电负性，电负性较大的基团如—OH、—OR、$—NO_2$、—COOR、—CN、—X等，具有较强的吸电子能力。它们通过诱导作用使得C—H键上H的s电子云向碳上转移，氢核受到的屏蔽减弱，化学位移加大。表8-3即是CH_3X的不同化学位移与—X的电负性之间的关系。

表8-3 CH_3X不同化学位移与—X的电负性关系

化合物CH_3X	CH_3F	CH_3OH	CH_3Cl	CH_3Br	CH_3I
电负性(X)	4.0(F)	3.5(O)	3.1(Cl)	2.8(Br)	2.5(I)
化学位移δ	4.26	3.40	3.05	2.68	2.16

由表可见，电负性越大，质子周围的电子云密度就减小，屏蔽效应越弱，质子信号就在较低的磁场出现，化学位移δ越大。又如将O—H键与C—H键相比较，由于氧原子的电负性比碳原子大，O—H的质子周围电子云密度比C—H键上的质子要小，因此O—H键上的质子峰在较低场。

另外，拉电子基团越多，诱导效应越大。例如，$Cl—CH_2—H$的$\delta=3.05$，$Cl_2—CH—H$的$\delta=5.30$，$Cl_3—C—H$的$\delta=7.27$。拉电子基团距离质子越远，诱导效应的影响越小。例如，$CH_3—CH_2—CH_2—Br$中α-H的$\delta=3.30$，β-H的$\delta=1.69$，γ-H的$\delta=1.25$。

(2)磁各向异性效应

在分子中，质子与某一官能团的空间关系，有时会影响质子的化学位移。当分子中某些基团的电子云排布不是球形对称时，它对邻近的^1H核产生一个各向异性的磁场，从而使某些空间位置上的核受屏蔽，另一些空间位置上的核去屏蔽。这种效应称磁各向异性效应。

① 双键化合物的各向异性　例如，C═C或C═O双键中的π电子云垂直于双键平面，它在外磁场作用下产生环流。如图8-7所示，在双键平面上的质子周围，感应磁场的方向与外磁场相同而产生去屏蔽，吸收峰位于低场。但在双键上下方向则是屏蔽区域，处在此区域的质子共振信号将在高场出现。

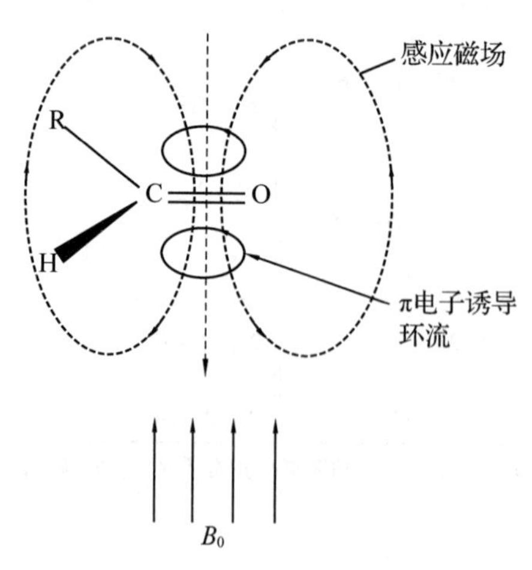

图8-7 双键质子的去屏蔽

② 三键化合物的各向异性　乙炔基则具有相反的效应。由于 C≡C 的 π 电子以键轴为中心呈圆柱体对称分布，在外磁场诱导下形成绕键轴的电子环流。此环流所产生的感应磁场，使处在键轴方向上下的质子受屏蔽，因此吸收峰位于较高场，而在键上方的质子信号则在较低场出现，如图 8-8 所示。

③ 芳环的各向异性　芳环有 3 个共轭双键，它的电子云可看作是上下两个面包圈似的 π 电子环流，环流半径与芳环半径相同，如图 8-9 所示。在芳环中心是屏蔽区，而四周则是去屏蔽区。因此，芳环的质子共振吸收峰位于显著低场，$\delta \approx 7$。

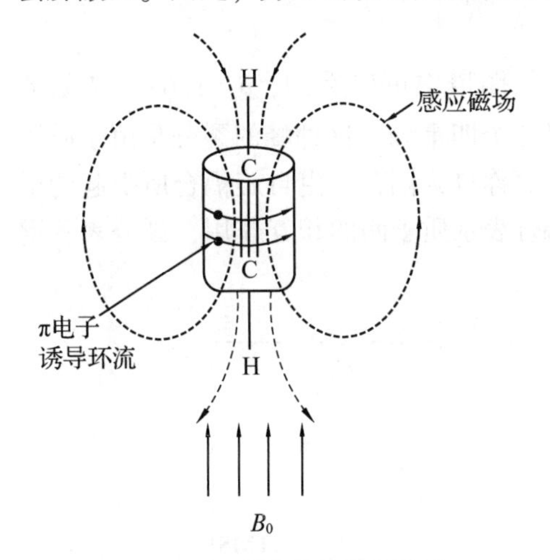

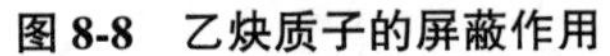

图 8-8　乙炔质子的屏蔽作用

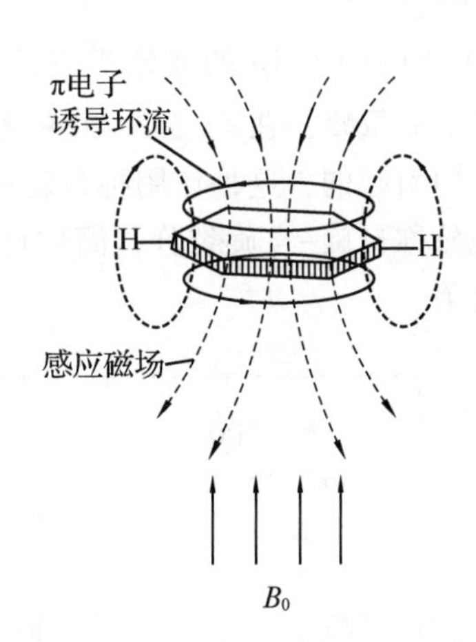

图 8-9　芳环中由 π 电子诱导环流产生的磁场

由上述可见，磁各向异性效应对化学位移的影响，可以是反磁屏蔽的(即感应磁场与外磁场反方向)，也可能是顺磁屏蔽的(即去屏蔽)。它们使化学位移变化的方向各异，反磁屏蔽的屏蔽效应大，δ 出现在高场，顺磁屏蔽的屏蔽效应小，δ 出现在低场。

(3)溶剂效应

不同的溶剂使样品分子所受的磁感应强度不同，因此溶剂对溶质分子有不同的影响，使其化学位移有所不同。在溶液中，各种质子^{1}H 受到不同溶剂的影响而引起化学位移的变化，叫作溶剂效应。测定^{1}H NMR 谱时，最理想的溶剂是 CCl_4 和 CS_2，因为二者皆不含氢，不会产生干扰信号。但由于极性化合物在其中溶解度很小，常需用氯仿 $CHCl_3$、丙酮 CH_3COCH_3、水作为溶剂。为了避免其中氢的共振信号的干扰，一般采用氘代衍生物，即用^{1}H 的同位素^{2}H(氘，D)取代溶剂中的^{1}H，但仍要注意溶剂中残留的^{1}H 信号的干扰。如氘代氯仿 $CDCl_3$ 在 $\delta_{7.28}$ 会出现单峰，氘代丙酮 CD_3COCD_3 在 $\delta_{2.05}$ 出现五重峰，重水 D_2O 在约 $\delta_{2.05}$ 处出现单峰，这些都是残留^{1}H 出现的信号。

由于溶剂不同会引起 δ 值改变，所以查阅或报道 NMR 数据或图谱时必须注明所用的溶剂。

(4)氢键

一般认为，当分子中的氢形成分子内或分子间的氢键时，^{1}H 的电子云密度降低，使^{1}H 受到去屏蔽作用，从而使其化学位移 δ 值增大。氢键作用对—OH，—NH—，—NH_2 等活泼氢的化学位移的影响是很大的，分子内氢键化学位移甚至大于 10，如羧酸的—COOH 为 12，酚的—OH 的化学位移可达 10.5~16，烯醇如 $CH_3(C{=}O)CH{=}C(CH_3)OH$ 中—OH 的化学位移为 15.4。

虽然影响质子化学位移的因素较多，但化学位移和这些因素之间存在着一定的规律性，而且在每一系列给定的条件下，化学位移数值可以重复出现，因此根据化学位移来推测质子的化学环境是很有价值的。

8.3.2 自旋耦合与自旋裂分

8.3.2.1 定义

图 8-10 是 CH_3CH_2Br 的高分辨率核磁共振图，从图谱中可以看到，$\delta = 1.6 \sim 1.7$ 处的 —CH_3 峰是个三重峰，在 $\delta = 3.3 \sim 3.5$ 处的—CH_2 峰是个四重峰，这种峰的裂分是由于质子之间相互作用引起的，这种作用称自旋-自旋耦合，简称自旋耦合。由自旋耦合所引起的谱线增多的现象称自旋-自旋裂分，简称自旋裂分。耦合表示质子间的相互作用，裂分表示谱线增多的现象。

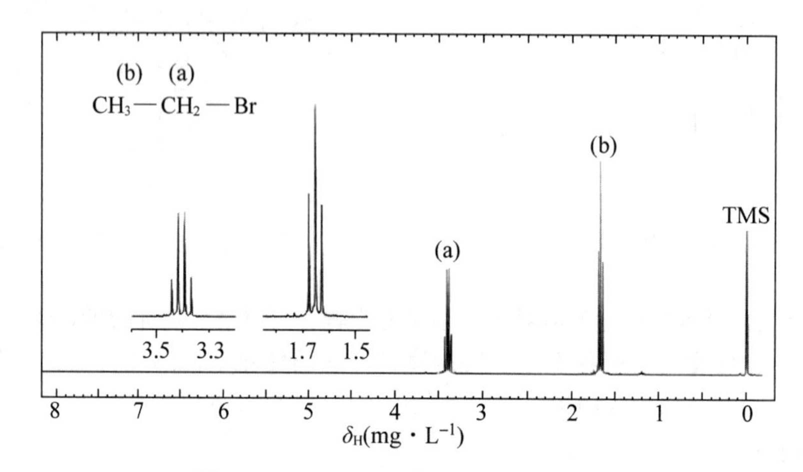

图 8-10 CH_3CH_2Br 高分辨率核磁共振谱

自旋耦合产生的多重峰之间的距离，叫作自旋耦合常数，以 J 表示，单位是 Hz。J 值的大小是自旋耦合强度的量度，是物质分子结构的特征。J 具有以下规律：

① J 值的大小与外部磁场强度无关。这种相互作用的力是通过成键价电子传递的，当质子间相隔 3 个键时，相互作用力比较显著，随着结构不同，J 值在 1~20 Hz 之间；质子间相隔 4 个单键或 4 个以上单键，相互作用力已很小，J 值减小至 1Hz 左右或等于零。根据相互耦合的氢核之间相隔键数，可将耦合作用分为：同碳耦合(相隔 2 个键)，邻碳耦合(相隔 3 个键)和远程耦合(相隔 3 个键以上)，并用相应的^2J、^3J、…分别表示同碳或邻碳耦合。

② 由于耦合是质子相互之间彼此作用的，因此相互耦合的二组质子，其耦合常数 J 值相等。

③ J 值与取代基团、分子结构等因素有关。

耦合裂分现象的存在帮助我们从核磁共振谱上获得更多的信息，这对有机物的结构剖析极为有用。目前已累积大量耦合常数与结构关系的试验数据。一些质子的自旋-自旋耦合常数见表 8-4。

表 8-4 一些质子的自旋-自旋耦合常数

结构类型	J/Hz	结构类型	J/Hz
$>\mathrm{C}<^{\mathrm{H}}_{\mathrm{H}}$	12~15	$>\mathrm{C=C}<^{\mathrm{CH}}_{\mathrm{H}}$	4~10
$>\mathrm{C=C}<^{\mathrm{H}}_{\mathrm{H}}$	0~3	$>\mathrm{C=CH-CH=C}<$	10~13
$^{\mathrm{H}}>\mathrm{C=C}<_{\mathrm{H}}$	顺式 6~14 反式 11~18	$>\mathrm{CH-C\equiv CH}$	2~3
$>\mathrm{CH=CH}<$ (自由旋转)	5~8	$>\mathrm{CH-OH}$ (不交换)	5
		$>\mathrm{CH-CHO}$	1~3
		$-\mathrm{CH}<^{\mathrm{CH_3}}_{\mathrm{CH_3}}$	5~7
环状 H		$-\mathrm{CH_2-CH_3}$	7
邻位	7~10		
间位	2~3		
对位	0~1		

8.3.2.2 产生原因

以 CH_3CH_2Br 为例，讨论自旋耦合和自旋裂分，分子式可写为：

$$
\begin{array}{ccccc}
 & \mathrm{H_d} & & \mathrm{H_c} & \\
 & | & & | & \\
\mathrm{H_d}- & \mathrm{C} & - & \mathrm{C} & -\mathrm{Br} \\
 & | & & | & \\
 & \mathrm{H_d} & & \mathrm{H_c} &
\end{array}
$$

分子中存在二组质子，即 H_d(结合在一个碳原子上，组成甲基) 和 H_c(组成次甲基)。在进行核磁共振分析时，在甲基中的 H_d 除了受外界磁场的作用外，还受到相邻碳原子上 H_c 的影响。由于质子是不断自旋的，自旋的质子产生一个小磁矩，对于 H_d 来说，相邻碳原子上有 2 个 H_c，也就是在 H_d 的近旁存在着 2 个小磁铁，通过成键价电子的传递，就必然要对 H_d 产生影响，使 H_d 受到的磁场强度发生改变。由于质子的自旋有 2 种取向，2 个 H_c 的自旋就可能有 3 种不同的组合，以→和←表示，即① $\rightrightarrows$ ② $\leftleftarrows$ ③ $\rightleftarrows\ \leftrightarrows$。假使① 这种情况产生核磁与外界磁场方向一致，使 H_d 受到的磁场力增强，于是 H_d 的共振信号将出现在比原来稍低的磁场强度处；② 与外磁场方向相反，使 H_d 受到的磁场力降低，于是使 H_d 的共振信号出现在比原来稍高的磁场强度处；③ 对于 H_d 的共振不产生影响，共振峰仍在原处出现。由于 H_c 的影响，H_d 的共振峰将要一分为三，形成三重峰。又由于③ 这种组合出现的概率要 2 倍于① 或②出现的概率，于是中间的共振峰的强度也将 2 倍于①或②的共振峰强度，如图 8-11 所示，其强度比为 1∶2∶1。

同样情况，H_d 也影响 H_c 的共振，3 个 H_d 的自旋取向有 8 种，但这八种只有四个组合是有影响的，故 3 个 H_d 质子使 H_c 的共振峰裂分为四重峰，各个峰的强度比为 1∶3∶3∶1(详见图 8-11)。

一般来说，裂分数及裂分强度比满足二项展开式，见表 8-5。

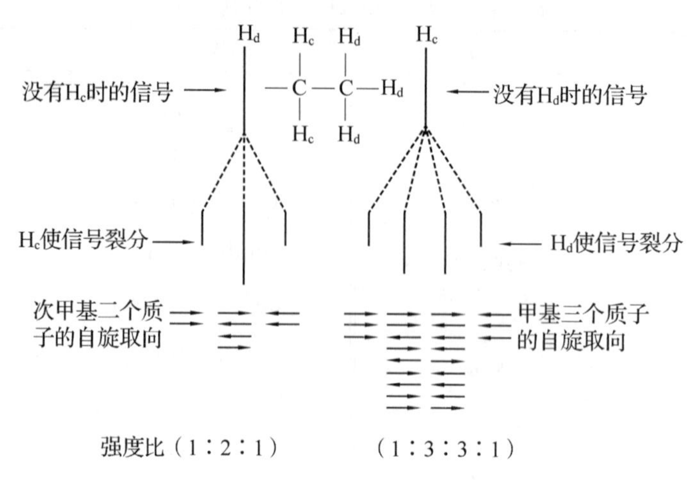

图 8-11　共振峰裂分示意图

表 8-5　多重峰相对强度

相邻碳上 H 数(n)	峰数(n+1)	相对强度比——二项式$(a+b)^n$ 展开式的系数比
0	一	1
1	二	1∶1
2	三	1∶2∶1
3	四	1∶3∶3∶1
4	五	1∶4∶6∶4∶1

由表可知，如果某氢核相邻的碳原子上有 n 个状态相同(化学等价)的 H 核，此核的吸收峰将被裂分为 $n+1$ 个，通常称 $n+1$ 规则。此规则只适用于氢核和其他自旋量子数 $I=\frac{1}{2}$的核。自旋耦合的结果造成 NMR 谱峰的分裂。

8.3.2.3　化学等价与磁等价

化学等价又称为化学位移等价。若分子中两个相同原子(或基团)处于相同的化学环境时，则称它们是化学等价的。化学等价质子必然具有相同的化学位移，但具有相同化学位移的质子未必都是化学等价的。

判别分子中的质子是否化学等价，对于识谱是十分重要的，通常判别的依据是：若两个相同基团可通过二次旋转轴互换，则它们无论在何种溶剂中均是化学等价的。若两个相同基团是通过对称面互换的，则它们在非手性溶剂中是化学等价的，而在手性溶剂中则不是化学等价的。若不能通过以上两种对称操作互换的两个相同基团，一般都不是化学等价的。

磁等价是指化合物中两个相同原子核所处的化学环境相同，并且它们对任意的另外一核的耦合常数亦相同(包括数值和符号)，则两原子是磁等价的。显然，磁等价的原子核一定是化学等价的，而化学等价的核不一定是磁等价的。

如在分子 $H_2C{=}CF_2$（H、F 分别处于 C=C 两端）中两个 H 核是化学等价的，两个 F 核也是化学等价的。两个 H 核化学等价而磁不等价，两个 F 核也是化学等价而磁不等价。由于两个氢核磁不等价，故其氢谱线数目超过 10 条。

在分子 X—C_6H_4—Y（环上 H_A、H_B、H'_A、H'_B）中 H_A 和 H'_A 为化学等价的，二重轴对 $H_B(H'_B)$ 来说，一个是邻位耦合（耦合常数 ^3J），另一个是对位耦合（耦合常数 ^5J），它们是磁不等价的。

而在分子 X—$C_6H_3Y_2$—H_B（环上 H_A、H'_A、Y、Y）中 H_A 及 H'_A 为化学等价且磁等价的，因它们对 H_B 都是间位耦合，其耦合常数相等，均等于 ^4J。

8.3.3 曲线和峰面积

核磁共振谱中，共振峰下面的面积与产生峰的质子峰呈正比，因此峰面积比即是不同类型质子数目的相对比值，若知道整个分子中的质子数，即可从峰面积的比例关系算出各组磁等价质子的具体数目。核磁共振仪用电子积分仪来测量峰的面积，在谱图上从低场到高场用连续阶梯积分曲线来表示（见前文图 8-6 所示）。积分曲线的总高度与分子中的总质子数目呈正比，各个峰的阶梯曲线高度与该峰面积呈正比，即与产生该吸收峰的质子数呈正比。各个峰面积的相对积分值也可以在谱图上直接用数字显示出来，如果将含一个质子的峰面积指定为 1，则图谱上的数字与质子的数目相符。

8.4 核磁共振图谱解析

8.4.1 图谱解析步骤

^{1}H 核磁共振图谱提供了积分曲线、化学位移、峰形及耦合常数等信息。核磁共振谱主要应用于结构鉴定、定量分析以及动力学方面的研究。核磁共振谱是有机物结构鉴定的重要手段，在进行有机物结构鉴定前，应尽可能地多了解待鉴定样品的物理、化学性质、最好能确定其化学式（可用质谱法确定）。核磁共振谱作有机物结构分析，主要依据分子中 H 核的化学位移、峰的裂分与峰的面积。图谱的解析就是合理地分析这些信息，正确地推导出与图谱相对应的化合物的结构。通常采用如下步骤：

① 标识杂质峰在 ^{1}H-NMR 谱中，经常会出现与化合物无关的杂质峰，在剖析图谱前，应先将它们标出。最常见的杂质峰是溶剂峰，样品中未除尽的溶剂及测定用的氘代溶剂中夹杂的非氘代溶剂都会产生溶剂峰。为了便于识别它们，表 8-6 列出了最常用溶剂的化学

位移。

表 8-6 常用溶剂的化学位移

常用溶剂	化学位移	常用溶剂	化学位移
环己烷	1.40	丙 酮	2.05
苯	7.20	乙 酸	2.05 8.50(COOH)*
氯 仿	7.27	四氢呋喃	(α)3.60 (β)1.75
乙 腈	1.95	二氧六环	3.55
1,2-二氯乙烷	3.69	二甲亚砜	2.50
水	4.7	*N*,*N*-二甲基甲酰胺	2.77 2.95 7.5(CHO)*
甲 醇	3.35 4.8*	硅胶杂质	1.27
乙 醚	1.16 3.36	吡 啶	(α)8.50 (β)6.98 (γ)7.35

*数值随测定条件有变化。

② 根据积分曲线计算各组峰的相应质子数，若图谱中已直接标出质子数，则此步骤可省略。

③ 根据峰的化学位移确定它们的归属。

④ 根据峰的形状和耦合常数确定基团之间的互相关系。

⑤ 采用重水交换的方法识别活泼氢。由于—OH、—NH_2、—COOH 上的活泼氢能与 D_2O 发生交换，而使活泼氢的信号消失，因此对比重水交换前后的图谱可以基本判别分子中是否含有活泼氢。

⑥ 综合各种分析，推断分子结构并对结论进行核对。去除不合理的结构式，确定最可能的结构式。

8.4.2 图谱简化方法

不能同时满足一级谱条件的耦合体系则可能产生复杂谱线，通常是耦合作用强烈的体系，此时谱线裂分数比 $n+1$ 多。另外，多重谱线的重叠简并也将形成复杂谱线，解释起来比较困难，此时可通过加大 B_0、使用同位素代换、采用去耦技术（双共振技术）和使用位移试剂等办法使谱图简化。

8.4.2.1 加大 B_0

当用高场仪器时，样品中耦合核的 $\Delta v/j$ 增大，可能把复杂光谱变为一级谱（$\Delta v/J>6$）。例如，在 60 MHz 仪器中测得 $ClCH_2CH_2CH_2COOH$ 中 CH_2 的吸收峰为复杂谱，随着 B_0 的增加，用 220 MHz 仪器测得的谱图则为简单谱图（满足 $n+1$ 规则）。

8.4.2.2 去耦技术

当用一个射频（v_1）正常扫描一个核共振的同时，用另一个强功率的射频（v_2）来照射激发与观测核有耦合作用的核，使其受到强的辐射，便在$-\frac{1}{2}$和$+\frac{1}{2}$两个自旋态之间迅速往返，从而如同一个非磁性核不再对观测核产生耦合作用，因此使观测的谱线数目和强度发生变化。

去耦技术是核磁共振谱中常用的一种技术，是解决测定核间的耦合关系，确定各峰的归属，找出隐藏信号等方面问题的有效手段。

8.4.2.3 氘同位素交换

由于氘(^{2}H)核的共振频率与^{1}H核相差很远，在氢谱中无D的信号峰，且J_{HD}远小于J_{HH}(约1/6)，可忽略不计，因此氘代能消除^{1}H谱中的复杂自旋耦合作用，使谱图简化。另外，活泼H的氘代还可确定氢谱中—OH，—NH—，—SH的存在(氘代后谱峰消失)，这在氢谱分析中经常使用。在蛋白质等生物大分子的结构分析中，可用此技术确定氨基酸的残基、研究肽链的结构。例如，正丁醇经重水交换后，4.40(—OH)峰消失，证明活泼H的存在，且与邻近的—CH_2—的耦合裂分消失，使谱图得到简化。

8.4.2.4 位移试剂简化核磁共振谱

可以使分子的核磁共振谱中各峰的化学位移间距变大，使核磁共振谱的解析变得更加容易的试剂，称为位移试剂。其作用是与样品分子中具有孤对电子的O、N等原子产生配位键，这些原子的电负性较大，对分子中其他氢核有较大的去屏蔽作用，使其产生不同的化学位移。距离孤对电子越近的氢核受影响越大，化学位移变化也越大；距离远的氢核影响小，则化学位移变化小，于是不同氢核之间化学位移差距增大，使核磁共振谱的解析容易进行。常见的位移试剂是镧系元素[如Eu(铕)和Pr(镨)]的β-二酮螯合物，简称$Eu(DPM)_3$或$Pr(DPM)_3$。

8.4.3 图谱解析实例

例1 已知 CH_3—C(=O)—O—$C(H_c)$=$C(H_a)(H_b)$ 的核磁共振图谱如图8-12所示。试解释各个吸收峰。

解：根据化学位移规律，在$\delta=2.1$处的单峰应属于—CH_3的质子峰；=CH_2中H_a和H_b在$\delta=4\sim5$处，其中H_a应在$\delta=4.43$处，H_b应在$\delta=4.74$处；而H_c因受吸电子基团—COO的影响，显著移向低场，其质子峰组在$\delta=7.0\sim7.4$处。

从裂分情况来看：由于H_a和H_b并不完全化学等性(或磁全同)，互相之间稍有一定的裂分作用。

H_a受H_c的耦合作用裂分为二($J_{ac}=6$ Hz)；又受H_b的耦合，裂分为二($J_{ab}=1$ Hz)，因此H_a是两个二重峰。

H_b受H_c的作用裂分为二($J_{bc}=14$ Hz)；又受H_a的作用裂分为二($J_{ba}=1$ Hz)；因此H_b也是两个二重峰。

H_c受H_b的作用裂分为二($J_{cb}=14$ Hz)；又受H_a的作用裂分为二($J_{ca}=6$ Hz)；因此H_c也是两个二重峰。

从积分线高度来看，3组质子数符合1∶2∶3。因此图谱解释合理。

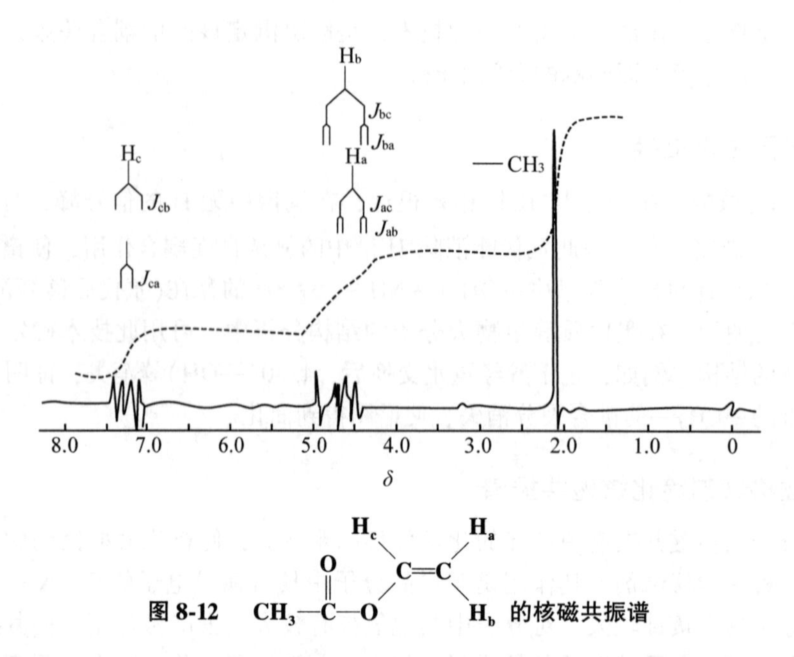

图 8-12 $CH_3-\overset{O}{\overset{\|}{C}}-O-C(H_c)=C(H_a)(H_b)$ 的核磁共振谱

例 2 已知图 8-13 是 α- 羟基丙酸乙酯的核磁共振谱图，试解释各吸收峰归属。

解：醇羟基质子一般不与相连碳上氢耦合，通常为单峰，尽管它的共振范围较宽（$\delta=0.5\sim5$）。

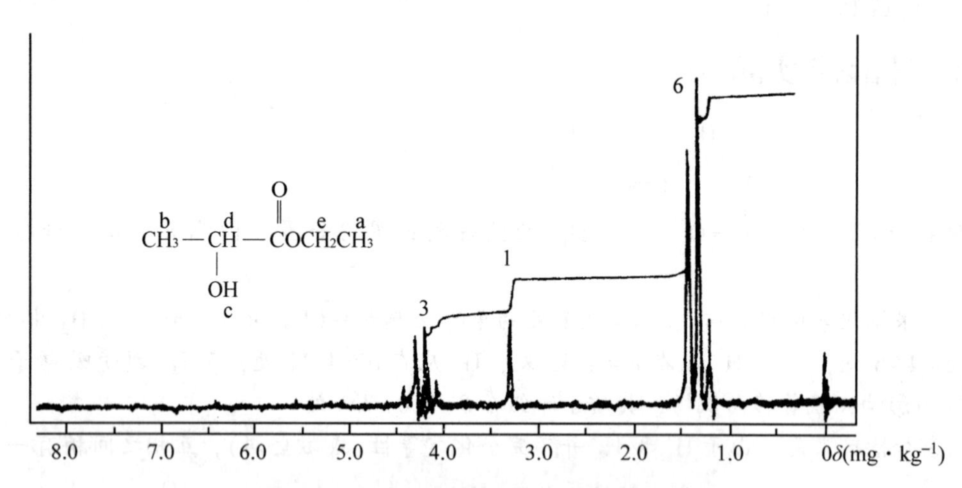

图 8-13 α-羟基丙酸乙酯的 ^1H 核磁共振谱图

但在该谱图中很容易找到积分比为 1 的羟基质子共振峰（$\delta=3.3$）。在 $\delta=1.3$ 的三重峰积分面积比为 6，说明是两个甲基质子共振吸收峰。根据化合物结构，甲基质子 a 应被分裂为三重峰，而甲基质子 b 应被分裂为二重峰。由于它们的化学位移相近，发生了峰的重叠，显示出强度不同的三重峰。与氧相连碳上的质子共振应在较低场，$\delta=4.2$ 的四重峰积分比为 3，即为质子 d 和 e 的共振吸收。这两种与氧相连碳上的氢分别被甲基质子 a 和 b 分裂为四重峰，化学位移相近，重叠后呈四重峰。这个例子说明，在利用 NMR 谱图推断结构时，不能只从峰的分裂去判定，而应以 δ 值、峰的分裂和峰面积比三者作为依据，并使它们与结构相符。这样才可得出正确结果。

例 3 有一化合物分子式为 $C_9H_{12}O$，图 8-14 是它的核磁共振谱图，写出它的结构式。

解：根据不同环境下质子的化学位移 δ 值和图中耦合分裂情况分析：① $\delta=7.2$ 为苯环质子共振峰。② $\delta=3.4$ 为与氧相连碳上的氢核共振峰，因被分裂为四重峰说明相邻有甲基。$\delta=1.2$ 一般为饱和碳上质子共振峰，它被分裂为三重峰说明相连有亚甲基。从这两组峰的 δ 值和分裂情况表明分子中含有—OCH_2CH_3。③ $\delta=4.3$ 可能为与氧相连碳上的氢，因是单峰，表明无相邻氢，另一端可能与苯环相连。以上信息初步判定为苄基乙基醚。

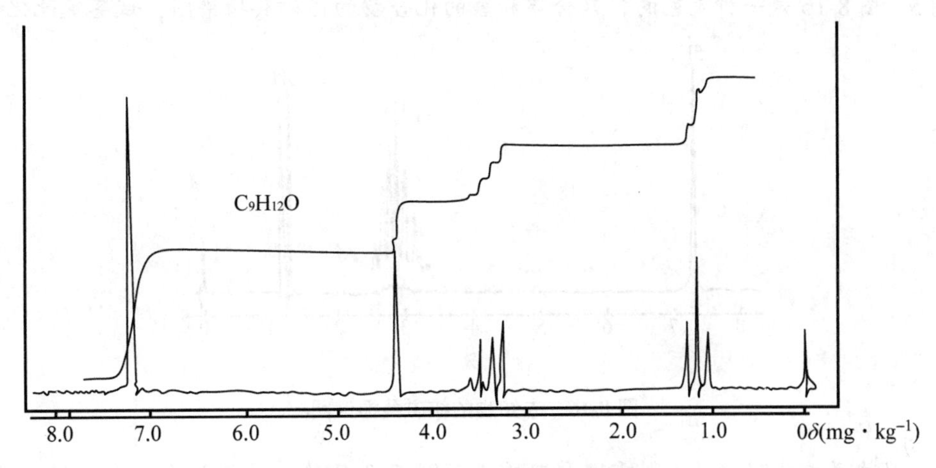

图 8-14 $C_9H_{12}O$ 的 ^1H 核磁共振谱图

根据积分线高度比求出各组峰相应氢数，$\delta=7.2$，5H；$\delta=4.3$，2H；$\delta=3.4$，2H；$\delta=1.2$，3H。这个结果与上述结构式相符，证明推断正确。

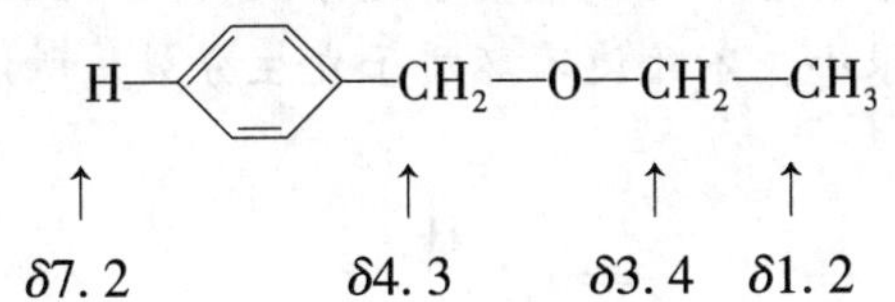

例 4 图 8-15 是化合物 $C_5H_{10}O_2$ 在 CCl_4 溶液中的核磁共振谱，试根据此图谱鉴定它是什么化合物。

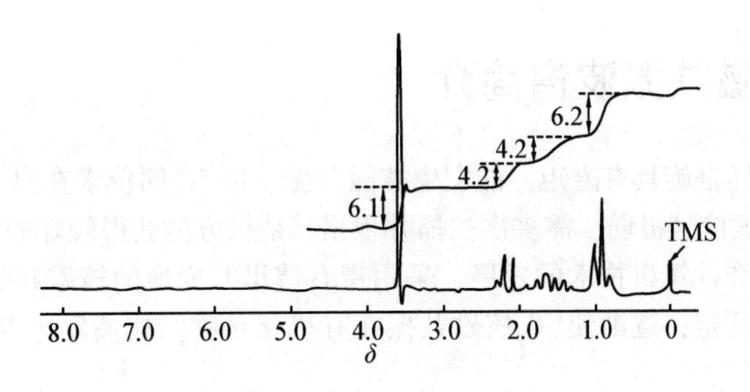

图 8-15 $C_5H_{10}O_2$ 的核磁共振谱

解：从积分线可见，自左到右峰的相对面积为 6.1∶4.2∶4.2∶6.2，这表明 10 个质子的分布为 3、2、2 和 3。在 $\delta=3.6$ 处的单峰是一个孤立的甲基，查阅表 8-2 有可能是 CH_3O—CO—基团。根据经验式和其余质子的 2∶2∶3 的分布情况，表示分子中可能有一个正丙基。由分子式计算其不饱和度等于1，该化合物含一双键，所以结构式可能为CH_3O—CO—$CH_2CH_2CH_3$(丁酸甲酯)。其余3组峰的位置和分裂情况是完全符合这一设想的：δ=0.9处的三重峰是典型的同—CH_2—基相邻的甲基峰，由化学位移数据δ=2.2处的三重峰是同羰基相邻的—CH_2—基的两个质子，另一个—CH_2—基在δ=1.7处产生12个峰，这是由于受两边的—CH_2—及—CH_3的耦合裂分所致[(3+1)×(2+1)=12]，但是在图中只观察到6个峰，这是由于仪器分辨率还不够高的缘故。

例5　图8-16是一种无色的，只含碳和氢的化合物的核磁共振谱图，试鉴定此化合物。

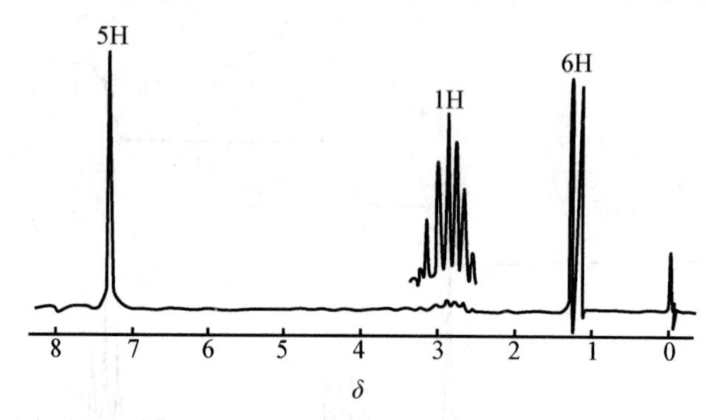

图8-16　未知物的核磁共振谱图

解：从左至右出现单峰、七重峰和双重峰。δ=7.2处的单峰表明有一个苯环结构，这个峰的相对面积相当于5个质子。因此可推测此化合物是苯的单取代衍生物。在δ=2.9处出现单一质子的7个峰和在δ=1.25处出现6个质子的双重峰，只能解释为结构中有异丙基存在。这是由于异丙基的2个甲基中的6个质子是等效的。而且苯环质子以单峰出现，表明异丙基对苯环的诱导效应很小，不致使苯环质子发生分裂。所以可以初步推断这一化合物为异丙苯：

H
C—CH_3
CH_3

8.5　^{13}C核磁共振波谱简介

^{13}C与^{1}H核一样自旋具有磁矩，能发生核磁共振。但^{13}C同位素在自然界丰度很低，只有1.1%，因此共振信号极弱，需多次扫描并积累其结果方能获得较好的核磁共振谱图。近年来随着电子技术和计算机技术的发展，采用带有傅里叶变换的核磁共振仪可以成功地对有机化合物做常规测定，逐渐使^{13}C核磁共振在有机化合物结构测定上与^{1}H核磁共振占有同等重要的位置。

8.5.1　化学位移

碳谱与氢谱的化学位移δ有以下相似和不同之处：

① 碳谱共振的位置顺序从高场到低场依次为饱和碳、炔碳、烯碳、羰基碳；氢谱为饱和氢、炔氢、烯氢、醛基氢等。

② 碳谱与氢谱一样，测量 δ 值也使用 TMS 作内标($\delta=0$)，与电负性基团相连时，化学位移都移向低场。

^{13}C 核磁共振化学位移分布在一个非常宽的区域，一般为 0~250 $mg \cdot kg^{-1}$，有时 δ 值会更大些。只要分子中的碳环境稍有不同，^{13}C 就有不同的 δ 值。像 ^{1}H 核一样，多种因素可以影响 ^{13}C 的化学位移。如碳原子的杂化、取代基电负性、共轭效应、体积效应等。这些影响是复杂的，目前还不能像 ^{1}H 核磁共振谱一样完美地解释 ^{13}C 谱图，但它也存在一定规律。sp^3 杂化的碳共振吸收在 $\delta=0\sim100$ 范围内，sp^2 杂化的碳在 $\delta=100\sim210$ 范围内，特别是羰基碳在较低的磁场发生共振；在 $\delta=170\sim210$ 范围内，在 ^{13}C 谱上极易识别。

表 8-7 列出了不同碳的一般化学位移值，这些数据对解析 ^{13}C 谱图可以提供帮助。如对照表 8-7 解析苯乙酮的 ^{13}C 谱图(图 8-17)。图中 $\delta=196$ 处的共振峰肯定是羰基峰，$\delta=27$ 的共振峰是在饱和碳的共振吸收范围内，应为苯乙酮甲基碳共振吸收峰，另 3 个峰在 $\delta=110\sim160$ 范围属芳环碳的共振吸收峰。苯环具有 6 个碳，但该化合物中有两对对称碳(b 和 c)，因此苯环碳应出现 4 个峰，但图 8-17 中只有 3 个，说明有两个峰重叠。用其他方法测知 $\delta=128$ 为两个 c 碳和两个 b 碳的重叠峰，另两个峰分别为 e 和 d 碳共振吸收峰。在 ^{13}C 核磁共振谱中，不一定解析每一个峰，而是把峰的个数和分子的对称性相联系，并根据某些特征共振峰的信息导出可能结构。

一般取代基对 ^{13}C 的 δ 值影响很大，可根据经验推测一些化合物不同碳的 δ 值。

表 8-7　^{13}C 化学位移值

碳的类型	化学位移 $\delta/(mg \cdot kg^{-1})$	碳的类型	化学位移 $\delta/(mg \cdot kg^{-1})$
C—I	0~40	≡C—(炔)	65~85
C—Br	25~65	═C(烯)	110~150
C—Cl	35~80	C═O	170~210
$—CH_3$	8~30	C—O	40~80
$—CH_2—$	15~55	C_6H_6(苯)	110~160
—CH— (叔碳)	20~60	C—N	30~65

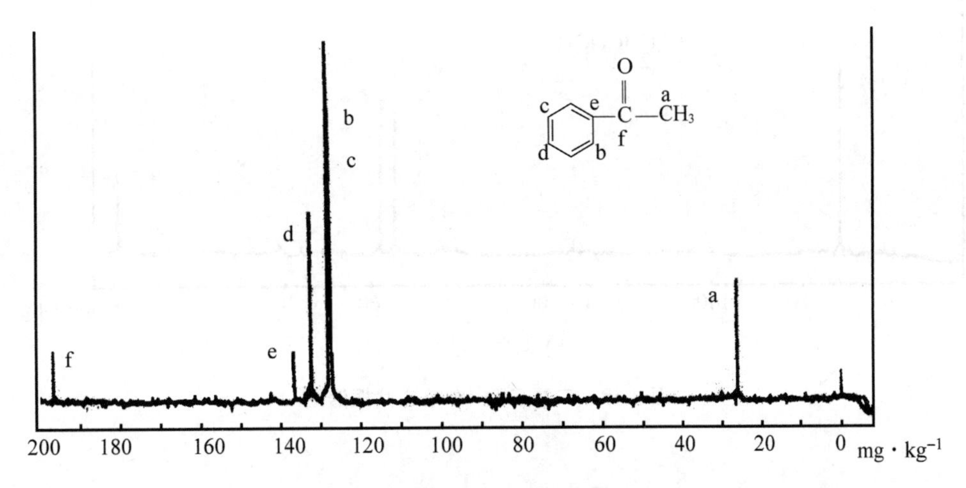

图 8-17　苯乙酮 ^{13}C 核磁共振谱图

8.5.2 质子去耦^{13}C核磁共振波谱

^{13}C核磁共振分析技术有多种操作方法，最普通的一种是质子去耦的方法，也称作宽带去耦，采用该方法可以去掉^{1}H核对^{13}C核的自旋耦合，得到分子中不同环境碳的简单谱图。^{13}C核磁共振测得的谱图可以帮助确定化合物中碳的种数，但不能像^{1}H核磁共振谱图一样用峰的强度衡量各种碳的个数。

8.5.3 偏共振去耦^{13}C核磁共振波谱

质子去耦^{13}C核磁共振谱图可以提供分子中各碳所处环境的报告，特别可以推测分子的对称性。另一常用的操作方法偏共振去耦可获得与碳相连的氢与该碳耦合的谱图，与碳相间的氢核耦合很弱，该法可以消除它的耦合干扰。偏共振去耦可给出更详细的报告。如二氯乙酸质子去耦^{13}C核磁共振谱图中呈现两个峰[图 8-18(a)]，偏共振去耦^{13}C核磁共振谱图中呈现 3 个峰，其中C^2的峰因与相连氢耦合分裂为两重峰[图 8-18(b)]。峰的分裂数与碳直接相连的氢有关，一般也遵守$n+1$规律。如图 8-19 中 2-丁酮C^1和C^4均连有 3 个氢，所以都分裂为四重峰。C^3连有两个氢，分裂为三重峰。

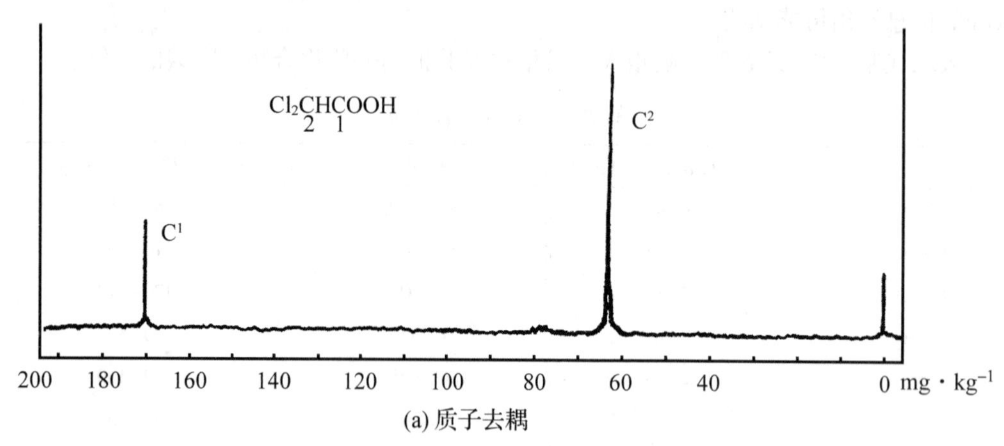

(a) 质子去耦

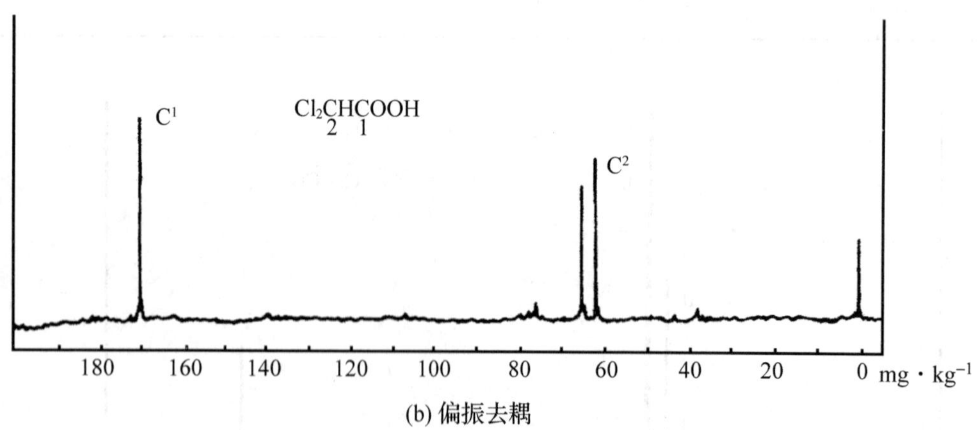

(b) 偏振去耦

图 8-18 二氯乙酸^{13}C核磁共振谱图

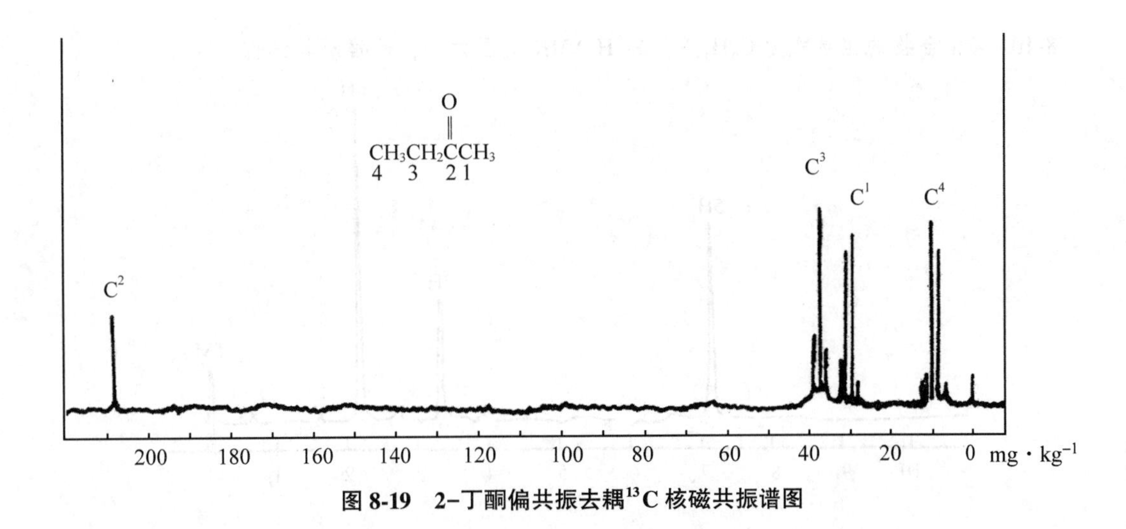

图 8-19　2-丁酮偏共振去耦^{13}C核磁共振谱图

思考题与习题

8-1. 所有原子核都能产生核磁共振信号吗？请说明原因，并进行举例。

8-2. 核磁共振的基本原理是什么？主要获取什么信息？

8-3. 核磁共振波谱法属于光谱分析法吗？与紫外可见吸收光谱法、红外吸收光谱法和原子吸收光谱法相比，它有哪些不同？

8-4. 什么是化学位移？其影响因素有哪些？

8-5. 核磁共振法中最常用的参比物是什么？为什么选用这种物质？

8-6. 何谓自旋耦合和自旋裂分？它们在核磁共振波谱法中有什么作用？

8-7. 3 个不同的质子 H_a、H_b、H_c，其屏蔽常数大小次序为 $\sigma_b>\sigma_a>\sigma_c$，这 3 种质子在共振时外加磁场强度的次序如何？这 3 种质子的化学位移次序如何？σ 增大化学位移如何变？

8-8. 将下列化合物中字母标出的 4 种质子的化学位移按照从大到小进行排序，并说明原因。

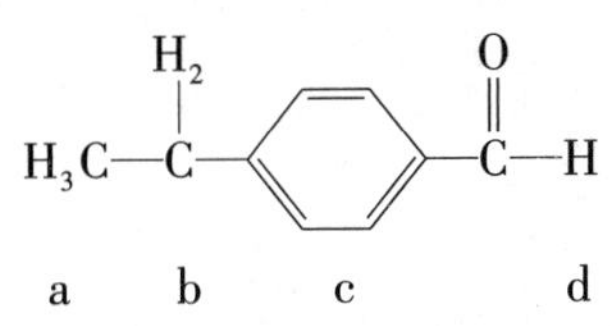

8-9. 一个分子的部分^{1}H NMR 谱图如下，试根据峰位置和裂分峰数目，推断产生这种吸收峰的氢核的相邻部分结构及电负性。

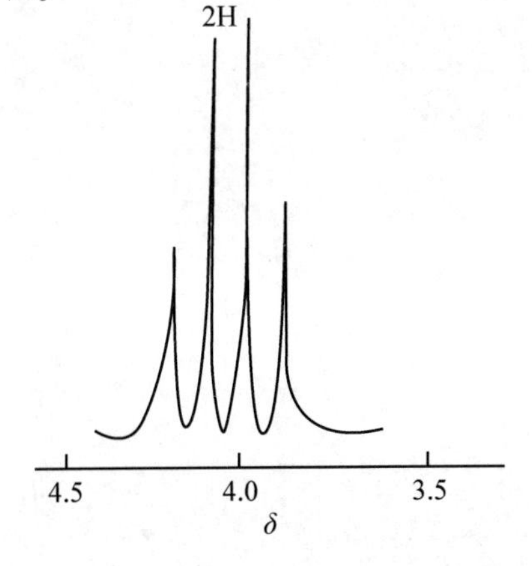

8-10. 某化合物的化学式为 $C_9H_{13}N$，其^{1}H NMR 谱图如下，试推断其结构。

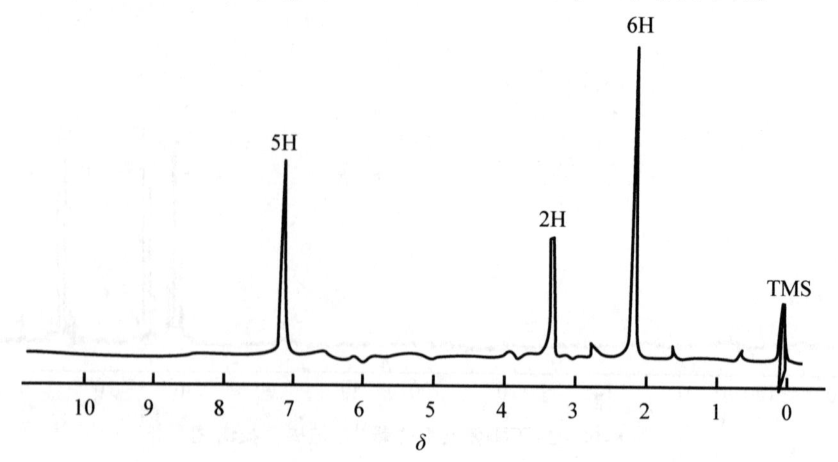

8-11. 试推测分子式为 $C_3H_6Cl_2$，且具有下列^{1}H NMR 谱数据的化合物结构。

δ	质子数	信号类型
2.2	2	五重峰
3.8	4	三重峰

8-12. 下列环境中，能产生核磁共振信号的质子，各有几种类型？请用 a、b、c、d 标在下列结构式上。

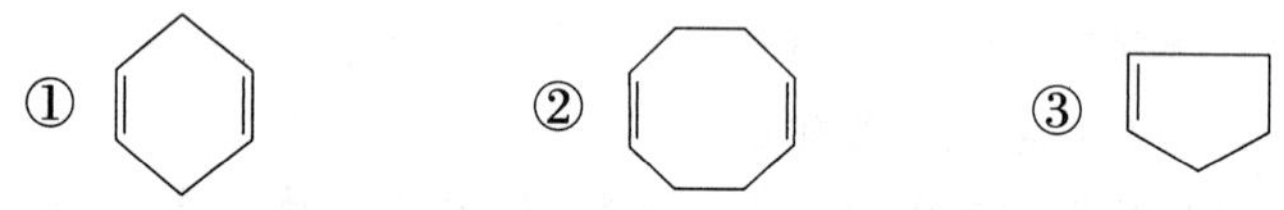

8-13. 只有一组^{1}H NMR 谱图信号和特定分子式的下列化合物，可能的结构是什么？

① C_2H_6O　② $C_3H_6Cl_2$　③ C_3H_6O

8-14. 一个沸点为 72 ℃的碘代烷，它的^{1}H NMR 谱：δ = 1.8(三重峰，3H)和 3.2(四重峰，2H)，试推测其结构并加以说明。

第 9 章
质谱分析法

9.1 概述

质谱分析是利用电磁学原理，通过将化合物电离成运动的具有不同质量的气态离子，然后按其质荷比（m/z）的大小进行分离依次排列成谱收集和记录为基础建立起来的分析方法，亦称为质谱分析法（mass spectrometry，MS）。

质谱分析法早期主要用于相对原子质量的测定和某些复杂碳氢混合物中的各组分的定量测定，20 世纪 60 年代以后，它开始应用于复杂化合物的鉴定和结构分析，随着气相色谱（GC）、高效液相色谱（HPLC）、电感耦合等离子体发射光谱（ICP）等仪器和质谱联机成功以及计算机的飞速发展，使得色谱-质谱及 ICP-MS 等各类联用仪器分析法成为分析、鉴定复杂混合物及微量、痕量金属元素研究的最有效工具。HPLC-ICP-MS 联机技术的解决，开创了微量有机金属化合物分离分析研究新领域。

从仪器构造来看，质谱仪包括 4 个部分，即进样系统、离子源、质量分析器和检测显示系统，如图 9-1 所示。

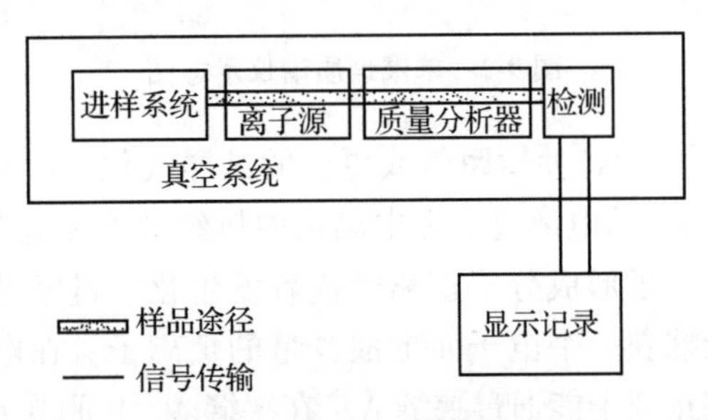

图 9-1　质谱仪构造示意图

在有机化合物结构分析中，质谱分析与核磁共振波谱、红外光谱和紫外-可见光谱合并为分子结构鉴定的四大工具，但它具有其自身的突出特点：

① 质谱法是唯一可以确定分子式的方法。

② 灵敏度高。通常只需要微克级甚至更少的样品，便可得到质谱图，检出限最低可达 10^{-14} g。

③ 根据各类有机化合物分子的断裂规律，质谱中的分子碎片离子峰可提供有关有机化合物结构的丰富信息。

鉴于此，质谱分析可用于：

① 样品元素组成。
② 无机、有机及生物的结构分析，结构不同，分子或原子碎片不同(质荷比不同)。
③ 复杂混合物的定性定量分析，与色谱方法联用(GC-MS)。
④ 固体表面结构和组成分析，激光烧蚀等离子体-质谱联用。
⑤ 样品中原子的同位素比。

9.2 质谱仪

9.2.1 质谱仪的工作原理

质谱仪是利用电磁学原理，使带电的样品离子按质荷比进行分离的装置。以单聚焦磁质谱(图 9-2)为例说明其原理如下：

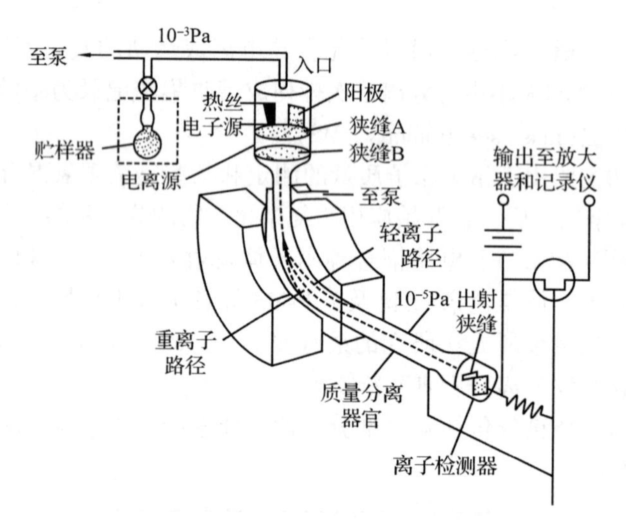

图 9-2 单聚焦质谱仪示意图

在贮样器内(压力约为 1 Pa)使微摩尔或更少的试样气化，由于压力差的作用，气体试样慢慢进入压力约为 10^{-3} Pa 的电离室。在电离室内热丝电子源流向阳极的电子流轰击气态样品分子，使其失去一个电子形成分子正离子或者发生化学键断裂形成碎片正离子和自由基，有时样品分子也可能捕获一个电子而形成少量的负离子。在电离室内有一微小的静电场将正负离子分开，只有正离子能通过狭缝 A。在狭缝 A、B 间受到电压 U 的加速，若忽略离子在电离室内获得的初始能量，则该离子(电荷为 z、质量为 m)到达 B 时的动能应为：

$$\frac{1}{2}mv^2 = zU \tag{9-1}$$

式中，v 为加速后正离子的运动速率。

加速后的正离子通过狭缝 B 进入真空度达 10^{-5} Pa 的质量分析器(也称磁分析器)中，由于外磁场 B 的作用，其运动方向将发生偏转，由直线运动改作圆周运动。在磁场中，离子作圆周运动的向心力等于磁场力，即

$$\frac{mv^2}{R} = Bzv \tag{9-2}$$

式中，R 为离子运动的轨道半径。由式(9-1)和式(9-2)消去 v 后得到质谱方程式：

$$\frac{m}{z}=\frac{R^2B^2}{2U} \quad 或 \quad R=\frac{1}{B}\sqrt{2U\frac{m}{z}} \tag{9-3}$$

由式(9-3)可以看出，离子运动的半径 R 取决于磁场强度 B、加速电压 U 以及离子的质荷比 m/z。如果 B 和 U 固定不变，则离子的 m/z 越大，其运动半径 R 越大。如此，在质量分析器中，各种离子就按照质荷比 m/z 的大小顺序被分开。从图 9-2 可以看出，质谱仪出射狭缝的位置是固定的，只有离子的运动半径与质量分析器的半径相等时，离子才能通过出射狭缝到达检测器。

若改变粒子的速度或磁场强度，就可将不同质量数的粒子依次聚焦在出射狭缝上。通过出射狭缝的离子流，将落在一个收集极上，这一离子流经放大后，即可进行记录，并得到质谱图。

质谱图上信号的强度，与到达收集极上的离子数目呈正比。

质谱仪的种类很多，按进样状态不同，可分为气相色谱-质谱联用仪(GC-MS)、液相色谱-质谱联用仪(HPLC-MS)、毛细管电泳-质谱联用仪(CE-MS)和高频电感耦合等离子体-质谱联用仪(ICP-MS)等。按电磁场变化与否，可分为动态仪器和静态仪器。

动态仪器采用变化的电磁场，按时间不同来区分 m/z 不同的离子，如飞行时间和四极滤质器式的质谱仪。

静态仪器采用稳定的电磁场，按空间位置将 m/z 不同的离子分开，如单聚焦和双聚焦质谱仪。

9.2.2 质谱仪的主要性能指标

9.2.2.1 质量测定范围

质量测定范围表示质谱仪所能进行分析的样品的相对原子质量(或相对分子质量)范围，通常采用原子质量单位(u)进行度量。

测定气体用的质谱仪，一般质量测定范围在 2~100，而有机质谱仪一般可达几千，现代质谱仪甚至可以研究相对分子量达几十万的生化样品。

9.2.2.2 分辨本领

分辨本领用分辨率衡量，是指质谱仪分开相邻质量数离子的能力。即：对两个相等强度的相邻峰，当两峰间的峰谷不大于其峰高 10%时，认为两峰已经分开，如图 9-3 所示。其分辨率为：

$$R=\frac{m_1}{m_2-m_1}=\frac{m_1}{\Delta m} \tag{9-4}$$

式中，R 为质谱仪的分辨率；m_1、m_2 为刚好分开的两峰所对应的质量数，且 $m_1<m_2$。如 $C_3H_4O^+$ 与 $C_2H_4N_2^+$ 的 m/z 分别为 56.026 215，56.037 448，若需分开这两个离子峰，质谱仪的分辨率 R 应大于

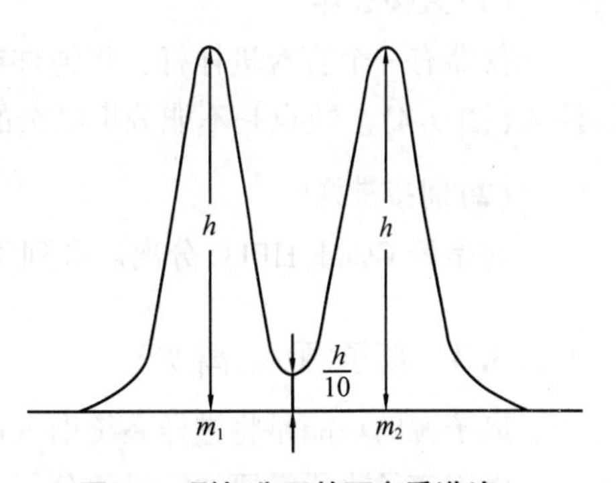

图 9-3 刚好分开的两个质谱峰

$$\frac{56.026215}{56.037448-56.026215}=4987$$

若要分开 $C_{11}H_{20}N_6O_4^+$(m/z=300.154 60)和 $C_{12}H_{20}N_4O_5^+$(m/z=300.143 37)的离子峰，则 $R>26720$。

一般 $R<10000$ 时，称为低分辨率；$R>10000$ 时，称为高分辨率。由于低分辨质谱仪价格便宜，操作方便，一般质谱图可由低分辨质谱仪得到，它给出的 m/z 数据一般为整数。高分辨质谱仪给出的 m/z 数据可精确到小数点后 4 位数字，可用来确定化合物的分子式。

实际工作中，可任选一单峰，测其峰高 5%处的峰宽 $W_{0.05}$，即可当作上式中的 Δm，此时的分辨率定义为

$$R=m/W_{0.05} \tag{9-5}$$

因此质谱仪的分辨本领由 3 个因素决定：① 离子通道的半径；② 加速器与收集器狭缝宽度；③ 离子源的性质。

9.2.3 质谱仪的基本结构

质谱仪基本结构包括进样系统、电离系统、质量分析系统和检测系统。

为了对获得离子进行良好的分析，避免离子损失，凡有样品分子及离子存在和通过的地方，必须处于真空状态。

9.2.3.1 真空系统

质谱仪的离子产生及经过系统必须处于高真空状态，离子源真空度应达 $10^{-5}\sim10^{-3}$ Pa，质量分析器真空度应达 10^{-6} Pa。若真空度过低，则会造成离子源灯丝损坏，本底增高，副反应过多，从而使图谱复杂化，干扰离子源的调节，加速极放电等问题。

一般质谱仪都采用机械泵预抽真空后，再用高效率扩散泵连续地运行以保持真空。现代质谱仪采用分子泵可获得更高的真空度。

9.2.3.2 进样系统

进样系统的作用是将待测物质(即试样)送进离子源，进样方式与离子源有关，选用不同的离子源，其进样方式可能不同，一般可分为直接进样和间接进样两种。

(1) 直接进样

仪器有一个直接进样杆，将纯样或混合样直接进到离子源内或经注射器由毛细管直接注入(图 9-4)。缺点是不能分析复杂的化合物体系。

(2) 间接进样

它是经 GC 或 HPLC 分离后进到质谱的离子源内。

9.2.3.3 离子源(电离源)

离子源的功能是将进样系统引入的气态样品分子、原子电离成离子，它是质谱仪的核心。由于离子化所需要的能量随分子不同差异很大，对于不同的分子应选择不同的离解方法。通常将能给样品较大能量的电离方法称为硬电离方法，而给样品较小能量的电离方法

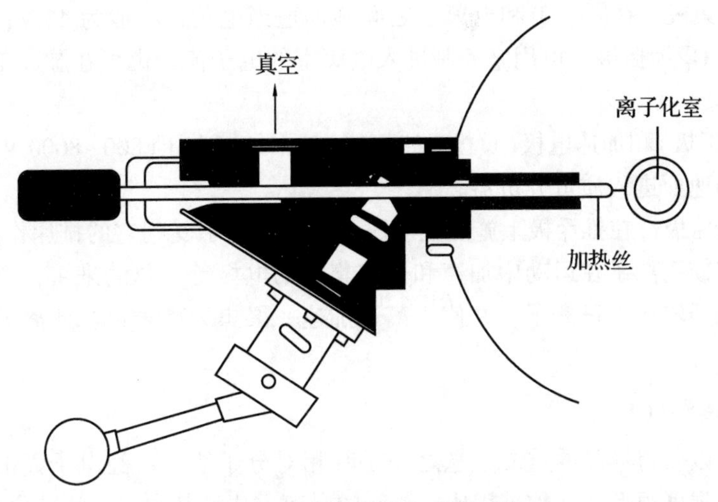

图 9-4 直接探针引入进样系统

称为软电离方法。后一种方法适用于易破裂或易电离的样品。它的性能与质谱仪的灵敏度和分辨本领等有很大关系。常见的离子源有以下几种。

(1) 电子轰击电离源(EI)

电子轰击法是通用的电离法，它是用电加热铼丝或钨丝到 2000 ℃，产生能量为 10~70 eV 的高速电子束。待测试样进入电离室时，高速电子与分子发生碰撞，若电子的能量大于试样分子的电离电位，将导致试样分子的电离。试样分子 M 失去一个电子形成的 M^{+} 称为分子离子。

$$M+e^{-} \rightleftharpoons M^{+}+2e^{-} \tag{9-6}$$

通常形成分子离子所需的能量为 15~20 eV，当具有更高能量(如 70 eV)的电子轰击有机化合物分子时，就会使分子中的化学键断裂，生成各种低质量数的碎片正离子和中性自由基。这些碎片离子可用于有机化合物的结构鉴定。图 9-5 是电子轰击源工作示意图。

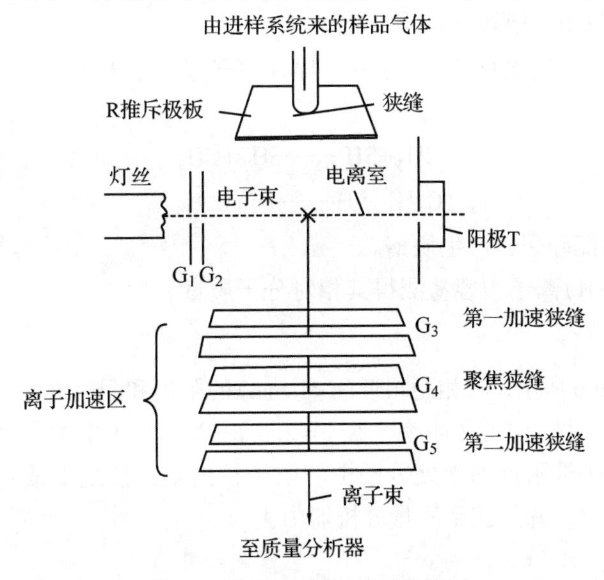

图 9-5 电子轰击源工作示意图

T为电子捕集极，在阳极T和电离室之间施加适当电位，一般为45 V，使多余的电子被T收集。G_1、G_2为栅极，可用来控制进入电离室的电子流，也可在脉冲工作状态下切断和导通电子束。

在电离室(正极)和加速电极(负极)之间施加一个加速电压(800~8000 V)，使电离室中的正离子得到加速而进入质量分析器。

R为离子推斥极，在推斥极上施加正电压，于是正离子受到它的排斥作用而向前运动。除此之外，还有使正离子在运动中加速和聚焦集中的电极等。总的来讲，离子源的作用是将试样分子或原子转化为正离子，并使正离子加速、聚焦为离子束，此离子束通过狭缝而进入质量分析器。

(2)化学电离源(CI)

在质谱中可以获得样品的重要信息之一是其相对分子质量。经电子轰击产生的M^+峰，往往不存在或其强度很低。必须采用比较温和的电离方法，其中之一就是化学电离法。

化学电离源是由反应气体质子的传递使待测样品电离，它是通过离子-分子反应进行的。离子与试样分子按一定方式进行反应，转移一个质子给试样，或试样移去一个H^+或电子，变为带+1电荷的离子。电离源一般在$1.3\times10^2 \sim 1.3\times10^3$ Pa压强下工作。

在离子源内充满一定压强的反应气体，如甲烷、异丁烷、氨气等，用高能量的电子(100 eV)轰击反应气体使之电离，电离后的反应分子再与试样分子碰撞发生分子离子反应形成准分子离子QM^+和少数碎片离子。以CH_4作反应气体为例，首先用高能电子，使CH_4电离产生CH_5^+和$C_2H_5^+$，即：

$$CH_4 + e \longrightarrow CH_4^+ \cdot + 2e \tag{9-7}$$

$$CH_4^+ \cdot + e \longrightarrow CH_3^+ \cdot + H \cdot \tag{9-8}$$

$CH_4^+ \cdot$和CH_3^+很快与大量存在的CH_4分子起反应，即：

$$CH_4^+ \cdot + CH_4 \longrightarrow CH_5^+ \cdot + CH_3 \cdot \tag{9-9}$$

$$CH_3^+ + CH_4 \longrightarrow C_2H_5^+ + H_2 \tag{9-10}$$

CH_5^+和$C_2H_5^+$不与中性甲烷进一步反应。

少量样品(试样与甲烷之比为1∶1000)导入离子源后，试样分子(如—SH)发生下列反应：

$$CH_5^+ + SH \longrightarrow SH_2^+ + CH_4$$

$$C_2H_5^+ + SH \longrightarrow S^+ + C_2H_6$$

SH_2^+和S^+然后可能碎裂，产生质谱。

由(M+H)或(M-H)离子很容易测得其相对分子质量。

(3)场致电离源(FI)

场致电离源如图9-6所示。在相距很近(d<1 mm)的阳极和阴极之间，施加7000~10 000 V的稳定直流电压，在阳极的尖端(曲率半径r=2.5 μm)附近产生$10^7 \sim 10^8$ V·cm^{-1}的强电场，依靠这个电场把尖端附近纳米处分子中的电子拉出来，使之形成正离子，然后通过一系列静电透镜聚集成束，并加速到质量分析器中去。

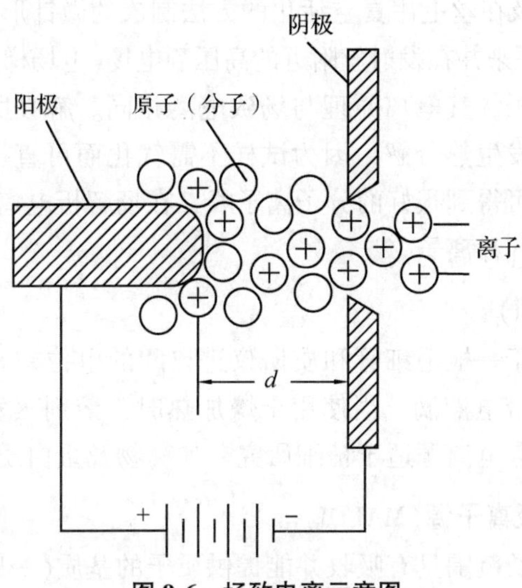

图 9-6 场致电离示意图

图 9-7 是谷氨酸的质谱图。在场致电离的质谱图上，分子离子峰很清楚，碎片峰则较弱，这对相对分子质量测定是很有利的，但缺乏分子结构信息。为了弥补这个缺点，可以使用复合离子源。例如，电子轰击-场致电离复合源，电子轰击-化学电离复合源等。

(4) 场解析电离源(FD)

将液体或固体试样溶解在适当的溶剂中，并滴加在特制的场解析电离源发射丝上，发射

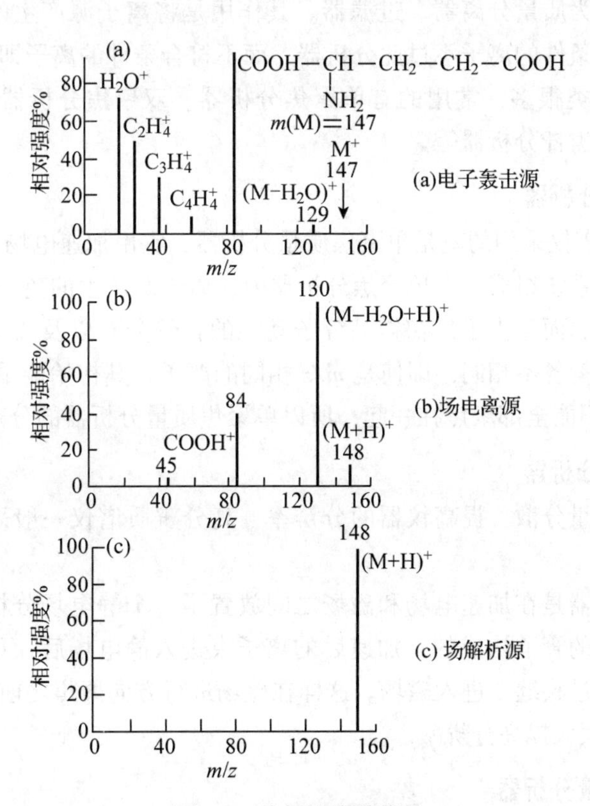

图 9-7 谷氨酸的质谱图

丝由直径约10 μm的钨丝及在丝上用真空活化的方法制成的微针形碳刷组成。发射丝通电加热使其上的试样分子解吸下来并在发射丝附近的高压静电场(电场梯度为$10^7 \sim 10^8$ V·cm^{-1})的作用下被电离形成分子离子，其电离原理与场致电离相同。解吸所需能量远低于气化所需能量，故有机化合物不会发生热分解，因为试样不需气化而可直接得到分子离子，因此即使是热稳定性差的试样仍可得到很好的分子离子峰，在场解析电离源中分子中的C—C键一般不断裂，因而很少生成碎片离子。

(5)电喷雾电离源(ESI)

电喷雾电离源利用位于一根毛细管和质谱仪进口间的电位差来生成离子，在电场作用下产生以喷雾形式存在的带电液滴。当使用干燥加热时，溶剂蒸发，液体体积缩小，最终生成去溶剂化离子。电喷雾电离源适于精细研究，如药物及蛋白质分析。

(6)基质辅助激光解吸离子源(MALDI)

利用对使用的激光波长范围具有吸收并能提供质子的基质(一般常用小分子液体或结晶化合物)，与样品按比例均匀混合，干燥后送入离子室。在真空下受激光照射，基质吸收激光能量并传递给样品，从而使样品解吸和电离。基质辅助激光解吸离子源的特点是：准分子离子峰很强，且碎片离子少。通常用于飞行时间质谱，特别适合测定多肽、蛋白质、DNA片断、多糖等的相对分子质量。

9.2.3.4 质量分析器

质量分析器也称为质量分离器、过滤器。其作用是将离子源产生的离子按照质荷比的大小分开，并使符合条件的离子飞过此分析器，而不符合条件的离子即被过滤掉。

质量分析器的种类很多，常用的有单聚焦分析器、双聚焦分析器、飞行时间分析器、离子阱分析器以及四极杆分析器等。

(1)单聚焦质量分析器

图9-8所示的质谱仪采用的就是单聚焦质量分析器，它由加速电场、磁铁、质量分离器管、出射狭缝及真空系统组成。在单聚焦分析器中，离子源产生的离子在进入加速电场前，其初始能量并不为零，而且由于最初样品分子动能的自然分布以及离子源内电场不均匀等原因，造成其初始能量各不相同，即使是m/z相同的离子，其初始能量也有差别，导致m/z相同的离子，最后不能全部聚焦在一起，所以单聚焦质量分析器的分辨率不高。

(2)双聚焦质量分析器

为了解决离子能量分散、提高仪器的分辨率，高分辨质谱仪一般采用双聚焦质量分析器，如图9-9所示。

双聚焦质量分析器是在加速电场和磁场之间放置了一个静电场分析器，它是由恒定电场下的一个固定半径的管道构成的。加速后的离子束进入静电场后，只有动能与其曲率半径相应的离子才能通过狭缝2进入磁场。这样在磁场进行方向聚焦之前，实现了能量(或速率)上的聚焦，从而大大提高分辨率。

(3)飞行时间质量分析器

飞行时间质量分析器利用从离子源飞出的离子其动能基本相等，但在加速电压作用下，

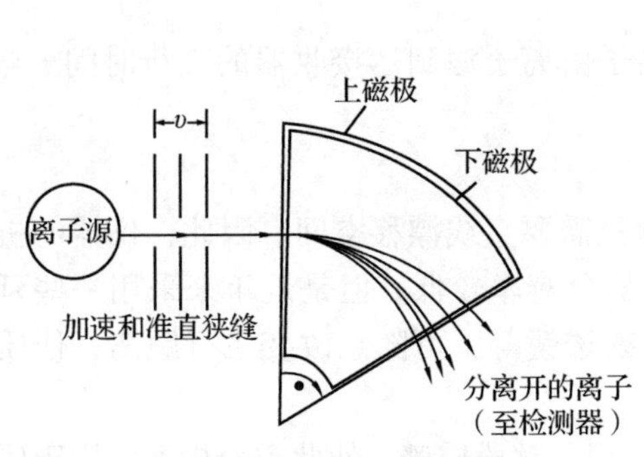

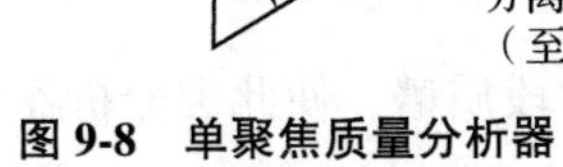

图 9-8　单聚焦质量分析器

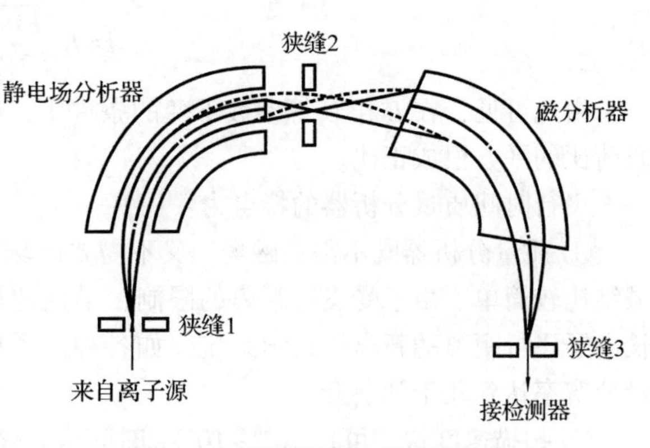

图 9-9　双聚焦质量分析器示意图

不同 m/z 的离子飞行速率不一样，m/z 大的离子比小的飞行速率慢，通过不同 m/z 的离子到达检测器的时间不同而被检出。它的特点是：质量范围宽，扫描速率快。常与基质辅助激光解吸离子源联用，在生命科学中分析有机大分子方面得到广泛的应用。

图 9-10 是飞行时间质量分析器工作原理图。由阴极 F 发射的电子，受到电离室 A 上正电位的加速，进入并通过 A 而到达电子收集极 P，电子在运动中撞击 A 中的气体分子并使之电离。在栅极 G_1 上加一个不大的负脉冲(-270 V)，把正离子引出电离室 A，然后在栅极 G_2 上施加直流负高压 V(-2.8 kV)，使离子加速而获得动能，以速度 v 飞越长度为 L 的无电场又无磁场的漂移空间，最后到达离子接收器。同样，当脉冲电压为一定值时，离子向前运动的速度与离子的 m/z 有关，因此在漂移空间里，离子是以各种不同的速度在运动着，质量越小的离子，越先落到接收器中。

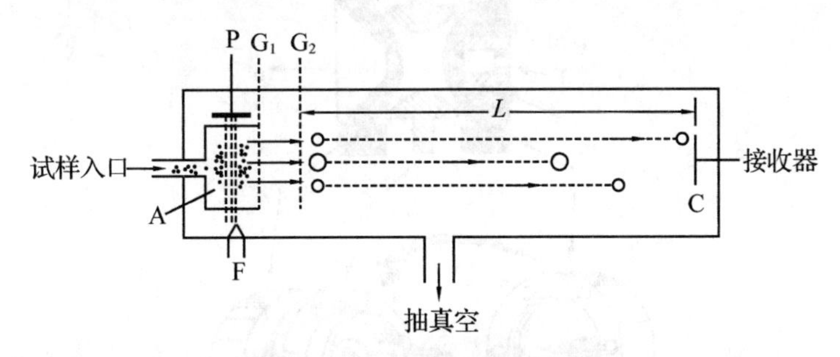

图 9-10　飞行时间质谱分析器

若忽略离子(质量为 m)的初始能量，可以认为离子动能为：

$$\frac{mv^2}{2}=zU$$

即前文的式(9-1)，由此可写出离子速度：

$$v=\sqrt{\frac{2zU}{m}} \tag{9-11}$$

离子飞行长度为 L 的漂移空间所需时间 $t=\frac{L}{v}$，故可得

$$t=L\sqrt{\frac{m}{2zU}} \tag{9-12}$$

由此可见，在 L 和 U 等参数不变的条件下，离子由离子源到达接收器的飞行时间 t 与质荷比的平方根成正比。

飞行时间质量分析器的特点为：

① 质量分析器既不需要磁场，又不需要电场，只需要直线漂移空间。因此，仪器的机械结构较简单。由于受飞行距离的限制，早期的仪器分辨率较低。但是近年来采用一些延长离子飞行距离的新离子光学系统，如各种离子反射透镜等，可随意改变飞行距离，使质量分辨率达到几千到上万。

② 扫描速度快，可在 $10^{-6}\sim10^{-5}$ s时间内观察、记录整段质谱，使此类分析器可用于研究快速反应及与色谱联用等。

③ 不存在聚焦狭缝，灵敏度高。

④ 测定的质量范围仅决定于飞行时间，可达几十万 u。

(4) 离子阱质量分析器

离子阱的结构如图 9-11 所示。由一个双曲线表面的中心环形电极和上下两个端盖电极间形成一个室腔(阱)。在环形电极和端盖电极之间，施加直流电压和高频电压(两端盖电极都处于低电位)，在适当条件下，由离子源注入的特定 m/z 的离子在阱内稳定，其轨道振幅保持一定大小，并可长时间留在阱内，反之，未满足特定条件的不稳定态离子振幅很快增大，直至撞击到电极上而消失。在恒定的直流交流比之下扫描高频电压，并在引出电极上加负电压脉冲使正离子从阱内引出而被电子倍增器检测，以得到质谱图。

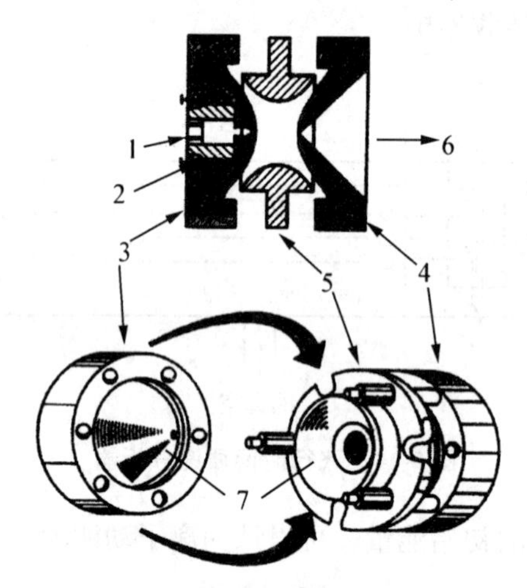

图 9-11　离子阱

1. 离子束注入　2. 离子闸门　3、4. 端盖电极　5. 环形电极　6. 至电子倍增器　7. 双曲线表面

离子阱具有结构简单、易于操作、灵敏度高的特点，已用于有机质谱中的 GC(或 HPLC)-MS 联用装置上。

(5) 四极杆质量分析器

四极杆质量分析器因其由四根平行的棒状电极组成而得名。相对的一对电极是等电位

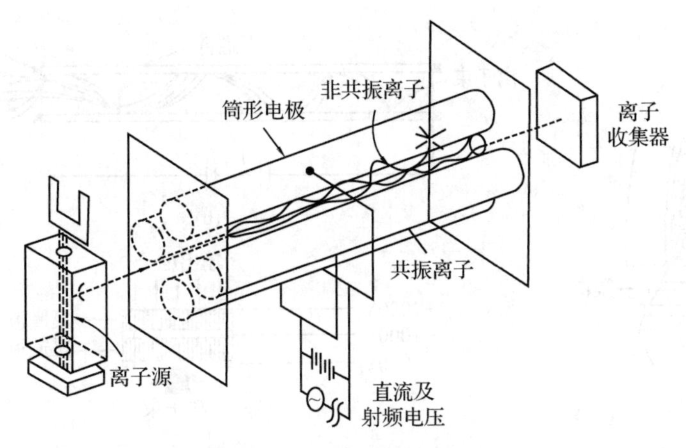

图 9-12 四极杆质量分析器

的，两对电极之间的电位则是相反的。其结构如图 9-12 所示。

从离子源出来的离子，到达四极杆质量分析器的中心，只有满足一定条件的离子才能沿两对电极的中心轴飞行，到达检测器。

四极杆质量分析器的优点是：结构简单，体积小，扫描速率快，适合与色谱联机。操作时的真空度相对较低，因而特别适合与液相色谱联机。其缺点是：分辨率不够高，对质量较高的离子有质量歧视反应。

9.2.3.5 离子检测器和记录系统

检测器和记录系统可用以测量、记录离子流强度，从而得出质谱图。

检测器有法拉第杯、闪烁计数器、电子倍增器、带电子倍增器等。现代质谱仪所用的检测器一般是电子倍增器，如图 9-13 所示，其原理与光电倍增管类似。一般由 14~16 个极板组成，每个极板都有适当的负电位。当离子通过出射狭缝后，就打在电子倍增器的第一极板上而激发出电子，这些电子被电场加速后再去撞击第二极板，并激发出更多的二次电子，然后再去撞击第三极板……，依次到最后极板时，其放大倍数是 $10^4 \sim 10^6$ 倍。由电子倍增器输出的电流信号，经前置放大并转变为适合数字转换的电压，由计算机完成数据处理，并绘制成质谱图。

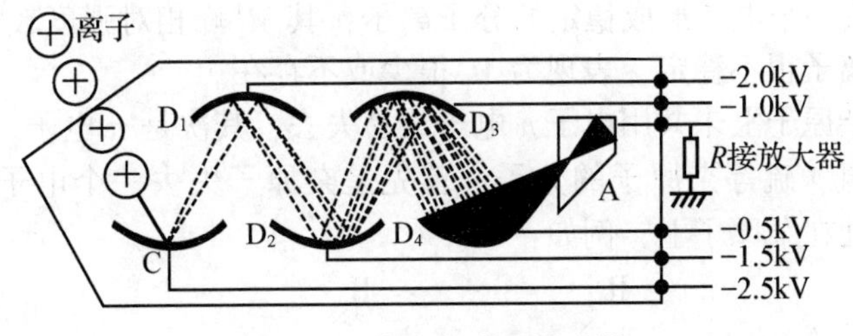

图 9-13 静电式电子倍增器

渠道式电子倍增器阵列是一种具有高灵敏的质谱离子检测器(图 9-14)。它由在半导体材料平板上密排的渠道构成[图 9-14(a)]，在各渠道内壁涂有二次电子发射材料而构成倍增器，为得到更高的增益，将两块渠道板串级连接[图 9-14(c)]，图 9-14 (b)为其工作原理示意图。

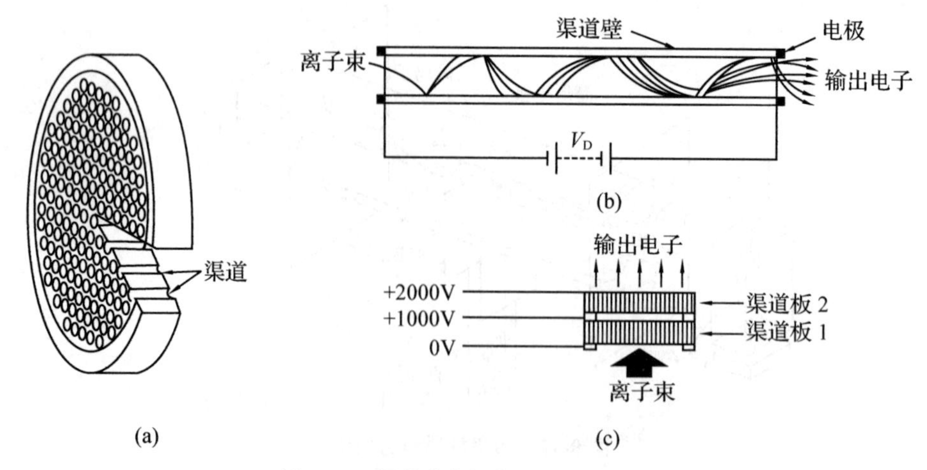

图 9-14 渠道式电子倍增阵列检测器

(a)渠道结构 (b)工作原理 (c)两块渠道板串级连接

9.3 离子峰类型与有机化合物断裂规律

9.3.1 离子峰的类型

当气体或蒸气分子、原子进入离子源时，受到电子轰击可形成各种类型的离子。在质谱图中，离子峰的类型主要有分子离子峰、同位素离子峰、碎片离子峰、重排离子峰、亚稳离子峰等。

9.3.1.1 分子离子峰

样品分子受到高速电子撞击后，失去一个电子生成的正离子称为分子离子或母体离子：

$$M+e^-(\text{高速})\longrightarrow M^{+}+2e^-(\text{低速})$$

实际上它是一个游离基型的离子，所以表示为 M^{+}，它所对应的离子峰为分子离子峰，M^{+}的质荷比相当于该化合物的相对分子质量。

分子离子峰的相对强度取决于 M^{+}相对于裂解产物的稳定性。如芳香化合物因含有共轭 π 电子，很容易失去一个电子形成稳定的分子离子，其 M^{+}峰相对强度较大；而支链烷烃或醇类化合物的分子离子很不稳定，表现为 M^{+}很少或不存在。

对于有机物，杂原子上未共用电子 n 电子最易失去，其次是 π 电子，再其次是 σ 电子。所以对于含有氧、氮、硫等杂原子的分子，首先是杂原子失去一个电子而形成分子离子，此时正电荷的位置处在杂原子上，例如：

$$\mathrm{RR'C{=}O}\xrightarrow{-e^-}\mathrm{RR'C{=}\overset{+\cdot}{O}}$$

$$\text{吡咯(N–H)}\xrightarrow{-e^-}\text{吡咯}\overset{+\cdot}{\mathrm{N}}\text{–H}$$

上式中氧或氮原子上的"+·"表示一对未共用电子对失去一个电子而形成的分子离子。含双键无杂原子的分子离子，正电荷位于双键的一个碳原子上：

$$>C{=}C< \xrightarrow{-e^-} >\dot{C}{=}\overset{+}{C}<$$

$$C_6H_6 \xrightarrow{-e^-} C_6H_6^{\cdot +}$$

当难以判断分子离子的电荷位置时可表示为"⌝$^{+\cdot}$"，例如：

$$CH_3CH_2CH_3 \xrightarrow{-e^-} CH_3CH_2CH_3\urcorner^{+\cdot}$$

9.3.1.2 同位素离子峰

许多元素是由两种或两种以上同位素组成的混合物。表9-1列出了有机化合物中常见同位素的天然丰度。从表中可以看出，各元素的最轻同位素的天然丰度最大，一般质谱图中的分子离子峰是由最大丰度的同位素组成的。此外，在质谱图中还可能出现由一个或多个重同位素组成的分子所形成的离子峰，即同位素离子峰，其 m/z 为 M+1，M+2 等。同位素峰的强度比与同位素的丰度比是相当的。从表可见，S、Cl、Br 等元素的同位素丰度高，因此含 S、Cl、Br 的化合物的分子离子或碎片离子，其 M+2 峰强度较大，所以根据 M 和 M+2 两个峰的强度比可以较容易判断化合物中是否含有这些元素。

表9-1 几种常见元素的精确质量、天然丰度及丰度比

元 素	同位素	精确质量	天然丰度/%	丰度比/%
H	^{1}H	1.007 825	99.985	$^{2}H/^{1}H$ 0.015
	^{2}H	2.014 102	0.015	
C	^{12}C	12.000 000	98.893	$^{13}C/^{12}C$ 1.11
	^{13}C	13.003 355	1.107	
N	^{14}N	14.003 074	99.634	$^{15}N/^{14}N$ 0.37
	^{15}N	15.000 109	0.366	
O	^{16}O	15.994 915	99.759	$^{17}O/^{16}O$ 0.04
	^{17}O	16.999 131	0.037	$^{18}O/^{16}O$ 0.20
	^{18}O	17.999 159	0.204	
F	^{19}F	18.998 403	100.00	
S	^{32}S	31.972 072	95.02	$^{33}S/^{32}S$ 0.8
	^{33}S	32.971 459	0.78	$^{34}S/^{32}S$ 4.4
	^{34}S	33.967 868	4.22	
Cl	^{35}Cl	34.968 853	75.77	$^{37}Cl/^{35}Cl$ 32.5
	^{37}Cl	36.965 903	24.23	
Br	^{79}Br	78.918 336	50.537	$^{81}Br/^{79}Br$ 97.9
	^{81}Br	80.916 290	49.463	
I	^{127}I	126.904 477	100.00	

一般对分子式为 $C_WH_XN_YO_Z$ 的化合物，其 $(M+1)^+$ 与 M^+ 峰的强度比可按下式近似计算：

$$\frac{I_{(M+1)^{+\cdot}}}{I_{M^{+\cdot}}}\times 100=\left(W\times\frac{1.107}{98.893}+X\times\frac{0.015}{99.985}+Y\times\frac{0.36}{99.64}+Z\times\frac{0.037}{99.759}\right)\times 100$$

$$\approx W\times1.1+X\times0.015+Y\times0.37+Z\times0.038 \quad (9-13)$$

当 W、X、Y、Z 不大时，两个重原子出现在一个分子中的概率很少，通常其 $(M+2)^+$ 峰很小。

9.3.1.3 碎片离子峰

分子离子产生后可能具有较高的能量，将会通过进一步碎裂或重排而释放能量，碎裂后产生的离子形成的峰称为碎片离子峰。有机化合物受高能作用时产生各种形式的分裂，一般强度最大的质谱峰对应于最稳定的碎片离子。碎片离子的形成和化学键的断裂与分子结构有关，通过各种碎片离子相对峰高的分析，有可能获得整个分子结构的信息。探讨碎片离子的来源和结构的过程，也是讨论分子结构过程。但要注意的是因 M^+ 可能进一步断裂或重排，因此要准确地进行定性分析，一定要与标准谱图进行比较。

9.3.1.4 亚稳离子峰

若质量为 m_1 的离子在离开离子源受电场加速后，在进入质量分析器之前，由于碰撞等原因很容易进一步分裂失去中性碎片而形成质量 m_2 的离子，即

$$m_1 \rightarrow m_2 + \Delta m$$

由于一部分能量被中性碎片带走，此时的 m_2 离子比在离子源中形成的 m_2 离子能量小，故将在磁场中产生更大的偏转，观察到的 m/z 较小。这种峰称为亚稳离子峰，用 m^* 表示。

它的表观质量 m^* 与 m_1、m_2 的关系是：

$$m^* = (m_2)^2/m_1 \quad (9-14)$$

式中，m_1 为母离子的质量；m_2 为子离子的质量。

亚稳离子峰由于其具有离子峰宽大(2~5 个质量单位)、相对强度低、m/z 不为整数等特点，很容易从质谱图中观察。通过亚稳离子峰可以获得有关裂解信息，通过对 m^* 峰观察和测量，可找到相关母离子的质量 m_1 与子离子的质量 m_2，从而确定裂解途径。

如在针枞酚裂解中，$m/z=93$ 的离子可以是分子离子脱去 $CH_3CO\cdot$ 而得，也可以是分子离子先脱去 $\cdot CH_3$ 后再脱去 CO 而得。其亚稳离子峰为 $m/z=71.5$，而 $93^2/121\approx71.5$，由此可肯定为后一种裂分机理。

$O^{+\cdot}$ C CH_3 HO —— $-\cdot CH_3$ → O^+ C HO —— $-CO$ → + HO

M^+ m/z 136　　m/z 121　　m/z 93

9.3.1.5 重排离子峰

分子离子裂解为碎片离子时，有些碎片离子不是仅仅通过简单的键的断裂，而是通过分子内原子或基团的重排后裂分而形成的，这种特殊的碎片离子称为重排离子。重排远比简单断裂复杂，其中麦氏重排是重排反应的一种常见而重要的方式。产生麦氏重排的条件是，与化合物中 C═X(如 C═O)基团相连的键上需要有 3 个以上的碳原子，而且在 γ 碳上要有 H，即 γ 氢。此 γ 位的氢向缺电子的原子转移，然后引起一系列的一个电子的转移，并脱离一个中性分子。在酮、醛、链烯、酰胺、腈、酯、芳香族化合物、磷酸酯和亚硫酸

酯等的质谱上，都可找到由这种重排产生的离子峰。有时环氧化合物也会产生这种重排。

$$\text{[benzene ring with } \overset{+\cdot}{H}\text{, R]} \xrightarrow{\text{o}} \text{[ring with H, H, } =CH_2 \text{]} + \text{[}CH_2=CH-R\text{]}$$

例如，2-己酮的质谱中很强的 $m/z=58$ 的峰就是麦氏重排形成的。

$$CH_3-CH(H\cdots O^{+\cdot}=C(CH_3)-CH_2-CH_2) \longrightarrow CH_3-CH=CH_2 + HO^{+\cdot}-C(=CH_2)CH_3$$

m/z 100 m/z 58

9.3.2 断裂方式及有机化合物的断裂图像

当电子轰击能量在 50~70 eV 时，分子离子进一步分裂成各种不同 m/z 的碎片离子。碎片离子峰的相对丰度与分子中键的相对强度、断裂产物的稳定性及原子或基团的空间排列有关。由于相对丰度大的碎片离子峰与分子结构有密切的关系，所以掌握有机分子的裂解方式和规律，熟悉碎片离子和碎片游离基的结构，了解有机化合物的断裂图像，对确定分子的结构是非常重要的。

9.3.2.1 断裂方式

有机化合物的断裂方式有 3 种类型：均裂、异裂和半异裂。

均裂是一个 σ 键的两个电子裂开，每个碎片上各保留一个电子。即：

$$X\frown Y \longrightarrow X\cdot + Y\cdot \qquad (9\text{-}15)$$

异裂是一个 σ 键的两个电子裂开后，两个电子都归属于其中某一个碎片，即：

$$X\frown Y \longrightarrow X^{+} + Y^{:} \text{ 或 } X\frown Y \longrightarrow X^{:} + Y^{+} \qquad (9\text{-}16)$$

半异裂是离子化 σ 键的开裂，即：

$$X\overset{\frown}{+\cdot}Y \longrightarrow X^{+} + Y: \qquad (9\text{-}17)$$

9.3.2.2 重要有机化合物的断裂规律和断裂图像

(1)脂肪族化合物

① 饱和烃类　直链烷烃分子离子，首先通过半异裂失去一个烷基游离基并形成正离子，随后连续脱去 28 个质量单位($CH_2=CH_2$)：

$$R-(CH_2)_{n-2}-CH_2-CH_2-R_i^{\urcorner +\cdot} \xrightarrow{\cdot R_i} R-(CH_2)_{n-2}-CH_2-CH_2^{\urcorner +} \xrightarrow{-C_2H_4} R-(CH_2)_{n-2}^{\urcorner +}$$

在质谱图上，得到实验式是 C_nH_{2n+1}(即 $m/z=29$，43，57，…)的系列峰。此外，在断裂过程中，由于伴随失去一分子氢，故可在比各碎片离子峰低 2 个质量单位处出现一些链烯的小峰；从而在质谱图上得到实验式是 C_nH_{2n-1}(即 $m/z=27$，41，55，…)的另一系列峰。图 9-15 所示是癸烷的质谱图。由图可见，在 C_nH_{2n+1} 的系列峰中，一般 $m/z=43$，57 峰的相对强度较大，分子离子峰的强度则随其相对分子质量的增加而下降，但仍然可见。

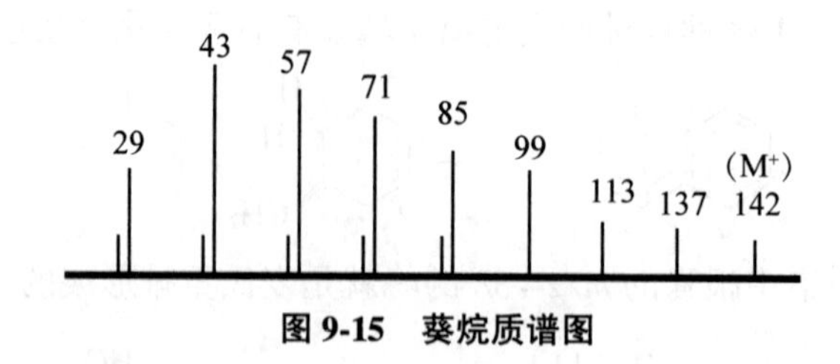

图 9-15　葵烷质谱图

支链烷烃的断裂，容易发生在被取代的碳原子上。这是由于在正碳离子中，稳定性顺序是：

$$R_3C^+ > R_2\overset{+}{C}H > R\overset{+}{C}H_2 > \overset{+}{C}H_3$$

通常，分支处的长碳链将最易以游离基形式首先脱出。图 9-16 是 3, 3 二甲基庚烷的质谱图，在图中看不到分子离子峰。

由于在分支处分子离子脱去游离基的顺序是：$\cdot C_4H_9 > \cdot C_2H_5 > \cdot CH_3$

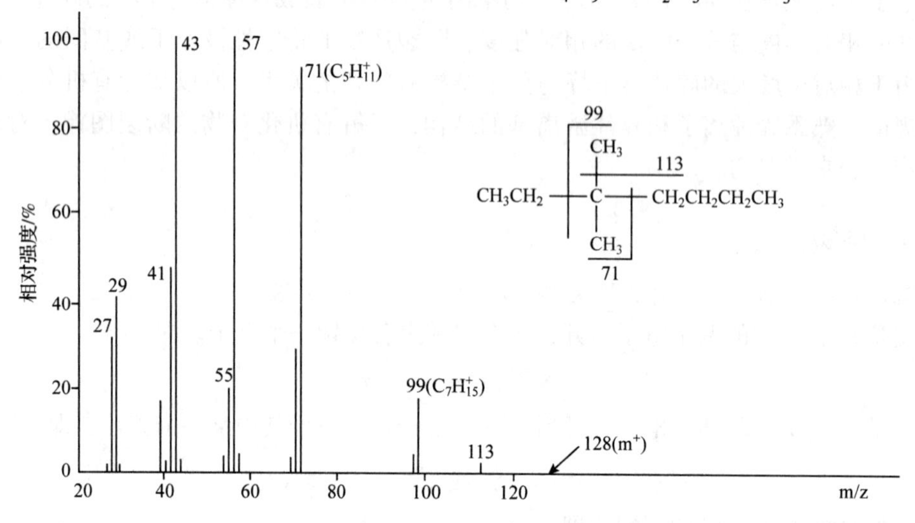

图 9-16　3, 3 二甲基庚烷质谱图

所以，在相应生成的碎片离子峰中，强度大小顺序为：

m/z 71	$>m/z$ 99	$>m/z$ 113
⋮	⋮	⋮
$H_5C_2-\overset{+}{C}(CH_3)_2$	$(CH_3)_2\overset{+}{C}-C_4H_9$	$H_5C_2-\overset{+}{C}(CH_3)-C_4H_9$

② 羧酸、酯和酰胺　容易发生 α 开裂，产生酰基阳离子或另一种离子：

$$R-C(=O^{+\cdot})-X \xrightarrow{\alpha_1} R\cdot + X-C\equiv O^+ \quad (X=OH、OR、NH_2、NR_2)$$

$$R-C(=O^{+\cdot})-X \xrightarrow{\alpha_2} X\cdot + R-C\equiv O^+$$

(酰基阳离子)

在羧酸和伯酰胺中，主要是α_1断裂，产生m/z 45($HO-C\equiv O^+$)和m/z 44($H_2N-C\equiv O^+$)的离子。在酯和仲、叔酰胺中，主要发生α_2断裂。

当有γ-H存在时，能发生麦氏重排，失掉一个中性碎片，产生一个奇电子的正离子：

在酸、酯中得到的奇电子的正离子的m/z值符合60+14n，而酰胺符合59+14n。

③ 醛和酮　分子离子峰均是强峰。醛和酮容易发生α开裂，产生酰基阳离子。

通常，R_1、R_2中较大者容易失去。但是，醛上的氢不易失去，常常产生m/z 29的强片离子峰：

$$R_1-C(=O^{+\cdot})-R_2 \xrightarrow{\alpha_1} \cdot R_1 + R_2-C\equiv O^+$$

$$R_1-C(=O^{+\cdot})-R_2 \xrightarrow{\alpha_2} \cdot R_2 + R_1-C\equiv O^+$$

$$R(H)C=\overset{+\cdot}{O} \longrightarrow \cdot R + H-C\equiv \overset{+}{O} \quad m/z\ 29$$

酮则产生实验式为$C_nH_{2n+1}CO^+$(m/z=43，57，71，…)的碎片离子峰。这种碎片离子峰的m/z与$C_nH_{2n+1}^+$离子一样，故需用高分辨质谱仪才能区分它们。当有γ-H存在时，醛和酮均能发生麦氏重排，产生m/z符合44+14n的碎片离子。例如，甲基正丙基酮的重排峰为m/z 58，正丁醛为m/z 44。

④ 醇、醚和胺　容易发生β断裂，形成m/z符合31+14n的正离子或m/z符合30 +14n的亚胺正离子，构成质谱图上的主要强峰。例如：

$$\underset{m/z\ 46}{CH_3-CH_2-\overset{+\cdot}{O}H} \xrightarrow{-\cdot CH_3} CH_2=\overset{+}{O}H \longleftrightarrow \underset{m/z\ 31}{\overset{+}{C}H_2-\ddot{O}H}$$

$$CH_3(CH_2)_6-CH_2-\overset{+\cdot}{N}H_2 \xrightarrow{-\cdot C_7H_{15}} CH_2=\overset{+}{N}H_2 \longleftrightarrow \underset{m/z\ 30}{\overset{+}{C}H_2-\ddot{N}H_2}$$

$$C_2H_5-\overset{+\cdot}{O}-CH_2-C_3H_7 \xrightarrow{-\cdot C_3H_7} \underset{m/z\ 59}{C_2H_5-\overset{+}{O}=CH_2}$$

或 $$C_3H_7-\overset{+\cdot}{O}-CH_2-CH_3 \xrightarrow{-\cdot CH_3} \underset{m/z\ 87}{C_3H_7-\overset{+}{O}=CH_2}$$

醚类化合物除可发生β断裂外，也能发生α断裂。例如

$$CH_3-CH_2-\overset{+\cdot}{O}-C_3H_7 \xrightarrow{-\cdot C_2H_5} \underset{m/z\ 73}{\overset{+}{O}-C_3H_7}$$

醇、醚和胺的分子离子峰都很弱，尤其是长链脂肪醇，容易发生 1、3 或 1、4 脱水，形成(M-18)峰。此峰容易被误认为醇、醚等的分子离子峰。

⑤ 卤化物　容易发生 C—X 键断裂，正电荷可以留在卤原子上，也可留在烷基上。

$$CH_3 - \overset{+\cdot}{X} \longrightarrow \cdot CH_3 + X^+$$

$$CH_3 - X^{+\cdot} \longrightarrow H_3C^+ + X\cdot$$

卤化物有类似于醇的脱水过程，脱去 HX：

$$\underset{\displaystyle CH_2(CH_2)_n}{\overset{H}{|}} - \underset{\displaystyle CH_2}{\overset{\overset{+\cdot}{X}}{|}} \longrightarrow HX + \dot{C}H_2 - (CH_2)_n - \overset{+}{C}H_2$$

此外，卤化物可发生 β 开裂，形成卤正离子：

$$CH_3 - \underset{}{\overset{X^{+\cdot}}{\overset{|}{CH}}} - CH_3 \longrightarrow CH_3 - \overset{X^+}{\overset{\|}{CH}} + \cdot CH_3$$

(2) 芳香族化合物

芳香族化合物有 π 电子系统，因而能形成稳定的分子离子。在质谱图上，它们的分子离子峰有时就是基峰。此外，由于芳香族化合物非常稳定，常常容易在离子源中失去第二个电子，形成双电荷离子。

在芳香族化合物的质谱中，常常出现 m/z 符合 $C_nH_n^+$ 的系列峰(m/z = 78、65、52、39)和(或)m/z =77、76、64、63、51、50、38、37 的系列峰，后者是由于前者失去一个或两个氢后形成的，这两组系列峰可以用来鉴定芳香化合物。图 9-17 苯基丙烯醛的质谱图就显示了这个特征。

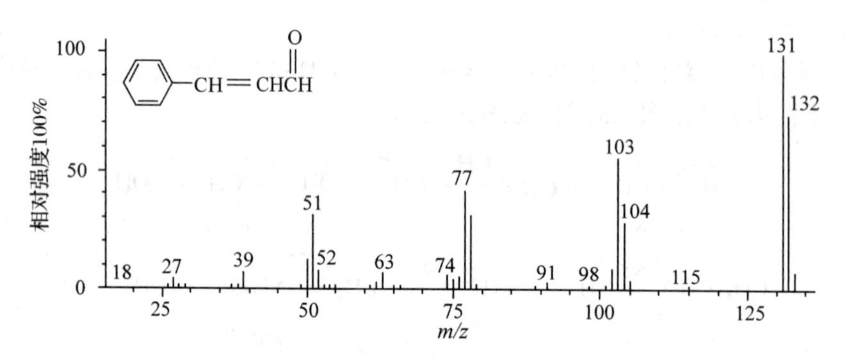

图 9-17　苯基丙烯醛的质谱图

芳香族化合物可以发生相对于苯环的 β 开裂。烷基芳烃的这种断裂，产生 m/z = 91 的基峰，进一步失去乙炔，产生 m/z = 65 的正离子：

$$C_6H_5-CH_2-R]^{+\cdot} \xrightarrow{-\cdot R} (C_6H_5)^{+}CH_2 \xrightarrow{-CH\equiv CH} (C_5H_5)^{+}$$

m/z 91　　　　m/z 65

当环的 α 位上的碳被取代时，基峰就变成 91+14n。

芳香醚发生β断裂后，产生的正离子为：

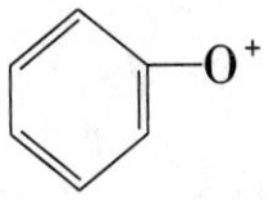

正离子不稳定，失去CO后，生成$m/z=65$离子。

硝基化合物首先经历一个重排，然后失去NO，产生与芳香醚同样类型的离子，最后生成$m/z=65$离子：

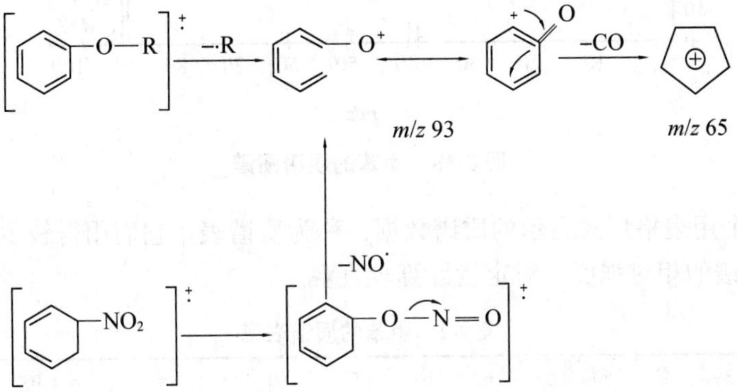

芳香醛、酮和酯类化合物发生β断裂后，产生$m/z=105$的阴离子：

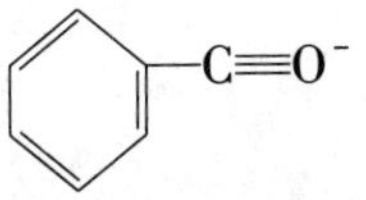

然后进一步失去CO，生成$m/z=77$的苯基阳离子：

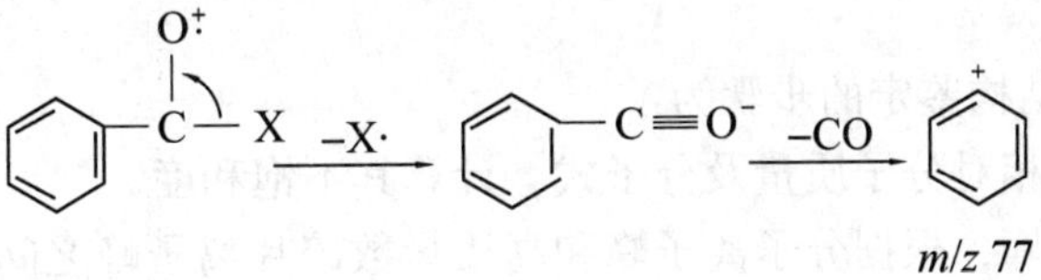

芳香化合物也可发生α断裂，生成$m/z=77$的苯基阳离子，然后进一步失去CH≡CH生成m/z 51($C_4H_3^+$)离子：

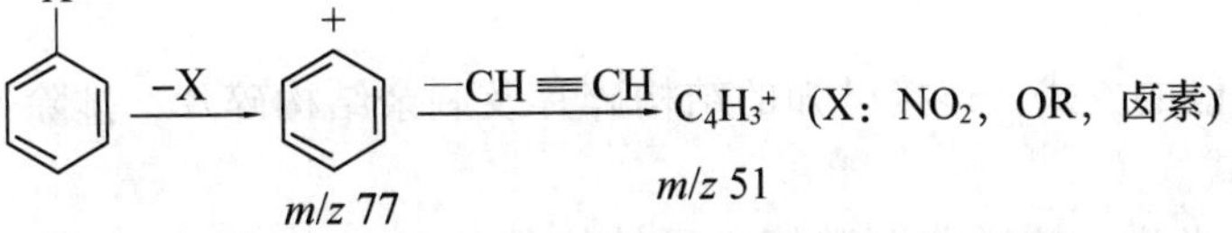

(X：NO_2，OR，卤素)

9.4 质谱图谱解析与质谱的应用

9.4.1 质谱的表示方法

在质谱分析中，质谱的表示方法主要有图谱和表谱两种形式。

图9-18是一张甲苯的质谱图谱，图中各条直线表示一个离子峰，横坐标是质荷比m/z，纵坐标是相对强(丰)度，相对强度是把原始质谱图上最强的离子峰定为基峰，并规定其相对强度为100%。其他离子峰与此基峰作对比，以相对百分值表示。

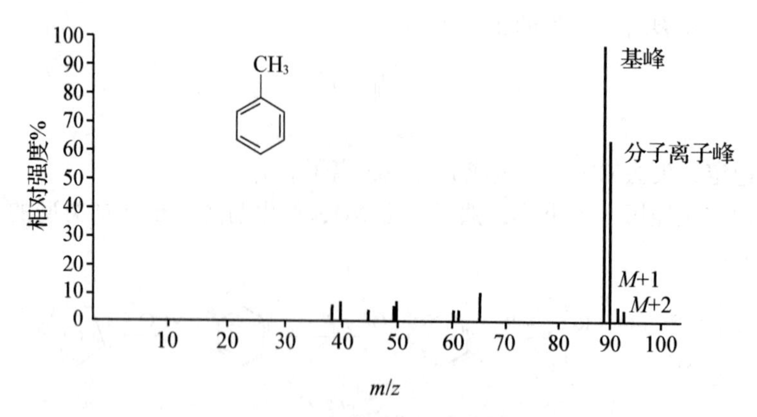

图 9-18　甲苯的质谱图谱

表 9-2 是一个用表格形式表示的质谱数据，称为质谱表。它们用得较少，但这种列表由于直接列出了质谱的相对强度，对定量计算较直观。

表 9-2　甲苯的质谱表谱

m/z 值	38	39	45	50	51	62	63	65	91	92	93	94
相对强度	4.4	16	3.9	6.3	9.1	4.1	8.61	11	100(基峰)	68 $(M)^{+\cdot}$	5.3 $(M+1)^{+\cdot}$	0.21 $(M+2)^{+\cdot}$

9.4.2　图谱解析与结构鉴定

未知试样经质谱分析后得到质谱图，就要通过对图谱进行解析，推断与确定其分子式，进而确定分子结构。

通常图谱解析与结构鉴定的步骤为：

① 确定化合物的相对分子质量及分子式，计算其不饱和度。

② 确认分子离子峰，根据分子离子峰和高质量数碎片离子峰之间的 m/z 差值，找到分子离子可能脱掉的中性分子或自由基，以此推测分子的结构类型。

③ 根据质谱中重要的碎片离子峰，结合分子离子的断裂规律及重排反应，确定分子的结构碎片。若有亚稳离子峰，利用 $m^*=m_2^2/m_1$ 的关系式，找到 m_1 和 m_2，证实 $m_1 \to m_2$ 的断裂过程。

④ 按各种可能的方式，连接已知的结构碎片及剩余结构碎片，排除不合理的结构式，确定可能的结构式。

⑤ 结合红外光谱、核磁共振谱等分子结构的信息，最终确定分子结构。

要注意的是，并不是每个质谱峰都能得到清楚的解释。下面以几个实例来说明。

例 1　甲基异丁基酮

图 9-19 是甲基异丁基酮的质谱图。

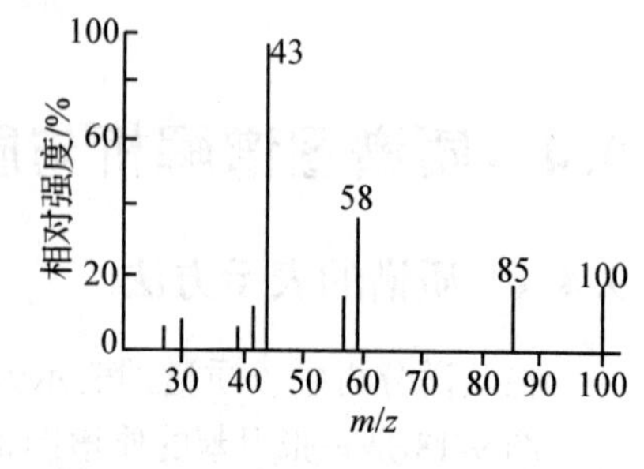

图 9-19　甲基异丁基酮的质谱图

由图可见，m/z 为 100、85、58、43 的是强峰，图谱分析如下：

(1)分子离子

$$CH_3-\underset{\underset{O}{\|}}{C}-CH_2-CH(CH_3)_2 + e^- \longrightarrow CH_3-\underset{\underset{O^{+\cdot}}{|}}{C}-CH_2-CH(CH_3)_2 + 2e^-$$

$M=100$

(2)碎片离子

$$CH_3-\underset{\underset{O^{+\cdot}}{\|}}{C}-CH_2-CH(CH_3)_2 \xrightarrow{-\cdot CH_3} \underset{\underset{O^{+}}{\|\|}}{C}-CH_2-CH(CH_3)_2$$

m/z 85

$$CH_3-\underset{\underset{O^{+\cdot}}{\|}}{C}-CH_2-CH(CH_3)_2 \xrightarrow{-\cdot CH_2-CH(CH_3)_2} CH_3-\underset{\underset{O^{+}}{\|\|}}{C}$$

m/z 43

$$\underset{\underset{O^{+}}{\|\|}}{C}-CH_2-CH(CH_3)_2 \xrightarrow{-CO} \overset{+}{C}H_2-CH(CH_3)_2$$

m/z 57

(3)重排后裂解

$$H_3C-\underset{\overset{\|}{O^{+\cdot}}\cdots H-CH_2}{C}-CH_2-CH(CH_3) \xrightarrow{-CH_2=CH-CH_3} H_3C-\underset{\overset{|}{\overset{+\cdot}{O}H}}{C}=CH_2$$

m/z 58

例 2 苯丁酮

图 9-20 是苯丁酮的质谱图，图中出现了分子离子峰、碎片离子峰和亚稳离子峰，图谱分析如下：

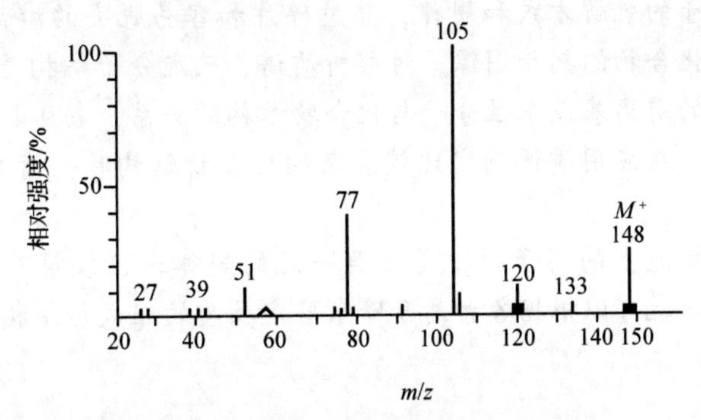

图 9-20 苯丁酮的断裂图像和其质谱图

(1)分子离子

$$C_6H_5COC_3H_7 + e^- \longrightarrow [C_6H_5COC_3H_7]^{+\cdot} + 2e^-$$

$M=148$

(2)碎片离子

$$[C_6H_5COC_3H_7]^{+\cdot} \xrightarrow{-\cdot CH_3} [C_6H_5COC_2H_4]^{+\cdot}$$

m/z 133

$$\xrightarrow{-\cdot C_2H_4} [C_6H_5C(\overset{+\cdot}{O}H)=CH_2]^{+\cdot}$$

m/z 120

$$[C_6H_5COC_3H_7]^{+\cdot} \xrightarrow{-\cdot C_3H_7} C_6H_5C\equiv O^+ \xrightarrow{-CO^*} C_6H_5^+$$

m/z 105　　　　m/z 77

$$C_6H_5^+ \xrightarrow{-C_2H_2} C_4H_3^+ \quad m/z\ 51$$

$$C_6H_5^+ \xrightarrow{-C_3H_2} C_3H_3^+ \quad m/z\ 39$$

(3)亚稳离子峰

$$m^* = \frac{77^2}{105} = 56.4$$

深入了解有机分子的裂解方式和规律，熟悉碎片和容易脱去的游离基及中性分子的结构，并由此写出有机化合物的判断图像，对解析质谱、确定分子结构是非常重要的。表9-3列出了部分容易失去的游离基或中性分子与化合物结构的关系，表9-4列出了部分碎片离子与化合物结构的关系。在应用质谱确定比较复杂的化合物结构时，请参考有关质谱或有机波谱分析的专著。

各种化合物在一定能量的离子源中是按照一定的规律进行裂解而形成各种离子峰的，掌握了分子的裂解规律就可以根据各种离子峰来鉴定物质的组成与结构。

表 9-3　容易失去的游离基或中性碎片与化合物的类型

离子	失去的碎片	化合物的类型
M-1	H ·	醛(某些酯或胺)
M-15	$\cdot CH_3$	甲基取代
M-17	NH_3	伯胺类
M-18	H_2O	醇类
M-28	C_2H_4、CO	C_2H_4(麦氏重排)
M-29	· CHO、$\cdot C_2H_5$	醛类、乙基取代物
M-34	H_2S	硫醇
M-36	HCl	氯化物
M-43	$CH_3\dot{C}O$、$\cdot C_3H_7$	甲基酮、丙基取代物
M-45	· COOH	羧酸
M-60	CH_3COOH	醋酸酯

表 9-4　常见的碎片离子与化合物的类型

离子质量	元素组成	结构类型
29	CHO^+、$C_2H_5^+$	醛，乙基取代物
30	$CH_2{=}N^+H_2$	伯胺
31	$CH_2{=}^+OH$	醇
43	CH_3CO^+、$C_3H_7^+$	乙酰基、丙基取代物
29、43、57、71	$C_2H_5^+$、$C_2H_7^+$	烷烃
39、50、51、52、65、77	芳香族裂解产物	结构中含有芳环
60	$CH_3COOH]^{+\cdot}$	羧酸、乙酸酯、甲酯
91	$C_6H_5CH_2]^{+\cdot}$	苄基
105	$C_6H_5CO^+$	苯甲酰基

例 3　未知物

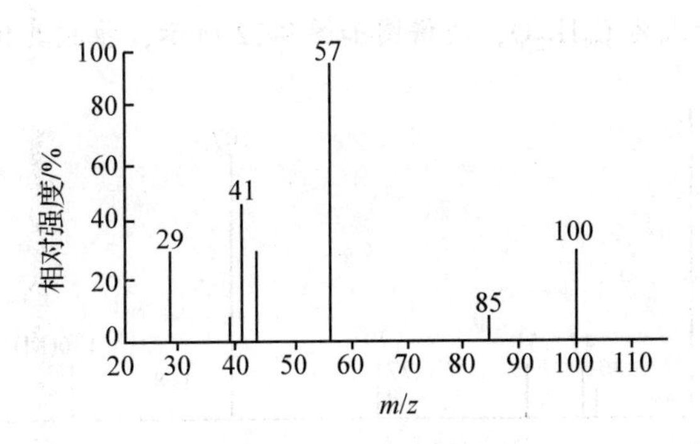

图 9-21　一种未知物的质谱图

例如，有一未知物，经初步鉴定是一种酮，质谱图如图 9-21 所示，推测其分子结构式。图中分子离子质荷比为 100，因而这个化合物的相对分子质量 M 为 100。质荷比为 85 的碎片离子可认为是由分子断裂·CH_3(质量15)碎片后形成的。质荷比为57的碎片离子则可以认为是再断裂CO(质量28)碎片后形成的。质荷比为57的碎片离子峰丰度很高，是标准峰，表示这个碎片离子很稳定，也表示这个碎片和分子的其余部分是比较容易断裂的。这个碎片离子很可能是 $[C(CH_3)_3]^+$ 。于是整个断裂过程可以表示如下：

$$\text{未知物} \xrightarrow{\text{断裂}\cdot CH_3} \text{碎片离子} \xrightarrow{\text{断裂 }CO} [C(CH_3)_3]^+$$

$M=100$　　　m/z 85　　　m/z 57

由分子式计算其不饱和度，$U=1$，可确定有一双键，因而这个未知酮的结构式很可能是 $CH_3—CO—C(CH_3)_3$。

图中质荷比为41和29的两个质谱峰，则可认为是$[C(CH_3)_3]^+$碎片离子进一步重排和断裂后生成的碎片离子峰，这些重排和断裂过程表示如下：

$$[C(CH_3)_3]^+ \xrightarrow[\text{CH}_4\text{(相对于分子质量为16)}]{\text{重排并断裂}} [CH—CH_2(CH_2)]^+$$

m/z 41

$$[C(CH_3)_3]^+ \xrightarrow{\text{重排}} {}^+CH(CH_3)—CH_2—CH_3 \xrightarrow[CH—CH_3]{\text{断裂}} [CH_2—CH_3]^+$$

m/z 29

为了确证这个结构式，还可以采用其他分析手段，例如红外光谱、核磁共振等进行验证。

又如某化合物分子式为$C_9H_{12}O$，质谱图如图9-22所示，推测其化学结构。

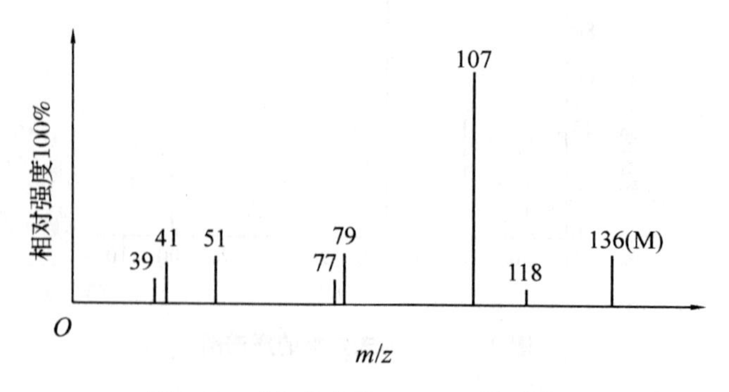

图9-22　未知化合物$C_9H_{12}O$的质谱图

图中分子离子质荷比为136，因而这个化合物的相对分子质量M为136。计算化合物不饱和度$\Omega=1+9+1/2(0-12)=4$，质谱中有m/z为77、51、39的系列峰，可确定为单取代苯环。质荷比为107的离子峰是基峰，由于化合物中不再有不饱和双键，所以不会有醛基，可认为是分子断裂$\cdot C_2H_5$(质量29)碎片后形成。质荷比为118的离子峰则可以认为是分子失去一个水分子(质量18)形成，考虑到该化合物分子式中含有一个氧，因此可推测该化合物为醇。除去—C_6H_5、—C_2H_5和—OH外，尚余质量可推算为136-(77+17+19)=13，推测为—CH基因。

综上所述，此化合物的结构可推测为：

$$C_6H_5-CH(OH)-C_2H_5$$

许多与现代质谱仪联用的电子计算机有谱图汇编检索功能。质谱仪的计算机数据系统存贮大量已知有机化合物的标准谱图构成谱库。这些标准谱图绝大多数是用电子轰击离子源在70 eV电子束轰击，在双聚焦质谱仪上作出的。被测有机化合物试样的质谱图是在同样条件(EI离子源，70 eV电子束轰击)下得到，然后用计算机按一定的程序与计算机内存标准谱图对比，计算出它们的相似性指数，或称匹配度，给出几种较相似的有机化合物名称、相对分子质量、分子式或结构式等，并提供试样谱和标准谱的比较谱图。

用谱图库检索未知试样时要注意两点：一是由于质谱数据与操作条件有关，一般匹配度不会是100％；最终确认化合物的结构，还必须结合红外光谱、核磁共振谱等手段。二是所鉴定的未知化合物有可能是现在还没有研究过的化合物或者是计算机没有贮存其质谱数据的化合物。

9.4.3 质谱法的应用

随着质谱电离技术、高灵敏检测技术和计算机技术的飞速发展，以及气相色谱、液相色谱、毛细管电泳与质谱仪的联机成功，质谱的应用领域越来越得到扩展。GC-MS联用仪是环境痕量残留有机物测定的常用手段，GC-MS标准谱图库在挥发性和半挥发性有机物的分析中起着非常重要的作用，而HPLC-MS联用仪则可针对性地分析难挥发、热不稳定和强极性的有机物。质谱分析技术在生物、医学、药学、环境等领域得到了广泛应用。

9.4.3.1 相对分子质谱的测定

对有一定挥发性、能够测得质谱图的有机化合物，用质谱分析能既快又准确地测得其相对分子质量，这是质谱分析的独特优点。因为质谱图中分子离子峰的质荷比在数值上就等于该化合物的相对分子质量。在不存在同位素离子峰时，分子离子峰出现在质谱图的最右端，是质谱图中最大质荷比的峰。但有同位素离子峰存在时，最高质荷比的离子峰有可能是$M+1$或$M+2$峰。另外，若某些分子离子不稳定，就有可能被电子轰击后全部裂解为碎片离子而不出现分子离子峰，因此对分子离子峰的判断最关键。一般确认分子离子峰的方法有：

(1)分子离子的稳定性规律

分子离子的稳定性与分子结构有关。碳数较多、碳链较长(有例外)和有链分支的分子，分裂概率较高，其分子离子峰的稳定性低；具有 π 键的芳香族化合物和共轭链烯，分子离子稳定，分子离子峰大。分子离子稳定性的顺序为：芳香环 > 共轭链烯 > 脂环化合物 > 直链的烷烃类 > 硫醇 > 酮 > 胺 > 酯 > 醚 > 分支较多的烷烃类 > 醇。

(2)分子离子峰质量数的氮数规律

一般有机化合物的组成元素主要有 C、H、O、N、S 和卤素，其中只有 N 的化合价是奇数(3)而质量数为偶数(14)。因此，由 C、H、O 组成的有机化合物，分子离子峰的质量一定是偶数。而含氮有机化合物中，含奇数个 N，分子离子峰的 m/z 一定是奇数；含偶数个 N，分子离子峰的 m/z 一定是偶数。凡不符合氮律者，就不是分子离子峰。

(3)分子离子峰与邻近峰的质量差要合理

如有不合理的碎片峰，就不是分子离子峰。例如，分子离子不可能裂解出两个以上的氢原子和小于一个甲基的基团，故分子离子峰的左面，不可能出现比分子离子峰质量小 3~14 个质量单位的峰；若出现质量差 15 或 18，这是由于裂解出 $\cdot CH_3$ 或一分子水，因此这些质量差都是合理的。表 9-5 列出从有机化合物中易于裂解出的游离基和中性分子的质量差，这对判断质量差是否合理和解析裂解过程有参考价值。

表 9-5　一些常见的游离基和中性分子的质量数

质量数	游离基或中性分子	质量数	游离基或中性分子
15	$\cdot CH_3$	45	$CH_3CHOH\cdot$、$CH_3CH_2O\cdot$
17	$\cdot OH$	46	CH_3CH_2OH、NO_2、$(H_2O+CH_2=CH_2)$
18	H_2O	47	$CH_3S\cdot$
26	$CH\equiv CH$、$\cdot C\equiv N$	48	CH_3SH
27	$CH_2=CH\cdot$、$HC\equiv N$	49	$\cdot CH_2Cl$
28	$CH_2=CH_2$、CO	54	$CH_2=CH-CH=CH_2$
29	$CH_3CH_2\cdot$、$\cdot CHO$	55	$\cdot CH_2=CHCHCH_3$
30	$NH_2CH_2\cdot$、CH_2O、NO	56	$CH_2=CHCH_2CH_3$
31	$\cdot OCH_3$、$\cdot CH_2OH$、CH_3NH_2	57	$\cdot C_4H_9$
32	CH_3OH	59	$CH_3O\dot{C}=O$、CH_3CONH_2
33	$HS\cdot$、$(\cdot CH_3+H_2O)$	60	C_3H_7OH
34	H_2S	61	$CH_3CH_2S\cdot$
35	$Cl\cdot$	62	$(H_2S+CH_2=CH_2)$
36	HCl	64	CH_3CH_2Cl
40	$CH_3C\equiv CH$	68	$CH_2=C(CH_3)-CH=CH_2$
41	$CH_2=CHCH_3$、$CH_2=C=O$	71	$\cdot C_5H_{11}$
43	$C_3H_7\cdot$、$CH_3CO\cdot$、$CH_2=CH-O\cdot$	73	$\cdot CH_3CH_2O\dot{C}=O$
44	$CH_2=CHOH$、CO_2		

(4)注意 *M*+1 和 *M*−1 峰

醚、酯、胺、酰胺等化合物形成的分子离子不稳定，分子离子峰很小，有时甚至不出现，但 $M+1$ 峰却相当大。这是由于分子离子在离子源中捕获一个 H 而形成的，例如：

$$R—O—R' \xrightarrow{-e^-} R—\overset{+\cdot}{O}—R' \xrightarrow{+\cdot H} R—\overset{+}{O}(H)—R'$$

但有些化合物 $M-1$ 峰却较大，醛就是一个典型的例子，这是由于发生如下的裂解而形成的：

$$R—C(H)=O \xrightarrow{-e^-} R—C(H)=\overset{+\cdot}{O} \xrightarrow{-\cdot H} R—C\equiv\overset{+}{O}$$

因此在判断分子离子峰时，应注意形成 $M+1$ 或 $M-1$ 峰的可能性。

(5)降低电子轰击能量或采用其他电离方式

若使用电子轰击源作为离子源，可采用 12 eV 左右的低电子能量，虽然总离子流强度会降低，但可能得到具有一定强度的分子离子。或者也可采用其他软电离技术，如化学电离源、场解析电离源等，可以得到较强的分子离子峰。

9.4.3.2 确定化合物的分子式

(1)由同位素离子峰确定分子式

各元素具有一定的同位素天然丰度，不同的分子式，其$(M+1)/M$和$(M+2)/M$的百分比不同。若以质谱法测定分子离子峰及其分子离子的同位素峰($M+1$，$M+2$)的相对强度，就能根据$(M+1)/M$和$(M+2)/M$的百分比来确定分子式。拜诺(Beynon)等人计算了相对分子质量在500以下，只含C、H、O、N的化合物的同位素离子峰$(M+2)^+$，$(M+1)^+$与分子离子峰M^+的相对强度(以M^+峰的强度为100)，编制成表，称为Beynon表。表9-6是Beynon表中$M=126$的部分。

表 9-6 Beynon 表中 $M=126$ 的部分

分子式	$M+1$	$M+2$	分子式	$M+1$	$M+2$
$C_4H_4N_3O_2$	5.61	0.53	$C_6H_8NO_2$	7.01	0.62
$C_5H_6N_2O_2$	6.34	0.57	$C_7H_{10}O_2$	7.80	0.66
$C_5H_8N_3O$	6.72	0.35	$C_8H_2N_2$	9.44	0.44
$C_5H_{10}N_4$	7.09	0.22	$C_8H_{14}O$	8.91	0.55
$C_6H_6O_3$	6.70	0.79	$C_{10}H_6$	10.90	0.54

如M^+的$m/z=126$，且$(M+1)^+$、$(M+2)^+$峰相对于M^+峰的强度分别为6.71%、0.81%，由表9-6可见，可能的分子式为$C_5H_8N_3O$和$C_6H_6O_3$。由于$C_5H_8N_3O$不符合氮数规律，所以分子式应为$C_6H_6O_3$。

又如某化合物，根据其质谱图，已知其相对分子质量为150，由质谱测定，$m/z=150$、151和152的强度比为：

$M(150)$	100%
$M+1(151)$	9.9%
$M+2(152)$	0.9%

从$(M+2)/M=0.9\%$可见，该化合物不含S、Br或Cl。表9-7是Beynon表中$M=150$的部分，由表可见，相对分子质量为150的分子式有29个，其中$(M+1)/M$的百分比在9%~11%的分子式有7个。

表 9-7 Beynon 表中 $M=150$ 的部分

分子式	$M+1$	$M+2$	分子式	$M+1$	$M+2$
$C_7H_{10}N_4$	9.25	0.38	$C_9H_{10}O_2$	9.96	0.84
$C_8H_8NO_2$	9.23	0.78	$C_9H_{12}NO$	10.34	0.68
$C_8H_{10}N_2O$	9.61	0.61	$C_9H_{14}N_2$	10.71	0.52
$C_8H_{12}N_3$	9.98	0.45			

此化合物的相对分子质量是偶数，根据氮数规律，可以排除上列第 2、4、6 三个式子，剩下 4 个分子式中，$M+1$ 与 9.9%最接近的是第 5 式($C_9H_{10}O_2$)，这个式子的$M+2$ 也与 0.9 很接近，因此分子式可能 $C_9H_{10}O_2$。

当同位素离子峰[尤其是$(M+2)^+$]的强度很小时，不易准确测定，这样得到的分子式还应由质谱的碎片离子峰或红外光谱、核磁共振谱等数据进一步确证。

(2)用高分辨质谱确定分子式

各元素的相对原子质量是以^{12}C 的相对原子质量为 12.000 000 作为基准，如精确到小数点后 6 位数字，大多数元素的相对原子质量不是整数。如：

$$A_r(^1H)=1.007\ 825\quad A_r(^{14}N)=14.003\ 074\quad A_r(^{16}O)=15.994\ 915$$

这样，由不同数目的 C、H、O、N 等元素组成的各种分子式中，其相对分子质量整数部分相同的可能有很多，但其小数部分不会完全相同。

Beynon 等人列出了不同数目 C、H、O、N 组成的各种分子式的精密相对分子质量表(精确到小数点后 3 位数字)。高分辨质谱能给出精确到小数点后 4~6 位数字的相对分子质量，用此相对分子质量与 Beynon 表进行核对，就可能将分子式的范围大大缩小，再配合其他信息，即可从少数可能的分子式中得到最合理的分子式。目前，高分辨质谱仪一般都与电子计算机联用，这种数据对照与分子式的检索可由电子计算机完成。

如高分辨质谱测定某未知物的相对分子质量为 126.032 800 0(注意这是由纯同位素^1H、^{12}C、^{16}O 等组成的化合物的相对分子质量，而常见的相对分子质量是由各种同位素按其天然丰度组成的化合物得出的，后者比前者略大)。电子计算机给出其可能的分子式为

① C_9H_4ON 126.032 801 6

② $C_2H_2ON_6$ 126.032 796 2

③ $C_4H_4O_2N_3$ 126.032 797 6

④ $C_6H_6O_3$ 126.032 798 9

其中①、③ 不符合氮数规律，② 很难写出一个合理的结构式，该化合物最合理的分子式应为④ $C_6H_6O_3$。该化合物用核磁共振谱分析证实了此结论。

同理，高分辨质谱通过测量每个碎片离子峰 m/z 的精确值，也能给出每个碎片离子的元素组成，这对推证化合物的结构具有非常重要的意义。

思考题与习题

9-1. 质谱仪由哪些部件组成？试说明它们各自的作用及原理。

9-2. 试述飞行时间质谱仪的工作原理，它具有什么特点？

9-3. 比较电子轰击离子源、场致电离源及场解析电离源的特点。

9-4. 某化合物的分子离子峰的 m/z 值为 201，由此可得出什么结论？

9-5. 某质谱仪能够分开 CO^+(27.9949) 和 N_2^+(28.0062) 两离子峰，该仪器的分辨率至少是多少？

9-6. 化学电离源主要用于什么样品分析？能得到什么样品信息？

9-7. 质谱仪为什么要在真空下工作？如果真空不净就开始工作，可能会造成什么影响？

9-8. 在质谱仪中试样经电子轰击电离后，产生哪些类型的离子？它们在结构解析时各有什么用处？

9-9. 质谱解析的一般步骤是什么？

9-10. 如何利用质谱信息来判断化合物的相对分子质量以及分子式？

9-11. 初步推断某一酯类(M=116)的结构可能为 A 或 B 或 C，质谱图上 m/z 87、m/z 59、m/z 57、m/z 29 处均有离子峰。试问该化合物的结构是什么？

A. $(CH_3)_2CHCOOC_2H_5$　　B. $C_2H_5COOC_3H_7$　　C. $C_3H_7COOCH_3$

第 10 章 扫描电子显微分析

10.1 扫描电子显微基本原理

10.1.1 概述

扫描电子显微镜(scanning electron microscope, SEM)是一种用于观察物体表面结构的电子光学仪器，广泛应用于材料、冶金、矿物、生物学等领域。扫描电子显微镜是近年来发展迅速的一种新型电子光学仪器，它的成像原理不用透镜放大成像，而是用细聚焦电子束在样品表面扫描激发产生某些物理信号来调制成像。

1935 年，德国的 Knoll 提出了扫描电镜的工作原理。1938 年，Ardenne 开始进行试验研究。1942 年，Zworykin Hill 制成了第一台实验室用的扫描电镜。到 1965 年，扫描电镜才真正成为商品。70 年代开始，扫描电镜的性能得到很大提高，其分辨率优于 20 nm，放大倍数达 100 000 倍，已是普通商品信誉的指标，实验室中制成扫描透射电子显微镜已达到优于 0.5 nm 分辨率的新水平。1963 年，A. V. Grewe 将研制的场发射电子源用于扫描电镜，该电子源的亮度比普通热钨丝大 $10^3 \sim 10^4$ 倍，而电子束径却较小，大大提高了分辨率。将这种电子源用以扫描透射电镜，分辨率达十分之几纳米，可观察到高分子中置换的重元素，引发了人们极大的关注。此外，在这一时期还增加了许多图像观察，如吸收电子图像、电子荧光图像、扫描透射电子图像、电位对比图像、X 射线图像，还安装了 X 射线显微分析装置等。因而其一跃成为各种科学领域和工业部门广泛应用的有力工具。从地学、生物学、医学、冶金、机械加工、材料、半导体制造、微电路检查，到月球岩石样品的分析，甚至纺织纤维、玻璃丝和塑料制品、陶瓷产品的检验等均大量应用扫描电镜作为研究手段。

目前，扫描电镜在向追求高分辨率、高图像质量发展的同时，也在向复合型发展。这种把扫描、透射、微区分析结合为一体的复合电镜，使得同时进行显微组织观察、微区成分分析和晶体学分析成为可能，因此成为自 70 年代以来使用最广泛的科学研究仪器之一。

10.1.2 扫描电子显微镜的工作原理及特点

10.1.2.1 扫描电镜的工作原理

扫描电子显微镜(SEM)是继透射电镜之后发展起来的一种电镜，它可以较容易地制作试样以及解释试样成像。它具有较高的分辨率和很大的景深，能清晰地显示粗糙样品的表面形貌，辅以多种方式给出微区成分等信息，用来观察断口表面微观形态，分析研究断裂的原因和机理等，是研究物体表面结构及成分的利器。扫描电子显微镜由于其自身优越的特点，在近数十年来得到迅速的发展，在数量与普及程度上都超过了透射电镜。扫描电子显微镜是用聚焦电子束在试样表面逐点扫描成像。其工作原理是：由热阴极电子枪发射能量为 5~35 keV 的电子，经过电磁透镜的作用使其缩小为具有一定能量、一定束流强度和束斑直径的微细电子束，在扫描线圈的驱动下，在试样表面以一定时间、空间顺序做栅网式扫描。聚焦电子束与试样相互作用，在试样上激发出各种物理信号，其强度随试样表面特征而变，试样表面不同的特征信号被探测器收集转换成电信号，经视频放大后输入到显像管栅极，调制入射电子束同步扫描显像管，便得到试样表面形貌的扫描电子显微镜图像。图 10-1 为扫描电子显微镜工作原理示意图。

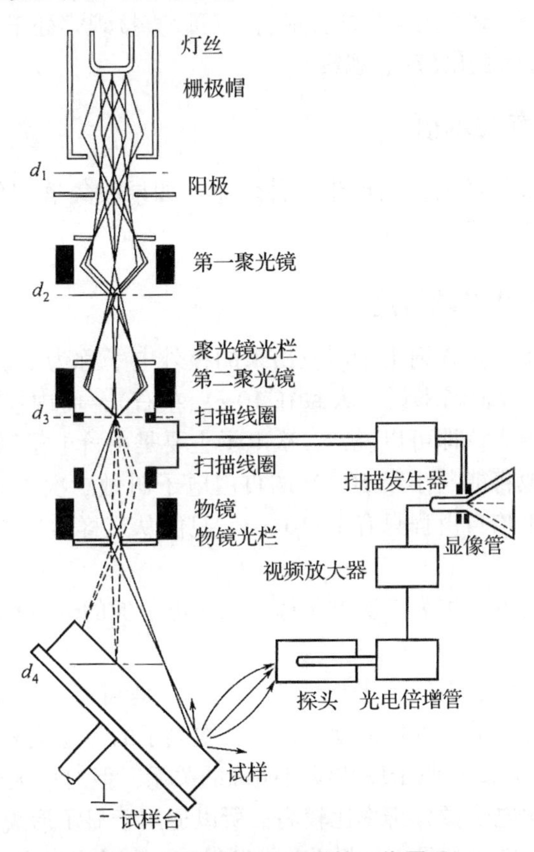

图 10-1　扫描电子显微镜工作原理

10. 1. 2. 2　扫描电镜的特点

扫描电镜能得到迅速发展和广泛应用，与扫描电镜本身具有的一些特点是分不开的，归纳起来主要有以下几点：

①仪器分辨本领较高，通过二次电子像能够观察试样表面 60 Å 左右的细节。

②仪器放大倍数变化范围大(一般为 10~150 000 倍)，且能连续可调。因而，可根据需要任意选择不同大小的视场进行观察，同时在高放大倍数下，也可获得一般透射电镜较难达到的高亮度清晰图像。

③观察试样的景深大，图像富有立体感。可直接观察起伏较大的粗糙表面，如金属断口、催化剂等。

④样品制备简单。只要将块状或粉末的、导电或不导电的样品稍加处理或不加处理，就可直接放到扫描电镜中进行观察，使图像更近于样品的真实状态。

⑤可以通过电子学方法方便有效地控制和改善图像的质量(反差和亮度)，如通过 γ 调制，可改善图像反差的宽容度，以使图像各部分亮暗适中。采用双放大倍数装置或图像选择器，可在荧光屏上同时观察放大倍数不同的图像或不同形式的图像。

⑥可进行综合分析。扫描电镜装上波长色散 X 射线谱仪(WDX)或能量色散 X 射线谱仪(EDX)，可在观察形貌图像的同时，对样品上任选的微区进行元素分析；装上半导体试样座附件，通过电动势像放大器可直接观察晶体管或集成电路中的 PN 结及其微观缺陷(由杂质和晶格缺陷造成的)；装上不同类型的样品台，可以直接观察处于不同环境(加热、冷却、拉伸等)中样品结构形态的变化(动态观察)。

10.1.3 扫描电镜的有关术语

入射电子在试样中发生散射，会产生各种信息，如果收集这些信息，便可以了解试样表面的形貌特征、化学成分等多种性能。

10.1.3.1 二次电子像及形貌衬度

在单电子激发过程中，被入射电子激发出来的核外电子称为二次电子(图 10-2)。由于价电子的结合能量很低(对金属来说，大致在 10 eV 左右)，而内层电子的结合能量很高。因此价电子的激发概率很大。即可以说，二次电子主要是由价电子激发出来的。在工程中，为了收集电子方便，一般将能量小于 50 eV 的自由电子叫做二次电子。二次电子的能量很低，在固体试样中，其平均自由程只有 1~10 nm，只能从试样表层 5~10 nm 深度范围内激发出来。

利用二次电子所成的像，称为二次电子像。二次电子像的分辨率一般为 3~6 nm，它表征着扫描电镜的分辨率。

表面形貌衬度是由试样表面的不平整性所引起的，是利用对样品表面形貌变化敏感的物理信号作为调制信号得到的一种像衬度。因为二次电子的信息主要来自于试样表面层 5~10 nm 的深度范围，它的强度与原子序数没有明确的关系，但对微区刻面相对于入射电子束的位向却十分敏感。二次电子像分辨率比较高，所以适用于显示形貌衬度。

表面形貌特征受二次电子的发射系数(也称发射率)的影响很大，试验证明，二次电子的发射系数 σ 与入射电子束和试样表面法线 n 之间的夹角 θ(图 10-2)，有如下关系：

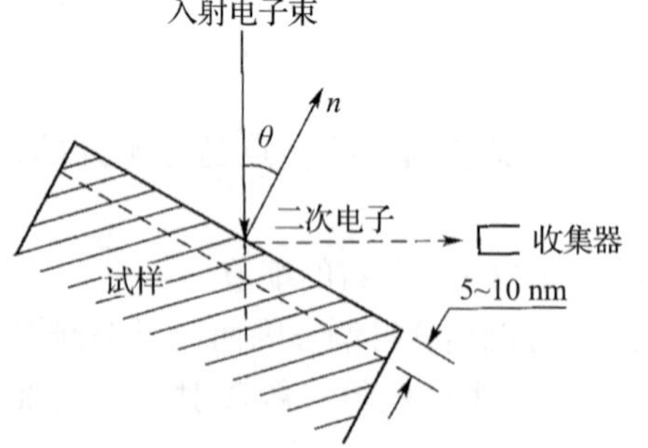

图 10-2　二次电子产生示意图

$$\sigma = \frac{\sigma_0}{\cos\theta} \qquad (10-1)$$

式中，σ_0 为二次电子发射总量，即着入射电子强度 I_P 定时，二次电子信号强度 I_S 随样品表面的法线与入射束的夹角(倾斜角)θ 增大而增大。或者说二次电子的产额 δ($\delta = I_S/I_P$)与样品倾斜角的余弦成反比，即

$$\delta = \frac{I_S}{I_P} \propto \frac{1}{\cos\theta} \tag{10-2}$$

如果样品是由图 10-3(a)所示的三个小刻面 A、B、C 所组成，由于 $\theta_C>\theta_A>\theta_B$，所以 $\delta_C>\delta_A>\delta_B$。如图 10-3(b)所示，结果在荧光屏上 C 小刻面的像比 A 和 B 都亮，如图 10-3(c)所示。因此在断口表面的尖棱、小粒子、坑穴边缘等部位会产生较多的二次电子，其图像较亮；而在沟槽、深坑及平面处产生的二次电子少，图像较暗，由此形成明暗清晰的断口表面形貌衬度。

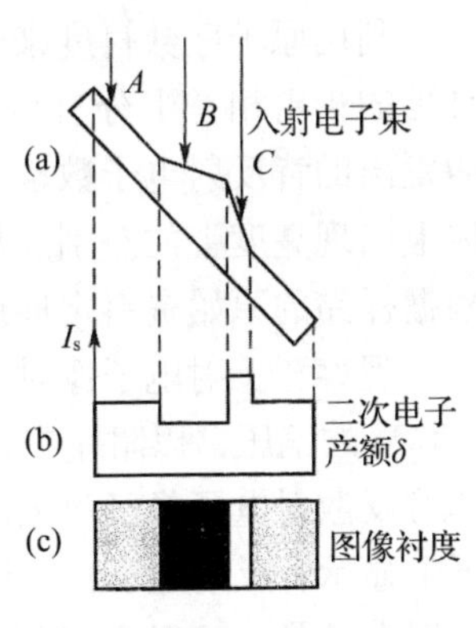

图 10-3　形貌衬度原理

二次电子探测器的位置固定，样品表面不同部位相对于探测器的方位角不同，从而被检测到的二次电子信号强弱不同。为此，在电子检测器上加正偏压 250~500 V，这样低能二次电子可以走弯曲路径到达检测器，如图 10-4 所示。这不仅增大了有效收集立体角，提高了二次电子信号强度，而且使得背向检测器的那些区域产生的二次电子，仍有相当一部分通过弯曲的轨迹到达检测器，有利于显示背向检测器的样品区域细节，而不致于形成阴影，使二次电子像显示出较柔和的立体衬度。

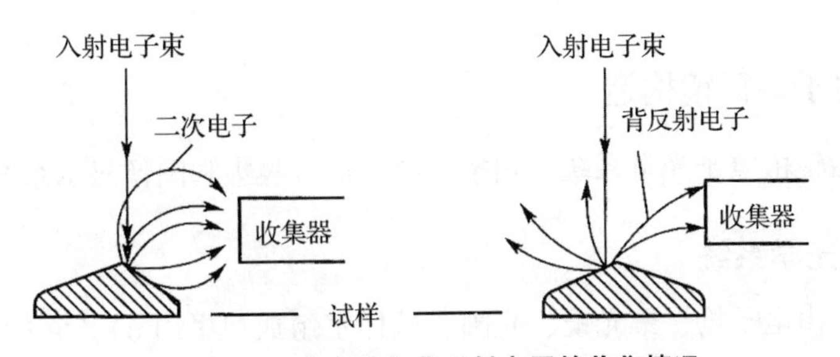

图 10-4　二次电子和背反射电子的收集情况

10.1.3.2　背反射电子像及原子序数衬度

背反射电子信号既可用来显示形貌衬度，也可用于显示成分衬度。

①形貌衬度　用背反射电子信号进行形貌分析时，其分辨率远比二次电子低。因为背反射电子是来自一个较大的作用体积，使成像单元变大。此外，背反射电子能量较高，它们以直线轨迹逸出样品表面，如图 10-4 所示，对于背向检测器的样品表面，因检测器无法收集到背反射电子而变成一片阴影，因此在图像上会显示较强的衬度，而掩盖了许多有用的细节。

②成分衬度　也称原子序数衬度，背反射电子信号随原子序数 Z 的变化比二次电子的变化显著得多，因此图像应有较好的成分衬度。样品中原子序数较高的区域中由于收集到的背反射电子数量较多，故荧光屏上的图像较亮。因此，利用原子序数造成的衬度变化可以对各种合金进行定性分析。样品中重元素区域在图像上是亮区，而轻元素区域在图像上则为暗区。

用背反射电子进行成分分析时，为了避免形貌衬度对原子序数衬度的干扰，被分析的样品只进行抛光，而不必腐蚀。对有些既要进行形貌分析又要进行成分分析的样品，可以采用一对探测器收集样品同一部位的背反射电子，然后把两个检测器收集到的信号输入计算机处理，通过处理可以分别得到放大的形貌信号和成分信号。

利用原子序数衬度来分析晶界上或晶粒内部不同种类的析出相是十分有效的。因为析出相成分不同，激发出的背反射电子数也不同，致使扫描电子显微图像上出现亮度上的差别。从亮度上的差别，我们就可根据样品的原始资料定性地判定析出物相的类型。

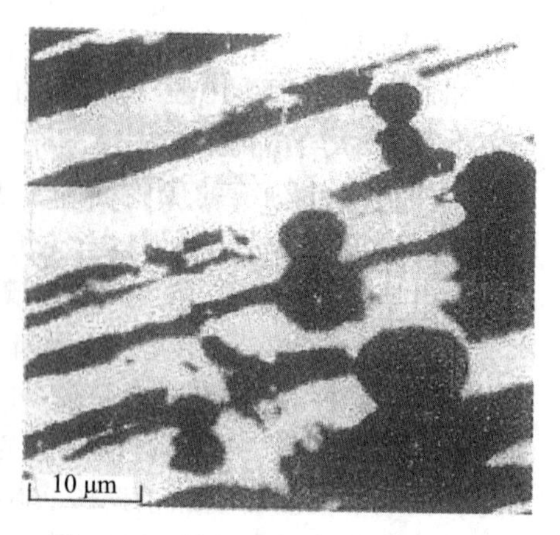

图 10-5 Al-Cu 合金背反射电子像

观察背反射电子像时，要将信号检测器的栅网加 −50 V 的偏压，以阻止二次电子到达检测器。接收到的背反散射电子像经放大后可作为调制信号，在荧光屏上显示背反射电子像。图 10-5 所示为 Al-Cu 合金背反射电子像，可以观察到背反射电子像的阴影效应，同时由于 Al_2Cu 相的平均原子序数高于基体 Al，所以富集 Al_2Cu 区域较亮并有浮凸现象，Al_2Cu 少的区域较暗。

10.2 扫描电子显微镜构造及性能

10.2.1 扫描电子显微镜构造

扫描电子显微镜由电子光学系统、扫描系统、信号收集和图像显示系统组成。

10.2.1.1 电子光学系统

电子光学系统由电子枪、聚光镜、光阑、试样室组成(图 10-6)。它的作用是获得极细的、亮度高的电子束。电子束是产生信息的激发源，与透射电子显微镜一样，电子束的亮度主要取决于电子枪发射电子的强度。电子枪的阴极一般为发夹式钨丝。阴极发射的电子经栅极会聚后，在阳极加速电压的作用下通过聚光镜。扫描电镜通常由 2~3 个聚光镜组成，它们都起缩小电子束斑的作用。钨丝发射电子束的斑点直径一般约为 0.1 mm，经栅极会聚成的斑点直径可达 0.05 mm。经过几个聚光镜缩小后，在试样上的斑点直径可达 6~7 nm。

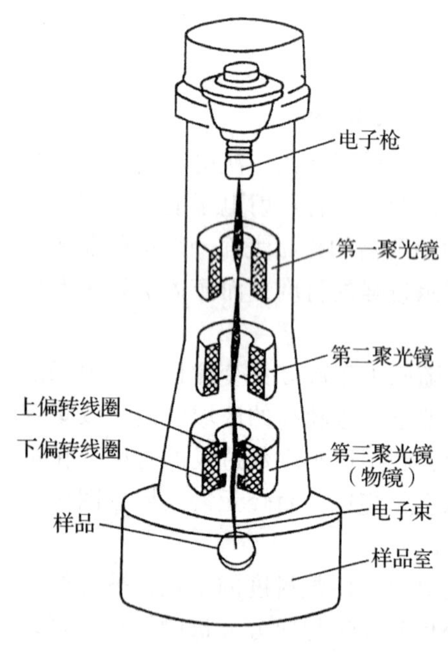

图 10-6 扫描电子光学系统示意图

场发射电子枪分为冷场和热场发射两种，一般在扫描电镜中采用冷场发射。如图 10-7 所示，它是利用靠近曲率半径很小的阴极尖端附近的强电场使阴极尖端发射电子的，所以叫做场致发射(简称场发射)。如果阴极尖端半径为 100~500 nm，若在尖端与第一阳极之间加 3~5 kV 的电位差，那么在阴极尖端附近建立的强电场就足以使它发射电子。在第二阳极几十千伏甚至几百千伏正电位作用下，阴极尖端发射的电子会聚在第二阳极孔的下方(即场发射电子枪第一交叉点位置上），电子束直径小至 20 nm（甚至 10 nm）。可见场发射电子枪是扫描电镜获得高分辨率、高质量图像较为理想的电子源。此外，场发射扫描电镜还有低电压下仍保持高的分辨率和电子枪寿命长等优点。

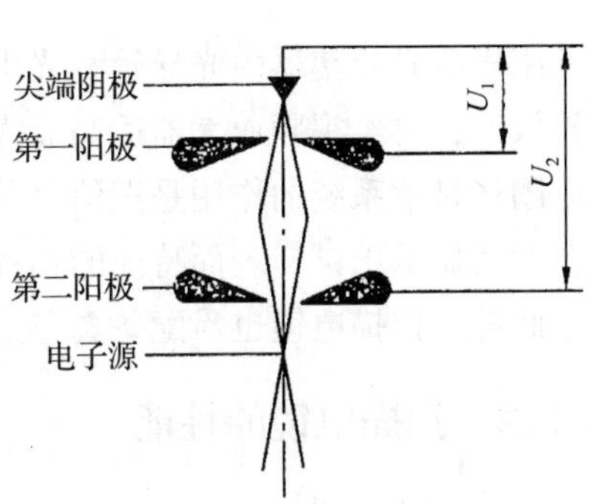

图 10-7 场发射电子枪原理示意图

10.2.1.2 扫描系统

扫描系统的作用是使电子束能发生折射，提供入射电子束在试样上以及阴极射线管电子束在试样表面上的扫描场的大小，以获得所需放大倍数的扫描像。它由扫描信号发生器、放大控制器及相应的线路和扫描线圈所组成。扫描线圈分上偏和下偏转线圈。上偏转线圈装在末极聚光镜的物平面位置上，当上、下偏转线圈同时起作用时，电子束在试样表面上作光栅式扫描，如图 10-8(a)所示，当下偏转线圈不起作用，而末级聚光镜起着第二次偏转作用时，电子束在试样表面上作角光栅式扫描，如图 10-8(b)所示。

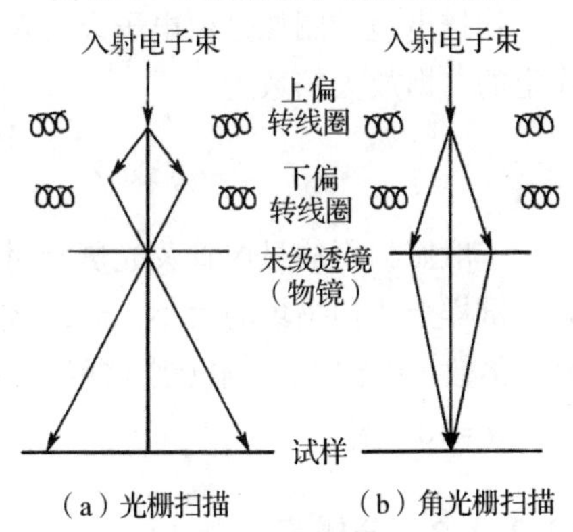

图 10-8 扫描电镜的光路

10.2.1.3 信号收集和图像显示系统

信号收集系统的作用是收集入射电子与试样作用所产生的各种信号，然后经视频放大器放大输送到显示系统作为调制信号。根据不同的信号，扫描电镜使用不同的信号收集系统，一般有电子收集器、阴极荧光收集器和 X 射线收集器多种。

通常采用闪烁计数器来收集二次电子、背反射电子、透射电子等信号，图 10-9 只是二次电子和背反射电子收集器示意图。当收集二次电子时，在栅极上加 250～500 V 的正偏压（相对于试样），以吸收二次电子，增加有效的收集立体角。当收集背反射电子时，在栅极上加50 V 的负偏压，以阻止二次电子到达收集器，并使进入收集器的背反射电子聚焦在闪烁体上。当收集透射电子时，将收集器放在薄膜试样的下方。

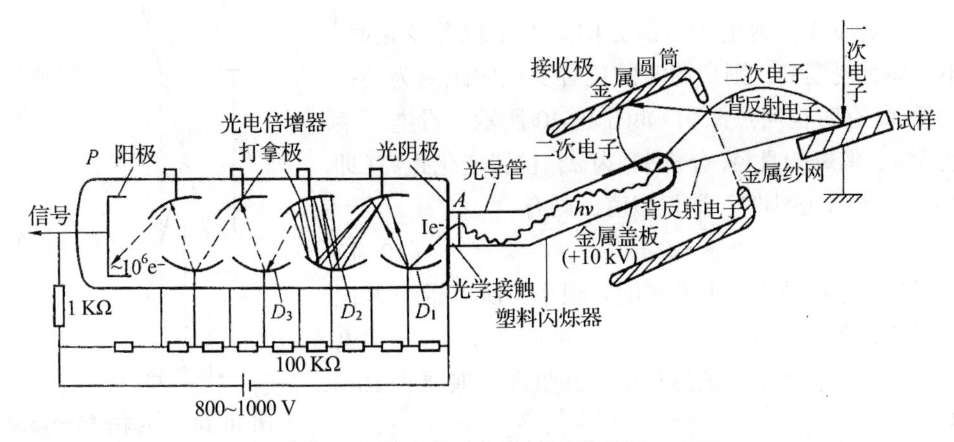

图 10-9 二次电子和背反射电子收集器示意图

阴极荧光收集器由光导管、光电倍增管组成，阴极荧光信号经光导管直接进入光电倍增管放大，再经视频放大器适当放大后，作为调制信号。

图像显示系统的作用是把信号收集系统输出的调制信号，转换到阴极射线管的荧光屏上，然后显示出试样表面特征的扫描图像，以便观察和照相。

此外，扫描电镜也需配备真空系统和电源系统。

10.2.2 扫描电镜的性能

10.2.2.1 放大倍数

扫描电镜的图像是由电子束在荧光屏上显示像的边长 L 与试样上扫描场的边长 l 之比所决定的，即放大倍数为

$$M=\frac{L}{l} \tag{10-3}$$

一般照相用的显像管荧光屏尺寸为 100 mm×100 mm，即 $L=100$ mm，是固定不变的。调节试样上的扫描场的大小，可以控制荧光屏上扫描图像的放大倍数。大多数扫描电镜的放大倍数可以在 10~200 000 倍的范围内连续调节。当 $L=10$ mm 时，$M=10$ 倍；当 $L=1\mu m$ 时，$M=10^5$ 倍。

10.2.2.2 分辨率

分辨率是衡量扫描电镜性能的主要指标。通常在某一确定的放大倍数下拍摄图像，测量其能够分辨的两点之间的最小距离，然后除以此时确定的放大倍数，即为分辨率。分辨率直接与轰击试样的电子束的直径有关，若电子束的直径为 10 nm，那么成像的分辨率最高也达不到 10 nm。分辨率既受仪器性能的限制，取决于末级透镜的像差(随光阑减小而增加)；又受试样的性质及环境的影响。入射电子束在试样中的扩展体积的大小、仪器的机械稳定性、杂乱磁场、加速电压及透镜电流的漂移等都会影响分辨率。目前现代高性能的扫描电镜普通钨丝电子枪的二次成像分辨率可达 3.5 nm 左右。

10.2.2.3 景深

当试样表面在入射电子束的方向上发生位置变化时，其像不会显著变模糊，则称此时的位置变化的距离为扫描电镜的景深(有时也叫焦深)，如图 10-10 所示。设电子束发散度为 a，像斑的直径(分辨率)为 d，位置变化距离(即景深)为 F。当 a 很小时，取近似值，则有

$$F=d/a \tag{10-4}$$

由于扫描电镜的电子束发散度 a 很小，所以景深 F 比较大，例如，在放大倍数为5000时 F 可达 20 μm。扫描电镜与同一放大倍数光学显微镜相比，其景深一般要大 10~100 倍。

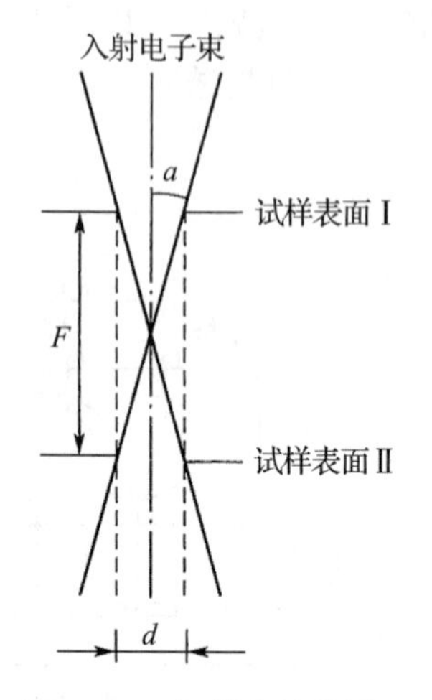

图 10-10 扫描电镜的景深

10.2.3 扫描电镜样品的制备

10.2.3.1 对试样的要求

实验要求的试样可以是块状或粉末颗粒，真空中稳定。含有水分的试样应先烘干除去水分。表面受到污染的试样，要在不破坏试样表面结构的前提下进行适当清洗，然后烘干。新断开的断口或断面，一般不需要进行处理，以免破坏断口或表面的结构状态。有些试样的表面、断口需要进行适当的侵蚀才能暴露某些结构细节，在侵蚀后应将表面或断口清洗干净，然后烘干。对磁性试样要预先去磁，以免观察时电子束受到磁场的影响。试样大小要适合仪器专用样品座的尺寸。

对于块状导电材料，除了大小要适合仪器专用样品座的尺寸外，基本上不再进行其他制备要求，用导电胶把试样黏结在样品座上即可观察；非导电或导电性较差的材料，要先在材料表面形成一层导电膜，防止电荷积累影响图像质量及试样的热损伤。

粉末样品需要黏结在样品座上。黏结的方法是先将导电胶或双面胶纸黏结在样品座上，再均匀地把粉末样撒在上面，用洗耳球吹去未粘住的粉末；也可以将粉末制备成悬浮液，滴在样品座上，待溶剂挥发，粉末就附着在样品座上，再镀上一层导电膜，即可上电镜观察。

10.2.3.2 镀膜方法

镀膜的方法有两种，一种是真空镀膜；另一种是离子溅射镀膜。

离子溅射镀膜与真空镀膜相比，其主要优点如下：

①装置结构简单，使用方便，溅射一次只需几分钟，而真空镀膜则要半个小时以上。

②消耗贵金属少，每次仅约几毫克。

③对同一种镀膜材料，离子溅射镀膜质量好，能形成颗粒更细、更致密、更均匀、附着力更强的膜。

10.3 扫描电子显微镜应用

10.3.1 冷冻扫描电子显微镜

常规电镜要求所观察的样品无水，而一些样品在干燥过程中会发生结构变化，致使无法观察其真实结构。冷冻扫描电镜又称低温扫描电镜(Cryo SEM)，它是把冷冻样品制备技术与扫描电镜融为一体的一种新型扫描电镜。采用超低温冷冻制样及传输技术可实现直接观察液体、半液体及对电子束敏感的样品，如生物、高分子材料等。样品经过超低温冷冻、断裂、镀膜制样(喷金/喷碳)等处理后，通过冷冻传输系统放入电镜内的冷台(温度可至 -185 ℃)即可进行观察。快速冷冻技术可使水在低温状态下呈玻璃态，减少冰晶的产生，从而不影响样品本身结构，冷冻传输系统保证在低温状态下对样品进行电镜观察。冷冻扫描电镜特别适用于含水样品的观察，因此在生物学领域的应用日益增多。

冷冻扫描电镜只是冷冻电镜中的一类，其家族还包括冷冻透射电镜、冷冻蚀刻电镜等。冷冻电镜在电镜本体腔室端口上装有超低温冷冻制样传输系统，采用独特的结构设计，确保样品传输过程中全程真空及全程冷冻。其工作过程原理及流程与普通扫描电镜或透射电镜一样，只是多了冷冻过程。冷冻可采用液氮方式，也可采用喷雾冷冻方式，即利用结合底物混合冰冻技术(spray-freezing)。把两种溶液(如受体和配体)在极短的时间(毫秒数量级)内混合，然后快速冷冻，将其固定在某种反应中间状态，这样能对生物大分子在结合底物时或其他生化反应中快速的结构变化进行测定，深入了解生物大分子的功能，还可采用高压冷冻方式。冷冻相关操作流程有两个关键步骤：一是在载样品网上形成薄层水膜；二是将第一步获得的含水薄膜样品快速冷冻。在多数情况下，手动将载样品网迅速浸入液氮内，可使水冷冻成为玻璃态。冷冻的优点在于：使样品保持接近"生活"状态，不会因脱水而变形；减少辐射损伤；捕捉不同状态下的分子结构信息，了解分子功能循环中的构象变化。

由于冷冻电镜获得图像的信噪比低，需要对三维物体不同角度的二维投影进行三维重构解析，从而获得物体的三维结构。其理论原理是中心截面定理，它是在1968年由De Rosier和Klug提出的，即一个函数沿某方向投影函数的傅里叶变换等于此函数的傅里叶变换通过原点且垂直于此投影方向的截面函数。由于样品的性质和有无对称结构的不同，图像解析的方法也有差异，目前主要使用的几种冷冻电子显微学结构解析方法包括电子晶体学、单颗粒重构技术、电子断层扫描重构技术等，它们分别针对不同的生物大分子复合体及亚细胞结构进行解析。但对于所有的生物样品，都有3个基本的任务要解决：①必须得到不同方向的样品图像；②计算确定样品的方向和中心，并不断加以优化；③无论是在傅里叶空间还是真实空间，图像的移位必须加以计算校正，以使样品所有的图像有共同的原点。

冷冻扫描电镜已经广泛应用于生命科学，包括植物学、动物学、真菌学、生物技术、生物医学和农业科学研究。冷冻扫描电镜技术也成为药物学、化妆品和保健品的重要研究工具，也是食品工业的标准检测方法。

图10-11给出了采用冷冻技术获得的扫描电镜图片。图10-11(a)是一种真菌的冰冻扫描电镜图片。图10-11(b)是"蜡质植物"球兰近轴表面的蜡质冷冻扫描电镜图片，球兰角化的角质层(10~15 μm)外表面有精致纹饰排布的蜡质，但是蜡质在常规扫描电镜中容易被破坏，采用冷冻技术可以很容易看到。图10-11(c)是顶端分生组织细胞的细胞器冷冻断裂电镜图。冷冻技术可以通过样品选择性冷冻断裂(选择性刻蚀或升华)暴露不同的表面，进而显示各种结构，这是冷冻技术的最大优点。

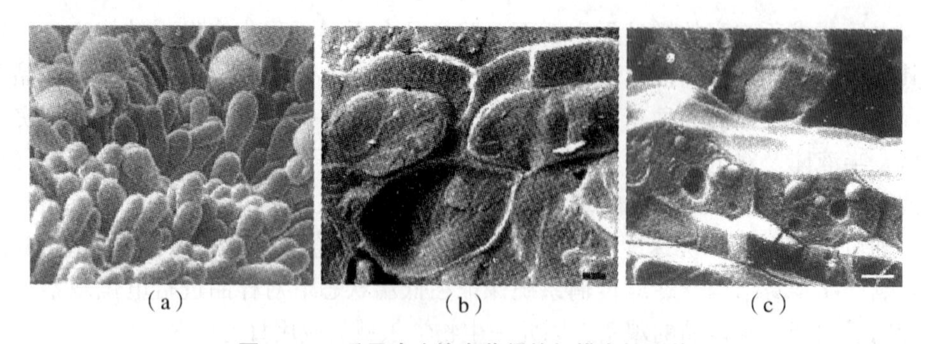

(a) (b) (c)

图10-11 采用冷冻技术获得的扫描电镜图片

10.3.2 扫描电镜在生物质材料中的应用

扫描电子显微镜可将试样观察区放大几百至几万倍，并具有分辨率高、景深大，对固体试样的种类和形态适应性强的特点，加上所配置的X射线能谱仪，使之不仅能观测样品的表面和内部(断面)的形貌尺寸，同时还可以应用于材料断口分析、微区成分分析、纳米材料分析以及多相复合体系的分析，从而使扫描电镜在生物质及其改性材料中的应用越来越广泛。

10.3.2.1 扫描电镜对材料表面形貌的分析

材料剖面的特征、内部的结构及损伤的形貌，都可以借助扫描电镜来判断和分析。反射式的光学显微镜直接观察大块试样很方便，但其分辨率、放大倍数和景深都比较低。而扫描电子显微镜的样品制备简单，可以实现试样从低倍到高倍的定位分析，在样品室中的试样不仅可以沿三维空间移动，还能够根据观察需要进行空间转动，以利于使用者对感兴趣的部位进行连续、系统的观察分析；扫描电子显微图像因真实、清晰，并富有立体感，能够直接观察直径100 mm、高50 mm或更大尺寸的试样，对试样的形状没有任何限制，粗糙表面也能观察，这便免除了制备样品的麻烦，而且能真实观察试样本身物质成分不同的衬度(背反射电子像)。由于扫描电子显微镜的景深大，放大倍数高，所以对凹凸不平的表面结构分析具有得天独厚的优势。

如图10-12所示为纤维素纤维以及氧化纤维素超细纤维的SEM照片。可以看出，纤维素纤维用HNO_3/H_3PO_4-$NaNO_2$混合溶液氧化后的超细结构基本不变，纤维的平均直径仅仅由3.94μm减小至3.67 μm。该氧化纤维素衍生物的产率为86.7%，羧基含量为16.8%。由于氧化破坏了纤维素分子链之间的氢键作用，氧化纤维素超细纤维的结晶度较低，它在盐水溶液中的溶胀度约为230%。由于良好的生物相容性，这种氧化纤维素超细纤维可望用作无纺布。

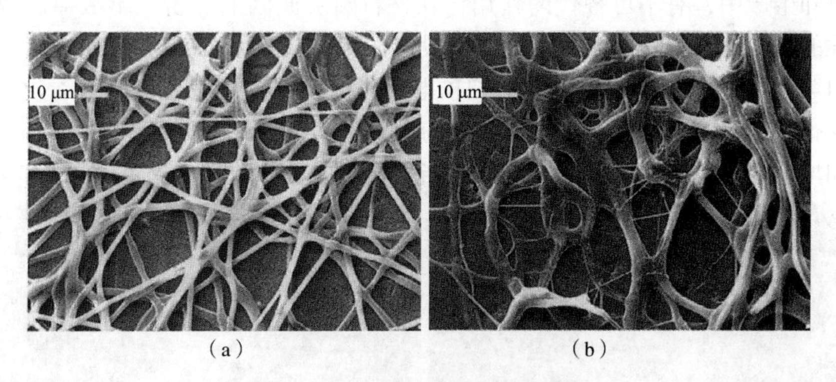

(a) (b)

图10-12 超细纤维的SEM照片

采用扫描电子显微镜研究了甲壳素-聚丙烯酸膜材料在不同培养期的L929细胞的变化情况。生物材料上的细胞形态是决定生物相容性的重要因素。采用扫描电镜观察了细胞以不同形状吸附的情况。这些细胞形态各异，有许多球形细胞，也有附着一些水泡的扁平圆形细胞，还有一些拉长的细胞(图10-13)。这些不同形态可能是细胞相应的不同阶段。可以看出，甲壳素-聚丙烯酸膜能够为细胞提供充分的吸附表面。

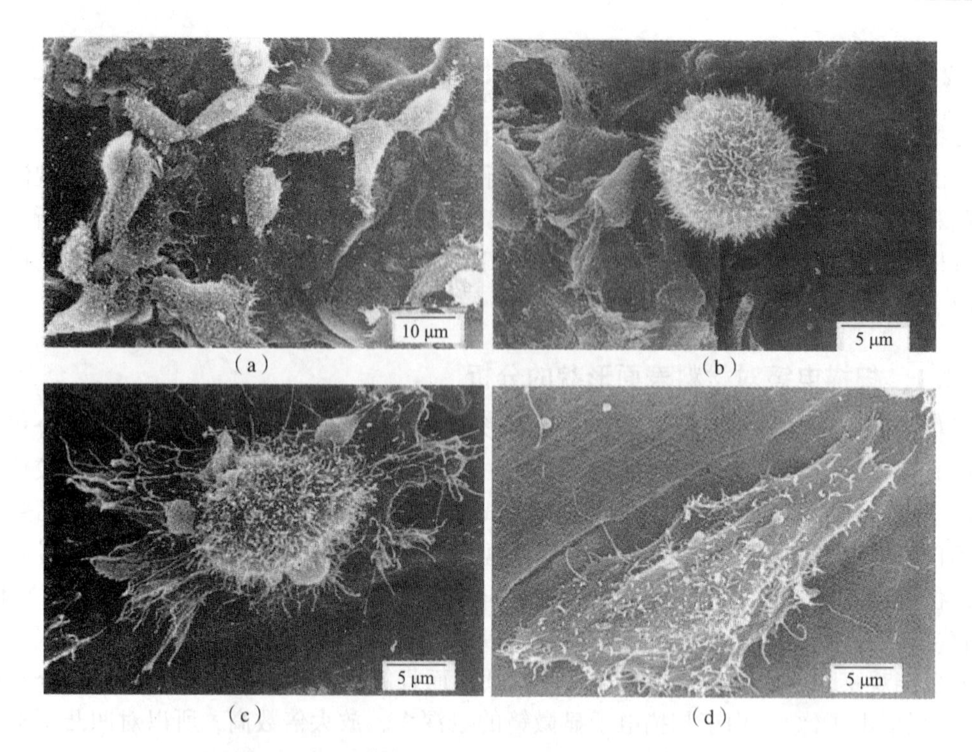

图 10-13 甲壳素-聚丙烯酸膜上的细胞 SEM 照片

(a)低倍观测的细胞群 (b)~(d)高倍观测的各种细胞形状

10.3.2.2 扫描电镜对材料断口形貌的分析

扫描电子显微镜的另一个重要特点是景深大，图像富立体感。

扫描电子显微镜所显示的断口形貌从深层次、高景深的角度呈现材料断裂的本质，在教学、科研和生产中，有不可替代的作用，在材料断裂原因的分析、事故原因的分析以及工艺合理性的判定等方面是一个强有力的手段。

图 10-14 为黄麻/聚丙烯复合材料的扫描电子显微镜照片。可以清楚地看出，纤维和基体之间存在很小的缝隙。当增溶剂质量分数为 3%时，纤维表面没有黏结的基体，这说明需要继续添加增溶剂来改善界面黏结的质量。当增溶剂质量分数为 5%时，纤维和树脂基体的

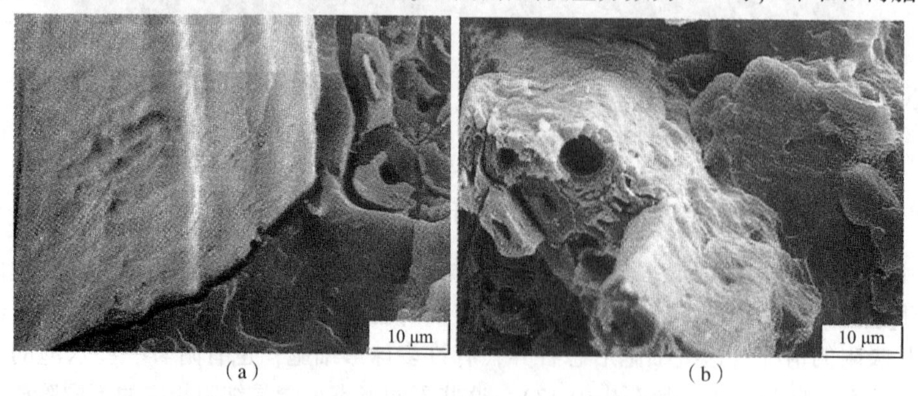

图 10-14 黄麻和不同含量处理剂制备的复合材料 SEM 照片

(a) 3%质量分数 (b)5%质量分数

相容性变好，界面黏结程度明显提高。

冰冻干燥和膨胀的水凝胶的内部形态如图 10-15 所示。可以看出孔与孔之间形成了连通的、三维的网状结构。纤维素水凝胶的孔径为 5~10 μm。纤维素/藻酸钠水凝胶的孔径随藻酸钠含量的增加而变大，例如小孔凝胶[图 10-15(a)]的孔径大概为 200 μm，大孔凝胶[图 10-15(d)]的孔径达到为 500 μm。可见，藻酸钠的含量决定着孔径的大小。同时，也可以看出，所有的孔都非常规则，并有较薄的孔壁，即为纤维素和藻酸钠的聚集态结构，这是由两个藻酸盐和纤维素构成的网状结构，纤维素作为骨架结构，提高水凝胶的强度。因为由纯藻酸钠制备的大块水凝胶强度太低，不能贮备太多的水。因此纤维素的引入起到支撑孔壁的作用，藻酸钠起到扩大孔径的作用，来贮备更多的水分。

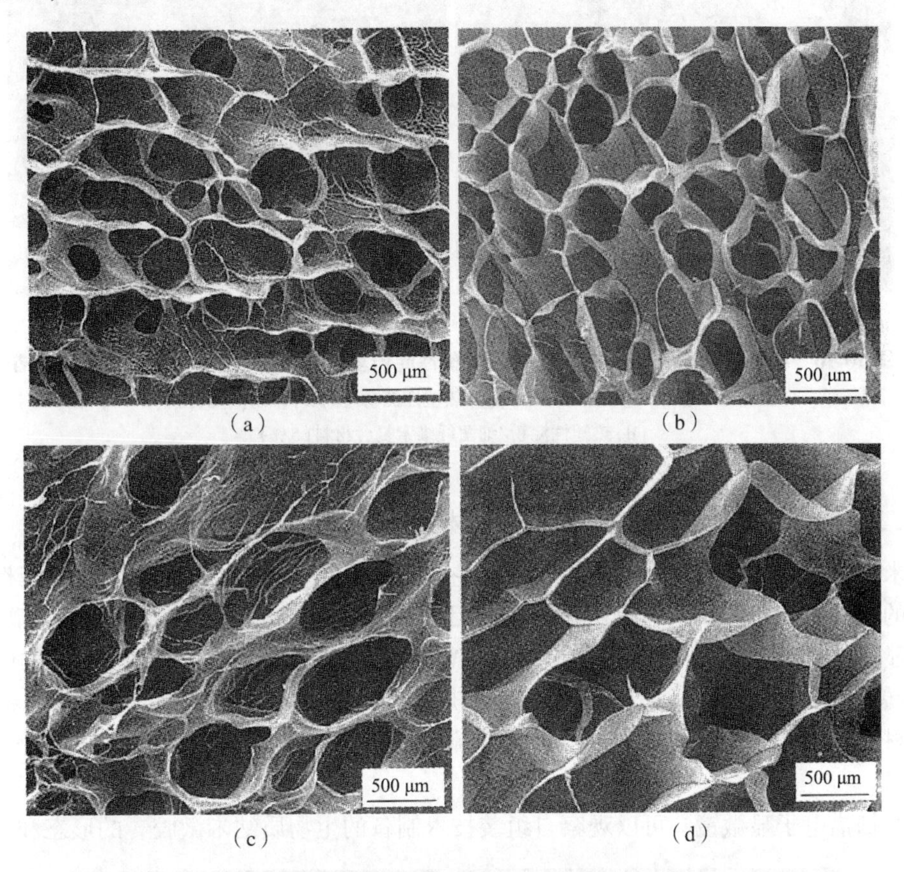

图 10-15　纤维素/藻酸钠水凝胶 SEM 照片

如图 10-16 所示为 5 %的植物纤维素和细菌纤维素与热塑性淀粉制备的复合材料断裂表面的扫描电镜照片。每种材料列举两个放大倍数的照片，用来说明纤维素在热塑性淀粉基体中的分散和界面黏结程度。当热塑性淀粉/细菌纤维素复合材料制备成型后，未发现残余淀粉颗粒结构，因此两种纤维素的结合对淀粉的塑化没有较大影响。从纤维素断裂的扫描电镜照片和纤维素在淀粉中的分散情况可以看出，纤维素与热塑性淀粉基体之间的界面结合强度较高。细菌纤维素以较小的碎片形式填充在热塑性淀粉中，形成纳米或微米级的纤维网络。这些结构使得细菌纤维素复合材料较植物纤维素复合材料具有更加优异的力学性能。

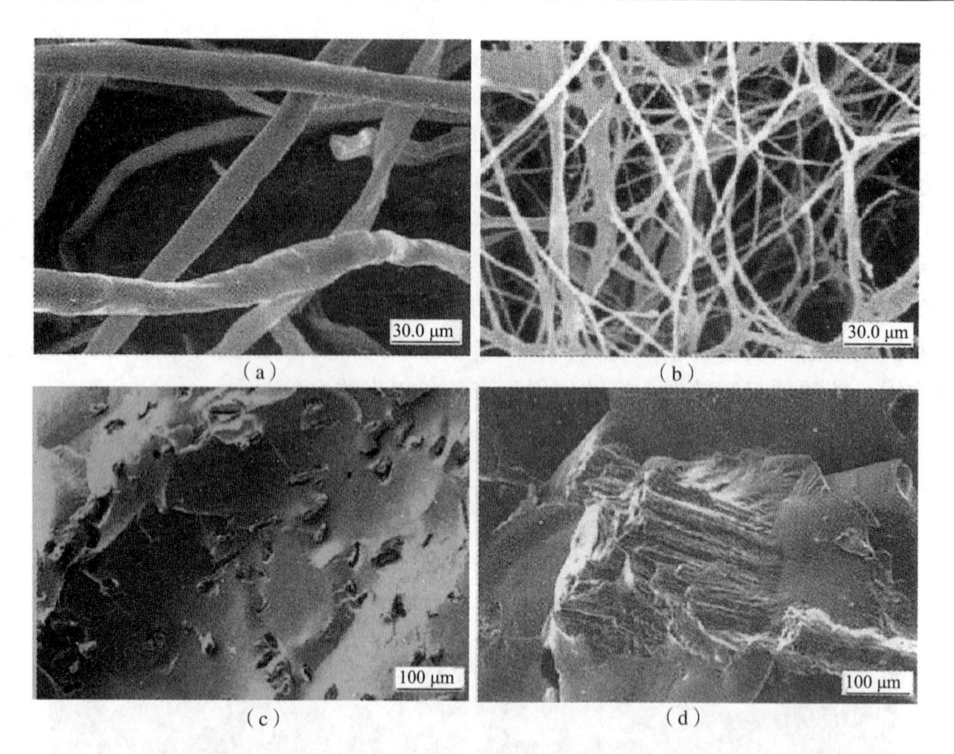

(a)　(b)　(c)　(d)

图 10-16　植物纤维素和细菌纤维素增强热塑性淀粉复合材料 SEM 照片及断裂表面形貌

(a)植物纤维素　(b)细菌纤维素　(c)热塑性淀粉/植物纤维素复合材料(5%)

(d)热塑性淀粉/细菌纤维素复合材料(5%)

10.3.2.3　扫描电镜对纳米材料形态及结构的分析

纳米材料独特的物理化学性质主要源于它的超微尺寸及超微结构。因此对纳米材料表面形态的观察成为对其研究和应用的基础，目前该领域的检测手段和表征方法可以使用扫描电子显微镜(SEM)、透射电子显微镜(TEM)、扫描隧道显微镜(STM)、原子力显微镜(AFM)等技术。扫描电子显微镜依靠其高分辨率、良好的景深和简易的操作等优势，在纳米级别材料的形貌形态及结构观察、尺寸检测等方面大量应用，成为近年来研究学者们青睐的工具。

通过扫描电子显微镜，可以观察自组装技术制备的生物质纳米微胶囊的形态和尺寸。

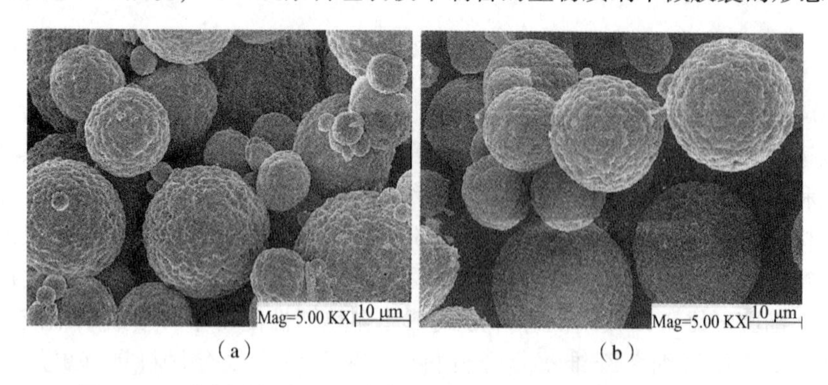

(a)　(b)

图 10-17　载有蛋白质(a)和合成缩氨酸(b)的壳聚糖微球 SEM 照片

如图 10-17 所示为多孔纳米羟基磷灰石/骨胶原/聚 L-乳酸/壳聚糖微球(*n*HAC/PLLA/CMs)的 SEM 照片，该微球具有规则表面，没有任何裂纹。粒径分布在 10~60 μm 之间，载有蛋白质和合成缩氨酸的微球，平均粒径分别为 33.9 μm 和 39.0 μm。制备该微球的形态的关键影响因素是壳聚糖含量，当壳聚糖含量大于 20 g/L 时，制得的微球具有光滑表面。当微球的表面不规则时，则容易破碎。除此之外，由于三聚磷酸盐溶液分子进入微球具有时间依赖性，交联时间要超过 2 h 才能制得形状规则的微球。

细菌纤维素(BC)已经应用到组织工程导管(TEBV)领域。如图 10-18(a)所示为细菌纤维素表皮具有由纳米原丝精细网络组成的不对称结构，它具有与颈动脉相似的应力-应变响应特性，这些特征使细菌纤维素有可能作为细胞外基质(ECM)胶原质网络的仿生替代支架。图 10-18(b)为培植在细菌纤维素基底上的牛软骨细胞。试验结果表明，细菌纤维素对牛软骨细胞具有良好的黏附性并促进细胞增殖和迁移。在该基底上，当细胞培养 2 周后，其内向生长可达 40 μm。上述结果表明细菌纤维素具有良好的生物相容性。

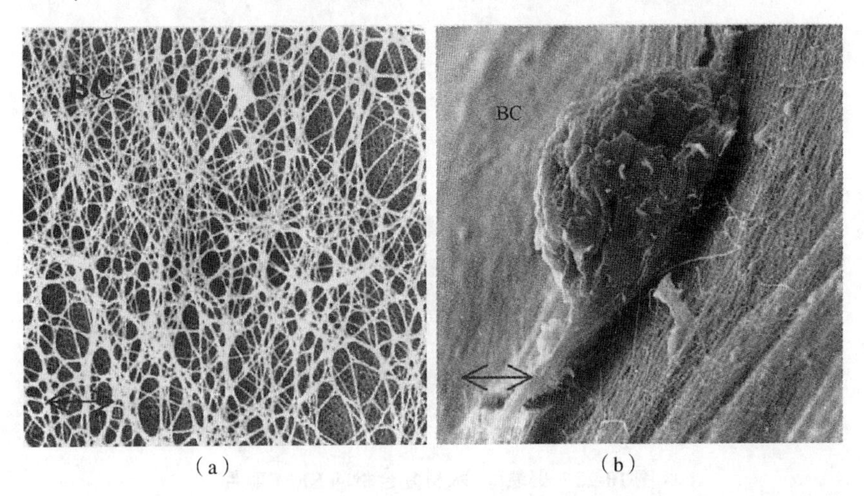

图 10-18　细菌纤维素纤维的精细网络结构(a)和黏附在纤维素基底上的牛软骨细胞(b)

10.3.2.4　扫描电镜对多相复合体系结构的分析

采用扫描电子显微镜可以观察两种或两种以上物质混合后的多相固体材料的结构形貌。如图 10-19 所示为木材截面的扫描电镜照片，可以看出木材的孔隙很清晰，并且都是中空的，细胞壁十分光滑。

如图 10-20 所示是采用多甲基吗啉(NMM)为催化剂时，聚氨酯预聚体在木材中形成的聚氨酯泡沫结构，因为采用先浸注树脂后浸注催化剂的工艺，聚氨酯预聚体能均匀地分散在木材孔隙中，在后来浸注催化剂的作用下形成饱满的薄壁聚氨酯泡沫，泡沫直径在 10~50 μm。从图 10-20(a)中可以看出，聚氨酯泡沫和木材细胞结构在表层和中心层是基本相同的，图 10-20(b)所示为局部孔洞的放大照片，可以看出这些薄壁泡沫能够有效地阻隔水分在两个木材细胞之间的流通，在聚氨酯泡沫的孔洞中还可以贮存水分，保证了聚氨酯/木材复合材料的尺寸稳定性。

由于极性的纤维与非极性的聚丙烯相容性不好，所制备的木纤维-聚丙烯复合材料的力学性能不甚理想，其根源是极性的木纤维与非极性的聚丙烯在界面处发生了分离，如图 10-21(a)所示；如对聚丙烯接枝 3%~5%的马来酸酐或采用硅烷偶联剂，可使所制备的复合材

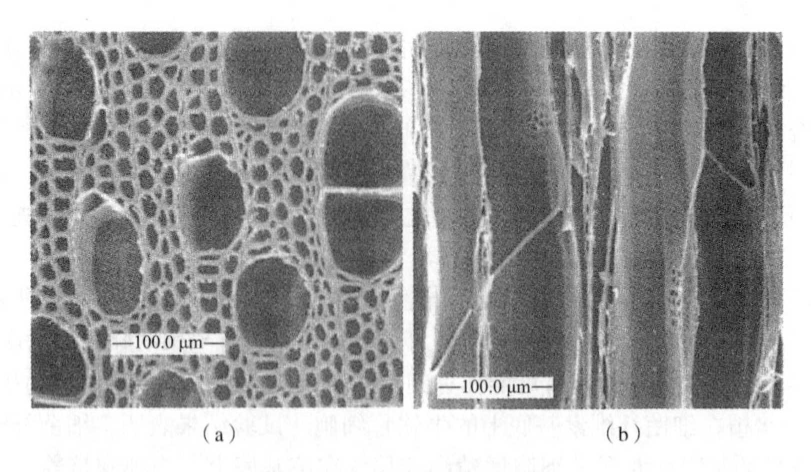

图 10-19 木纤维 SEM 照片

(a)横切面 (b)纵切面

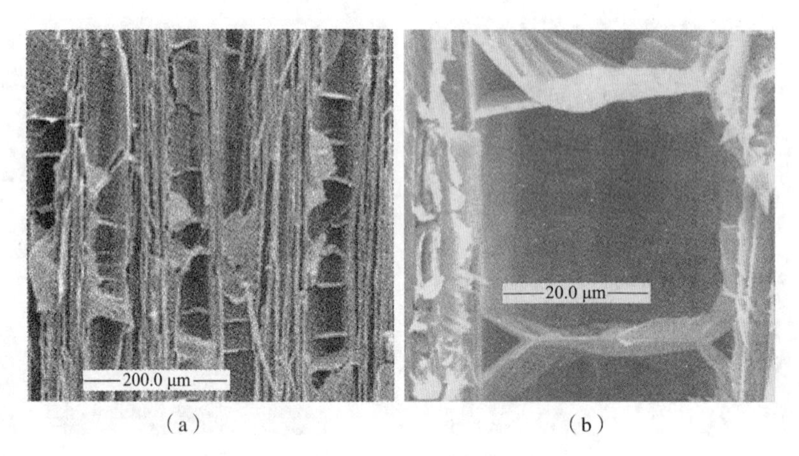

图 10-20 聚氨酯/木材复合材料 SEM 照片

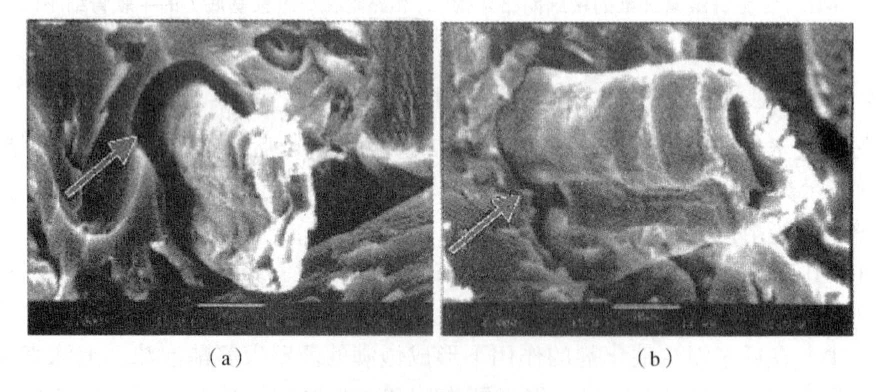

图 10-21 木纤维增强聚丙烯木塑复合材料

料力学性能有明显的提高，因为极性的木纤维与非极性的聚丙烯的界面相容性明显改善，如图 10-21(b)所示。

10.3.2.5 扫描电镜在生物质材料研究中的其他应用

扫描电子显微镜在生物质材料的分析和研究等方面应用十分广泛，除了上述应用实例外，还可以用来研究生物质膜材料的表面与断面特征、验证反应沉积现象等。

采用 SEM 分析乳清蛋白膜材料在水中会发生溶胀而造成材料力学性能下降，溶胀膜材料外观变为乳白色。溶胀膜在干冰温度下低温脱水，扫描电子显微镜观测材料断面，发现材料中产生微米级的空洞，空洞在材料中水溶胀区域脱水后形成(图 10-22)。

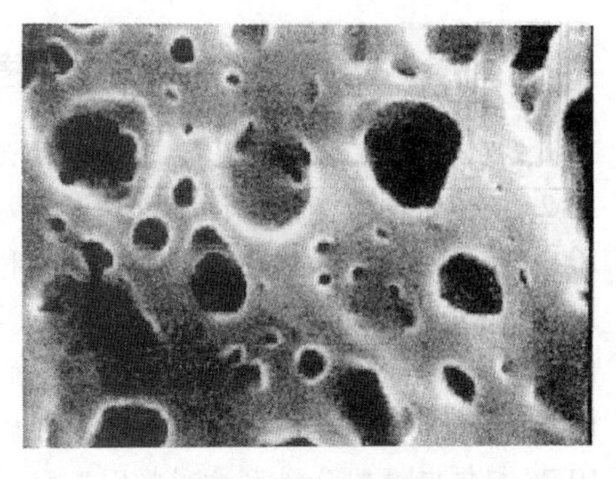

图 10-22　乳清蛋白水溶胀膜断面扫描电镜照片

通过扫描电子显微镜，可以观察乙醇制浆过程中木质素的沉淀情况。为了证明纤维表面观测到的木质素球滴是溶解在乙醇废液中沉淀出来的，将木质素乙醇溶液分别滴在木纤维上面的胶带和一块薄板上(图 10-23)，并使这两个试样在室温干燥。可以看出，溶解的木质素凝聚成木质素球滴，沉淀在纤维表面，大部分为完整的球形，形状一致，尺寸分布在 0.5~2 μm。在薄板上的木质素球滴也随意地分布在纤维表面和纤维之间。此外，将一部分漂白过的软木材纸浆纤维和棉花放在铁丝篮内，将篮子放入蒸煮器中，使桉树木屑得到充分的蒸煮和清洗，发现最初不含木质素的漂白纤维和棉花上沉淀了木质素球滴，如图 10-24 所示。这说明木质素不仅可以在乙醇制浆过程中发生沉淀，而且在纤维表面形成了球滴。

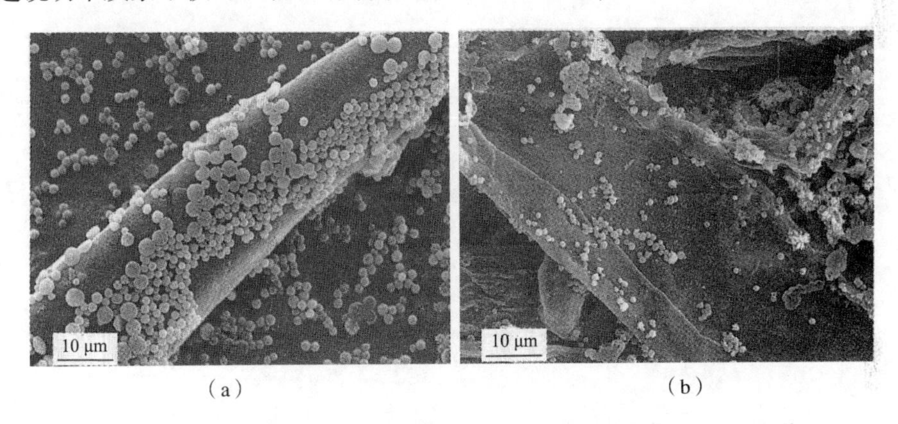

(a)　　(b)

图 10-23　纤维表面(a)和薄板表面(b)沉淀的木质素颗粒 SEM 照片

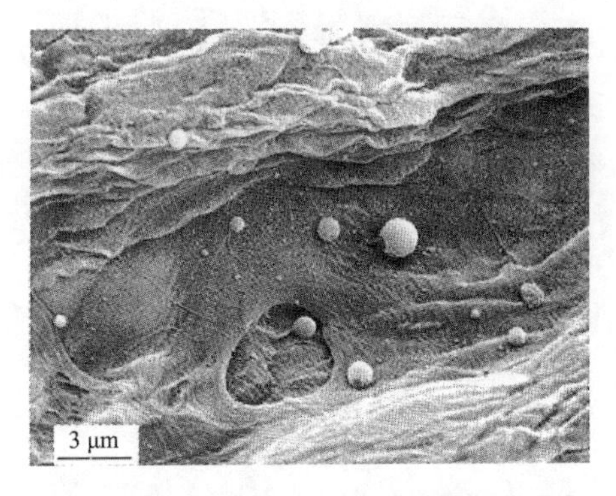

图 10-24　乙醇制浆后充分漂白的软木材纸浆纤维 SEM 照片

思考题与习题

10-1. 扫描电子显微镜的工作原理是什么？它有什么特点？

10-2. 电子束和固体样品作用时会产生哪些物理信号？它们各具有什么特征？

10-3. 什么是衬度？解释形貌衬度原理和原子序数衬度原理。

10-4. 二次电子像与背散射电子像在显示表面形貌衬度时有何相同和不同之处？

10-5. 二次电子像的衬度和背射电子像的衬度各有什么特点？

10-6. 简述扫描电子显微镜的构造和性能。

10-7. 扫描电镜的分辨率受哪些因素影响？用不同的信号成像时，其分辨率有何不同？

10-8. 二次电子像景深很大，样品凹坑底部都能清楚地显示出来，从而使图像的立体感很强，其原因何在？

10-9. 冷冻扫描电子显微镜的工作原理是什么？它有哪些应用？

计算题答案

第 1 章

1-18. $w(Na_2CO_3)=0.7043$；$w(NaHCO_3)=0.1382$

1-19. $w(Na_2CO_3)=0.7370$；$w(NaOH)=0.1230$

1-20. $Ca(HCO_3)_2$；$CaO(mg \cdot L^{-1})=700$；$CaCO_3(mg \cdot L^{-1})=1250$

1-21. $w(Na_2HPO_4 \cdot 12H_2O)=1.120$；正误差

1-22. pH = 10.0；NH_3-NH_4Cl

1-23. $CaCO_3(mmol \cdot L^{-1})=2.50$；$CaCO_3(mg \cdot L^{-1})=250$

1-24. $c_{Ce^{4+}}=6.02\times10^{-15}\ mol \cdot L^{-1}$

1-25. $c(Na_2S_2O_3)=0.1175\ mol \cdot L^{-1}$

第 3 章

2-10. ① $R=0.8969$；② $\gamma_{BA}=1.098$；③柱长 2 m。

2-11. ① $n=1521$；② $H=0.66$ mm

2-12. $I=775.63$

2-13. ① $\gamma_{BA}=1.77$；② $\gamma_{AB}=0.565$；③ $k'=6.5$；④平均时间 23 min。

第 4 章

4-6. $pH_x=2.96$

4-7. $c(F^-)=1.51\times10^{-3}\ mol \cdot L^{-1}$

4-8. $C_x=3.38\times10^{-5}\ mol \cdot L^{-1}$

4-9. $C_{酸}=0.07302\ mol \cdot L^{-1}$；$K_a^\theta=2.27\times10^{-5}$

第 5 章

5-13. $A=0.301$；$c=3.10\times10^{-4}\ mol \cdot L^{-1}$

5-14. $A=0.523$；$\varepsilon=1.54\times10^4\ L \cdot mol^{-1} \cdot cm^{-1}$

5-15. ① $A_a=0.260$；$A_b=0.398$；② $c_b=7.65\times10^{-5}\ mg \cdot L^{-1}$；

③ $\varepsilon=2.11\times10^5\ L \cdot mol^{-1} \cdot cm^{-1}$

5-16. $a=203.3\ L \cdot g^{-1} \cdot cm^{-1}$；$\varepsilon=1.14\times10^4\ L \cdot mol^{-1} \cdot cm^{-1}$

5-17. $M=437.67\ g \cdot mol^{-1}$

第 6 章

6-10. ① $k_1=12.19\ N \cdot cm^{-1}$；② $k_2=11.87\ N \cdot cm^{-1}$

6-11. ① $\sigma_1=1653.24\ cm^{-1}$；② $\sigma_2=4022.86\ cm^{-1}$

第 7 章

7-14. $c_{Cd}=0.452\ \mu g \cdot mL^{-1}$

计算题解答

第 1 章

1-18. 解：$V_1=21.76$ mL，$V_2=27.15$ mL，$V_1<V_2$，

则混合碱的组成为：Na_2CO_3 和 $NaHCO_3$

$$w(Na_2CO_3)=\frac{c(HCl)\cdot V_1\cdot M(CaCO_3)}{m(试样)}=\frac{0.1992\times 21.76\times 10^{-3}\times 106}{0.6425}=0.7043$$

$$w(NaHCO_3)=\frac{c(HCl)\cdot(V_2-V_1)\cdot M(NaHCO_3)}{m(试样)}=0.1382$$

1-19. 解：$V_1=34.12$ mL，$V_2=23.66$ mL，$V_1>V_2$，

则混合碱的组成为：NaOH 和 Na_2CO_3

$$w(Na_2CO_3)=\frac{c(HCl)\cdot V_2\cdot M(CaCO_3)}{m(试样)}=0.7370$$

$$w(NaOH)=\frac{c(HCl)\cdot(V_1-V_2)\cdot M(NaOH)}{m(试样)}=0.1230$$

1-20. 解：水样中碱度为碳酸氢钙：$Ca(HCO_3)_2$

$$CaO(mmol\cdot L^{-1})=CaCO_3(mmol\cdot L^{-1})=\frac{0.0500\times 25.00\ mmol}{100\times 10^{-3}\ L}=12.5$$

则 $CaO(mg\cdot L^{-1})=12.5\times 56=700$

$CaCO_3(mg\cdot L^{-1})=12.5\times 100=1250$

1-21. 解：
$$w(Na_2HPO_4\cdot 12H_2O)=\frac{n(Na_2HPO_4\cdot 12H_2O)\times M(Na_2HPO_4\cdot 12H_2O)}{m(试样)\times 10^3}$$
$$=\frac{n(HCl)\times M(Na_2HPO_4\cdot 12H_2O)}{m(试样)\times 10^3}=\frac{0.1012\times 24.30\times 358.1}{0.8835\times 10^3}$$
$$=1.120$$

化学计量点时，生成 NaH_2PO_4，pH=4.7，甲基橙变色范围是 3.1~4.4，变色点为 3.4，所以引起正误差。

1-22. 解：pH=10.0，NH_3-NH_4Cl 缓冲溶液。

1-23. 解：EDTA 和 Ca^{2+} 为 1∶1 的配位关系，故 $n(EDTA)=n(CaCO_3)$

$$CaCO_3(mmol\cdot L^{-1})=\frac{c(EDTA)\times V(EDTA)}{V(水样)}=\frac{10.0\ mmol\cdot L^{-1}\times 25.00\ mL}{100\ mL}=2.50$$

$CaCO_3(mg\cdot L^{-1})=CaCO_3(mmol\cdot L^{-1})\times M(CaCO_3)=2.50\times 100=250$

1-24. 解：查表：$E^{\theta'}_{Ce^{4+}/Ce^{3+}}=1.44$ V，$E^{\theta'}_{Fe^{3+}/Fe^{2+}}=0.674$ V

因为是等体积混合，$c_0(Fe^{2+})=0.30\ mol\cdot L^{-1}$，$c_0(Ce^{4+})=0.10\ mol\cdot L^{-1}$

$$E_{Ce^{4+}/Ce^{3+}}=E^{\theta'}_{Ce^{4+}/Ce^{3+}}+0.059\times\lg\frac{c_{Ce^{4+}}}{c_{Ce^{3+}}},$$

$$E_{Fe^{3+}/Fe^{2+}}=E^{\theta'}_{Fe^{3+}/Fe^{2+}}+0.059\times\lg\frac{c_{Fe^{3+}}}{c_{Fe^{2+}}}$$

反应为：$Ce^{4+}+Fe^{2+}\rightarrow Ce^{3+}+Fe^{3+}$，当体系达到平衡时，

$E_{Fe^{3+}/Fe^{2+}}=E_{Ce^{4+}/Ce^{3+}}$

$$0.674+0.059\times\lg\frac{0.10}{0.30-0.10}=1.44+0.059\times\lg\frac{c_{Ce^{4+}}}{0.10}$$

$c_{Ce^{4+}}=6.02\times10^{-15}\ \text{mol}\cdot\text{L}^{-1}$

1-25. 解：$Cr_2O_7^{2-}+6I^-+14H^+ \xlongequal{} 2Cr^{3+}+3I_2+7H_2O$　$I_2+2S_2O_3^{2-} \xlongequal{} 2I^-+S_4O_6^{2-}$

故：$1K_2Cr_2O_7 \sim 3I_2 \sim 6Na_2S_2O_3$

$$\frac{c(Na_2S_2O_3)\cdot V(Na_2S_2O_3)}{m(K_2Cr_2O_7)/M(K_2Cr_2O_7)}=\frac{6}{1}$$

$$c(Na_2S_2O_3)=\frac{6\times m(K_2Cr_2O_7)}{M(K_2Cr_2O_7)\cdot V(Na_2S_2O_3)}=\frac{6\times0.1963\ \text{g}}{294.19\ \text{g}\cdot\text{mol}^{-1}\times33.61\ \text{mL}}$$

$$=0.1175\ \text{mol}\cdot\text{L}^{-1}$$

第 3 章

3-10. 解：①分离度：

$$R=\frac{t_{R_2}-t_{R_1}}{\frac{1}{2}(Y_2+Y_1)}=\frac{15.4-14.4}{\frac{1}{2}\times(1.07+1.16)}=0.8969$$

②选择性系数 γ_{BA}：

$$\gamma_{BA}=\frac{t_B-t_0}{t_A-t_0}=\frac{15.4-4.2}{14.4-4.2}=1.098$$

③由$\frac{R_1}{R_2}=\sqrt{\frac{L_1}{L_2}}$，有$\frac{1.06}{1.5}=\sqrt{\frac{1}{L_2}}$，$L_2=2.0\ \text{m}$

需柱长：2.0 m

3-11. 解：①理论塔板数 n：

$$n=16\left(\frac{t_R}{Y}\right)^2=16\times\left(\frac{6.5}{40/60}\right)^2=1521$$

②理论塔板高度 H：

$$H=\frac{L}{n}=\frac{1}{1521}=6.575\times10^{-4}\text{m}=0.66\ \text{mm}$$

3-12. 解：正庚烷 $X_z=174.0$ min　lg174.0=2.2406

正辛烷$X_{z+1}=373.4$ min　lg373.4=2.5722

乙酸正丁酯$X_i=310.0$ min　lg310.0=2.4914

正庚烷 $Z=7$

$$I=100\left[\frac{\lg2.4914-\lg2.2406}{\lg2.5722-\lg2.2406}+7\right]=775.63$$

3-13. 解：由题知，色谱柱死时间为 2 min

①B 组份相对于 A 的相对保留值为：$\gamma_{BA}=\frac{25-2}{15-2}=1.77$

②A 组份相对于 B 的相对保留值为：$\gamma_{AB}=\frac{15-2}{25-2}=0.565$

③组份 A 的容量因子：$k'=\frac{t_R'}{t_0}=\frac{15-2}{2}=6.5$

④组份 B 流出时间为 25 min，所以组份 B 通过固定相的平均时间为：25.0−2.0=23.0 min

第 4 章

4-6. 解：$pH_x = pH_s + \frac{E_x - E_s}{2.303RT/F}$

$pH_x = 3.56 + \frac{-0.0354}{2.303 \times 8.314 \times 298.15/96\ 500} = 2.96$

4-7. 解：根据公式：$E = K - 0.0592\lg a(F^-)$

$0.101V = K_1 - 0.0592\lg 0.01 \quad K_1 = -0.0174$

$0.194V = K_2 - 0.0592\lg 3.2 \times 10^{-4}$，$K_2 = -0.0129$

用插入法：

0.101	0.152	0.194
−0.0174	x	−0.0129

求得 $x = -0.0149$

则：$0.152 = -0.0149 - 0.0592\lg c(F^-)$

得：$c(F^-) = 1.51 \times 10^{-3}\ mol \cdot L^{-1}$

4-8. 解：根据公式：$C_x = \Delta C(10^{n\Delta E/0.0592} - 1)^{-1}$

得 $C_x = 3.38 \times 10^{-5}\ mol \cdot L^{-1}$

4-9. 解：(1)先计算计量点时 NaOH 的体积：

V_{NaOH}	pH 值	ΔpH	ΔV	$\Delta pH/\Delta V$	$\bar{V}$	$\Delta(\Delta pH/\Delta V)$	$\Delta\bar{V}$	$\Delta^2 pH/\Delta V_2$	$\bar{V}$
15.5	7.75								
15.6	8.4	0.65	0.1	6.5	15.55	2.4	0.1	24	15.6
15.7	9.29	0.89	0.1	8.9	15.65	−1.1	0.1	−11	15.7
15.8	10.07	0.78	0.1	7.8	15.75				

用插入法：

15.6	$V_{终}$	15.7
24	0	−11

$V_{终} = 15.67\ mL$

$C_1V_1 = C_2V_2 \qquad C_{酸} \times 25.00 = 0.1165 \times 15.67$

$\therefore C_{酸} = 0.073\ 02\ mol \cdot L^{-1}$

(2)弱酸离解常数 $K_a^\theta = \frac{(C_{H^+})^2}{C_{酸}} = \frac{(10^{-2.89})^2}{0.073\ 02} = 2.27 \times 10^{-5}$

第 5 章

5-13. 解：吸光度：$A = -\lg T = -\lg 50\% = 0.301$

$A = \varepsilon bc$，则 $c = \frac{A}{\varepsilon b} = \frac{0.301}{970 \times 1} = 3.10 \times 10^{-4}\ mol \cdot L^{-1}$

5-14. 解：$A = -\lg T = -\lg 30\% = 0.523$

$A = \varepsilon bc$，则 $\varepsilon = \frac{A}{bc} = \frac{0.523}{2 \times 1.7 \times 10^{-5}} = 1.54 \times 10^4\ L \cdot mol^{-1} \cdot cm^{-1}$

5-15. 解：①溶液 a：$A_a = -\lg T_a = -\lg 0.55 = 0.260$

溶液 b：$A_b = -\lg T_b = -\lg 0.40 = 0.398$

②$A_a = abc_a \quad A_b = abc_b \quad \frac{A_a}{A_b} = \frac{c_a}{c_b}$

$c_b = \frac{A_b}{A_a} \times c_a = \frac{5.0 \times 10^{-5} \times 0.398}{0.260} = 7.65 \times 10^{-5}\ g \cdot L^{-1}$

③$\varepsilon=a\cdot M=\dfrac{A_a}{b\cdot c_a}\cdot M=\dfrac{0.260}{2\times5.0\times10^{-5}}\times81=2.11\times10^5\ L\cdot mol^{-1}\cdot cm^{-1}$

5-16. 解：首先计算标准铁溶液还原显色后的摩尔浓度：

$$c=\frac{0.0200\ mg\cdot mL^{-1}\cdot6.00\ mL}{55.85\ g\cdot moL^{-1}\cdot50.00\ mL}=4.29\times10^{-5}\ mol\cdot L^{-1}$$

浓度换算：

$$c=\frac{0.0200\ mg\cdot mL^{-1}\cdot6.00\ mL}{50\ mL}=0.0024\ g\cdot L^{-1}$$

$A=abc$，则：$a=\dfrac{A}{bc}=\dfrac{0.488}{1\times0.0024}=203.3\ L\cdot g^{-1}\cdot cm^{-1}$

$\varepsilon=a\cdot M=203.3\times55.85=1.14\times10^4\ L\cdot mol^{-1}\cdot cm^{-1}$

5-17. 解：设有机胺的摩尔质量为 x g·mol^{-1}.

$A=\varepsilon bc_{加成物}$，则$c_{加成物}=\dfrac{A}{\varepsilon b}=\dfrac{0.750}{1\times1.0\times10^4}=7.5\times10^{-5}\ mol\cdot L^{-1}$

$c_{加成物}=\dfrac{0.0500}{(x+229)\times1}=7.5\times10^{-5}\ mol\cdot L^{-1}$　　$x=437.67$

则 M(有机胺) = 437.67 g·mol^{-1}

第 6 章

6-10. 解：根据公式：

$$\sigma=\frac{N_A^{\frac{1}{2}}}{2\pi c}\cdot\sqrt{\frac{k}{\frac{M_1M_2}{M_1+M_2}}}=1307\sqrt{\frac{k}{\frac{M_1M_2}{M_1+M_2}}}$$

①$\dfrac{M_1M_2}{M_1+M_2}=\dfrac{12\times16}{12+16}=6.86$，代入公式，得$k_1=12.19\ N\cdot cm^{-1}$

②计算方式同上：$k_2=11.87\ N\cdot cm^{-1}$

6-11. 解：根据公式 $\sigma=\dfrac{N_A^{\frac{1}{2}}}{2\pi c}\cdot\sqrt{\dfrac{k}{\frac{M_1M_2}{M_1+M_2}}}=1307\sqrt{\dfrac{k}{\frac{M_1M_2}{M_1+M_2}}}$

①$\sigma_1=1307\cdot\sqrt{\dfrac{9.6}{6}}=1653.24\ cm^{-1}$

②$\sigma_2=1307\cdot\sqrt{\dfrac{9}{0.95}}=4022.86\ cm^{-1}$

第 7 章

7-14. 解：标准加入法测定，用每个吸光度减去第一个吸光度：

A	0.038	0.074	0.148
相应 Cd(μg·mL^{-1})：	1	2	4

可得吸光度-浓度曲线方程：$y=0.037x+0.0003$

当 $y=0.042$ 时，$x=1.13$ μg·mL^{-1}

则水样中镉的浓度为：$\dfrac{1.13}{50}\times20=0.452$ μg·mL^{-1}

参考文献

常建华，董绮功，2005. 波谱原理及解析[M]. 2版. 北京：科学出版社.
常铁军，刘喜军，2018. 材料近代分析测试方法[M]. 5版. 哈尔滨：哈尔滨工业大学出版社.
陈玲，郜洪文，2008. 现代环境分析技术[M]. 北京：科学出版社.
陈培榕，邓勃，2006. 现代仪器分析实验与技术[M]. 2版. 北京：清华大学出版社.
但德忠，2009. 环境分析化学[M]. 北京：高等教育出版社.
邸明伟，高振华，2010. 生物质材料现代分析技术[M]. 北京：化学工业出版社.
冯玉红，2008. 现代仪器分析实用教程[M]. 北京：北京大学出版社.
傅若农，2005. 色谱分析概论[M]. 2版. 北京：化学工业出版社.
郭立伟，朱艳，戴鸿滨，2014. 现代材料分析测试方法[M]. 北京：北京大学出版社.
国家环境保护总局《水和废水监测分析方法》编委会，2002. 水和废水监测分析方法[M]. 4版. 北京：中国环境科学出版社.
何燧源，2001. 环境污染物分析监测[M]. 北京：化学工业出版社.
黄君礼，2008. 水分析化学[M]. 3版. 北京：中国建筑工业出版社.
江桂斌，2004. 环境样品前处理技术[M]. 北京：化学工业出版社.
黎兵，曾广根，2017. 现代材料分析技术[M]. 成都：四川大学出版社.
李春鸿，刘振海，等，2005. 仪器分析导论(第2册)[M]. 2版. 北京：化学工业出版社.
刘密新，罗国安，张新荣，等，2002. 仪器分析[M]. 2版. 北京：清华大学出版社.
马毅龙，2017. 材料分析测试技术与应用[M]. 北京：化学工业出版社.
欧阳钢锋，2012. 固相微萃取原理与应用[M]. 北京：化学工业出版社.
钱沙华，韦进宝，2004. 环境仪器分析[M]. 北京：中国环境科学出版社.
孙宝盛，单金林，2004. 环境分析监测理论与技术[M]. 北京：化学工业出版社.
孙福生，朱英存，李毓，2011. 环境分析化学[M]. 北京：化学工业出版社.
屠一峰，严吉林，龙玉梅，等，2011. 现代仪器分析[M]. 北京：科学出版社.
王斌，2018. 材料结构分析[M]. 北京：科学出版社.
王积涛，张宝申，王永梅，等，2003. 有机化学[M]. 2版. 天津：南开大学出版社.
王瑞芬，2006. 现代色谱法的应用[M]. 北京：冶金工业出版社.
王宇成，2004. 最新色谱分析监测办法及应用技术实用手册[M]. 长春：吉林省出版发行集团.
吴蔓莉，张崇淼，2013. 环境分析化学[M]. 北京：清华大学出版社.
奚旦立，孙裕生，2010. 环境监测[M]. 4版. 北京：高等教育出版社.
向文胜，王相晶，2006. 仪器分析[M]. 哈尔滨：哈尔滨工业大学出版社.
肖新峰，2019. 环境样品分析新技术[M]. 北京：北京理工大学出版社.
谢天俊，2004. 简明定量分析化学[M]. 广州：华南理工大学出版社.
邢其毅，2005. 基础有机化学(上册)[M]. 3版. 北京：高等教育出版社.
闫吉昌，徐书绅，张兰英，2002. 环境分析[M]. 北京：化学工业出版社.
杨铁全，2007. 分析样品预处理及分离技术[M]. 北京：化学工业出版社.
赵士铎，2008. 定量分析简明教程[M]. 2版. 北京：中国农业大学出版社.
郑重，2009. 现代环境测试技术[M]. 北京：化学工业出版社.
朱明华，胡坪，2008. 仪器分析[M]. 4版. 北京：高等教育出版社.
朱屯，李洲，2008. 熔剂萃取[M]. 北京：化学工业出版社.